普通高等教育农业农村部"十四五"规划教材（编号：NY-1-0040）

草地生态学

CAODI SHENGTAIXUE

王 堃 邵新庆 刘克思◎主编

中国农业出版社

北 京

内容简介

　　草地生态学是草业科学专业的核心基础课程，其对整个学科的发展具有支撑和引领作用。本书的编写参考了以往同类教材的内容和编写体例，特别是将近年来草地生态学的拓展领域及最新研究成果纳入其中，内容编排更注重实用性、知识性和系统性。本书分为2篇13章。其中，基础篇包括第一章至第七章，主要介绍现代草地生态学的基本知识，从草地植物的生态环境入手，系统阐明草地植物个体、种群、群落、生态系统及分子生态学的基本知识和原理，创新性地增加了景观生态学内容、分子生态学内容和最新的理论技术研究成果，拓展了草地生态学的研究领域和课程内容，特别是在第五章增加了编者团队最新的研究成果——生态系统演变机制及生态系统核假说。应用篇包括第八章至第十三章，重点阐述与草地生态应用相关的技术理论，围绕第一性生产、第二性生产的生产力、生产效率和提高生产效率的途径，从理论联系实际角度出发，结合世界草地生态学的发展，阐述该领域的最新进展和技术应用情况，为指导草业行业发展和学科建设提供了技术支撑。为了便于学习和查阅，书后附有参考文献，每章后都列出复习思考题，以引导学生学习、启迪学生思考。本书是高等院校草业科学专业本科生教材，亦可作为生态学与草业科学研究人员及生产技术人员的培训教材与参考书。

党的十九大报告明确指出，要像对待生命一样对待生态环境，统筹山水林田湖草系统治理，实行最严格的生态环境保护制度。"草"第一次被纳入生态文明建设，成为建设美丽中国的重要内容，体现了党和国家对草原生态保护的重视。党的二十大报告提出"推动绿色发展，促进人与自然和谐共生"，再次强调牢固树立和践行绿水青山就是金山银山的理念，推进美丽中国建设，坚持山水林田湖草沙一体化保护和系统治理，提升生态系统多样性、稳定性、持续性。草地生态学是草业科学专业的核心基础课程，其对整个学科的发展具有支撑和引领作用。我国高校草业科学专业的草地生态学课程使用的教材主要有1983年由贾慎修先生翻译的《草地生态学》（英国斯佩丁著）、1995年由任继周先生主编的《草地农业生态学》、1996年由周寿荣先生主编的《草地生态学》以及各院校的自编教材。近30年来，全世界草地生态学研究取得了巨大的成就，我国在2008年还成功举办了世界草地与草原大会，国内一些知名的草地生态学研究者在世界上也享有盛誉。但是相较于突飞猛进的科研进展，面向高等院校本科生的《草地生态学》教材的更新却略显迟缓。

为了满足高等院校本科教学的迫切需求，我们组织了国内13所高校中具有丰富教学经验和扎实科研功底的草学教师编写适应新时代的《草地生态学》教材。本书围绕草地生态系统的结构和功能逐层展开，最终落脚于草地生态学的应用。本书不但注重国内外最新研究成果的介绍，也强调了草地生态学实践应用技术的阐述，从理论联系实际角度出发，结合草地生态学的发展，重点介绍了围绕第一、二性生产的生产力、生产效率和提高生产效率的途径。本书内容的编排更注重实用性、知识性和系统性，为指导草业行业发展和学科建设提供了技术支撑。

本书第一章由王堃执笔，第二章由刘克思、黄顶执笔，第三章由刘琳执笔，第四章由沈禹颖执笔，第五章由邵新庆执笔，第六章由秦立刚执笔，第七章由许冬梅、隋晓青执笔，第八章由韩国栋、王静执笔，第九章由张德罡执笔，第十章由白龙执笔，第十一章由任海彦执笔，第十二章由陈超、金宝成执笔，第十三章由林长存执笔，全书由邵新庆、孙盛楠和刘克思统稿。初稿完成后，程积民、杨允菲两位前辈进行精心审稿，并提出了许多宝贵意见，同时有关单位及领导也给予了大力的支持和关照，在此一并表示感谢。

本书的编写和出版得到了草学拔尖创新人才培养项目与国家自然基金项目"青藏高原丛枝菌根真菌与披碱草属植物协同诱导抗虫机制研究（31971746）""羊草草原根系差异化共存植物的协同适应机制（32271764）"的资助。

在编写过程中，虽然我们尽力准确表达基本概念，大力收集最新文献资料，努力反映本学科现代科学技术成就，希望通过吐故纳新提高教材质量，但是由于水平所限，书中定有不足之处，敬请读者批评指正，以便再版时修正。

编　者

2022 年 12 月

应　用　篇

基础篇

第一章

导　　论

　　草原、森林和农田是陆地表面重要的生命支撑系统，而草原又是其中最重要的生态系统类型，其面积大约有 34 亿 hm^2，占全球陆地总面积的 24%。我国是世界草原大国，拥有天然草原近 3.93 亿 hm^2，约占我国土地总面积的 40.9%，占全球草原面积的 12%。草原是我国最大的陆地生态系统，其面积是我国耕地面积的 2.91 倍，森林面积的 1.89 倍，比耕地与森林面积之和还大。地球上的草原分布广泛，类型多样，具有多种生态功能，是重要的生态屏障，也是优质特色畜产品的生产基地，承载了草原上的文化和文明。本书介绍的草原和草地，在农学和植被学定义框架下，其内涵基本一致。

　　草地生态学（grassland ecology）是生态学的重要分支领域，它是运用生态学和系统论的观点和方法，研究草地生态系统的结构、功能、生物生产、动态、生态调控，并使其实现高效、平衡和持续发展的科学。它以生物学、地学和普通生态学为基础，与农业生态学和景观生态学相联系和渗透，以综合分析和解决草地农牧业生产、自然资源的管理和环境保护中的生态学问题。其主要研究对象是草地生态系统的能量流动、物质循环和信息传递，以及适应性管理过程与机制。

一、草地及其生态系统主要类型

　　草地（grassland）是草类和其着生的土地构成的综合自然体，草类是构成草地的主体，是草食动物赖以生存的条件。在这个定义范围内，草地指的是环境，而草类是反刍动物赖以生存的牧草，这里强调草类，并不是说草地上没有其他植物，有些草地上常有少量灌木或乔木散生其中，但仍以草类为主。任何客观存在的自然物都有其固有的自然属性，也有其对应于人类的经济属性，从不同的角度出发，人们可能给出不同的名称和概念。这里讲的草地的概念主要是就其自然属性而言的。从经济属性来看，用于割草的草地称为割草地，用于放牧牲畜的草地称为牧草地，用于绿化环境的草地称为草坪。草地包括天然草地（natural grassland）和栽培（人工）草地（cultivated grassland），前者是自然形成的，后者是人工建立的。

　　草地是陆地上一项巨大的自然资源，它既是人类发展畜牧业的基地，也是稳定地球陆地环境的重要条件。据 Horton 报道，世界草地包括热带草地（或称热带稀树草原，savannah）和温带草地（或称温带草原）。在不同地区，人们给予草地不同的地域名称，在欧亚大陆称斯太普（steppe）草地，在北美洲称普列里（prairie）草地，在南美洲称潘帕斯（pampas）草地，在非洲称费尔德（veld）草地。上述草地中温带草地占据比较重要的地位，世界草地的 30% 分布于温带地区，而温带草地维持了世界反刍动物 35% 的牧草需要，主要反刍动物为绵羊、肉牛和乳牛。草地与人类生活的关系非常密切，它通过家畜为人类提供乳、肉、脂肪、毛皮及其他需要（如肥料、热能），还为人们提供旅游观光、运动及娱乐的场地，也可为人类提供良好的生存环境。

　　草地生态系统是由生物因素和非生物因素组成的。生物因素包括植物、动物和微生物；非生物因素包括土壤、无机盐类、水和二氧化碳；在它们之间进行着物质循环和能量流动。草地生态系统还受生物因素和非生物因素的影响。人类是主要的生物影响因素，气候是主要的非生物影响因素。草地上的植物、家畜、野生动物和微生物共存于同一环境之中，相互适应、相互依存，以绿色植物为基础，在它们之间进行着物质生产、能量流动、水运转和营养物质循环。近年又对草地生态系统的定义做了新的概括，即通过信息传递（信息流）将草地生物群落和环境结合，并具上述功能的综合自然体，这也是草地生态学的研究对象。

二、草地生态学的发展历史

草地生态学是近期发展起来的一门年轻学科，但从自然界发展的历史来看，原始自然草地生态系统中，草地生态问题早已存在，只是那时人们还没意识到而已，草地生态学是在生态学迅速发展的基础上诞生的。20 世纪 60 年代以前，有关草地的研究和论著多集中在草地的利用与管理上，但也开始涉及草地植物和植物群落与环境的关系，涉及草地生态学的某些内容。20 世纪 60 年代以来，由于生态学的迅速发展，生态系统的理论逐渐渗透到生物科学的各个领域，人们用系统论的观点来分析和阐述生态学研究的对象，这种形势也促进了草地生态学的诞生。1962 年，R. P. Humphroy 编写了《牧野生态学》一书。1971 年，英国草地学家 C. R. W. Spedding 的专著《草地生态学》（Grassland Ecology）问世，该书提出草地生态学是一门独立的学科。如果将这一专著作为草地生态学的诞生标志，草地生态学诞生至今也不过 50 余年的时间。20 世纪 60—80 年代是世界经济和科学技术飞跃发展的时期，也是生态学迅速发展的阶段，草地生态学在这一时期诞生和发展也是很自然的。20 世纪 70 年代到 90 年代初的 20 余年间，各国进行了草地植物生物学、草地植物生理生态学、草地种群生态学、植物群落生态学、放牧生态学、草地生态系统学和草地管理类型的建立与应用等不同层次的研究，发表了较多的相关专著和论文，从不同地区、不同角度、不同层次论述或提及了草地生态学的问题。

我国草地生态学的发展历史较短，但发展速度较快。20 世纪 70 年代中期以前人们大多从事草地利用和管理的研究，仅有部分植物生态学工作者对我国草地进行了植物群落学的调查研究，或对某些优势植物种进行了个体生态的研究。20 世纪 70 年代后期人们才开展了草地植物种群生态和草地生态系统的研究。20 世纪 80 年代是我国草地生态学发展较快的时期，北京农业大学贾慎修教授组织翻译 Spedding 的《草地生态学》的出版，对我国草地生态学的发展起了一定的推动作用。有关草地生态学的科学研究也有了较大的发展，中国农业大学、东北师范大学草地研究所、中国科学院植物研究所、内蒙古大学、甘肃草原生态研究所、甘肃农业大学、四川农业大学、内蒙古农业大学、中国农业科学院草原研究所和东北农业大学等先后在不同地区，对不同类型的草地生态系统进行了不同方面和不同层次的研究，取得了有价值的研究成果，为我国草地生态学的研究奠定了基础。历时十几年的全国性草地资源调查和各省区的有关研究，也从不同角度涉及草地生态的问题，积累了有价值的资料。20 世纪 80 年代以来，我国有关草地生态的专著、论文及其他文献资料的增多，表明我国草地生态学取得了快速发展和长足进步。

三、草地生态学的发展前景

草地生态学是一门很有发展前景的学科，它能够在建设现代化的草地生态农业中继续发挥作用，对我国和其他发展中国家则显得更为重要。我们需要研究和解决的草地生态学问题有很多，如不同地区、不同类型草地资源与家畜的合理配置，草地的承载能力，放牧生态与草地合理利用，草地植物种群群落稳定性和草地改良，不同生态条件的高效稳定的混播种群，不同类型草地生态系统调控的途径，不同生态条件地区草地生态工程，高效评估可持续发展的草地生态农业建设等。不仅需要用科学的态度来对待这些问题，还需要采取有力的措施，促进草地生态科学技术的发展。经过一定时期的努力，我国广大面积草地的生态状况将会改善，草地农业将有一个大发展和欣欣向荣的时期，草地生态学也将随之而发展，在不太长的时间内，我国草地生态学将步入世界先进水平的行列，为我国人民创造良好的物质和环境条件。

第二章

草地植物个体生态学

第一节　环境与生态因子

个体生态学是研究生物个体与其环境因子之间关系的科学，着重研究生物个体对环境因子的生态适应，包括生理调节、生长发育等适应机制，所以相当于生理生态学。草地植物个体及生理生态学是从生物个体的角度研究揭示个体的生理生态及个体与环境相互关系的科学。

一、环境与生态因子

（一）环境的概念和分类

1. 环境的概念　环境是指某一特定生物体或生物群体以外的空间以及直接或间接影响该生物或生物群体的一切事物的总和。环境是针对某一个特定的主体或中心而言的，是一个相对概念。

2. 环境的分类　按环境的性质可以分为自然环境、半自然环境和人工环境。生物的生存离不开周围的环境，环境影响生物的生长发育、繁殖、生存、分布等，而生物对环境产生相应的适应。环境包括在植物生境内直接或间接影响植物生存和发展的各种因素以及其他生物所施加的影响，一般以自然要素为主。构成环境的各因素称为环境因子。

（二）生态因子的概念和分类

1. 生态因子的概念　对植物的生长具有直接或间接影响的环境要素称作生态因子。

2. 生态因子的分类

（1）按照生态因子是否具有生命特征，将其划分为：①非生物因子，指草原植物周围的光照、温度、水、空气、土壤等非生命的理化因子；②生物因子，指某一主体植物周围各等级层次的生物系统，包括同种类系统和不同种类生物及其子系统。

（2）按照生态因子的性质，将其划分为气候因子（温度、湿度、光照、风、雨、雷电等）、土壤因子（土壤结构、土壤理化性质及土壤生物等）、地形因子（陆地、海洋、海拔高度、坡度等）、生物因子（动物、植物、微生物及它们间的相互作用等）、人为因子（人类活动对自然的扰动、对环境的改变等）。

（三）生态因子作用的一般特征

生态因子作用一般有以下特征。

1. 综合作用　生态环境是由许多生态因子组成的综合体。生态因子对草原植物个体的生长作用不是单一的，任何一个因子的变化均会引起其他因子不同程度的变化，从而对植物个体生长产生综合作用。

2. 主导因子作用　诸多生态因子的作用不是相同的，其中一种或一种以上生态因子对植物个体生长发育起决定性作用，称为主导因子，如植物春化时期温度是主导因子，对植物光合作用而言光强和 CO_2 是主导因子。

3. 直接作用和间接作用　生态因子有的直接影响植物主体，有的通过影响其他生态因子间接影响植物主体，如光照、温度、水等是直接作用的生态因子，而地形因子是间接作用的生态因子，地形因子通过影响光照、温度和水分等来影响植物的分布、生长和发育等。

4. 阶段性作用　生物生长发育的不同阶段对生态因子的需求不同，因此，生态因子对生物的作用具有阶段性。如低温在一些植物的春化阶段是必不可少的条件，而在生长后期则不利于植物生长；光照时长在植物的春化阶段起相对较小的作用，但在长短日照植物开花阶段作用巨大。

5. 不可替代性和互补性　各生态因子作用不同，一个因子是不能由另外一个因子来完全替代的；但如果是数量上的不足，则可由另外一个因子的增加而得到一定的补偿，即互补性，如光照不足引起的光合作用下降可以通过增加 CO_2 浓度进行补偿。

二、草地植物个体与生态因子之间的相互关系

（一）植物个体与生态因子之间关系的表现形式

植物个体与生态因子之间的关系主要表现为生态作用、植物响应和生态适应 3 种形式。

1. 生态作用　生态因子向植物提供生长、发育和繁殖所必需的物质和能量，使植物的结构、发育过程和功能等发生相应的变化，这称为生态作用。生态作用对植物个体的影响主要包括结构、过程、行为、功能、寿命和分布等。

2. 植物响应　植物感受到生态作用后，反过来通过各种途径不断地影响和改造环境，称为植物响应。

3. 生态适应　植物改变自身的形态结构和生长与生理过程以与其生存环境相协调的过程称为生态适应。植物在特定环境条件下发生的结构、过程和功能的改变有利于植物在新的环境中生存和发展。生态适应有短期适应和长期适应。从较短的时间尺度上看，植物与环境的关系以适应为主，以反作用为辅；但从较长的进化尺度看，植物与环境的关系则以反作用为主，例如植物对大气成分的调控。生态因子对植物的作用与植物的反作用之间的平衡使植被生态系统稳定在一定的状态。

（二）生态因子作用的基本规律

1. 限制因子　草原植物生长发育依赖于各种生态因子的综合作用，在众多的生态因子中，接近或超过某种植物个体的耐受极限而阻止其生存、生长、繁殖或扩散的因子称为限制因子。最能体现限制因子特点的生态因子是温度，温度过低或过高对任何生物的限制作用都是不可低估的。

2. 李比希（Liebig）的最小因子定律　1840 年德国农学家和植物生理学家李比希在研究作物产量时发现植物的生长取决于那些处于最低量的营养元素，这些处于最低量的营养元素称为最小因子。后来人们发现最小因子定律也适用于许多其他生态因子，如水、光照、温度等在它们的最低量时也会成为植物生长的限制因子。

3. 谢尔福德（Shelford）的耐受性定律　1913 年，美国动物学家谢尔福德发现生物的存在与繁殖依赖于综合环境中的全部因子，但生物对每一种环境因子都有一个耐受的范围，若其中某一因子不足或过多，超过生物的耐受限度，这种生物就会衰减或无法生存，这就是谢尔福德的耐受性定律（law of tolerance）。谢尔福德的耐受性定律扩展了李比希的最小因子定律，认为不仅生态因子处于最小量时可成为限制因子，因子过量时（如过高的温度、光强、水分等）也可能成为限制因子。耐受性定律可以用一个钟形曲线表示（图 2 - 1）。

（三）草原植物个体对生态因子的响应和耐受性

1. 三基点　植物在每个生态因子轴上都有一个能够生存的范围，在此范围的两端是植物能够耐受的极限，分别为最高点和最低点，在中间有适于生命活动的最适点，这三点合称为植物对环境因子响应的三基点。如温度三基点，植物在最适温度环境中生长迅速，温度偏离最适温度后，生长逐渐减弱，温度突破最低温度或最高温度后，植物生长停止，甚至死亡。

2. 生态幅　一般来说，植物在某一生态因子维度上的分布常呈正态曲线，植物对生态因子响应

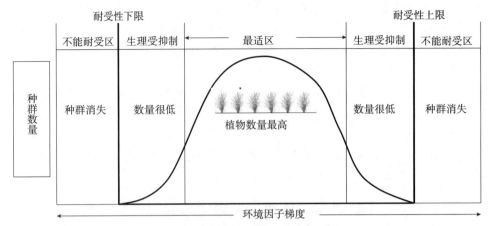

图 2-1　植物种群分布的耐受性限度

（仿 Smith 等，1980）

的最高点到最低点之间的跨度称为生态幅。在生态幅中有一个最适区，这个区内的植物的生理状态最佳，繁殖率最高，数量最多。生态幅是由植物的遗传特性决定的，生态学中常用"广"和"狭"来表示生态幅的宽度。植物的生态幅对其分布具有重要影响。

3. 植物个体对生态因子耐受性的特点　任何一个生态因子在量上的不足或过多，即当其接近或达到某种植物的耐受性限度时该植物便会衰减甚至无法生存。对于同一生态因子，不同植物的耐受范围不同，一般来说，植物个体对生态因子的耐受性有以下特点。

（1）植物在整个个体发育过程中对生态因子的耐受限度是不同的，在生殖生长阶段对生态因子的要求比较严格，即此时耐受范围较狭。

（2）同一种植物对不同生态因子的耐受范围存在差异，可能对一因子的耐受范围较广，而对另一因子的耐受范围较狭。

（3）对所有生态因子的耐受范围都很广的植物一般分布很广。

（4）耐受范围广的植物对某一特定地点的适应能力较弱，而生态幅狭的植物对某一特定地点的适应能力较强。

第二节　光的生态作用与草地植物的生态适应

光是光合作用的能量来源。草地植物通过光合作用将太阳能转化成草地生态系统中家畜、土壤动物及微生物等生命形式可以利用的能量。

一、光的利用

1. 可见光　对植物光合作用有影响的是 380～760 nm 的可见光，约占整个光谱辐射总能量的45%（图 2-2）。从分子水平上看，这一波段所具有的能量足以引起植物体内色素与酶系统的光活化，是光影响植物代谢与形态建成的基础；其中红橙光主要被叶绿素吸收，蓝紫光主要被叶绿素和类胡萝卜素吸收。红光有利于糖的合成，蓝光则有利于蛋白质的合成。

2. 光受体　在现已发现的一系列植物光受体中，光敏色素（phytochrome）是植物感受红光和远红光的一类重要的光受体：光敏色素 A（phytochrome A, phyA）主要介导远红光下的去黄化反应，光敏色素 B（phytochrome B, phyB）主要调节植物对红光的反应。通过植物光受体，光可影响草地植物种子萌发、器官分化、光周期和花诱导等。

二、光对草地植物的影响

光对植物生命活动的影响具体表现在光强、光质与日照长度 3 个方面。在植物的生长过程中，持

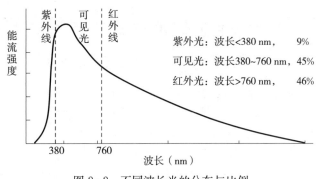

图 2-2 不同波长光的分布与比例

(仿 Mackengine 等, 1998)

续变化的光质、光强、光的持续时间以及光周期对植物的诸多生理过程都具有重要的调控作用。

1. 光照影响植物的光合作用 青藏高原地区的太阳辐射很强，中午前后的光合有效辐射高达 2 500～3 010 $\mu mol/$（$m^2 \cdot s$），是地球上除南极、北极之外太阳辐射最强的地区。矮生嵩草（*Kobresia humilis*）、垂穗披碱草（*Elymus nutans*）等草原植物在晴天的光合作用日变化多呈单峰曲线，没有或者仅有轻微的中午降低现象。强光胁迫对植物光合速率是否产生影响以及影响到何种程度，与其叶片的叶绿素含量有密切的关系。同一生境中的羊草（*Leymus chinensis*）有灰绿型与黄绿型，对光强的响应有不同程度的变化。灰绿型羊草与黄绿型羊草的光饱和点与补偿点不同。灰绿型羊草对光强的响应相对迅速，有较高的净光合速率，但它的光补偿点、光饱和点却低于黄绿型羊草。一般来说，较高光强下植物的叶色较深，叶片叶绿素含量也相对较高。

2. 光照影响光合产物的分配 高光条件下生长的黑麦草（*Lolium perenne*）分株可以传输光合产物到深度遮阴条件下生长的分株，使其存活并生长，而低光条件下生长的黑麦草分株却不能支持深度遮阴条件下分株的存活和生长。在林草复合生态系统中，林木遮阴通常会降低牧草产量，但会使牧草品质得到一定改善。牧草能够发生一系列生理生态反应如增加叶面积指数和叶绿素含量、提高光利用效率等来适应林木对小气候的改变。

3. 光照影响草原植物的表型特征 高度遮阴条件下，匍匐茎型草本克隆植物个体的匍匐茎长、种群的总生物量、各部分生物量及叶面积显著下降，集合种群的各级分株数、匍匐茎总数、分枝强度都显著低于高光条件下。在适当遮光的情况下，匍匐茎克隆植物的横向和纵向间隔均伸长，而匍匐茎的分枝强度减弱。将白车轴草（*Trifolium repens*）种植在一系列不同的光照条件下的研究发现，其匍匐茎节间长和叶柄长对光照的反应是非线性的，在极低和极高光照条件下匍匐茎节间和叶柄均显著缩短，而在中度遮光的条件下显著伸长。有研究表明，垂穗披碱草是一种光照耐受型植物，光照强度减小到 43.5% 时仍可正常生长，100% 和 43.5% 两个光照强度下地上生物量差异不大。在低光环境中，垂穗披碱草通过植株高度的增加和生长大而薄的叶片来弥补光照不足对生物量的影响。

4. 光照周期影响植物生长、发育 光照的日周期和年周期变化对植物起信号作用，导致植物出现日节律性与年周期性的适应性变化。植物的光合作用、蒸腾作用、积累与消耗等均属于昼夜节律性的变化。而植物的开花结果、落叶及休眠是对日照长短的规律性变化的反应，称为光周期现象，这是一种光形态建成的反应，是在自然选择和进化过程中形成的，它使植物的生长发育与季节的变化协调一致，对植物适应环境具有巨大意义。根据草地植物开花对日照长度的反应，可将植物划分为 4 种类型：长日照植物、短日照植物、中日照植物、日照中性植物。

此外，在通常表现为富营养化的高产草地上，草地植物可能由于生态位的缺乏而导致种类减少，可通过放牧来增加地表光照，进而改善植物多样性。光亦会对草地凋落物的降解造成影响。放牧强度、放牧制度和刈割方法等草地利用方式的不同以及植物物种、群落间的相互影响，均可能导致光照强度不同，进而影响凋落物的分解。对青藏高原高寒草甸常见植物凋落物的研究表明，遮光显著降低了凋落物质量损失率，而光照的影响程度也因物种而异。

第三节　温度的生态作用与草地植物的生态适应

一、温度三基点与温度的正负效应

温度会限制植物生长，并且是影响植物分布的重要因子，对草地植物个体、种群及群落的发育演变均具有明显影响。

1. 温度三基点　草地植物经过长期进化，适应了不同的、具有一定范围的生长温度，通常分为最低温度、最高温度和最适温度，即生态学中的温度三基点。在最适温度范围内，草地植物生长发育良好；偏离最适温度范围，草地植物生长发育缓慢甚至停滞；超出最高或最低温度，草地植物会面临死亡。

2. 温度的正负效应　温度的增加对植物生长具有正负两方面的效应。正效应是延长植物生长时长，提高光合作用效率和水分利用率，从而促进植物的生长；负效应则是增加水分消耗从而引发干旱胁迫，不利于植物生长。例如在高寒草甸和高寒草原的研究中就发现温度升高会导致植物物种丰富度降低（图2-3）。

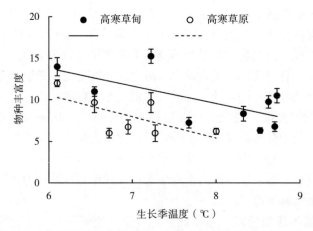

图2-3　高寒草甸和高寒草原植物物种丰富度与生长季温度的关系
（引自 Ganjurjav 等，2018）

二、温度对草地植物的影响

20世纪70年代以来，全球变暖已经被大量研究证明。有研究表明，高温能降低作物的产量，生长季均温增加1℃，产量最多降低17%。虽然C_4植物有较高的光合最适温度，但应对温度升高的能力不及C_3植物，C_3植物在一定的增温范围内可以维持相同的光合速率，也可以理解为C_3植物具备更强的内稳态。在应对温度变化方面，多年生草本C_3植物比一年生草本C_3植物具有更强的内稳态，更能适应低温环境。

对于草地上生长着的一些枝条相互连接的丛生禾草和具有长匍匐茎、地下根茎的草本克隆植物，在一定范围内，温度升高会增加克隆植物分株的地上生物量和分蘖数，促进克隆繁殖；相反，温度降低，克隆植物通过增加地下部分生物量，以保证在低温环境中获得足够的养分或温度，来降低整个植株的死亡风险。在模拟增温效应的研究中，随着温度的升高，草本克隆植物种群叶片高度、地上生物量以及叶片干质量都增加。草本克隆植物的分蘖数与低温密切相关，如约9.8℃的地温有利于矮生嵩草的无性繁殖，温度降低或升高都不利于矮生嵩草的无性繁殖。此外，温度升高显著抑制了羊草叶片和茎的发育以及矿质元素的吸收，并显著降低了羊草种群在植物群落内的优势地位，但是可以影响羊草植硅体含量，提高羊草的耐盐等抗逆性。

对蒙古高原乌兰巴托-锡林浩特样带尺度上的研究表明，草原植物物种数量、地上生物量与夏季月均温度均成负相关；在小尺度上，温度的增加有利于植物物种数量、地上生物量的增加。对内蒙古地带性草原群落的 5 个建群种针茅植物（狼针草、本氏针茅、大针茅、克氏针茅和短花针茅）的研究结果表明，增温促进针茅植物的光合作用和株高生长，但会降低针茅植物的生物量。温度变化改变针茅植物的物候进程，物种之间的反应存在差异。值得注意的是，关于针茅植物对温度变化的响应已有大量研究，但温度与降水等因子的交互作用以及因子的梯度设计均存在需要优化的地方。未来应该在已有研究的基础上，加大研究影响因子变化的梯度范围，并考虑各因子间的协同作用，选取敏感性指标，综合分析全球温度变化影响下各针茅植物乃至所有植物的变化，包括影响程度、影响时间、影响的持续性和可逆性等；揭示全球温度变化对草原植物结构与功能的影响过程与控制机制，探讨草原植物对全球变化的自适应程度、变化阈值及其脆弱程度。

对青藏高原高寒草甸植物群落来说，温度是其平均萌发时间和种间变异重要的影响因素。当萌发温度升高时，大多数高寒草甸常见植物表现出平均萌发率增加、平均萌发时间缩短的特点。5 ℃/25 ℃、10 ℃/20 ℃、10 ℃/25 ℃模拟升温处理下的平均萌发率比 5 ℃/20 ℃（模拟自然生境）分别增加 5.89％、2.29％和 2.37％，且 5 ℃/25 ℃、10 ℃/20 ℃、10 ℃/25 ℃处理下的平均萌发时间比5 ℃/20 ℃分别缩短 0.56 d、2.39 d 和 2.11 d。其中，菊科和禾本科植物在温度条件变化时萌发率的变异最小，表现出稳定萌发对策，表明菊科和禾本科物种在更新阶段就已经具有竞争上的优势，这也可能是青藏高原高寒草甸植物群落中禾本科和菊科物种占据优势地位的原因之一。紫花针茅种子适宜的萌发温度范围为 15～25 ℃，低于 10 ℃或高于 30 ℃都会抑制种子的萌发；与恒温条件相比，变温条件不能起到促进紫花针茅种子萌发的作用。

对阿尔卑斯高山草地的研究表明，在热浪和干旱同时存在的条件下，草地植物发生褐变，生产力降低。此外，高山草地对热浪（包括干旱和非干旱）的即时反应与温带草原基本一致，但在应对长期的极端环境时，由于高山草地生长季较短，两种草原会产生不同的响应。

拟南芥（*Arabidopsis thaliana*）是一年生草本，由于植株小、自花授粉、结子多、基因高度纯合、基因组小，用理化因素处理后的突变率很高，容易获得各种代谢功能的缺陷型，被科学家誉为植物中的果蝇。因此，关于植物抗性或耐受性的前沿研究主要集中在拟南芥上。植物激素茉莉酸调控拟南芥的抗冻害反应，外源施加茉莉酸可显著提高植物的组成型及冷驯化诱导的抗冻能力；相反，阻断植物内源茉莉酸的合成及信号转导，导致植物对冻害敏感，表现为存活率低及电导率高。植物在适应多变环境条件的过程中，进化出精细的遗传学和表观遗传学调控系统，对日常以及季节性温度变化进行快速和可逆的响应。有研究表明，温度由 22 ℃升高到 30 ℃时，拟南芥中转基因诱导的转录后基因沉默（post-transcriptional gene silencing, PTGS）受到了有效抑制，这种加热诱导的 PTGS 释放表现出跨代的表观遗传特性，并且发生在形成 dsRNA 并产生 siRNAs 的关键步骤。

第四节　水的生态作用与草地植物的生态适应

我国温带草原面积广阔，是世界最大的草地生物区系欧亚大陆草原的典型植被代表，在区域和全球碳循环中起着重要作用。由于我国降水季节和地域分布极不均匀，水资源短缺日趋明显，土壤有效含水量逐年减少，必将影响植物个体的生长、发育和繁殖以及陆地生态系统的分布和生产力。

一、水的功能

水是生物体的组成成分，是生命现象的基础，没有水就没有生命活动。植物体的含水量一般为60％～80％，有些水生生物的含水量可达 90％以上，而在干旱环境中生长的地衣、卷柏和有些苔藓植物的含水量仅为 6％左右。

水是很好的溶剂，对许多化合物有溶解和电离作用，许多化学元素都是在水溶液的状态下被生物吸收和利用的。水是生物新陈代谢的直接参与者，是光合作用的原料。此外，水有较大的比热容，当环境温度剧烈变动时，水可以发挥缓和调节温度的作用；水能维持细胞的紧张度，使生物保持一定的状态，维持正常的生命体征。

此外，土壤水分也是限制植物光合速率的主要因子之一，土壤水分与植物的关系也是生态学界研究的热点之一。土壤水分过高和过低都会对植物的光合生理、形态结构等各方面产生影响。水分胁迫会破坏植物水分吸收和散失的平衡，影响植物的正常生理活动，特别是引起光合代谢紊乱，如导致植物色素间的转化以致氧化降解、光合作用原初反应过程受抑等，使植物光合作用下降，加速叶片枯萎脱落。

水分亏缺制约植物生长。在干旱胁迫下，植物体内会主动积累游离脯氨酸进行渗透调节；植物幼苗生长受到抑制，植物的净光合速率和蒸腾速率降低，叶绿素含量降低，植物器官遭受损伤等。陈丹等的研究表明，CO_2 浓度升高可以部分缓解水分胁迫所造成的氧化损伤，增强植物的抗旱能力。

二、水分胁迫下的气孔运动

干旱条件下植物气孔运动有 2 个特点：①叶子气孔关闭先于叶子萎蔫；②植株解除干旱胁迫后，气孔导性的恢复要迟于叶子水势和膨压的恢复，甚至在叶子膨压完全恢复后，气孔导性也不会完全恢复。

在受旱植株解除干旱胁迫后，其光合作用速率短时间内仍会处于较低水平。目前关于干旱胁迫下气孔运动的调控理论主要有 2 种：一种是传统的水力学控制理论，另一种是化学信号控制理论。水力学控制理论认为植物体内具有高度发达的水分运输系统，在正常情况下植物的维管组织构成了一个运输速度快、效率高、阻力小的水链系统。在这一系统中，从根到叶的水势逐渐降低，叶片不断失水，根则不断吸水，使植物体维持一定的水势差。土壤干旱时，根水势降低，对地上部分的水分供应减少，根-叶水链系统内的水力特征改变，从而引起植物的系统反应——气孔关闭。化学信号控制理论认为植物受到干旱时，根系作为土壤干旱的感受器而感受到干旱，并随之产生某种化学物质，随水流转运到叶片上的气孔复合体而关闭气孔。Zhang 等的大量实验发现内源激素 ABA（脱落酸）会在水分胁迫下大量积累，且能降低气孔导度，从而抑制植物生长，因而把 ABA 当作一种化学信号物质，但 ABA 也并不是唯一的化学信号物质。

三、水与光合作用

干旱使植物光合作用降低的原因主要有 2 个方面：①气孔关闭的间接影响和对叶肉细胞光合活性的直接影响，即气孔因素和非气孔因素；②不管是气孔因素还是非气孔因素的限制，通常的判断依据是胞间 CO_2 浓度（ci）和气孔限制值（$L = 1 - A/A_0$，A 为有气孔阻力时的光合速率，A_0 为气孔阻力为 0 时的光合速率）。若胞间 CO_2 浓度降低、气孔限制值升高，则表明光合速率的降低是由于气孔因素的限制；相反，当光合速率的降低伴随着胞间 CO_2 浓度的升高时，光合速率降低的主要原因是非气孔因素。

涝害对植物光合作用的影响如下：土壤淹水后，不耐涝植物的光合速率迅速下降，淹水初期光合作用下降的原因主要是气孔关闭，造成 CO_2 扩散时气孔阻力增加；随淹水时间的延长，羧化酶活性逐渐降低，叶绿素含量下降，叶片早衰脱落。土壤淹水不仅降低了光合速率，还减慢了光合产物的运输。在水涝条件下，由于根系缺氧导致叶片气孔关闭，增加了 CO_2 向叶片扩散的阻力，继而影响光合相关酶类的活性，同时使植物合成叶绿素的能力降低，导致绿色面积减少直至植物死亡。

四、水与呼吸作用

干旱胁迫条件下，植物的呼吸作用呈先升高后降低的趋势。干旱对呼吸作用的影响比对光合作用的要小。一般认为，轻度干旱使植物叶、茎及整株呼吸速率升高，然后随着胁迫程度的增大而逐渐降低。根系呼吸对干旱的敏感性大于地上部分。涝害胁迫后，植物无氧呼吸加强，ATP（腺苷三磷酸）合成减少，积累大量的丙酮酸、乙醇和乳酸等无氧呼吸产物。研究表明，许多植物被淹时，苹果酸脱氢酶（有氧呼吸）含量降低，乙醇脱氢酶和乳酸脱氢酶（无氧呼吸）含量上升。

五、植物对水分的适应

植物的蒸腾作用对水的需求极大。植物每生产 1 g 干物质约需 500 g 水，一生中大约要散失掉自身重量 100 倍的水分。通常，陆生植物吸收的水约有 99% 用于其蒸腾作用，而只有 1% 贮存在体内。所以，只有外界环境中有充足的水分供给，才能保证陆生植物的正常生活。当然，不同类群的植物对水分的需求量是完全不同的。一般来说，光合效率高的植物（如 C_4 植物）需水量偏低。植物在得水（根吸水）和失水（叶蒸腾）之间保持平衡，才能维持其正常生活。生活在不同环境中的陆生植物由于水的供给情况和潮湿状态的不同可分为四大类型：水生植物、湿生植物、中生植物与旱生植物，它们各自都形成了自身的适应特征。草原上的植物多为旱生植物，降雨多的地带、河流、湖泊附近会有一些水生植物、湿生植物、中生植物。

1. 水生植物　水环境中，水分充足、可以随意利用。然而，在淡水或咸淡水（如河流入海处）栖息地，水通过渗透作用从环境中进入植物体内，因而很多水生植物必须具备自动调节渗透压的能力，这经常是耗能的过程。生活在水里的植物常具有发达的通气系统、较强的柔韧性、较强的调节渗透压的能力、发达的无性繁殖能力和在弱光条件下进行光合作用等适应特点。水体中 O_2 的浓度大大低于空气中，水生植物对缺氧环境的适应之一就是在根、茎、叶内形成一套互相连接的通气系统，植物体内存在大量通气组织，使植物密度减小、漂浮能力增加。水生植物长期适应水中弱光及缺氧环境，叶片细而薄，大多数叶片表皮没有角质层和蜡质层，没有气孔和绒毛，因而没有蒸腾作用。水生植物又可分为沉水植物（如金鱼藻、狐尾藻、黑藻等）、挺水植物（如蒌蒿、蒲草、荸荠、莲、水芹、香蒲）和浮水植物（如浮萍、凤眼莲和眼子菜等）。

2. 湿生植物　生长在水分饱和的潮湿土壤上，不能忍受长时间缺水，抗旱能力小但抗涝性很强，根部通过通气组织和茎叶的通气组织相连接，以保证根的供氧。属于这一类的植物有秋海棠、水稻、灯芯草等。

3. 中生植物　在水分条件适中的环境中生长。它们是种类最多、分布最广的陆生植物，形成了一套保持水分平衡的结构与功能。如根系与输导组织比湿生植物发达，保证能吸收、供应更多的水分；叶片表面有角质层，栅栏组织较整齐，防止蒸腾的能力比湿生植物高。

4. 旱生植物　可耐受较强和较长时间干旱的植物。植物适应旱生条件的主要方式有：①通过降低水势和扩大根系来提高从土壤中吸收水分的能力。②及时关闭气孔以减少水分的散失，利用角质层防止水分蒸发，同时缩小蒸腾面积。③在植物体内贮存水分并提高疏导能力。因此，旱生植物具有如下特征：渗透压高、根系发达和叶器官退化不发达。就其形态而言，旱生植物可分为少浆液植物和多浆液植物。少浆液植物叶面积缩小、卷曲，植物体含水量小，原生质渗透压高，根系发达。多浆液植物叶片大多数退化成鳞片状，而由绿色茎代行光合作用，植物体肉质体内具有发达的贮水组织。根据其抗干旱的能力，还可将其划分为：①广（典型）旱生植物，为广泛分布在半干旱地区的草原植物。如大针茅、克氏针茅、糙隐子草、冷蒿等。②强旱生植物，该类植物的抗旱能力稍强于广旱生植物，主要分布于草原区向更干旱的荒漠区的过渡地区，如石生针茅、戈壁针茅、无芒隐子草、兔唇花和内蒙古旱蒿等。③超旱生植物，集中分布在极干旱的荒漠区，是一些抗旱能力最强的旱生植物，它们大多是灌木或半灌木，如霸王、木本猪毛菜、红砂和骆驼刺等。

六、水分对草地植物的影响

草原植物生产力和水分之间的相关性非常大，因为水既是植物细胞的组成要素，又是光合作用的底物，草原分布的干旱地区，初级生产力随水分的增加有近似直线的增长趋势。有些植物显示出低的生产力，它们的特征表现为潜在的蒸发蒸腾量远大于降水量，也就是说，干旱是造成低生产力的关键因素。

干旱是一种严重缺水现象，分为土壤干旱和大气干旱。大气干旱的特征是温度高而空气的相对湿度低（10%～20%），它会使植物的蒸腾大于吸水，破坏植物的水分平衡。大气干旱如果长期存在，便会引起土壤干旱。土壤干旱是指土壤中缺乏植物能够吸收的水分，土壤干旱时植物生长困难甚至停止，受害程度比大气干旱严重。在自然条件下，干旱常伴随高温发生，所以植物的抗旱与抗热常有密切关系。从广义上说，植物的抗旱性应包括抗脱水的能力（狭义的抗旱性）和抗高温伤害的能力（抗热性）。

（一）旱害对植物的危害

旱害主要由大气干旱和土壤干旱引起，破坏植物体内的生理活动和水分平衡。轻则使植物生殖生长受阻、产品品质下降、抗病虫害能力减弱，重则导致植物长期处于萎蔫状态而死亡。

植物抗旱能力的大小主要取决于形态和生理 2 个方面。①减弱各种生理过程。干旱时气孔关闭，降低蒸腾降温作用，引起叶温的升高，使叶片光合速率降低并扰乱氮的代谢，从而损伤细胞膜。研究表明，当叶片失水过多时，原生质脱水，叶绿体受损伤和气孔关闭，抑制光合作用。同时抑制叶绿素的形成以致减少叶绿体碳的固定。但呼吸作用反因细胞失水而加强，这是由于叶片积累较多的可溶性糖等呼吸基质。可是干旱呼吸所释放的能量并非都被用在生长和生物合成等方面，因为干旱时腺苷三磷酸酶的活性增强，破坏了腺苷三磷酸的转化循环，因此，干旱对植物的生长危害很大。②引起植物体内各部分水分的重新分配。干旱时，不同器官和不同组织间的水分按各部位的水势大小重新分配，从水势高的部位向水势低的部位流动。植物萎蔫会引起幼叶和老叶间水分的重新分配，幼叶在干旱时向老叶夺水，促使老叶死亡，以致减少了进行光合作用的有效叶面积，更重要的是，处于胚胎状态的组织受到的危害最大，当植物体内的水分不足时，这些部位细胞内的水分会被分配到成熟部位的细胞中去。③影响植物产品的质量。干旱会使植株生长减弱，使最大叶面积、比叶面积（叶单面面积与其干重之比）、叶面积的生长率、叶片数量和生物产量都显著降低，使植物的生物量向根部的分配增加，阻碍地上部的生长。

（二）植物旱害的内在原因

植物的水分状况是由吸收与蒸腾两方面决定的。吸收太少或蒸腾太多，都会发生水分亏缺而使植物受害。植物的含水量在特定的时间里，用水分饱和亏（WSD）表示植物组织实际含水量与完全饱和状态下含水量相比所缺少的水分，可以用下列公式来表示：

$$WSD = 1 - RWC$$

式中，RWC 为相对含水量（relative water content）：

$$RWC = （实际含水量/饱和含水量）\times 100\%$$

植物组织含水量降低到产生不可恢复的永久性伤害时的水分饱和亏称为临界饱和亏。相对含水量和水分饱和亏可作为比较植物保水能力及推算需水程度的指标。当水分不足时，植物细胞失去膨压，光合作用降低，代谢作用减弱。严重缺水时，植物代谢紊乱，植株死亡。植物所需的水分主要通过根系从土壤中被吸收，当土壤中的水分下降到萎蔫系数以下时，轻则暂时萎蔫，重则永久萎蔫以致枯死。究其内在原因，主要包括以下 4 个方面：①合成酶活性降低和分解酶活性加强。由于干旱破坏原生质的结构，影响酶的活动过程，当植物缺水时，由于合成酶活性降低，不能形成植物生长必需的物质，植物生长减慢甚至停止，而分解酶活性增强，使植物体内蛋白质降解为酰胺、氨基酸等。②蛋白质代谢的改变。试验表明，干旱使植物体内蛋白质的合成过程受阻，使分解过程有所加强。植物刚发生萎蔫时，还存在蛋白质的合成，随着进一步脱水，合成作用被水解作用代替，形成氨基酸，其中脯氨酸增加得最多，这种增加，以抗旱品种或抗旱类型更为显著。游离脯氨酸积累与原生质体保水力的大小密切相关。在不利条件下游离脯氨酸对植物有保护作用，这种保护作用与脯氨酸有强的亲水性、能稳定胶体特性有关，同时它还可作为氧化-还原过程的活化剂。在干旱时，生成脯氨酸也是消除氨毒害的有效途径之一。因此，有人认为游离脯氨酸的多少可以作为植物抗旱性的主要指标，也可以用来鉴定盐碱土上植物遭受生理干旱的程度。③能量代谢的破坏。干旱能使植物体内能量代谢紊乱、呼吸过程中能量利用率降低，因而出现植株生长和生物合成减弱、原生质结构破坏、物质吸收和运输受阻、光合作用下降等情况。④活细胞结构的伤害。有人认为干旱伤害活细胞是由于机械损失，活细胞失水时，细胞壁和原生质体都将收缩，不过由于细胞壁有弹性，收缩的程度往往比原生质体小，细胞壁较坚硬的细胞更是如此。因此，当细胞壁收缩停止，而原生质体仍继续收缩时，就会出现原生质体脱离细胞壁被拉破的现象。如果细胞壁薄而柔软，它将和原生质一道被牵引内向收缩，整个细胞壁皱成团，此时还不至于发生伤害，可是当细胞再度吸水时，尤其是骤然大量吸水时，由于细胞壁吸水膨胀的速度远远超过原生质体，因而出现细胞壁撕破原生质的后果。一旦原生质结构被破坏，活细胞将死亡。

（三）植物对干旱的生态适应

由于干旱对植物的危害是多方面的，因此植物对干旱的生态适应和抵抗能力也是多种多样的。有些草种会趁着雨季迅速地完成其短暂的生活周期，很少处于严重逆境中，以避免干旱的影响。在干旱地区经长期适应形成的旱生植物具有明显的旱生结构，如缩小植物体的表面，减少蒸腾表面积进而减少蒸腾量，降低冠根比，减少细胞的体积，使气孔变小而向表皮内凹陷，角质层发达，叶片肉质化和保水力强等。旱生结构使植物在干旱条件下能保持高的吸水、保水能力，减少水分的散失，从而调节了植物体内的水分平衡，这是在特殊生态条件下植物对干旱的适应性。中生植物的生态适应也有类似的变化。少数肉质植物具有大型蓄水器官，起到了水分贮藏的作用。在干燥土壤中，植物具有发达的深根系，主根可达几米或几十米，侧根扩展范围很广，有的植物根毛发达，可充分增加吸水面积。例如沙漠中的骆驼刺（旱生植物），地上部分只有几厘米，根深达 15 m，扩展的范围达 623 m^2。而在潮湿的土壤中，根系生长缓慢，根冠比小，根系趋向分布在土表层，根毛减少。植物在生理上对干旱的适应表现在：当水分供应不足时，^{14}C 进入半纤维素（以多缩戊糖为主）和纤维素内，植物体内的半纤维素和纤维素的增加导致旱生结构的形成。淀粉转化为糖，以提高细胞的渗透压和吸水保水能力。在缺水时，蛋白质水解，脯氨酸含量大大增加，有利于植物抗旱，有些研究发现干旱时，抗旱植物核酸代谢较稳定，因此能保持蛋白质合成有较高的水平。在干旱时，内源激素脱落酸可导致气孔关闭，抗旱植物含有大量脱落酸，萎蔫 4 h 的小麦植物体中脱落酸的含量可增加 40 倍。脱落酸的效力是可逆的，当水分供应充足时，激素降到正常水平，说明在萎蔫条件下产生的脱落酸并未脱离，代之以不活泼的形式贮存于叶中；水势改变时，可再作用于植物。植物的需水量相当大，缺水将严重影响植物的生长发育。在长期的进化过程中，植物通过体内水分平衡即根系吸收水和叶片蒸腾水之间的平衡来适应周围的水环境。如气孔能够自动开关，水分充足时气孔张开以保证气体交换，缺水干旱时便关闭以减少水分的散失。有些植物表皮生有一层厚厚的蜡质表皮可减少水分的蒸发。有些植物的气孔深陷在叶内，有助于减少失水。有很多植物靠光合作用的生化途径适应快速摄取 CO_2，这样可使交换一定量气体所需的时间减少；或把 CO_2 以改变了的化学形式贮存起来，以便在晚上进行气体交换，此时温度较低，蒸发失水的压力较小。一般而言，在低温地区和低温季节，植物吸水量和蒸腾量小，生长缓慢；反之亦然，此时必须供应更多的水才能满足植物对水的需求和获得较高的产量。

第五节　土壤的生态作用与草地植物的生态适应

土壤是植物生存的重要生态环境。它不仅提供了植物（除少数水生植物和寄生植物）生长发育所必需的水分、养料、温度和空气，还与植物生命活动所需要的各种矿质元素的吸收和运输密不可分。在不同类型的土壤中生长的植物，由于长期适应，可以产生相应的植物生态类型，并且植物对土壤因子的变化可以做出不同的反应和适应，同时植物对受污染的土壤具有改造和修复的能力。

一、土壤的功能与植物的适应

（一）土壤类型与植物的关系

常见的土壤类型有盐碱土、沙土、酸性土和钙质土。由于植物长期适应不同的土壤类型，故而产生了相应的植物生态类型。例如，盐碱地环境里生长的是盐土植物（如盐角草、柽柳等）和碱土植物（如碱蓬、碱地风毛菊等）；酸性环境中生长的是酸性土植物（如杜鹃、油茶等）；钙质土环境中生长的则是钙土植物（如枸杞、凤尾蕨等）。

1. 盐碱土植物　盐碱土是盐土和碱土的总称。所谓盐土，是指土壤中可溶性盐含量达到土重1%以上的土壤，有的可溶性盐含量可达3%以上。土壤含盐量在0.2%以下，对植物无影响；在0.2%～0.5%仅对幼苗有危害；在0.5%～1.0%，大多数植物不能生长，只有一些耐盐性强的植物可以生长；在1%以上，则只有特殊适应盐土的植物才能生长。根据植物抗盐能力的强弱可将其分为聚盐性植物、泌盐性植物、不透盐性植物。聚盐性植物：植物原生质对盐的抗性强，有极高的渗透压，能从土壤里吸收大量的可溶性盐类，并把这些盐类积聚在体内而不受其伤害，如碱蓬、滨藜。泌盐性植物：根细胞对盐类的透过性很大，但是根细胞吸收进体内的盐分不积累在体内，而是通过茎、叶表面上密布的分泌腺把吸收的过多盐分排出体外，如柽柳、大米草、补血草。不透盐性植物：植物细胞的渗透压也很高，根细胞对盐类的透过性非常小，几乎不吸收或很少吸收土壤中的盐类，如蒿属、碱菀、盐地风毛菊。

盐土和碱土对植物有以下几个方面的影响：①盐分浓度过高，植物的根或种子均不能在土壤盐溶液中吸取足够的水分，甚至细胞中的水分还向盐溶液中倒渗，引起植物生理干旱而枯萎死亡；②直接伤害植物组织，尤其是碳酸钠和碳酸钾常常引起植物死亡；③盐分浓度过高，使原生质受害、蛋白质合成受损，导致含氮中间产物积累，出现自身中毒现象；④高盐浓度下，气孔不能关闭，植物枯萎死亡；⑤碱土的碱性过大，破坏土壤结构，使植物无法生存。

2. 沙土植物　在荒漠、半荒漠海滨及草原分布的地带性或非地带性沙丘，由于具有温度变化剧烈、基质贫瘠、流动性大、表层干旱等特点而限制了许多植物的生长和分布，只有那些具有特殊适应能力的植物才能在这样的生境中生存和发展，这类植物通常被称为沙土植物。沙土植物被沙埋没时能在被沙埋没的基干上长出不定根，也能在暴露的根系上长出不定芽。沙土植物的根系特别发达，水平根和根状茎有的可以长达几米、十几米或二十几米以上，紧附着沙土。因此，利用沙土植物固沙和改造沙生生境的特点是治理沙地最有效的办法，例如用沙竹、沙米、沙拐枣、籽蒿等来固定流动沙丘，这些植物借助其强大的根系固着沙丘，减少沙的流动性，使流动沙丘逐渐转变为半固定或固定沙丘；再在其上种植油蒿、沙棘、花棒等以进一步固定沙丘，其枯枝落叶增加了沙丘有机质并提高了沙丘蓄水和保水的能力。当这些植物形成郁闭树冠时，这种植物小环境更起到了改变沙地气候的作用。

3. 酸性土植物　这一类植物能生长在酸性土壤中，即生长在缺钙、多铁铝的环境里，所以又称为非钙植物。在土壤缺钙的情况下，土壤坚实、通气不良、易缺水、温度较低，土壤呈酸性或强酸性。越橘、杜鹃、茶、马尾松、芒萁以及许多兰科及酸沼中的植物是典型的酸性土植物。一般而言，这类植物在钙土中是不能生长的。

4. 钙土植物　钙土植物是与酸性土植物相对而言的，两者对土壤钙盐的要求是两个极端。钙土植物只有在含钙丰富的石灰性土壤中才能生长，所以又称喜钙植物。石灰性土壤的特点主要是富含碳酸钙，土壤呈碱性反应。钙对植物的生态作用在于钙直接影响植物的代谢，同时钙对土壤的物理结构、化学反应、营养状况以及土壤微生物产生影响。南天竹、柏、西伯利亚落叶松等都是著名的钙土植物，蜈蚣草、铁线蕨、野花椒、黄连木等亦属此类。

（二）土壤肥力与植物的关系

土壤肥力是土壤最本质的特征，通常说土壤肥瘦、好坏主要是指土壤肥力的高低。土壤中有机质和氮（N）、磷（P）、钾（K）等的含量反映了土壤肥力的高低及供肥潜力，与植物生长和繁育有着最直接的关系：①土壤缺氮，可降低植物地上部分的生物量或产量，而提高其根系活力；氮增加可促进植物的营养生长，但氮肥过多则会引起植物疯长。②土壤缺磷，植物长势弱，植株瘦小，开花结实也受到影响；磷肥增加促进植物的生殖生长。③土壤缺钾，植株下部的叶片变黄，边缘干枯、焦枯，甚至叶片枯死，除生长点的嫩叶外，其他叶片均会受到影响；钾过量时会造成镁元素的缺乏或盐分中毒，影响新细胞的形成，导致植株生长点发育不完全、近新叶的叶尖及叶缘枯死。

（三）土壤酸碱度与植物的关系

土壤酸碱度是指土壤溶液的酸性和碱性，常用 pH 来表示。土壤过酸或过碱都会引起植物蛋白质的变性和酶活性的降低而使植物死亡。土壤酸碱度影响无机盐分的溶解而间接影响植物的营养。此外，土壤酸碱性还影响微生物的活动。通常硝化细菌和好气性固氮细菌不能在酸性较大的土壤里共存，所以酸性反应不利于硝化作用，许多豆科植物的根瘤菌也会因土壤酸性增加而死亡，自生固氮菌在土壤 pH 为 4.5～5.0 时虽可生存，但实际上已失去了固定分子氮的能力。因此，植物不能在过酸或过碱的土壤中生长，一般植物能生长的土壤酸度范围在 3.5～9.0，最适宜的范围在 5.0～8.0。

（四）土壤微生物与植物的关系

微生物是生态系统中的分解者或还原者，它们分解有机质，活化养分，促进养分循环。土壤中微生物的数量非常庞大，据计算，在 1 g 土壤中，微生物的数目可达数千万个乃至数十亿个；微生物种类也相当复杂，主要有细菌、放线菌、真菌、藻类等。

1. 细菌　细菌在土壤中数量最多，占到土壤微生物的 70％以上，按营养类型分为自养和异养两类。

（1）自养细菌：自养细菌以 CO_2 为碳源，通过生物氧化过程促进养分的转化或消除还原性有毒物质在土壤中的积累，如硝化细菌将氨化作用产生的氨或铵盐氧化为亚硝酸盐或硝酸盐。

（2）异养细菌：异养细菌靠分解土壤中的有机物获得能量和营养，并释放 CO_2 和矿物质（如氮、磷、钾等），占土壤细菌的大多数。

2. 真菌　土壤真菌为多细胞微生物，异养，而且是好气性类型，主要集中在土壤表层，耐酸和耐低温能力较强，分解植物残体的能力也很强，如腐生真菌可从植物残体上获取营养，共生真菌可与植物形成菌根。

3. 放线菌　土壤放线菌是单细胞微生物，介于细菌和真菌之间，是好气性的土壤微生物，以分解有机物为主，分解纤维素和含氮有机物的能力较强；放线菌对营养要求不严格，耐干旱和高温，最适 pH 为 6.0～7.5，能在碱性环境中活动，对酸性环境敏感。

4. 藻类　土壤藻类是含有叶绿素的低等植物，主要分布在光照和水分充足的环境中，主要有蓝藻、绿藻和硅藻。

土壤微生物的作用非常大，除了担当物质循环中的还原者外，固氮菌能把土壤中游离的 80％以上的氮分子固定为植物肥料，有的植物没有真菌（菌根）的共生便不能生存。此外，微生物生命活动中产生的有机酸、生长素、氨基酸等可成为植物的营养物质；有些微生物所合成的胡敏酸、吲哚乙酸以及其他生长刺激物质对植物的生长可产生明显的刺激作用；有些细菌可将硫化氢、甲烷等有毒气体氧化成无毒的物质。

二、土壤污染与植物修复

（一）土壤污染及其危害

随着社会的发展和人类活动的加剧，土壤污染成为日益严峻的环境问题。目前，土壤污染主要有以下几种。

1. 重金属污染　重金属污染指由重金属单质或其化合物造成的环境污染，其危害程度取决于重金属在环境、生物体中存在的浓度和化学形态。重金属元素主要有铜（Cu）、锌（Zn）、铬（Cr）、镉

（Cd）、铅（Pb）、汞（Hg）、钴（Co）、砷（As）和镍（Ni）等，其中需要重点控制铜（Cu）、镉（Cd）、铅（Pb）、汞（Hg）、钴（Co）等重金属的污染。

2. 石油污染　石油进入土壤环境后，显著改变土壤的理化性质。石油的黏度较高，大量的石油会将土壤颗粒聚合成较为致密的片层状或团状结构体，降低了土壤的孔隙度，增加了土壤的渗透阻力和疏水性。石油污染导致土壤有机质含量、有机碳含量和水溶性有机碳含量增加，总氮、总磷、有效氮、有效磷、交换性阳离子含量降低，碳氮比、碳磷比增加。另外，石油污染也导致土壤微生物总量和以石油烃为碳源的烃降解菌等异养微生物的数量增加。

3. 酸沉降　酸沉降进入土壤可对土壤化学性质产生影响，如土壤 pH 下降、土壤盐基淋失、盐基饱和度下降、铝的活性增加等。土壤化学性质的变化间接导致植物营养不良、根部受毒害，并通过对土壤微生物固氮作用的影响改变土壤氮水平，抑制植物生长。

20 世纪 70—80 年代，在联邦德国、瑞士、奥地利、意大利、荷兰、法国等欧洲国家以及美国、加拿大所在的北美部分地区都有酸沉降导致的不同程度的森林衰亡现象，表现为林冠稀疏、大量叶片发黄、幼树叶片掉落等，甚至是树木死亡。我国酸雨影响较严重的地区是西南和中部地区，北方地区的酸沉降问题也日渐突出。

4. 生物入侵　外来物种的入侵或者本地物种的扩张也会对土壤产生影响，进而影响本地植被。例如，肖博的研究表明，紫茎泽兰入侵对土壤理化特性、土壤微生物群落结构与功能产生明显影响，紫茎泽兰入侵后改变了土壤微生物群落（尤其是特定功能微生物丛枝菌根真菌），进而促进了自身种子萌发且抑制了本地植物种子的萌发，从而增强了自身的竞争力；张玉娟对退化草原优势植物的研究表明，冷蒿和星毛委陵菜通过化感作用改变土壤的理化性质和微生物类群，增强了自身的竞争优势。

（二）植物修复

一般地，植物在进化过程中逐渐形成了对重金属的吸收、转运以及解毒机制，以降低植物细胞内的重金属浓度，避免过量积累而导致中毒。因此，可以通过植物的这种能力来减少重金属带来的土壤或环境污染问题。

如何净化被污染的土壤？除了消除污染源、调换已被污染的土壤，还可以利用植物对土壤中重金属元素或其他有毒元素的选择吸收。植物对元素具有选择吸收的能力，有的植物吸收和积蓄某种元素，有的则选择吸收另一种元素，有的植物甚至可以把某些稀有元素或者在土壤中含量极少的元素积累在植物体中，如蕨类植物中的禾秆蹄盖蕨（*Athyrium yokoscense*）能吸收镉，豆科紫云英（*Astragalus sinicus*）能积累硒，许多毛茛属及菊科植物体内积累有锂，松体内积蓄了铝，浮萍能积累金、镭等，植物的这种能力可以使其作为植物吸收和净化土壤污染的植物。

植物修复是利用植物的金属累积能力清除土壤或水体中的重金属元素和放射性元素的环境治理技术。植物修复金属污染的作用方式主要可以归纳为 3 种。

1. 植物吸收（phytoextraction）　植物吸收即利用植物的金属累积能力吸取土壤金属污染物进入植物体，通过收获植物体去除污染物。

2. 根际过滤（rhizofitration）　根际过滤是指借助植物羽状根系所具有的强烈吸持作用，从污水中吸收、浓集、沉淀去除金属或有机污染物。根际过滤是水体和湿地系统植物净化的重要作用方式。

3. 植物稳定作用（phytostabilization）　植物稳定作用是利用超累积植物或耐重金属植物降低重金属的生物有效性及重金属淋滤作用，采用重建植被的方法减轻风蚀、水蚀等水体流失作用强度，达到固定、隔绝、阻止重金属进入水体和环境的目的。

通过植物提取修复受污染土壤的基础是超积累植物，例如镉超富集植物是指植物叶片或地上部（干重）含镉达到 100 $\mu g/g$ 以上的植物。目前，筛选出的较好的镉超富集植物多为十字花科，其中印度芥菜（*Brassica junicea*）对镉有一定的忍耐和积累能力，而且生物量较大，吸收总镉量远高于遏蓝菜（*Thlaspi caerulescen*）；杨树净化镉污染的土壤，在一个生长期内可以使土壤镉含量减少0.6～1.2 mg/L。另有报道，东南景天（*Sedumal alfredii*）、宝山堇菜（*Viola baoshanensis*）等是镉超富集植物，红蓼、鬼针草、苋菜、铁角蕨、旱柳、苎麻以及一些藻类等对土壤镉有较强的适应和吸收积累能力。海州香薷（*Elsholtzia splendens*）、鸭跖草（*Commelina communis*）、蓖麻（*Ricinus communis*）等是目前国内研究较多的铜超富集植物，且其超富集效果较好；杨梅、鬼针草是铅超富集植物；牛膝菊、龙葵、碰碰香是修复重度钴污染土壤或水体的潜在植物；研究发现柳树的根部能积累大量的汞，Moreno 等利用人工诱导技术发现羽扇豆（*Lupinus micranthus*）和芥菜（*Brassica juncea*）在添加了人工诱导剂后，可以有效地吸收矿山尾渣中的汞。但迄今为止，尚未有关于汞的超富集植物的报道。

土壤仅是影响植物的诸多因素中的一种，影响植物的因素还有光照、空气、水分、温度等重要生态因子。因此，在研究中，我们既要注意把各个因子综合起来，又要全力找出一定条件下的主导因子，从而为采取相应的管理措施提供依据，这是植物生态研究的一个重要方面。

复 习 思 考 题

1. 环境因子如何影响草地植物个体？
2. 环境因子与植物个体的相互关系在生态学中的意义是什么？
3. 植物光合作用在生态学中发挥的重要作用有哪些？
4. 水分在草地植物的生态适应中发挥的作用有哪些？
5. 土壤为植物生长提供了哪些基质？
6. 植被在土壤污染中起到了哪些关键作用？
7. 除了光照、温度、水分、土壤之外，哪些环境因子还与草地植物个体有关？

第三章

草地植物种群生态学

第一节　草地植物种群的概念

植物种群（plant population）是指特定时间内，分布在同一区域的同种植物个体构成的生物群体，它们具有共享同一基因库或存在潜在随机交配能力的独特性质。草地植物种群是指在一定草地区域中分布的同种植物个体的集合。在自然界中，种群是物种存在的基本单位、繁殖单位和物种进化单位。一个物种通常可以包括许多种群，不同种群之间存在着明显的空间隔离，长期隔离的结果有可能发展为不同的生态型、生态种、亚种，甚至产生新的物种。

1874 年，第一位从事植物种群研究的著名植物学家 Nageli 发表了第一篇植物种群论文，从出生率、死亡率、迁入率、迁出率、指数增长、群集过程以及过量繁殖的压力等方面阐述了种群数量动态，强调了研究种群数量和动态的重要性。但是，长期以来植物种群研究远远落后于动物种群研究，甚至一度中断。直到 21 世纪 70 年代，森林和大田作物等应用生态学研究中涉及的种子数目、单作、混播、播种密度、病虫害等问题都与经济产量密切相关，这成为植物种群生态学的历史基础。这一时期，植物种群学研究有了较大进展，尤其是英国学者 Harper 从 20 世纪 50 年代以来开展了大量的研究工作，他的《植物生态学的达尔文方法》强调了以植物种群数量统计和进化论为基础的植物种群研究，而他的《植物种群生物学》则是一部较经典的全面的植物种群学巨著，奠定了植物种群学的基础。后来，Harper 讨论了生态学研究中有机体的概念和整体方法，提倡首先研究群落或生态系统的基本组成成分种群，然后把各个部分按各种水平组合成整体，达到理解和预测群落或生态系统行为的目的，开创了在种群水平上进行群落和生态系统研究的新局面。

虽然我国植物种群学的研究开展较迟，但日益受到重视。20 世纪 50—60 年代，曲仲湘等和张宏达等关于森林树种林木结构的分析，殷宏章等关于稻、麦的群体结构和群体生理的研究，丁颖关于水稻生态型的研究应是我国有关植物种群研究较早的论述。《植物生态型学》是我国有关植物种群内容的最早的专著。仲崇信等从 20 世纪 60 年代开始的关于大米草（*Spartina anglica*）的长期研究，为开拓我国植物种群实验研究作出了贡献。20 世纪 70 年代末至 80 年代初期，《种内生态学五十年》《种群生物学》《种群格局》等和作者的讲学活动，以及云南大学的《植物生态学》把植物种群生态正式列入教材和日益频繁的对外交流中，极大地推动了我国植物种群学的教学和研究。

第二节　草地植物种群的一般特征

一、草地植物种群的空间特征

（一）草地植物种群的空间分布

任何植物种群的密度在自然环境中都有很大差异，有的植物可密集生长在一起，有的植物却很稀疏；但任何植物都以种群的形式存在，不可能只有一株。草地植物种群具有一定的分布区域、分布形式和空间等级。

生物的分布取决于生态条件、分类群的移动性、历史上的气候因素和地质因素，以及人为破坏、干扰和利用等因素的综合作用，但主要取决于物种的进化历史。种的分布是在进化尺度上的种群适应过程。每个物种都有其特定的空间范围，即分布区（distribution range），这一分布区的形成，一方面是物种从散布中心或起源中心传播开来的结果，另一方面也是散布的限制因子或生态障碍作用的结果。实际上，很少有一个物种的种群由一个孟德尔种群（Mendel population）组成，或由一个局域繁育种群（local breeding population）、同类群（deme）组成，即由每一世代都能完全随机交配的种群所组成。物种通常形成许多隔离的、位于分布区内的不同地段而缺乏基因交流的混交群，彼此之间在生态学、遗传学和形态学上存在一定的分化。根据种群间空间隔离的程度和基因交流的可能性，同一物种的种群可能有 3 种类型。

（1）同地种群（sympatric population）：占据相同的空间或重叠的空间，个体间存在交配的可能性。

（2）异地种群（allopatric population）：彼此相隔很远，不存在每个世代随机交配的可能性。

（3）邻接种群（parapatric population）：在空间上邻近或没有空间隔离，在接触区彼此间的交配是可能的。

种群分布可分为连续（continuous）和间断（disjunction）2 种极端类型，一般的种群分布则是处于两者之间的某种中间类型（图 3 - 1）。

线性模型　　　　　　　　岛屿模型　　　　　　　脚踏石模型

图 3 - 1　种群分布模型

（引自曹林奎，2011）

（1）连续分布：连续分布的种群在生境一致的广大空间分布，大片草原和森林的优势种类似于这种分布。连续分布有种特殊的情形，即连续的生境是呈线状分布的，称为线性模型（linear model），如河流、海岸等。在这种生境中，种群呈线状分布，但线状分布兼有不连续的特征，如同一水系上游地区不同支流的种群间是彼此隔离的。

（2）间隔分布：间隔的种群分布称为岛屿模型（island model）的分布，海岛上生长的植物、淡水湖泊中的水生植物都属于这种类型。另外，森林破坏后造成生境片段化，植物生长的有利生境被不利生境分割开来，也形成了彼此隔离的岛屿种群，如濒危植物银杉（*Cathaya argyrophylla*）分布在我国的亚热带山地，片段化十分严重，集中分布于八面山、大娄山、大瑶山和越城岭 4 个集结地，即使在每个集结地，银杉仍呈岛屿状分布，成为不同群落中的种群。

（3）踏脚石模型（stepping stone model）分布：线状分布与岛屿模型结合的种群分布形式称作踏脚石模型，生境兼有连续分布和间断分布的性质，在河漫滩或海岸沙滩上生长的植物，沿岸呈不连续的分布，但彼此间又能沿一定的狭窄通道相互联系，如垂柳（*Salix babylonica*）、红树（*Rhizophora apiculata*）、椰子（*Cocos nucifera*）等。我国西南的金沙江等河谷中存在间断性的干热河谷，其中出现的一些特殊植物种群亦呈踏脚石模型分布，如金沙江河谷中的栌菊木（*Nouelia insignis*）、攀枝花苏铁（*Cycas panzhihuaensis*）等。

（二）草地植物种群内个体的分布格局

在分布区内，个体也不一定是均匀一致地分布的。由于植物种群生长地的生物（物种特性、种内或种间关系）和非生物（如气候、地形、土壤条件等）因素间的相互作用，在一定的水平空间范围内种群个体扩散分布形成一定的形式，称为种群的空间分布型（spatial distribution），或称为种群的空间格局（spatial pattern）、社会性（sociability）、聚集（gregariousness）。植物种群的空间格局不但因种而异，而且同一个种在不同的发育阶段、不同的种群密度和生境条件下都有明显的区别。

1. 草地植物种群分布格局的类型　　种群的空间格局是在种群特性、种群关系和环境条件的综合作用下形成的种群空间特性，是种群在长期进化历程中形成的适应性，也是对现实环境波动的、适时的生态学反映。从理论上讲，种群内个体空间分布型有随机分布（random distribution）、均匀分布（uniform distribution）和集群分布（contagious distribution）3 种，集群分布又称核心分布（clumping distribution）或集聚分布（aggregated distribution）。Whittaker 提出第 4 种分布型，即嵌式分布（mosaic distribution）。

（1）随机分布：指种群个体的活动或生长位置完全由随机因素决定，个体间彼此独立生存，不受其他个体的干扰，一个个体的出现与其余个体无关，任何个体在某一位置上出现的概率相等。随机分布在自然条件下并不多见，只有在生境条件基本一致或者生境中的主导因素是随机分布的时候才会出现。

（2）均匀分布：个体间保持一定的平均距离，个体间形成等距的规则分布。在自然条件下均匀分布极其罕见。物种内的竞争导致种群的均匀分布格局经常出现在较稠密的种群中，均匀分布格局比随机分布格局更加均匀。竞争的个体间形成均匀相等的间隔，如领域性的生物通常表现为均匀分布。此外，地形或土壤等物理特征呈均匀分布时，优势种可能也呈均匀分布，自毒现象（autotoxin）等也能导致均匀分布。人工栽培的植物种群一般都是均匀分布的。

（3）集群分布：个体的分布很不均匀，常成群、成簇或成斑块地密集分布。集群分布是最为广泛的一种分布格局，在自然条件下，大多数植物种群都是集群分布的。蔓延的聚集性分布格局能够被异质性的环境、捕食压力、竞争和生殖类型解释，一个聚集性的杂草格局暗示着在草地的一些区域杂草密度相对于周边而言较高。

（4）嵌式分布：嵌式分布表现为种群簇生结合为许多小的集群，而这些集群又有规则地均匀分布。嵌式分布的形成原因与集群分布相同，原本属于集群分布的范畴，由 Whittaker 将其独立成为新的一类。

在青海省海北高寒草甸的矮生嵩草草甸中，陆国泉等对 5 个主要草本种群——矮生嵩草、双柱头蔍草（*Scirpus distigmaticus*）、垂穗披碱草、羊茅（*Festuca ovina*）、美丽风毛菊（*Saussurea pulchra*）的空间分布类型进行了研究，发现除美丽风毛菊随机分布外，其他 4 个优势种群都是聚集分布的，但是几个丛生的莎草、禾草的群聚小斑块的再分布则有随机分布的趋势。在自然界，天然植物种群随机分布比较少见，美丽风毛菊在矮生嵩草草甸中之所以会随机分布，是因为多年生的美丽风毛菊是借风力传布种子的，极少进行营养繁殖，几乎是单株生活，而且在种子萌发过程中会遭遇激烈的竞争。

2. 环境的同质性或异质性影响下的种群空间分布格局

（1）在斑块生境中，景观破碎化造成种群空间隔离，使原始种群破碎成若干个小种群或者局域种群（local population）。这种在空间上具有一定距离但彼此间通过扩散个体相互联系在一起的许多个局域种群的集合称为异质种群。在草地生态系统中也具有同样的种群空间分布格局。

（2）主要影响因素和分类：在这样的种群分布方式中，灭绝（extinction）和定居（colonization）或再定居（recolonization），以及内部各局部种群的大小和空间分布的影响起重要作用，因此常构成相对复杂的情况。

草地生态系统在环境的同质性或异质性影响下的种群空间分布特征，与生态系统中的异质种群具有相同的意义。如图 3-2 所示，Harrison 将异质种群分为以下 4 种类型：经典异质种群、大陆-岛屿异质种群、斑块异质种群和非平衡异质种群。其中，经典异质种群模型又称为标准异质种群模型，该模型没有考虑种群内部的动态变化，忽略了各斑块的空间格局，每个斑块上种群的灭绝和定居是随机的，在自然状况下较为少见，是一种比较理想的异质种群结构。以上4种异质种群结构之间的区别主要在于生境斑块面积的变化幅度和物种扩散能力2个方面。大陆-岛屿异质种群的生境斑块面积的变幅是最大的，斑块异质种群和非平衡异质种群生境斑块面积的变幅均较小；斑块异质种群的物种扩散能力强于大陆-岛屿异质种群，而大陆-岛屿异质种群的物种扩散能力又比非平衡异质种群强。

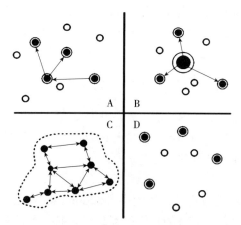

图3-2 不同异质种群类型中局部种群的空间分布

A. 经典异质种群 B. 大陆-岛屿异质种群 C. 斑块异质种群 D. 非平衡异质种群

圆圈代表生境斑块，实心表示已被占领，空心表示尚未被占领，箭头表示种群间的迁移

（引自陈小勇，2000）

（3）判定标准：在草地植物种群生态学研究中，异质种群的研究受种群生物学特征影响极大，大多数草地植物种群之间都会重叠分布，很难确定种群斑块的边界。因此，我们以经典异质种群为例，对于其判定标准一般有以下4点：①适宜的生境以离散斑块形式存在；②即使是最大的局域种群也有灭绝的风险（大陆-岛屿型复合种群基本不经历局部灭绝现象）；③生境斑块不能过于隔离而阻碍局域种群的建立；④各个局域种群的动态不能完全同步，否则异质种群会比灭绝风险最小的局域种群存在的时间更短。

在中国科学院内蒙古锡林郭勒盟草原生态系统定位站，杨持等对羊草群落的2个群丛中的8个主要种群——羽茅（*Achnatherum sibiricum*）、糙隐子草（*Cleistogenes squarrosa*）、落草（*Koeleria macrantha*）、柔毛蒿（*Artemisia pubescens*）、麻花头（*Klasea centauroides*）、小叶锦鸡儿（*Caragana microphylla*）、花苜蓿（*Medicago ruthenica*）、红柴胡（*Bupleurum scorzonerifolium*）、羊草（*Leymus chinensis*）进行调查发现，除红柴胡外，其他均属于集群分布，且各以不同大小的斑块彼此之间镶嵌分布，构成异质种群。

3. 草地植物种群分布格局的成因 植物种群生长地的生物学特性（物种特性、种内或种间关系）和非生物因素（气候因素、地形条件、土壤条件等）是影响草地植物种群分布格局的主要因素，表现在3个方面。

（1）草地植物的形态结构特点：种群的空间格局与该物种的生长习性和亲代的散布习性密切相关，这是由一个物种特有的内在适应性决定的，其中营养增殖、种子的质量和传播力是影响种群格局的重要因素。由于重力的作用，种子多散布在母树周围，种子萌发后往往形成集群分布的幼苗；而无性繁殖的植物，其个体的形态学特征影响着格局的尺度。

（2）生物之间的相互作用：各物种间存在着许多复杂的种间关系，导致内在的本质联系和过程更加复杂。假设一个物种的个体间相互吸引，就会出现聚集现象；个体间相互独立，就会出现随机分布现象；个体间相互排斥，就会出现均匀分布现象。物种的生物学特性影响种群个体的分布特征，进而影响种群的聚集度。例如，动物贮藏植物种子的行为就可能影响到植物后代种群的格局，被动物遗忘的植物种子在贮藏点萌发形成聚集的幼苗群；经鸟类传播种子的植物也可能形成类似的格局形式。植物种群的种间联结和种群间的排他行为，如他感作用（allelopathy）也是影响草地植物种群分布的重要因素。

（3）环境因素的配置：自然界中各种环境因素的分布并非均匀一致的，而是梯度变化的，特别是小地形、温度、湿度、光照、土壤厚度等小尺度生境条件的分异，对种群的空间格局有着显著的作用。种群因其自身的生物学适应范围随环境梯度变化而形成相应的分布格局。Harper 曾提到，在草地很湿的时候，牛蹄印对次年春天球根毛茛（*Ranunculus bulbosus*）的生长有明显的影响，虽然牛蹄印已消失不见，但球根毛茛的幼苗整齐地聚集生长在牛蹄印的轮廓里，这种条件下的牛蹄印轮廓称为安全岛（safety island）。

二、草地植物种群的数量特征

草地植物种群在单位面积上（空间内）有一定的个体数量，并随时间而发生变化。草地植物种群结构的要素是数量、密度、年龄等，即种群数量统计的基本参数，这些基本参数能从不同的侧面反映种群结构的历史和现状，并可预测种群的动态趋势。

（一）草地植物种群的数量

1. 草地植物种群的大小 草地植物种群的大小（population size）是指一定范围内某个种的个体总数。种群数量特征的变化取决于其成员的整体行为。在任何一个种群中，个体的差异始终存在，这是因为种群内的所有个体不可能生活在完全一致的局部小环境中。因此，种群的数量特征也存在着种群内的分化。个体的大小、个体间的邻接度、生境异质性、受遗传控制的发芽时间差异等都能影响种群内个体的表现与生活史，进而反映在种群的数量特征上。

2. 草地植物种群数量的变化 一般而言，种群数量因出生和迁入而增加，也因死亡和迁出而减少，随着时间的变化（t 到 $t+1$ 时刻），种群数量的改变量为

$$N_{t+1}-N_t=B+I-D-E$$

式中，B、I、D、E 分别是一段时间内种群的出生数、迁入数、死亡数和迁出数。

一般具有季节性生殖的种类，种群的最高数量常落在一年中最后一次繁殖之末，以后其繁殖停止，因种群只有死亡而无繁殖，故种群数量下降，直到下一年繁殖开始，这时是种群数量最低的时期。种群数量在不同年份的变化，有的具有规律性（称为周期性），有的则无规律性。在环境相对稳定的情况下，种子植物具有较稳定的数量变动。

（二）草地植物种群的密度及调查方法

1. 草地植物种群密度 草地植物种群密度（population density）是指单位面积或体积内种群的数量，其因环境条件和调查时间的不同而有差异。

种群密度可分为绝对密度和相对密度。绝对密度指单位面积（空间）中的植物个体数量。相对密度是衡量植物数量的相对指标。如对于某一条调查路线，可以用单位长度或单位时间内遇到的植物个体数作为种群密度指标；也可以用百分比表示，如某一种植物占全部物种的百分数就是相对密度。

2. 种群密度调查方法

（1）总体数量调查法：种群密度的调查可直接计数某个空间范围内种群的每个个体，由此得到该空间所有个体数（种群密度），此方法称为总体数量调查法，主要用于小空间范围、大个体生物的调查。其对于大面积调查存在局限性，需要花费大量的人力、物力和财力，因此较少被采用。

（2）样方调查法：大多数草地植物种群由于分布范围广或密度大，需要通过在种群分布区域选取有代表性的样方，计数一定样方数量的全部个体数，然后求平均数后估算种群整体，这一调查方法称为样方调查法，简称样方法。

样方法取样要符合统计学要求，并用数理统计法评估其变量和显著性。例如，假设在一个空间的

总体数量 N 中随机抽取 n 个样方，每个样方的植物个体数为 X_1，X_2，X_3，$\cdots$，X_n，则样本平均数 $X = X_n/n$；标准差表示每个变量 X_n 离开平均数的范围，即变异范围，$S_D = \sqrt{\sum (X_n - X)^2} / \sqrt{(n-1)}$；标准误是样本平均数与总体平均数 μ 的差异范围，$S_E = S_D / \sqrt{n}$。在 95% 置信水平下，总体平均数估计值 $\mu = X \pm t_{0.05, df} \times S_E$；在 99% 的置信水平下，$\mu = X \pm t_{0.01, df} \times S_E$，由此对总体数量进行估计。

除此之外，进行抽样时要确定理论抽样数，如果抽取样本数过少，则不能满足统计要求；抽样数过多则浪费人力、物力。一般来说，理论抽样数取决于以下 3 点。

①种群空间分布格局。种群的聚集度越高，所需抽样数越多，相应样方数量也越多。

②置信水平和抽样误差。置信水平越高，抽样误差越小，相应所需的抽样数、样方数也越多。

③种群密度。聚集度、置信水平和允许误差范围相同时，种群密度越高，所需抽样数越少。以种群生态研究来说，通常不是根据种群的整个分布范围来计算密度的，而只是根据该种群在其分布范围内的最适生长空间来计算的，这种按种群的最适生长空间来计算的密度称为生态密度（ecological density）。种群密度较高的地区，其环境条件可能对该种群是有利的，因而密度的估算对评价该种群所处的生态条件是必要的。但种群个体在其生活范围内的分布绝大多数是不均匀的，确定该种群的最适生长空间正是计算生态密度的一个最大难点。

值得重视的是，同龄种群内个体大小等级可能出现非正态分布类型，造成这种结果的因素是多方面的，当一些有较高生长率的草地植株个体压迫生长较缓的个体时，就可能出现小个体数量偏多的现象，这种现象在草地植被密度较高时是常有的。杜国桢等研究分布于青藏高原的禾本科牧草垂穗披碱草时发现，各种试验密度条件下的个体分布都是较小个体偏多，而并非呈正态分布。

（三）草地植物种群的年龄结构

1. 种群年龄结构的概念　植物种群的年龄结构（age structure）是指种群内不同年龄的个体数量分布情况。一般将栽培植物或一年生植物视为同龄种群，将多年生植物的自然种群视为异龄种群。异龄种群是由不同年龄的个体组成的，各年龄级的个体数与种群个体总数的比例称为年龄比例（age ratio）。

按从小到大的年龄比例绘图，即年龄金字塔（age pyramid），它表示种群年龄结构分布（population age distribution）情况。种群的年龄结构是判定种群动态的重要依据，也可以反映不同植物种群在不同环境条件下的适应分化。因群落环境在演替中不断发生变化，出现在植物群落演替系列不同阶段的同一植物种群，其年龄结构是不同的。

2. 年龄结构模型的分类　根据年龄金字塔的形状，可分为增长型种群（growing population，或 increasing population）、稳定型种群（stable population）和衰退型种群（declining population）3 种。

（1）增长型种群：增长型种群的年龄结构呈正金字塔形，中老龄级个体所占比例最小，幼龄级个体的比例最大，除补充已死去的老龄个体外仍有剩余，种群数量可继续增长（图 3-3A）。

（2）稳定型种群：稳定型种群的年龄结构模式呈钟形，每一龄级的个体死亡数与进入此龄级的新个体数大致相等，种群处于相对稳定状态（图 3-3B）。

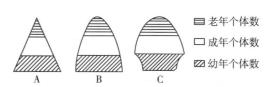

图 3-3　种群年龄结构

A. 增长型种群　B. 稳定型种群　C. 衰退型种群

（仿 Price，1975）

（3）衰退型种群：衰退型种群的年龄结构呈倒金字塔形，幼龄级个体较少，老龄级个体相对较多，多数个体已过生殖年龄，种群处于衰退状态并将逐步消失（图 3-3C）。

但是，许多植物如多年生草本、藤本、灌木等的真实年龄是难以准确判断的，导致难以以实际年龄来划分龄级，况且植物的同一发育阶段常由不同年龄的个体组成，因此多根据不同的研究对象和研究目的采用不同的龄级划分方法。种群的年龄结构不仅反映了种群的不同年龄个体的组配情况，还反映了种群数量动态及其发展趋势，并在很大程度上反映了种群与环境间的相互关系以及它们在群落中的作用和地位。

结合种群的生态需求、各龄级的死亡率和产生后代的能力，能更好地对种群未来做出估计。例如，Rabotnov 在 20 世纪 50 年代研究了苏联泛滥草甸，把草本植物种群的年龄结构按营养和生殖阶段划分为幼龄（juvenil，J）、未成熟（immature，I）、营养（vegetative，V）、生殖（generative，G）、开花（flowering，F）和死亡（dead，D）5 个龄级，并且通过调查得出 10 m² 样地内的高毛茛（*Ranunculus acris*）的 J、I、V 和 G 龄级的个体数分别为 178、125、123 和 25 个，从而得出该种群的年龄结构是增长型。

3. 草地植物种群的性比　性比（sex ratio）是指一个雌雄异体（dioecious）的种群中所有个体或某个龄级的个体雄性与雌性的数量比例，即

$$性比＝雄性个体数/雌性个体数$$

有时以百分数表示。

在草地生态系统中，花粉粒与胚珠的比例、营养株和生殖株的比例更能体现草地植物种群的性比。每颗花粉能产生两颗精子，被子植物需要双受精，即一颗精子与胚珠中的卵细胞结合，发育成胚，另一颗与两个极核结合形成受精极核，然后发育成胚乳。很多植物既有营养株，又有生殖株，禾本科植物的抽穗率可以用生殖株和营养株的比例表示，即

$$抽穗率＝生殖株数/（生殖株数＋营养株数）\times100\%$$

性比是草地植物种群结构的一个要素，其对动物的意义远大于植物。然而，性比对雌雄异株的植物种群也具有重要意义，性比反映了种群产生后代的潜力，在一定程度上影响着种群动态。

同龄级的植物种群的性比可能随着个体的成长而变化。植物种群的性比是指植物种群中雌雄单位数的比率，按照个体发育的时间顺序，植物种群性比可分为 3 个时期的性比：受精时的性比（或称第一性比），萌发以及个体性成熟时的第二性比，性成熟后的第三性比。3 个时期的性比均会由于雄性或雌性的死亡出现差异而不断变化。目前已进行的研究集中于第三性比。在雌雄异株植物中，植物雌雄个体在许多方面（如生活力、生长速度等）都有较大的区别，种群性比的变化会影响种群的结构、动态和发展，影响种群的生产力。虽未能对植物性比变化规律的机理做出圆满的解释，但已知性比受基因和外界环境的共同影响。

三、草地植物种群的遗传特征

草地植物种群由特定的基因构成，种群内的所有个体具有一个共同的基因库，基因频率具有空间分布性，并随时间而变化（进化）。草地植物种群内的个体虽然继承了双亲的遗传基因，但个体之间总存在遗传差异，这种差异在环境因子的影响下会产生不同的适应性，不同的适应性又会被分别传递给其后代，其中适应性较好的个体比较容易存活下去，适应性差的个体可能被淘汰。一个物种的生存必须要有相当多的适应性比较好的个体，而且适应速度要跟上环境条件的变化速度。因此，揭示草地植物种群的遗传特征及其影响因素对于了解草地植物种群的进化历史和变化趋势具有重要意义。

（一）遗传平衡

物种的遗传信息通过基因传给下一代。基因是染色体上带有遗传信息的 DNA 片段，它可以复制、重组、突变，并在后代的性状上表现出来。通过基因的调控和表达，物种会产生不同性质和数量的蛋白质，分化出不同功能的细胞，组成形形色色的生物体。

生物体的性状是遗传信息和环境条件共同作用的结果。遗传信息相同，在不同的环境条件下，生物体的表现性状会有差异（生态分化），这是个体适应环境的表现之一，也称多态现象（polymorphism）。完全符合遗传平衡的种群是很少见的，基因突变、自然选择、遗传漂变和基因流

动等因素均可能影响遗传平衡。

基因突变是所有遗传变异的最终来源，突变可以导致适应选择，也可以增加种群中的变异总量；基因突变是影响基因频率的力量，也是自然选择的基础，只要不同的个体所携带的遗传信息有差异，自然选择就能发挥作用，优胜劣汰，从而改变基因频率，使其具有进化基础。

（二）近交衰退

亲缘关系比较近的个体之间进行杂交，常会使稀有基因、隐性基因和有害基因得到表达，使种群整体的受精率下降、生活力减弱、适应性下降，这种近亲交配导致的不良后果称为近交衰退（inbreeding depression）。从育种学角度看，近交有时可以把稀有基因保留下来，如果该性状比较优良，则可以进行纯合提炼，将其固定下来。

（三）物种形成

物种形成一般经历如下 3 个阶段。

（1）地理隔离：种群内的个体，如果居住在不同的区域，由于地理屏障而彼此隔开，这些个体间的基因无法交流。

（2）独立进化：两个群体适应各自的生活环境，各自演化。

（3）生殖隔离机制的建立：经过相当长的时间后，2 个群体的后代不能进行基因交流，2 个群体就成为 2 个新的物种。生殖隔离机制的建立一般表现为合子前的隔离，有栖息地隔离、时间隔离、行为隔离、生殖器官隔离等。合子后的隔离是指即使形成合子，合子也没有活力，或者只能发育成不育的后代。

（四）种群进化

在进化过程中，物种的分布往往由原始的分布中心向周围扩散，并进入新的领地，进入新领地的个体必须尽快适应新的生境才能较好地生存，繁育后代。随着时间的推移，进入新领地的个体不断地适应新环境，使得这些个体与原产地个体的性状差距逐渐拉大，一旦形成生殖隔离，则产生新的物种。

第三节　草地植物种群的增长模型

为了更好地理解各种生物与非生物因子对种群的影响，常通过建立种群数量的数学模型来进行描述，这是种群生态学中最为活跃的一个领域。种群模型的构建要先对种群行为进行观察，然后演绎产生种群行为的特征。参照已有的数学模型，获得该种群的原始模型，最后在一定条件下，对原始模型的行为与真实系统的行为（种群稳定性和参数灵敏度）进行有效性分析，直到得到理想的模型。

种群增长模型是以指数增长模型和逻辑斯蒂增长模型为基础的。建立生物种群动态模型的主要目的是了解种群的发展动态及与周围环境之间的关系，从种群发展的过去和现在的状态去认识和预测种群未来的变化。

一、种群的指数增长模型

在理想情况下，种群的增长不受资源环境的限制，种群增长不随种群本身密度的变化而变化，这类增长通常为指数式增长或 J 形增长（图 3 - 4A），可称为与密度无关的增长（density-independent growth，或译为非密度制约性增长）。

与密度无关的增长可分为离散型增长和连续型增长两类。如果种群各个世代彼此不重叠，如一年生草本植物，其种群增长是不连续的，称为离散型增长，一般用差分方程描述；如果种群的各个世代彼此重叠，其种群增长是连续的，称为连续型增长，用微分方程描述。

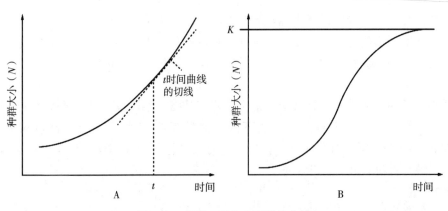

图 3-4　种群 J 形和 S 形增长曲线

A. J 形增长曲线　B. S 形增长曲线

（仿 Mackenzie 等，2004）

（一）离散型种群指数增长

在无限环境中增长的种群，如果世代不重叠、无迁入和迁出、无年龄结构，可用差分方程建模表示离散型种群指数增长，通常是把世代 $t+1$ 的种群 N_{t+1} 与世代 t 的种群 N_t 联系起来：

$$N_{t+1} = \lambda N_t$$

或

$$N_t = N_0 \lambda^t$$

式中，N_{t+1} 和 N_t 分别为 $t+1$ 世代和 t 世代种群数量；t 为时间；λ 为周限增长率（finite rate of increase）。

离散型种群增长模型中，参数 λ 的生物学意义为：$\lambda > 1$ 时，种群数量上升；$\lambda = 1$ 时，种群数量稳定；$0 < \lambda < 1$ 时，种群数量下降；$\lambda = 0$ 时，种群灭绝。

上述种群模型中，周限增长率被认为与密度无关。而实际上，大多数生物种群的周限增长率与密度密切相关，因此，必须考虑密度改变对增长率的影响。假设种群周限增长率 λ 与密度线性相关，且随密度的增加而呈下降趋势，则 λ 与 N 的关系如下：$\lambda = 1.0 - B(N_t - N_{eq})$，代入 $N_{t+1} = \lambda N_t$，为 $N_{t+1} = N_t[1.0 - B(N_t - N_{eq})]$，其中 N_{eq} 为种群平衡密度，B 为参数，表示种群密度每偏离平衡密度一个单位，种群增长率 λ 改变的比例。生态学家 May 总结了种群模型的行为变化，设 $L = BN_{eq}$：当 $0 < L < 1$ 时，种群趋向平衡点，不产生振幅；当 $1 < L < 2$ 时，种群为趋向于平衡点的减幅振荡；当 $2 < L < 2.57$ 时，种群为周期性振荡；当 $L > 2.57$ 时，种群为无规律波动。

种群密度增加引起的种群增长率降低的效应，通常不会立即发生，而具有时滞效应。假设这种时滞效应滞后一个世代，即 N_{t+1} 种群的发生与 N_{t-1} 种群有关，模型则更改为 $N_{t+1} = N_t[1.0 - B(N_{t-1} - N_{eq})]$。此后，从理论上进一步总结了具有时滞效应的种群离散增长模型规律：当 $0 < L < 0.25$ 时，种群为稳定的平衡，不产生振幅；当 $0.25 < L < 1.0$ 时，种群为减幅振荡；当 $L > 1.0$ 时，种群为周期性振荡。

（二）连续型种群指数增长

假设条件与离散型种群指数增长相同，但种群增长连续，种群世代重叠，把种群变化率 dN/dt 与任何时间的种群大小 $N(t)$ 联系起来，最简单的情况是有一恒定的每员增长率（per capita growth rate），与密度无关，此时模型为

$$\frac{dN}{dt} = rN$$

其积分式为

$$N_t = N_0 e^{rt}$$

式中，e 为自然对数的底；r 为种群的瞬时增长率（instantaneous rate of increase）。

r 与 λ 之间的关系为 $\lambda = e^r$。r 的生物学意义为：当 $\lambda > 1$、$r > 0$ 时，种群数量上升；当 $\lambda = 1$、$r = 0$ 时，种群数量稳定；当 $0 < \lambda < 1$、$r < 0$ 时，种群数量下降；当 $\lambda = 0$、$r = -\infty$ 时，种群灭绝。

二、种群的逻辑斯蒂增长模型

如果种群数量受到资源总量限制，种群数量不能无限制增长，表现出逻辑斯蒂增长型或 S 形增长（图 3-4B），可称为与密度有关的增长（density-dependent growth）。

当一个种群在空间、食物等资源有限的环境中增长时，随着种群密度的增大，出生率降低，死亡率升高，对有限空间资源和其他必需条件的种内竞争加强，种群数量将按照逻辑斯蒂增长模型增长，此曲线有一条上渐近线，即环境对种群增长的限制。

（一）逻辑斯蒂增长模型（Logistic growth model）的假设条件

逻辑斯蒂增长模型的假设条件有以下 4 个。

（1）种群中所有个体的繁殖潜力相等。

（2）种群的个体增长率（内禀自然增长率）r 只与当时的种群密度有关，不随种群数量的变化而变化。

（3）有一个在有限的环境条件下所容纳的最大种群值，称为环境容纳量（carrying capacity, K），即物种在特定环境中的平衡密度，当 $N_t = K$ 时种群停止增长。

（4）种群增长将随其密度上升而逐渐地、按比例减少，即 $fN = (K-N)/K$。

其模型方差为

$$dN/dt = rN(1 - N/K)$$

积分方程式为

$$N_t = K(1 + e^{a-rt})$$

式中，r、K、a 为常数，与种群的初始值 N_0 有关。

（二）逻辑斯蒂增长模型的时期划分

逻辑斯蒂增长模型增长曲线为 S 形，如图 3-4B 所示，常被划分为 5 个时期。

（1）开始期：也被称为潜伏期，由于种群个体数很少，密度增长缓慢。

（2）加速期：随着个体数的增加，密度增长逐渐加快。

（3）转折期：当个体数达到种群饱和密度的一半（即 $K/2$）时，密度增长最快。

（4）减速期：当个体数超过 $K/2$ 时，密度增长逐渐减慢。

（5）饱和期：种群个体数达到 K 值，种群个体数饱和。

在生物进化对策理论中，逻辑斯蒂增长模型中的参数 r、K 也已成为重要的概念。该模型说明了种群密度与增长率间存在负反馈机制，即密度制约作用。上述逻辑斯蒂增长模型密度变化对增长率的影响效应都是即时发生的，但在许多情况下，密度效应从环境条件改变到引起种群增长改变之间存在时间间隔，称为时滞效应（time-lag effect）。例如对繁殖前期较长的草地植物种群，高密度对于出生率的影响通常在较长时间后出现。因此改变逻辑斯蒂增长模型中的 $(K-N)/K$ 项，构建的改进模型为 $dN/dt = rN[(K-N_{t-T})/K]$，其中 T 为反应时滞，其他条件与上述逻辑斯蒂模型相同。该模型反映了种群经过时滞效应后的密度（不是当代密度）影响了种群增长率。生态学家 May 理论上分析了存在时滞效应的种群变化规律，即种群的稳定性依赖于 $r \cdot T$，$r \cdot T$ 越小，说明时滞效应越短，种群越趋于稳定；$r \cdot T$ 越大，时滞越长，种群趋于不稳定。

第四节　草地植物种群动态

迁移使生物在空间上转移到更适宜的地点，随着全球气候变暖，植物纷纷向高纬度和高海拔地区迁移。迁移可在各种时间尺度上发生，从潮汐周期到年周期或更长周期的往返迁移都有。不同物种的迁移速度不同，生命周期较短、物种更新频率相对较高的草本植物迁移较快。不同物种的迁移速度不同，意味着气候变化正在把物种的种间关系打乱，使整个生态环境的构成和功能发生变化，这可能导致一些物种走向灭绝。

在特定环境空间中生存的任何生物种群都有随时间的变化而呈现个体数量消长和分布变迁的过程，这一生物种群特有的生命现象被称为种群动态。草地植物种群动态主要研究草地植物种群数量在时间和空间上的变动规律，即草地植物种群的分布、密度、生物量和其他结构属性等在时间和空间上的变化，这是研究草地植物种群生态最核心的问题。

种群动态研究的基本方法有野外观察、实验研究、数学模型研究。通常对草地植物种群动态的研究是先通过野外观察获得经验资料并提出问题，然后进行解释分析或提出假说，最后通过实验进行验证；也可以通过先建立数学模型的方法进行数字模拟研究，最后在现场环境中进行进一步验证，完善相关模型。这三类方法各有利弊，应当充分考虑到研究问题的实际性，使用时相互补充，选择最合适的研究方法，才能使研究不断深入和提高。

一、草地植物种群的数量动态

草地植物种群的数量动态处于自身和外界环境的调控之中，在时间（季节、年际）和空间上保持着动态平衡。在最适合的环境中，个体数量变化较小或种群数量相对恒定；相反，处于较差环境中的种群，其数量往往波动较大。通过研究草地植物种群的分布、密度、生物量和其他结构属性等，能够更加深入认识草地植物种群的动态变化特征。

（一）草地植物种群的数量大小

1. 草地无性系植物的种群大小 1977 年，Harper 提出了植物种群的构件（modular）结构理论，从单一的所有个体集群的种群中划分出两个不同层次，即植物种群具有由遗传单位形成的个体种群和由无性繁殖形成的构件种群两个结构水平。

许多草地植物属于构件生物，通过克隆生长形成无性系种群（clonal plant population）。构件生物（modular organism）是指由一个合子发育成一套构件组成，并且构件数目很不相同，且随环境条件而变化。构件不仅是一个营养单位，还是一个繁殖单位，植物体上凡是具有潜在重复能力（分生组织）的形态学单位都可被视为构件。例如，禾本科植物的分蘖株被认为是基本的构件单位。因此，在进行草地植物种群大小的测定时，常单独计数具有独立生存能力的禾本科植物分蘖株。

2. 草地无性系植物的整合效应 克隆繁殖子代分株间的整合效应（integration）是无性系种群研究的重要热点问题。整合作用是指营养物质（即资源）通过连接的根茎、匍匐茎或地上茎在无性系分株之间的转移。整合效应的研究内容包括整合强度（integration intensity）、整合速率（integration rate）、整合方向（integration direction）、分株的受益-受损，以及整合效应的机理、停止和发生整合的时间与原因等。

无性系分株之间通过维管束功能表现的整合效应可通过实验方法进行分析，如根茎或匍匐茎的"切断实验"（cutting experiment），分株的"遮阴实验"（ramet-shading experiment）和"去叶实验"（defoliation experiment），以及形态功能变化方法和 ^{14}C 同位素法等。

（二）影响种群数量动态的基本参数

种群数量经常变动，取决于出生率、死亡率、迁出率和迁入率。出生率和迁入率使种群数量增长，死亡率和迁出率使种群数量降低。对于草地植物种群而言，不需要过多地考虑迁入和迁出，出生率和死亡率是影响种群数量变动的最重要因素。此外，土壤种子库对种群数量的动态也有一定影响。

1. 出生率 出生率是种群增加的固有能力，指单位时间内种群的出生个体与个体总数的比值。可以分为最大出生率和实际出生率。

（1）最大出生率：指理想条件下（无任何生态因子限制作用，繁殖只受生理因素限制）的出生率，又称生理出生率。对特定草地植物种群而言，最大出生率是一个常数。

（2）实际出生率：植物种群在特定环境条件下表现出来的出生率为实际出生率，又称生态出生率。植物种群实际出生率随种群年龄结构、密度大小和自然环境条件的变化而变化。自然环境条件下的草地植物种群不可能达到最大出生率，但通过实际出生率之间的比较，可以了解草地植物种群与环境之间的相互作用，估计种群动态。

2. 死亡率　种群死亡率是指单位时间内种群死亡的个体数与初始个体数的比值。与出生率一样，死亡率也有最低死亡率和实际死亡率。

（1）最低死亡率：指在最适环境条件下，植物种群个体由自然衰亡而出现的死亡率，即植物生活到生理寿命结束的死亡率，又称生理死亡率。生理死亡率是种群的最低死亡率，是一个常数。

（2）实际死亡率：表示植物种群在实际条件下的死亡率。受环境条件、种群本身大小、年龄组成以及种间捕食、竞争等因素的影响，种群中绝大多数个体并未达到生理寿命而提前死亡。因此，实际死亡率因生态条件的不同而变化。

3. 土壤种子库　土壤种子库（soil seed bank）是指土壤上层凋落物和土壤中全部存活种子的总和。土壤种子库与地上植被具有密切的关系。优势植物对土壤种子库的贡献较大，表明这些优势植物的数量将在群落中持续占优势。但是，对多年生禾草占优势草地的研究发现，这些优势禾草对土壤种子库的贡献较小，其原因是这些禾草种子产量一般较低且在土壤中的寿命也较短。

二、草地植物种群数量动态的描述

种群数量动态特征涉及种群个体的出生、死亡、增殖以及年龄结构等特征，是关于种群个体数量的一门统计性科学，被用来研究生活史各阶段种群数量变化特征及相关原因。

（一）存活曲线

存活曲线（survival curve）是以生物的相对年龄为横坐标，再以各年龄的存活率 l_x 为纵坐标所画出的曲线，直观地表达了种群存活率随时间的变化。Deevey 将存活曲线划分为至少 3 种基本类型（图 3-5）。

（1）Ⅰ型：又称凸型存活曲线，表示种群在达到生理寿命前，只有少数个体死亡，大部分个体都能存活到生理寿命。但在生命末期死亡率升高，短期内几乎全部死亡。在内蒙古过度放牧的退化草原上，狼毒（*Stellera chamaejasme*）种群的存活曲线接近此类型。

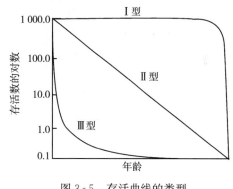

图 3-5　存活曲线的类型
（仿 Krebs，1985）

（2）Ⅱ型：又称对角线型存活曲线，在整个生命过程中，种群死亡率几乎不变，各年龄段死亡率相等。在艾丁湖最适生存条件下，盐角草（*Salicornia europaea*）种群的存活曲线近似此类型。

（3）Ⅲ型：又称凹型存活曲线，幼体死亡率高，成年后的死亡率低而稳定，只有极少数个体能存活到生理寿命。在准噶尔盆地东南缘，梭梭（*Haloxylon ammodendron*）种群的存活曲线基本接近此类型。

以上 3 种存活曲线属于典型类型，多数生物的存活曲线可能介于其中 2 种类型之间。

（二）种群生命表

生命表（life table）是直接描述种群死亡和存活过程的一览表，是同龄种群个体在各特定年龄（age-specific）阶段的生存和死亡概率的总结。生命表综合了种群在生命过程中最重要的数据，不仅可反映种群从出生到死亡的数量动态，还可用于预测未来发展趋势，是研究种群动态的有力工具。

1. 生命表的构成 生命表由许多行列构成，第一列通常表示年龄、年龄组成或发育阶段，由低龄到高龄自上而下排列，其他列用符号表示种群死亡、存活状况和观测数据或统计数据。

以沙生草地植被异翅独尾草（*Eremurus anisopterus*）种群的静态生命表为例（表3-1）：x 为单位时间内年龄等级的中值，n_x 为在 x 龄级内现有个体数，l_x 为在 x 龄级开始时的标准化存活个体数（一般转换为1 000），d_x 为从 x 到 $x+1$ 龄级间隔期间标准化死亡数，q_x 为从 x 到 $x+1$ 龄级间隔期间死亡率，L_x 为从 x 到 $x+1$ 龄级间隔期间还存活的个体数，T_x 为从 x 龄级到超过 x 龄级的个体总数，e_x 为进入 x 龄级个体的生命期望或平均期望寿命，K_x 为亏损率（损失度）。生命表中，只有 n_x 和 d_x 是实测值，其他参数都是通过实测值求得的统计值。

表3-1　不同样地异翅独尾草种群静态生命表

（引自安静等，2017）

斑块类型	x	n_x	l_x	$\ln l_x$	d_x	q_x	L_x	T_x	e_x	K_x
a类型	I	29.500	1 000.000	6.908	282.475	0.282	858.763	4 031.085	4.031	0.332
	II	21.167	717.525	6.576	−152.542	−0.213	793.797	3 172.322	4.421	−0.193
	III	25.667	870.068	6.769	310.746	0.357	714.695	2 378.525	2.734	0.442
	IV	16.500	559.322	6.327	39.559	0.071	539.542	1 663.831	2.975	0.073
	V	15.333	519.763	6.253	50.847	0.098	494.339	1 124.288	2.163	0.103
	VI	13.833	468.915	6.150	265.525	0.566	336.153	629.949	1.343	0.835
	VII	6.000	203.390	5.315	56.508	0.278	175.136	293.797	1.445	0.325
	VIII	4.333	146.881	4.990	107.322	0.731	93.220	118.661	0.808	1.312
	IX	1.167	39.559	3.678	39.559	1.000	19.780	25.441	0.643	—
	X	0.000	0.000	—	0.000	—	0.000	5.661	—	—
	XI	0.000	0.000	—	−5.661	—	2.831	5.661	—	—
	XII	0.167	5.661	1.734	—	—	2.831	2.831	0.500	—
b类型	I	38.167	566.839	6.340	−146.035	−0.258	639.857	6 271.063	11.063	−0.229
	II	48.000	712.875	6.569	−89.109	−0.125	757.429	5 631.206	7.899	−0.118
	III	54.000	801.984	6.687	−37.129	−0.046	820.549	4 873.777	6.077	−0.045
	IV	56.500	839.113	6.732	−89.109	−0.106	883.668	4 053.228	4.830	−0.101
	V	62.500	928.222	6.833	−71.778	−0.077	964.111	3 169.560	3.415	−0.074
	VI	67.333	1 000.000	6.908	331.680	0.332	834.160	2 205.449	2.205	0.403
	VII	45.000	668.320	6.505	225.254	0.337	555.693	1 371.289	2.052	0.411
	VIII	29.833	443.067	6.094	133.664	0.302	376.235	815.596	1.841	0.359
	IX	20.833	309.403	5.735	173.258	0.560	222.773	439.361	1.420	0.821
	X	9.167	136.144	4.914	34.664	0.255	118.812	216.588	1.591	0.294
	XI	6.833	101.481	4.620	54.446	0.537	74.258	97.775	0.963	0.769
	XII	3.167	47.035	3.851	—	—	23.517	23.517	0.500	—
c类型	I	142.143	1 000.000	6.908	333.671	0.334	833.164	3 299.997	3.300	0.406
	II	94.714	666.329	6.502	158.791	0.238	586.934	2 466.833	3.702	0.272
	III	72.143	507.538	6.230	78.393	0.154	468.342	1 879.899	3.704	0.168
	IV	61.000	429.145	6.062	121.610	0.283	368.340	1 411.557	3.289	0.333

（续）

斑块类型	x	n_x	l_x	$\ln l_x$	d_x	q_x	L_x	T_x	e_x	K_x
c 类型	V	43.714	307.535	5.729	84.422	0.275	265.324	1 043.217	3.392	0.321
	VI	31.714	223.113	5.408	29.147	0.131	208.540	777.893	3.487	0.140
	VII	27.571	193.967	5.268	39.193	0.202	174.370	569.353	2.935	0.226
	VIII	22.000	154.774	5.042	−28.141	−0.182	168.844	394.983	2.552	−0.167
	IX	26.000	182.914	5.209	103.515	0.566	131.157	226.138	1.236	0.835
	X	11.286	79.399	4.374	41.205	0.519	58.796	94.982	1.196	0.732
	XI	5.429	38.194	3.643	21.106	0.553	27.641	36.185	0.947	0.804
	XII	2.429	17.088	2.838	—	—	8.544	8.544	—	—

2. 生命表的类型　根据收集数据的方式不同，可将生命表分为静态生命表（static life table）和动态生命表（dynamic life stable）。

（1）静态生命表：静态生命表是根据特定时间对种群年龄结构调查的资料编制而成的生命表，又称为特定时间生命表或垂直生命表（time-specific or vertical life table）。在编制静态生命表时要求种群大小稳定，年龄结构趋于稳定，但是静态生命表中的各年龄组个体实际上在不同时间出生，经历过不同的环境条件，因此编制静态生命表的前提是假设种群经历的环境条件相似。

静态生命表适用于世代重叠的生物，优点是容易编制，能看出种群的生存对策和繁殖对策；缺点是无法分析死亡的原因，也不能对种群密度制约和种群调节过程进行定量分析。

通过统计多年生类短命植物异翅独尾草各样地各龄级植株数量，划分为不同干扰程度下形成的 a（受人为干扰最强，衰退风险大）、b（中等程度干扰，稳定至衰退型种群）、c（受人为干扰最轻，良好增长型）3 种斑块类型的异翅独尾草种群，采用"空间代替时间"的方法，用龄级代替年龄编制了异翅独尾草的静态生命表（表 3-1）。

通过静态生命表可以发现，异翅独尾草种群的存活曲线整体呈现Ⅲ型，即凹型，幼体的死亡率较高，且种群的数量波动较大。a 类型斑块的第Ⅱ龄级和 b 类型斑块的第Ⅰ、Ⅲ、Ⅳ、Ⅴ龄级均为低龄级的存活数小于高其一龄级的植株，使得生命表中相应龄级的 d_x、q_x、K_x 出现负值，反映了种群在该龄级段的幼小植株的缺乏程度，尤其是低龄级植株。相反，在 c 类型斑块中异翅独尾草种群幼苗数量较大，从第Ⅰ、Ⅱ龄生命期望 e_x 来看，种群的期望寿命在Ⅱ、Ⅲ、Ⅴ、Ⅵ龄级较高，生命期望值达到 3.702、3.704、3.392、3.487，随后到较高龄级开始小幅度下滑，说明异翅独尾草在中龄级阶段的生存质量较高，在第Ⅱ、Ⅲ龄级的生存能力最强，并在经过种内竞争和自然筛选之后，存活下来的植株具有较强的生命期望。前期异翅独尾草种群密度大，死亡率较高，后期竞争强度显著下降，种群趋于平稳。从个体水平来看，前期高死亡率对种群个体不利，但对于整个种群而言，这个过程淘汰了较弱的个体，保存了较强的个体，有利于种群的进化与繁荣。

（2）动态生命表：动态生命表是根据一群同一时间出生的生物个体的死亡或存活过程来获得数据，进而编制成的生命表。种群统计中通常把同一时间出生的生物称为同生群（cohort），因此动态生命表又称为同生群生命表、水平生命表（cohort life table、horizontal life table）。由于动态生命表中种群年龄一致，没有年龄结构，因而又称为特定年龄生命表（age-specific life table）。动态生命表记录种群各年龄或发育阶段的死亡过程，可以查明和记录死亡原因，因而能分析种群数量动态变化的原因。

王峰等运用动态生命表分析了艾丁湖区域盐角草（*Salicornia europaea*）种群的生长状态（表 3-2）。以地形偏高、4 月后地表无积水、盐角草密度相对较大的区域为例，发现盐角草种群大小在 3 月至5月呈增长趋势，标准化存活个体数由1 000上升到4 110，增长率达到84%，并在5月上旬达到峰值，之后开始衰亡，这可能是由于春季气温回升以及融雪对水分的补充，水分及温度条件开始变得适合种子萌发，种群密度快速增高并达到峰值。

表3-2 盐角草种群动态生命表

（引自王峰等，2017）

时段 （月-日）	n_x	l_x	d_x	q_x	$\ln l_x$	K_x
03-29	118	1 000	−1 229	−123%	6.91	−0.42
04-25	263	2 229	−1 881	−84%	7.71	−0.61
05-10	485	4 110	1 500	37%	8.32	0.45
06-01	308	2 610	254	10%	7.87	0.11
07-05	278	2 356	2 263	96%	7.76	3.23
08-07	11	93	25	27%	4.53	0.31
09-06	8	68	43	63%	4.22	1.00
09-20	3	25	0	0%	3.22	0.00
10-11	3	25	25	100%	3.22	3.22
10-31	0	0	—	—	$+\infty$	—

注：n_x 为在 x 龄级内现有个体数；l_x 为在 x 龄级开始时的标准化存活个体数（一般转换为1 000）；d_x 为从 x 到 $x+1$ 龄级间隔期间标准化死亡数；q_x 为从 x 到 $x+1$ 龄级间隔期间死亡率；$\ln l_x$ 为标准化存活个体数的自然对数值；K_x 为各年龄组的致死力。

5月中下旬至6月初是衰亡的第一个高峰，标准化存活个体数由4 110下降到2 610，死亡率为37%，致死力为0.45，这可能是由于最高温度从30 ℃升高到38 ℃以上，同时该时期土壤水分和土壤营养物质含量呈现下降趋势；7月初至8月初是衰亡的第二个高峰，也是衰亡最快的时期，标准化存活数由2 356骤减为93，死亡率高达96%，致死力达3.23，根据同时期的温度变化曲线可知，该时期有连续长达34 d的40 ℃以上的极端高温天气，而此时种群密度小，无法完全覆盖土表，土壤温度对太阳辐射强度的变化敏感，长时间的极端高温和较剧烈的昼夜温差影响盐角草根部对营养物质的吸收，破坏盐角草体内正常的新陈代谢，高温还使土壤水分强烈蒸发，引起土壤返盐，盐壳积聚于土表之上，阻碍盐角草的生长，最终导致出现第二次死亡率高峰期，因此可推测主要的致死因素可能是高温。

（三）种群的内禀增长率

种群的内禀增长率 r_m（innate capacity for increase）是养分、空间和同种其他植物数量最优、完全排除了其他物种时，在特定的实验温度、湿度和养分组合下获得的最大增长率，是在无限环境中种群增长方程的解，由物种的固有遗传特性决定。

内禀增长率为瞬时增长率时，可将它转换为周限增长率 λ，表示单位时间长度前后，种群数量开始和结束时的比率。种群增长率是随时间变化的，因此瞬时增长率只能表示在此时的增长趋势，而周限增长率则可用以推算较长时间种群增长情况，两者之间的关系式是 $r = \ln\lambda$。例如，扁秆荆三棱（Bolboschoenus planiculmis）是一种具有强大繁殖力和竞争力的恶性杂草，以年为时间单位，根据 $r = \ln\lambda$，计算得出扁秆荆三棱的内禀增长率为7.24，表示个体数量年均增长了7.24倍。

第五节　草地植物种群调节

一、草地植物种群调节机制

任何草地植物产生的后代都不可能全部存活，个体数量也不会一成不变，而是总处于某种动态变化当中，表现为随四季变化的种群消长、不规则波动或按几年为一周期的年际波动。一个种群，从其进入新的栖息地，经过种群增长到建立种群以后，一般有几种情况：种群增长；经受不规则的波动和起落；经受规则的或周期性的波动；比较长期地维持在几乎同一水平，称为种群平衡；种群衰落；种群灭亡；有时种群在短期内迅速增长，称为种群大发生或暴发；在种群大发生后，往往大量死亡，种群数量剧烈下降，即种群崩溃。在自然界中，由于种间的相互作用、相互制约，绝大部分种群处于一个相对稳定的状态，这种由于生态因子的作用使草地植物种群在群落中与其他生物成比例地维持在某一特定密度水平的现象称为草地植物种群的自然平衡，这一特定密度水平称为平衡密度。特征密度是指平衡物种种群密度波动时的平均密度。

任何种群在动态波动中，都有使种群恢复到其平衡密度的趋势，这就是种群的调节机制。草地植物种群动态过程中，种群离开平衡密度后又返回到这一平衡密度的过程称为调节，能使种群回到原有平衡密度的因素称为调节因素。草地植物种群调节方式是在自然选择等进化因素控制下的进化结果，也是草地植物种群对环境所做的适应性反应。

二、草地植物种群调节的两种理论

种群个体总是限定在一定的环境界限内，不能随意散布。种群数量的极端情况都是不利的：数量过小会出现遗传漂变，导致种群遗传素质单一化，容易灭绝；数量长期过剩，则会使环境资源枯竭，种群失去生存的条件。草地植物周围各种生态因子主要包括生物因子（食物、天敌）和非生物因子（温度、湿度、光、pH）两大类，这些生态因子会引起草地植物种群的波动。通常将这些调节草地植物种群的因素分为外源性因素（气候因素、种间关系等）和内源性因素（生活史对策、遗传适应等）。外源性种群调节理论强调外源性因素产生的调节作用，而内源性种群调节理论则强调内源性因素产生的调节作用。研究内源性种群调节理论的学者的焦点是高等动物，强调种内成员的异质性。他们认为种群调节是各物种所具有的适应性特征，动物种内成员可从行为、内分泌和遗传特征方面调节自身的种群数量。对于草地植物来说，其种群可以通过个体生活史对策调整和遗传适应，使种群数量维持在平衡密度左右。生活史对策对草地植物种群数量的调节将在本章的第六节详细阐述。因此，本节主要介绍外源性种群调节理论。

外源性种群调节理论认为调节种群密度的动因在草地植物种群的外部，如采食、寄生、种间竞争等生物因素以及气候等非生物因素，分为密度制约（density-dependent）和非密度制约（density-independent）。

1. 密度制约 密度制约因素的作用与草地植物种群密度有关。种群的死亡率随着密度的增大而增大，主要由生物因子引起，称为密度制约因子。在生物因子的影响下，种群的死亡率随着密度增大而降低，称为逆密度制约因子。比如，食草动物是草地植物种群数量的逆密度制约因子。

生物学派主要观点为：种群存在平衡密度，且是由生物因子（天敌等）通过种内竞争、种间竞争、捕食作用和寄生作用等因素决定的。Nicholson、Smith 和 Lack 等是该学说的代表。Nicholson 受 Volterra 和 Lotka 理论数学研究影响，认为种群是一个自我管理系统，必然存在一个平衡密度，而这个密度是通过生物的捕食、寄生、竞争等密度制约因子来产生作用的；气候只能改变种群的密度，但不能决定这些密度是怎样维持平衡状态的；只有生物的捕食、寄生、竞争等密度制约因子才能维持种群的平衡密度，即当种群密度高时，密度制约因子的作用增大，密度低时，密度制约因子的作用减小，最终将种群密度维持在平衡密度左右。

Nicholson 解释，假设一个昆虫种群每世代增加 100 倍，而气候变化消灭了 98%，那么该种群数量在一个世代后仍会增加一倍。但如果存在一种昆虫的寄生虫，其作用随昆虫密度的变化而消灭了另外的 1%，这样种群数量便得以调节并能保持稳定。在这种情况下，寄生造成的死亡率虽小，却是种群数量的调节因子。

Smith 进一步提出了密度制约因子与非密度制约因子的概念，支持 Nicholson 的学说。但他根据自然界种群密度变化的特性，认为种群的平衡密度特征是既有稳定性，也有连续变化，即种群有一个平衡密度，而该平衡密度又不断地围绕着一个特征密度（characteristic density）变化。

Lack 支持 Nicholson 的密度制约思想，但他认为种群调节是食物短缺、捕食和疾病等相互作用的综合过程，其中，食物因子是调节鸟类种群的最重要因素。他以鸟类为研究对象，提出了支持食物因子决定鸟类种群密度的 4 个理由：①大多数鸟的成体极少死于被捕食或疾病；②食物多则鸟多；③每种鸟吃不同的食物，因食物而产生分化；④鸟为食物而争斗，尤其是冬天。因此，鸟类数量相对较稳定，而维持该数量稳定的原因在于密度制约因子，且主要由食物来调节其死亡率或繁殖率。

2. 非密度制约 非密度制约的气候学派则认为：种群的死亡率不随着密度的变化而变化，主要由气候因子所引起，称为非密度制约。典型的非密度制约因素是外界的自然因素，如温度、降水量、湿度、水肥条件和土壤状况等非生物因素。非密度制约的种群调节对种群增长有正效应或负效应，一般认为完全不受种群数量或密度的影响。

并非所有的生态因子都是草地植物可以利用的资源，有些如温度、湿度和风等只是环境条件，而光照、水、CO_2 和矿质元素等既是资源又是条件。环境资源的限制在草地植物种群调节中具有明显的作用，因为几乎所有的植物都是自养生物，而且都需要光、水分和养分等资源。同时，固着生长的植物只能从其定居地周围获取资源，也就更易受资源的影响。草地植物的营养生长是种群生存的基础，在特定的环境资源条件下，草地植物种群可通过反馈作用来调节基株或构件的生死动态，以保持草地植物种群对环境资源的需求与环境资源的可利用性在时间上和空间上的平衡。

（1）光资源限制：光对草地植物种群的调节具有重要作用，因为光是植物体的能量来源，推动植物种群的一切生命活动。光照充分与否决定了植株生长状况的好坏。光是一种特殊的资源，光量子是瞬时的，不可在环境中贮存。当个体的植冠邻接时，就会出现种群冠层（叶层）中的光限制作用。植冠层捕获光能的效率主要取决于叶面积大小或叶面积指数（leaf area index，LAI）或净同化率（net assimilation rate，NAR）或相对生长率，也有人采用叶面积比率（leaf area ratio，LAR）和叶面积延续时间（leaf area duration，LAD）。

冠层或叶层中存在光强随高度自上而下逐渐减弱的现象，即叶层消光现象。由于群落中光强的垂直变化，不同层次叶的光合作用强度也不同，呼吸作用、净同化率也随之发生层次性的变化。光强的垂直变化不仅影响种群内个体的生长，还对植物的种群调节有着直接的作用，最典型的例子就是 Oskar 侏儒群的存在。在温带和热带森林中，可以发现很多上层乔木树种在林冠下层存在许多低矮个体，这些个体都有较大的年龄，个体大小与年龄极不相符，这种种群增长的习性称为 Oskar 综合征。Oskar 侏儒群形成一个种群补充的后备梯队，一旦上层出现空间（林窗），这些个体便能迅速占据这个空间。在铁杉（*Tsuga chinensis*）、云杉（*Picea asperata*）和壳斗科的一些树种中都发现了 Oskar 侏儒群，光照不充分使得这些个体生长迟缓，但侏儒植株能在林下生存很长时间，有较低的死亡率。在草地上，由于草地植物高矮不一，光强的垂直变化同样对草地植物种内个体生长和种群调节起直接作用。

（2）CO_2 限制：空气中 CO_2 的含量低但比较稳定，如果不存在邻接效应，植物不会出现 CO_2 供给不足的情况。但在密集生长的种群中，冠层和近地面大气中的 CO_2 会出现明显的昼夜变化。植物利用 CO_2 的效率是不同的（C_3 植物和 C_4 植物），当大气中 CO_2 的含量降低时，可引起植物组织气隙中的 CO_2 浓度低于补偿点，出现 CO_2 供应不足的情况，产生 CO_2 的限制。

（3）无性系生长：植物的无性系生长或营养增殖是草地植物中一种普遍的繁殖特性，许多植物特殊的营养繁殖器官对种群的生长调节具有重要作用，依靠这些器官，植物种群的无性系能够长期生存和持续发展。无性系生长主要依靠植物体的休眠芽，休眠芽受控于自身的生理特性，外界刺激也可使休眠芽激活。

植物种群随自身的传播和定居在一定的生境中成长起来，但植物种群数量动态特征在不同的环境中有不同的表现，是种群生态分化的重要表现之一，对种群的生存和进化具有重要影响。与此同时，植物种群的数量和动态变化最终取决于内在的本质特征，包括种群的生殖动态（包括营养增殖）、生态对策和适应等方面，即种群质量，而种群质量也是植物种群生态分化的基础。

3. 生物学派与气候学派　生物学派与气候学派之间一直存在争议，在 1957 年的种群生态学会议上争议达到高潮。很多人认为气候学派提出的"气候决定一切"过分简单，而生物因子起决定作用又缺乏强有力的证据，于是出现了综合理论或折中学派。

生物学派与气候学派两大学派争论的焦点在于两个方面：①种群是否存在平衡密度；②种群动态是由生物因子（密度制约因子）决定的，还是由非生物因子（非密度制约因子）决定的。生物学派承认种群存在平衡密度，且是由生物因子的作用决定的；而气候学派则认为种群不存在平衡密度，并认为影响种群波动的主导因子是气候因素。

事实上，两大学派对种群动态研究的基础、对象及地区均有一定的差异。生物学派多从理论上以逻辑斯蒂种群增长的模型为基础，研究的多是大型动物（如鸟类）且较稳定的外部环境，强调的是种群的平衡，着重研究种群依赖于平衡的调节分析。气候学派多以野外或实验室观察的现象为基础，研究的多是小型昆虫（如蓟马）且较不稳定的环境，强调的是种群的数量，着重对种群无规则的波动进行分析。

第六节　草地植物的生活史对策

一、草地植物种群的生态分化

种群进化伴随着种群的生态分化，这一过程已被古生物化石印证，也时刻发生在现实的进化过程中。草地植物种群的空间结构特征意味着植物必须适应不同的环境条件，因此产生了种群的生态分化。植物固着生长的习性决定了植物的适应性反应具有相对较广的幅度，并且种群的生态分化也更为强烈。一般来说，植物种群的生态分化可以分为有直接遗传基础的分化（固定的）和没有直接遗传基础的分化（可逆的），包括以下几种。

（1）植物体内的生理生化调节：如细胞渗透压的变化适应不同的水分状况。

（2）生长发育过程的调节：趋光性，缩短生长周期。

（3）形态结构的饰变：不同环境中构件差异性的生长和发育。

（4）构件水平的种群调节，构件出生率、死亡率的变化：植株体型的改变，树冠不同部位叶片大小、形状等的差异。

（5）遗传变异：生理生化水平、染色体水平、形态等方面的遗传性改变。

所有这些分化可以出现在种群内和种群间，生态分化过程使草地植物扩散在不同的环境中，并在变动的环境中生存和成功繁殖能育的后代，如果草地植物种群的这一变化过程赶不上环境变化的速率，则种群将灭绝。

二、能量分配与权衡

一个理想的具有高度适应性的物种应该具备使生殖力达到最大的特征，即在出生后短期内达到大型成体，并生产数量极大的大型个体后代且长寿。但是，现实中这样的生物是不存在的，因为分配给生活史一方面的能量是不能再用于另一方面的。不同的生物需要在繁殖后代和自身生存中做出一定的分配与权衡，成功的生活史是能量协调作用的结果。同样的能量分配，可生产许多小型后代或者少量较大型的后代。植物在长期的进化过程中逐渐分化成不同的生殖生态特征，主要体现在生殖格局和生殖成效两个方面。

（一）生殖格局

在生活史中，只生殖一次即死亡的生物为单次生殖生物（semelparity）；一生中能多次生殖的生物称为多次生殖生物（iteroparity）。所有一年生植物和二年生植物以及多年生植物中的竹类、某些具有顶生花序的棕榈科植物都属于单次生殖类型。大多数多年生草本植物、全部乔木和灌木树种都属于多次生殖类型。生殖格局是自然选择的结果，它主要是由生境条件决定的，不同生境条件下常进化形成具有不同生殖格局类型的植物。在具有充分的生长空间且生态条件不利的生境中，其生育力并不增加的前提下，单次生殖比多次生殖更能成功。在资源有限且竞争激烈的环境中，多次生殖的生物个体大，亲体可以100%存活，而单次生殖生物个体小，仅有很少能存活生殖，自然选择将有利于多次生殖个体。同样的能量分配，可生产许多小型后代，或较少的更大型的后代。在不利条件下，一次结实的草本植物居多，且由于寿命较短，倾向于提前生殖；而在有利条件下，多次结实的木本、草本植物居多，因为与单次生殖相比，多次生殖更能保证物种的竞争力和生存力。而且，一般在相对有利的生境条件下，单次生殖植物常常是长寿型的，倾向于延迟生殖。

（二）生殖成效

所有的生物都必须在是将能量分配给当前生殖还是分配给自身生存之间做出权衡，而自身生存又关系着余生的生殖。生殖价（reproductive value，RV）是一个表征生物生殖生态特征的基本指标，是指特定年龄个体相对于新生个体的潜在繁殖贡献，包括现时生殖价值（当年生殖力）和剩余生殖价值（余生中生殖期望）。目前针对草本植物尚无法开展生殖价的估计。

三、生态对策

一个物种或一个种群在生存斗争中对环境条件采取适应的行为，即生物在其生境中，能以全部形态和机能的适应特质来对抗环境因子，并以此在生境中繁衍，称为生态对策（bionomic strategy）。生态对策要通过生物在进化过程中所形成的特有生活史表现出来，故又称为生活史对策（life history strategy）。在长期的协同进化过程中，生物逐渐形成了其对环境适应的生态对策。根据生物的进化环境和生态对策把生物分为 r 对策和 K 对策两大类，有利于发展较大 r 值的选择称为 r 选择，有利于竞争能力增加的选择称为 K 选择。r 选择的物种称为 r 对策者，K 选择的物种称为 K 对策者。

（一）r 对策者

r 对策者适应不可预测的多变环境（如干旱地区和寒带），死亡率是灾变的，种群密度常低于 K 值，种内竞争不激烈，具有将种群增长最大化的各种生物学特性，即高生育力、快速发育、早熟、成年个体小、寿命短且单次生殖多而小的后代。一旦环境条件好转，就能以其高增长率 r 迅速恢复种群，使物种能得以生存。

（二）K 对策者

K 对策者适应可预测的稳定的环境。在稳定的环境中，由于种群数量经常保持在环境容纳量 K 水平上，因而竞争较为激烈，死亡率与密度相关。K 对策者具有成年个体大、发育慢、迟生殖、寿命长、存活率高等生物学特性，以高竞争能力使自身在高密度条件下得以生存。

r 对策和 K 对策在进化过程中各有其优缺点（表3-3）。在生存竞争中，K 对策者以"质"取胜，而 r 对策者则以"量"取胜；K 对策者将大部分能量用于提高存活，而 r 对策者则将大部分能量用于生殖。K 对策种群竞争性强，数量较稳定，一般稳定在 K 值附近，大量死亡或导致生境退化的可能性较小，但是一旦受危害则会造成种群数量下降，由于其 r 值较低，种群恢复比较困难。相反，r 对策者死亡率较高，但高 r 值使其种群能迅速恢复，而且高扩散能力还可使其迅速离开恶化生境，在其他地方建立新的种群。r 对策者的高死亡率、高运动性和连续地面临新局面更有利于形成新物种。

表 3-3 r 对策和 K 对策的特征

指标	r 对策	K 对策
气候条件	多变，不确定	稳定，较为确定
死亡率	突变，无规律，非密度制约	有规律，密度制约

（续）

指标	r 对策	K 对策
种群密度	多变，低于 K 值	在 K 值附近
种内、种间竞争	多变，不激烈	激烈
选择倾向	发育快、增长力高、提早生育、体型小、单次生殖	发育缓慢、竞争力强、延迟生育、体型大、多次生殖
寿命	短	长
种群特征	高生育力	高存活率

（三）植物生活史对策

除上面提到的 r 选择和 K 选择概念外，人们还提出了多种划分生境的方案。Grime 提出了植物生活史对策的三分法——CSR 三角形，对植物生活史进行三途径划分，这种划分比 r/K 二分法应用更广。

这种划分有两个轴，一个轴代表生境干扰（或稳定性），另一个轴代表生境对植物的平均严峻度。生物在高严峻度、高干扰生境（如活跃的火山和高移动性的沙丘）是不能生活的，因此，将植物的潜在生境分为如下 3 种类型，每种生境类型都支持特定的生活史对策（图 3-6）。

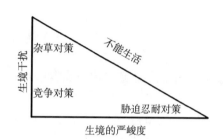

图 3-6　Grime 的 CSR 生境和植物生活史分类法
（仿 Mackenzie 等，1998）

（1）低严峻度，低干扰：该生境支持成体间竞争能力最大化的竞争对策（C 选择）。

（2）低严峻度，高干扰：该生境支持高繁殖率，这是杂草种类特有的杂草对策（R 选择）。

（3）高严峻度，低干扰：该生境（如沙漠）是胁迫忍耐对策（S 选择）。

第七节　草地植物种内与种间关系

一、种内关系

草地植物种群内部个体间的相互关系称为种内关系（intraspecific relationship），主要的种内关系可分为种内竞争（intraspecific competition）和性别关系。

（一）种内竞争

同种个体间发生的竞争称作种内竞争。由于同种个体通常有相似的资源需求，种内竞争可能会很激烈。对资源利用的普遍重叠说明种内竞争是生态学的一种主要影响力。通过降低拥挤草地植物种群个体的适合度，即可影响基础过程如繁殖力和死亡率，进而调节种群大小。从个体看，种内竞争可能是有害的，但对整个种群而言，因淘汰了较弱的个体，保存了较强的个体，种内竞争可能有利于种群的进化与繁荣。对植物种内关系的研究，既要重视个体水平的研究，也要重视群体水平的研究。

草地植物种群内个体间的竞争主要表现为个体间的密度效应，反映在个体产量和死亡率上。在密度适宜的情况下，草地植物分蘖枝和叶片数量较多，而高密度下可能枝叶少、构件数少。已发现草地植物的密度效应遵循两个特殊规律，即最后产量恒值法则（law of constant final yield）和－3/2 自疏法则（－3/2 self-thinning law）。

1. 最后产量恒值法则　Donald 对地车轴草（*Trifolium subterraneum*）密度与产量的关系做了一系列研究后发现，不管初始播种密度如何，在一定范围内，当条件相同时，植物的最后产量差不多总是一样的。图 3-7 表示单位面积地车轴草的干物质产量与播种密度的关系。由图 3-7A 可知，只是在密度很低的情况下产量随播种密度增加，当密度超过 2.5×10^3 个$/m^2$ 后，最终产量不再随播种密度而变化；由图 3-7B 可知，萌芽后 181 d，无论初始播种密度是多少，产量都保持一致。

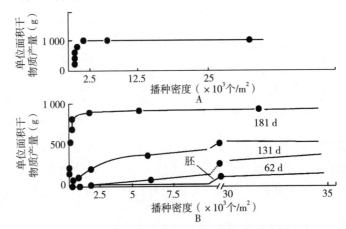

图 3-7　地车轴草干物质产量与播种密度之间的关系
A. 开花后的地车轴草　B. 在不同阶段的地车轴草
（仿李博等，2000）

最后产量恒值法则可用公式表示为

$$Y = W \times d = Ki$$

式中，W 为植物个体平均质量；d 为密度；Y 为单位面积产量；Ki 为一常数。

最后产量恒值法则的原因是在高密度情况下，草地植物植株之间对光照、水分、营养物质等资源的竞争十分激烈，在资源有限时，植株的生长率降低，个体变小。

2. -3/2 自疏法则　随着播种密度的提高，种内竞争不仅影响植株生长发育的速度，还影响植株的存活率，这一过程称作自疏。在大量的植物中均发现，自疏导致密度与植物个体大小之间的关系在双对数图上具有典型的-3/2 斜率（图 3-8），这种关系称作 Yoda 氏-3/2 自疏法则，简称-3/2 自疏法则。该法则可用公式表示为

$$\omega = C \times d^{-3/2}$$

两边取对数得到：$\lg\omega = \lg C - 3/2 \lg d$

式中，ω 为植物个体平均质量，d 为密度，C 为一常数。

该模式表明，在一个生长的自疏种群中，质量增加比密度降低更快。尽管斜率的精确值随种而变化，但是最后产量恒值法则和-3/2 自疏法则都已在许多种植物的密度实验中得到证实。

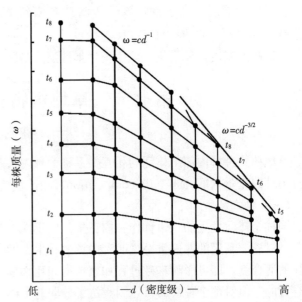

图 3-8　植物密度与大小之间的关系（Yoda's-3/2 自疏法则）
（仿李博等，2000）

（二）性别生态学

研究物种内部性别关系的类型、动态及环境因素对性别的影响是性别生态学（ecology of sex）的内容。作为构件生物，大部分草地植物在进行有性繁殖的同时也进行克隆生长，只有少数草地植物存在独立的雌雄个体。草地植物的性别生态学对于其种群遗传特征及基因型多样性有重要意义，性别生

态学的研究近年来受到越来越多的重视。

1. 草地植物的性别系统　大多数草地植物种的个体雌雄同花，一朵花同时具有雄蕊和雌蕊。但是，也有一些草地植物或饲用植物的个体具有雌雄两类花，雄花产生花粉，雌花产生胚珠，属同株异花，如莎草科薹草亚科的植物；有些植物为雌雄异株，雌花和雄花分别长在不同的植株上，如木本饲用植物构树（*Broussonetia papyrifera*），只有这类植物的雌性植株和雄性植株与动物中的雌体和雄体相当。在植物界中，雌雄异株植物相当少，只占有花植物的 5% 左右。多数生物学家认为，雌雄异株能降低同系交配的概率，具有异型杂交的优越性。此外，雌雄异株回避两性间竞争的对策，增强了两性利用不同资源的能力，减小了以种子为食的动物的压力。

传粉脊椎动物也是某些植物雌雄异株个体在进化中处于优势的原因。例如，藤露兜树（*Freycinetia reineckei*）植株多数为雌雄异株，只有含单性花的穗状花序，但偶然也出现雌雄同株的植株，具有含雌雄两性花的花序。萨摩亚狐蝠（*Pteropus samoensis*）在采食藤露兜树有甜味的肉质苞片时，对雄花和两性花的危害比雌花大（由于雌花结构上与雄花不同），雄花序、两性花序和雌花序受破坏的百分数分别为 96%、69% 和 6%。当狐蝠在藤露兜树雌雄异株上采食时，雄花序虽然被破坏了，但花粉粘着在狐蝠面部，狐蝠再转到雌花序采食就对后者授粉，同时对后者危害不大；相反，当狐蝠在雌雄同株的植株上采食时，通常破坏大部分或所有雌小花。因为两性花序中雌小花存活率不高，所以产生两性花序的雌雄同株个体在进化选择上处于劣势，而雌雄异株个体将成为适者而生存下来，促使藤露兜树沿雌雄异株方向进化。

藤露兜树的例子说明了植物性别系统的进化选择中环境因素的复杂性及其研究的难度。从种到科、目，往往同一分类单元中有一系列的类型。同一属或科的植物种，有的自花授粉，有的异型杂交，而进化中已形成的防止自花授粉的方式也很多。虽然对植物性别系统的研究报道不少，但广为学者接受的通则还不多。阐明决定植物性别系统的环境因素，至今仍是生态学研究的重要课题。

2. 两性细胞结合　两性细胞结合是植物性别生态学的重要生物学问题，两性细胞结合有自体受精和异体受精两种方式。

（1）自体受精：指雌雄配子由同一个体产生。有一些植物有花，但从不开花，即只进行闭花受精（cleistogamous），仅能通过自体受精而生殖。自体受精对于大部分营固着生活的植物来说可能是有利的，它们没有能力去主动寻找雌株或雄株，能生产雌雄两性配子和具有自体受精潜力显然是有好处的。

（2）异体受精：大部分植物都是兼具产生雌雄配子的能力的，但它们不一定都是自体受精的，如报春花（*Primula malacoides*），虽然是自我兼容（self-compatibility）的，但主要是异体受精。自我兼容可以视为防止缺少异体受精的一种保险措施。

一个物种可能采取一种或多种受精策略，如如意草（*Viola arcuata*）对日照长度的变化产生不同的反应，在春季会产生可由昆虫授粉的花，而在夏季产生不开的、闭花受精的花。这可能是随着季节的推进植物降低对昆虫可见度和授粉成效的一种适应。

3. 有性繁殖　植物性别生态学的另一个重要课题是寻找大多数生物都保存有性繁殖的原因。从现实层面来看，无性繁殖较有性繁殖在进化选择上有下列优越性：①可迅速增殖，暂时性占领新栖息地。②母体所产的后代都带有母本的整个基因组，因此给下代复制的基因组是有性繁殖的两倍。有性繁殖要在进化选择上处于有利地位，必须使之获得的利益超过所偿付的减数分裂价、基因重组价和配合价。

一般认为，有性繁殖是对多变和易遭不测环境的一种适应性，是避开不利条件的部分机制。因为有性生殖混合或重组（recombine）了双亲的基因组，产生了遗传上易变的配子，并转而产生遗传上易变的后代（图 3-9）。新遗传质的产生使受自然选择作用的种群遗传变异度保持在高水平，使种群在不良环境中至少能保证少数个体生存下来，并获得繁殖后代的机会。

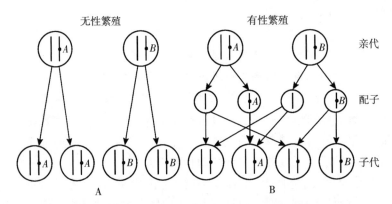

图 3-9　无性繁殖（A）和有性繁殖（B）的遗传结果

无性繁殖的后代是亲代的完全复制，携带相同的基因（A、B）；有性繁殖产生遗传上多变的后代，

携带来自双亲基因的不同组合

（仿 Mackenzie 等，1998）

二、种间关系

种间关系是构成生物群落的基础，其研究内容主要包括两个方面：①两个或多个物种在种群动态上的相互影响，即相互动态（co-dynamics）；②彼此在进化过程和方向上的相互作用，即协同进化（co-evolution）。种间关系包括种间竞争、捕食（predation）、寄生（parasitism）、共生等，共生又可分为偏利共生（commmensualism）、偏害共生（amensualism）和互利共生（mutualism）。依据植物在捕食关系中位置的不同，可将捕食分为两类：一类是植物作为被捕食者，如草食动物对草地植物的捕食；另一类是植物作为捕食者，例如食虫植物。放牧即人类利用草食动物对草地植物的捕食进行畜牧业生产的一种方式。有时，种间相互作用对一方没有影响，而对另一方或有益（偏利共生）或有害（偏害共生）。不管是否存在承受恶性影响的物种，以相互作用的影响是正（＋）、负（－）和中性（0）为基础划分相互作用更为方便（表 3-4）。

表 3-4　根据影响结果对种间相互作用进行的分类

（引自姜汉侨等，2010）

种间相互作用的类型	物种 A 的反应	物种 B 的反应
竞争	－	－
捕食	＋	－
寄生	＋	－
中性	0	0
偏害共生	0	－
偏利共生	0	＋
互利共生	＋	＋

（一）种间竞争

种间竞争（interspecific competition）是指两物种或更多物种共同利用同样的有限资源时产生的相互竞争作用。种间竞争的结果常是不对称的，即一方取得优势，而另一方被抑制甚至被消灭。竞争的能力取决于种的生态习性、生活型和生态幅度等。

1. 竞争排斥原理　俄罗斯微生物学家 Gause 以原生动物双核小草履虫（*Paramecium aurelia*）和大草履虫（*P. caudatum*）为研究对象，观察这两个在分类和生态习性上都很接近的物种的竞争结果。分别在酵母介质中培养时，双核小草履虫比大草履虫增长快；把两种草履虫加入同一培养器中时，双核小草履虫逐渐占优势，而大草履虫最后则消失（图 3-10）。然而，在 Gause 将双核小草履虫与另一种袋状草履虫（*P. bursaria*）放在一起培养时，却产生了共存的结果。共存时两种草履虫的密度都低于单独培养，所以这是一种竞争中的共存，仔细观察发现，双核小草履虫多生活于培养试管的中、上部，主要以细菌为食，而袋状草履虫生活于底部，以酵母为食，这说明两个竞争种间出现了食性和栖息环境的分化。Gause 以草履虫竞争实验为基础提出了高斯假说，后人将其发展为竞争排斥原理（principle of competitive exclusion），其内容如下：在一个稳定的环境内，两个以上受资源限制的、但具有相同资源利用方式的种不能长期共存在一起，即完全的竞争者不能共存。

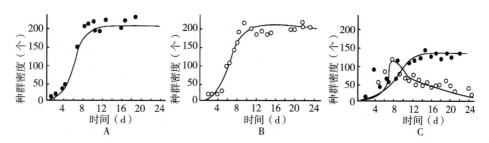

图 3-10　两种草履虫间的竞争

A. 只有双核小草履虫　B. 只有大草履虫　C. 两种在一起

（仿 Mackenzie 等，1998）

2. 竞争类型及其一般特征　竞争有两种作用方式：①仅通过损耗有限的资源而竞争（利用性竞争，exploitation competition），而个体不直接相互作用；②通过竞争个体间直接的相互作用而竞争（干扰性竞争，interference competition）。草地植物的种间竞争主要是前者。

（1）竞争的共同特点：竞争结果的不对称性是种间竞争的一个共同特点。竞争不对称（competitive asymmetry）的例子远多于对称性结果的例子。种间竞争的另一个共同特点是对一种资源的竞争能影响对另一种资源的竞争结果。草地植物间的竞争中，冠层中占优势的植物减少了竞争对手进行光合作用所需的光照辐射，这种对光的竞争也影响植物根部吸收营养物质和水分的能力。也就是说，在植物的种间竞争中，根竞争与枝竞争之间有相互作用。

（2）植物竞争的特殊性：植物竞争的特殊性在于以下几点。①植物不能运动，个体过密导致的资源争夺只能是部分个体死亡。②植物是构件生物，在种间和种内的不同个体和构件水平上，竞争同时存在。植株之间的竞争常表现为最终生物量恒值的分摊竞争和高密度下部分植株死亡的争夺竞争；而同一植株构件之间的竞争则主要是争夺竞争。在混播人工草地建立时，需要考虑不同草种的竞争力是否相当，或者生态位分离的不同草种，尽可能地延长混播草地植物群落的稳定性。

3. Lotka-Volterra 模型　Lotka-Voltterra 的种间竞争模型是单种种群逻辑斯蒂模型的延伸，逻辑斯蒂模型已包含种内竞争的部分，即

$$dN/dt = rN(1-N/K)$$

如前所述（$1-N/K$）可理解为尚未利用的"剩余空间"项，而 N/K 是"已利用空间"项。N_1 和 N_2 分别为两物种的种群数量，K_1 和 K_2 分别为这两物种种群的环境容纳量，r_1 和 r_2 分别为这两物种种群的种群增长率。当两物种竞争或共同利用空间时，物种 1 已利用空间项除 N_1 外还要加上 N_2，即

$$dN_1/dt = r_1N_1(1-N_1/K_1-\alpha N_2/K_1) \tag{1}$$

式中，α 为物种 2 对物种 1 的竞争系数，它表示每个 N_2 个体所占的空间相当于 α 个 N_1 个体。举例说，N_2 个体大，消耗的食物相当于 10 个 N_1 个体，则 α 为 10。显然，竞争系数 α 可以表示每个 N_2 对于 N_1 所产生的竞争抑制效应。同样，对于物种 2：

$$dN_2/dt = r_2N_2(1-N_2/K_2-\beta N_1/K_2) \tag{2}$$

式中，β 为物种 1 对物种 2 的竞争系数。式（1）和（2）即 Lotka-Volterra 的种间竞争模型。

4. 生态位理论　生态位（niche）是生态学中的一个重要概念，是指在自然生态系统中一个种群

在时间、空间上的位置及其与相关种群之间的功能关系。对于某一生物种群来说，其只能生活在一定环境条件范围内，并利用特定的资源，甚至只能在特殊时间里在该环境中出现，例如，食虫的蝙蝠是夜间活动的。

（1）理论的形成与发展：Grinnell 最早在生态学中使用生态位的概念，用它来表示划分环境的空间单位和一个物种在环境中的地位，强调的是空间生态位（spatial niche）的概念。Elton 将生态位看作"物种在生物群落或生态系统中的地位与功能作用"，他强调的是物种之间的营养关系，实际上指的是营养生态位（trophic niche）。Hutchinson 提出 n 维生态位（n-dimensional niche）的概念，使生态位理论取得明显进展。假设影响有机体的每个条件和有机体能够利用的每个资源都可被当作一个轴或维（dimension），在此轴或维上，可以定义有机体将出现的一个范围，同时考虑一系列这样的维，就可以得到有机体生态位的一个"多维"定义图。把影响有机体的各种资源和条件分别作为一个维（虽然难以测量或在书页上表示）而加进来在理论上是可能的，并导出一个明确划定的生态位——n 维超体积生态位（n 在此是轴数）。这个全面划定的生态位对一个种（甚至于一个种的某个生活阶段）预期不是独一无二的，特别是在动态或斑块环境中。n 维超体积理论在实践中有一个弱点，即不可能确定是否全部维都已经被考虑了，尽管如此，它仍是一个非常有用的概念。

另外，Hutchinson 还提出了基础生态位（fundamental niche）与实际生态位（realized niche）的概念。一个物种能够占据的生态位空间是受竞争和捕食强度影响的。一般来说，没有竞争和捕食的胁迫，物种能够在更广的条件和资源范围内得到繁荣，这种潜在的生态位空间就是基础生态位，即物种所能栖息的、理论上的最大空间。事实上，自然界的物种都处于竞争和捕食关系中，很少有物种能全部占据基础生态位，一个物种实际占有的生态位空间称为实际生态位。竞争对于基础生态位的影响可以用一个经典的实验来说明：植物生态学家 Tansley 研究了两种拉拉藤属植物，*Galium saxatile* 生长在酸性土壤中，而 *G. pumilium* 则生长在石灰性土壤中；当单独生长时，两个种在两类土壤中都能繁荣，但当两个种在一起生长时，在酸性土壤中 *G. pumilium* 被排斥，而在石灰性土壤中 *G. saxatile* 被排斥。显然，竞争影响了被观察到的实际生态位。

此外，互利共生也影响物种的实际生态位，它倾向于扩大实际生态位，而不是缩小。比较极端的情况是专性互利共生，如许多兰科植物与其真菌菌根的互利共生，单个物种的生态位是不存在的，例如兰如果没有菌根就不可能生长。

美国学者 Whittker 认为，生态位是每个种在一定生境的群落中都有不同于其他种的自己的时间、空间位置，也包括在生物群落中的功能地位，并指出生态位的概念与生境和分布区的概念是不同的。生境是指生物生存的周围环境，分布区是物种分布的地理范围，生态位则说明在一个生物群落中某个种群的功能地位。

（2）生态位分化：生物在某一生态位维度上的分布如图 3-11 所示，常呈正态分布，这种曲线可称为资源利用曲线，它表示物种具有的喜好位置及其散布在喜好位置周围的变异度。如图 3-11A 中各物种的生态位狭，相互重叠少，$d > \omega$，表示种间竞争小；图 3-11B 中各物种的生态位宽，相互重叠多，$d < \omega$，表示种间竞争大。

比较两个或多个物种的资源利用曲线就能分析生态位的重叠和分离状况，进而探讨竞争与进化的关系。一方面，如果两物种的资源利用曲线完全分开，那么还有某些资源未被利用。扩充利用范围的物种将在进化中获得好处；同时，生态位狭的物种激烈的种内竞争更将促使其扩展资源利用范围。因此，进化将导致两物种的生态位靠近、重叠增加、种间竞争加剧。另一方面，生态位越接近、重叠越多、种间竞争也就越激烈，将导致一个物种灭亡或生态位分离。总之，种内竞争促使两物种生态位接近，种间竞争又促使两竞争物种生态位分开，这是两个相反的进化方向。那么，物种要共存，需要多少生态位分化呢？竞争物种在资源利用分化上的临界阈值称为极限相似性（limiting similarity）。在图 3-11 中，d 表示两物种在资源谱中的喜好位置之间的距离，ω 表示每一物种在喜好位置周围的变异度。May 等的研究结果表明 $d < \omega - 1$ 可大致地作为相似性极限。

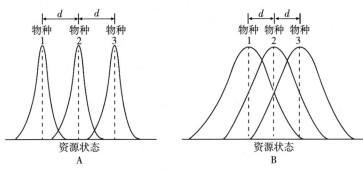

图 3-11　三个共存物种的资源利用曲线

A. 各物种生态位狭，相互重叠少　B. 各物种生态位宽，相互重叠多

d. 曲线峰值间的距离　ω. 曲线的标准差

（仿 Begon 等，1986）

5. 竞争释放与性状替换

（1）竞争释放（competitive release）：在缺乏竞争者时，物种会扩张其实际生态位，这种竞争释放可被认为是野外竞争作用的证据。在一些天然草地上进行的物种去除试验已证明，剩余的物种生物量将显著增加，可补偿去除物种的生物量损失。例如，在捷克的一片物种丰富度很高的湿地草甸中，去除优势种天蓝麦氏草（*Molinia caerulea*）4 年以后，植物群落的总生物量与未去除优势种的草地没有显著差异，说明群落中其他物种生态位实现了扩张。在美国得克萨斯州，从以帚状裂稃草（*Schizachyrium scoparium*）为优势种的滨海草场采集的草皮为试验材料，也得到了相似的研究结论。

（2）性状替换（character displacement）：偶尔竞争产生的生态位收缩会导致形态性状变化，称为性状替换。例如，Zuppinger-Dingley 等曾将 12 种草地植物混植，8 年后，与单植情况相比，混植情况下观察到不同物种之间的性状替换现象以及更高的种内生物多样性。

（二）捕食作用

捕食（predation）可被定义为一种生物摄取其他种生物个体的全部或部分为食，前者称为捕食者（predator），后者称为猎物或被捕食者（prey）。这一广泛的定义包括：①"典型的捕食"，它们在袭击猎物后迅速杀死而食之；②食草，它们只消费对象个体的一部分，有时导致它们采食的植物死亡。同时，两种类型的被捕食者都有保护自己的身体结构的设置（如椰子或乌龟的厚壳）和对策，植物主要利用化学防御（chemical defense），而动物则形成了一系列行为对策（behavioral strategy）。

捕食者也可分为以植物组织为食的草食动物（herbivore）、以动物组织为食的肉食动物（carnivore）、以动植物两者为食的杂食动物（omnivore）。捕食对策需要在不动的、但是化学防御性的被捕食者与能动而行为复杂的、但是味道好的被捕食者之间进行权衡，从而捕食者趋异进化分化出肉食者与草食者两种主要类型。

另外，捕食者的食物变化很大，一些捕食者是食物选择性非常强的特化种（specialist），只摄取一种类型的猎物，而另一些是泛化种（generalist），可吃多种类型的猎物。草食动物一般比肉食动物更加特化，或是吃一种类型食物的单食者（monophagous），或是以少数几种食物为食的寡食者（oligophagous），它们集中摄食具有相似防御性化学物质的很少的几种植物。而草食动物中的泛化种（或广食者，polyphagous）可通过避免取食毒性更大的部分或个体，而以一定范围的植物种类为食。个体较大的肉食者和食草者一般食谱较广，因此大部分草食性哺乳动物相对而言是广食者，草地上生活的有蹄类草食动物也大多属于广食者。以上规律也有例外，既有单食性的哺乳动物，如专性吃竹的大熊猫、专性以桉树为食的树袋熊；也有广食性的寄生者，如桃-土豆蚜虫，可寄生在 500 多种植物上。

1. 典型的捕食者与猎物

（1）捕食者与猎物的协同进化：捕食者与猎物的相互关系是经过长期的协同进化逐步形成的。一方面，捕食者进化出一整套适应性特征如锐齿、利爪、尖喙、毒牙等工具，通过诱饵追击、集体围猎等方式，以更有力地捕食猎物。另一方面，猎物也形成了一系列行为对策，如保护色、警戒色、拟态、假死、快跑、集体抵御等以逃避被捕食。自然选择对于捕食者的要求是提高发现、捕获和取食猎物的效率，而对猎物的要求是提高逃避、防止被捕食的效率，显然这两种选择是对立的。

在捕食者-猎物关系的进化过程中，常会见到一种重要倾向，即"负作用"倾向于减弱。在自然界中，捕食者将猎物种群捕食殆尽的事例很少，精明的捕食者大都不捕食正值繁殖年龄的猎物个体，因为这会降低猎物种群的生产力。被食者往往是猎物种群的中老年或体弱患病、遗传特性较差的个体，捕食作用为猎物种群淘汰了劣质个体，从而防止了疾病的传播及不利的遗传因素的延续。人类利用生物资源，从某种意义上讲也要做"精明的捕食者"，不要过分消灭猎物，不然会导致许多生物资源灭绝。

（2）Lotka-Volterra 模型：Lotka-Volterra 模型是一个简单而有价值的捕食者-猎物模型。该模型做了以下简单化假设：①相互关系中仅有一种捕食者与一种猎物；②如果捕食者数量下降到某一阈值以下，猎物数量就会上升，而捕食者数量如果增多，猎物种数量就下降，反之，如果猎物数量上升到某一阈值，捕食者数量就增多，而猎物数量如果很少，捕食者数量就下降；③猎物种群在没有捕食者存在的情况下按指数增长，捕食者种群在没有猎物的条件下按指数减少。即 $dN/dt = r_1 N$，$dP/dr = -r_2 P$，其中 N 和 P 分别为猎物和捕食者密度，r_1 为猎物种群增长率，$-r_2$ 为捕食者的死亡率，t 为时间。

当两者共存于一个有限空间内时，猎物种群增长因捕食而降低，其降低程度取决于：①N 和 P，因 N 和 P 决定捕食者与猎物的相遇频度；②捕食者发现和进攻猎物的效率 ε，即平均每一捕食者捕杀猎物的常数。因此猎物方程为

$$dN/dt = r_1 N - \varepsilon PN \tag{3}$$

同样，捕食者种群将依赖于猎物而增大，设 θ 为捕食者利用猎物而转变为更多捕食者的捕食常数，则捕食者方程为

$$dP/dr = -r_2 P + \theta PN \tag{4}$$

式（3）和（4）为 Lotka-Volterra 模型。

（3）自然界中捕食者对猎物种群大小的影响：捕食者能否调节其猎物种群的大小呢？目前有两种主要观点。

①捕食者对猎物种群数量的调节作用有限。可能存在以下两方面主要原因：一，任一捕食者的作用只占猎物种群总死亡率的很小一部分，因此去除捕食者对猎物种群仅有微弱影响。如许多捕食者捕食田鼠，蛇仅是捕食者之一，所以去除蛇对田鼠种群数量影响不大。二，捕食者只是利用了猎物种群中超出环境所能支持的部分个体，所以对最终猎物种群大小没有影响。在英国禁止使用杀虫剂后，由于雀鹰（*Accipiter nisus*）对大山雀（*Parus major*）的捕食增加，导致大山雀的死亡率从 1% 以下上升到 30% 以上，但大山雀数量却没有减少，可能是因为巢穴不足才是限制大山雀种群大小的关键因子。人类猎取斑尾林鸽（*Columba palumbus*）的例子也可以证明上述观点：猎取活动减轻了冬季林鸽对食物的竞争，从而降低了其越冬死亡率，因此斑尾林鸽净数量没有受到影响。即当限制捕食者种群的主要因素不是猎物数量而是其他因素时（如巢址或领域的可获性）时，捕食者对猎物数量的影响不大。

②捕食者对猎物数量具有明显的影响。最有代表性的是向热带岛屿引入捕食者后所导致的多次种群灭绝。例如，向太平洋关岛引入林蛇后，有 10 种土著鸟消失或数量大幅下降。在这些例子中猎物种群劣势很大，因为其没有被捕食的进化历史，也就没有发展相应的反捕食对策。此外，当猎物种群长期处于捕食者的捕食状态时，捕食的影响力也会很大，去除主要捕食者，猎物种群数量明显增加。

2. 食草作用　食草是广义捕食的一种类型，其特点是植物不能逃避被食，而动物对植物的危害

只是使部分机体受损害，留下的部分能够再生。人类对草地生态系统的放牧利用就是食草作用的一种形式。此外，草地生态系统中还生活着各种以草地植物为食的野生动物。

（1）草地植物的补偿生长：草地植物被采食而受损害的程度因损害部位、植物发育阶段的不同而有差异。如采食叶、花、果实和根系等，其结果各不相同。在青藏高原的天然草地生态系统中，啮齿类小动物种类不多，但数量较大，例如，高原鼢鼠（*Eospalax baileyi*）是典型的营地下生活的鼠类，采食植物的根、块根、块茎等。

在草地生态系统中，适当的放牧可促进草地植物的补偿性或超补偿性生长，使草地植物群落年总初级生产量提高。主要原因有：①植物一些枝叶受损后，将减少对其他叶子的遮阴，可提高其他叶的光合作用效率，进而维持整株植物光合作用与呼吸作用之间的平衡；②受损植物利用贮藏于各组织和器官内的主要碳水化合物得到补偿；③受损植物改变光合产物的分布，以维持根/枝的平衡；④动物啃食可刺激植物单位光合效率的提高。

（2）草地植物的防卫反应：植物主要以两种方式来保护自己免遭捕食。①毒性与差的味道；②防御结构。在草地植物中已发现成千上万种有毒次生化合物，包括有毒的生物碱、苷类化合物、萜类化合物、酚类化合物等。豆科牧草白车轴草（*Trifolium repens*）中含有氟化物，木本饲用植物银合欢（*Leucaena leucocephala*）中含有含羞草素，因此，马、驴、骡等草食家畜不宜大量食用这些植物。

被草食动物采食过叶的植物，其次生化合物水平会提高。一些次生化合物无毒，但会降低植物的食物价值，如多种木本植物的成熟叶中所含的单宁与蛋白质结合后，使其难以被捕食者的肠道吸收。一些豆科植物产生蛋白酶抑制因子，可抑制草食者肠道中的蛋白酶；一些植物含有昆虫激素的衍生物，昆虫采食后幼虫蜕皮受阻，可减少昆虫的繁殖输出。这种防御诱导表明资源分配的最优化，即当利益超过花费时，资源仅用在防御上。植物的防御结构在各种水平上都存在，从叶表面可陷住昆虫及其他无脊椎动物的微小绒毛（经常带钩或具有黏性分泌液），到大型钩、倒钩和刺，如荨麻（*Urtica fissa*）、鬼箭锦鸡儿（*Caragana jubata*）和金合欢属（*Acacia*）植物的，这些防御结构主要阻止哺乳类植食动物食用。上述防御结构也可在被采食过的植物中被诱导出来。

（3）草食动物的觅食行为：植物-草食动物系统也被称为放牧系统（grazing system）。在放牧系统中，被人类驯养的草食动物主要有牛、绵羊、山羊、马和骆驼等，反刍动物占很大比重。不同的草食动物常常有不同的觅食行为习惯，对草地植物种群产生的影响也不尽相同。

牛以舌头卷入牧草，用下牙和上齿龈形成咬的动作而把草咬断食入，喜食禾草和杂类草。总的来说，相较于其他种类的草食家畜，牛的选食性较低，有时会出现促进禾草增加而成为优势种的情况。牦牛主要分布于青藏高原，舌发达而灵活，而且下腭门齿质和上腭齿板坚硬，既能用舌卷食牧草，又能啃食矮草。绵羊适合采食靠近地面的矮草，且善于选食更富有营养和适口性好的植物或植株的某些部分。因此，放牧绵羊的采食不利于短根茎和匍匐茎植物生长，且过度放牧对草地植物群落的不利影响更大。山羊喜食灌木的嫩枝叶和采食部分牧草，放牧山羊可以有效地控制对其适口性较好的灌木。马能很有效地利用密布地面的矮草，并且按照自己对植物种类的喜好而高度选择性地觅食，而且在冬春缺草时，它们善于用其蹄掘食草根和幼芽。

（4）植物与草食动物种群的动态关系：在放牧系统中，食草者与植物之间具有复杂的相互关系，简单认为草食动物的采食会降低草场生产力是错误的。如在乌克兰草原上，曾保存 500 hm^2 原始的针茅草原，禁止放牧若干年后，草原上长满杂草，不能再放牧，其原因是针茅的繁茂生长阻碍了其嫩枝发芽并使其大量死亡，使草原演变成了杂草草地。

放牧活动能调节植物的种间关系，使牧场植被保持一定的稳定性。但是，过度放牧也会破坏草原群落。McNaughton 曾提出一个模型，用来说明有蹄类放牧与植被生产力之间的关系（图 3-12），即在放牧系统中，草食动物的采食活动在一定范围内能刺激植物净生产力的提高，超过此范围净生产力开始降低，然后随着放牧强度的增加，逐渐出现严重的过度放牧的情形。该模型对牧场管理具有重要意义。

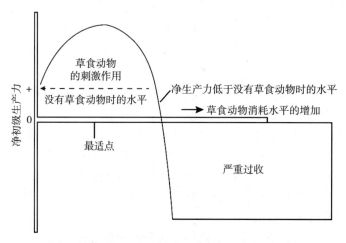

图 3-12　食草作用中草食动物对植物净生产量影响的模型

（仿孙儒泳等，1993）

（三）寄生

1. 寄生概念　寄生是指一个种（寄生物）寄居于另一个种（寄主）的体内或体表，靠寄主体液、组织或已消化物质获取营养而生存。

2. 寄生物分类　寄生物可以分为两大类。

（1）微寄生物（microparasite）：在寄主体内或表面繁殖。主要的微寄生物有病毒、细菌、真菌和原生动物。

（2）大寄生物（macroparasite）：在寄主体内或表面生长，但不繁殖。动植物的大寄生物主要是无脊椎动物，昆虫是草地植物的主要大寄生物（特别是蝴蝶和蛾的幼虫及甲虫），一些植物（如槲寄生）也可能是大寄生物。

应注意，寄生物的身体大小并不总是决定它们是微寄生物还是大寄生物。比如，蚜虫是植物的微寄生物（在植物表面繁殖），而真菌可能是昆虫和植物的大寄生物，它们在寄主死亡前不繁殖。拟寄生物（parasitoid）包括一大类昆虫大寄生物（主要是寄生蜂和蝇），它们在昆虫寄主身上或体内产卵，通常导致寄主死亡。大多数寄生物是食生物者（biotroph），仅在活组织上生活，但一些寄生物在其寄主死后仍能继续存活在寄主上，如引起植物幼苗腐烂的腐霉菌属的真菌。

3. 寄生植物分类　高等植物作为寄生物也可以分成两类。

（1）全寄生植物（haloparasitic plant）：植物所需的水分、无机盐和有机营养均来自寄主。

（2）半寄生植物（semiparasitic plant）：植物所需的有机营养通过光合作用自身合成，无机营养来自寄主。

寄生植物是被子植物中的一大特殊类群，全世界有 4 000 余种，广泛分布于陆地生态系统中，占被子植物总数的 1%，其中半数以上为根部半寄生植物。我国面积广阔的天然草地中既生活着一些半寄生植物，如马先蒿属（*Pedicularis*）作为被子植物中最大的属之一，有很多种属于根部半寄生植物，也生活着一些全寄生植物，如肉苁蓉（*Cistanche deserticola*）和列当（*Orobanche coerulescens*）等。

4. 寄生物种群与寄主种群的动态关系　寄生物种群与寄主种群的动态关系在某种程度上与捕食者和猎物的相互作用相似。寄主密度的增加加剧了寄生物与寄主的接触，为寄生物的广泛扩散和传播创造了有利条件，使寄主种群易发生流行病并大量死亡。脊椎动物寄主中许多微寄生物疾病会提高免疫力，使易感种群的数量降低、疾病的传染力降低。然而，随着新的易感寄主加入种群（如新个体出生），传染病的感染力会再次增强。因此，这种传染病有循环的趋势，新的易感个体增加时传染病的感染力上升，免疫水平上升时传染病的感染力下降（图 3-13）。

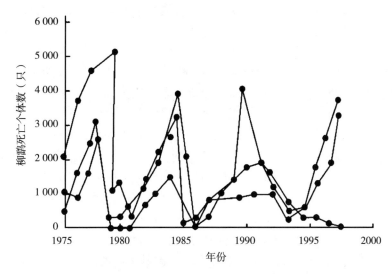

图 3-13　西南苏格兰被微细毛圆线虫（*Trichostrongylus tenuis*）寄
生的 3 个柳鹨（*Lagopus lagopus*）种群的循环（未被寄生
的种群不显示循环）

（仿 Machenzie 等，1998）

5. 寄生物与寄主的相互适应和协同进化　植物在受到寄生感染后，会发生强烈的反应以提高免疫力。例如，烟草植物的一片叶子被烟草花叶病毒感染后，会提高整个植物体的防御性化学物质水平，从而增加对多种病原体的抵抗力。

植物对病原体还有另一种反应——局部细胞死亡。烟草叶片被烟草花叶病毒感染后，植物会杀死感染部位的细胞，这样就夺走了寄生物的食物资源。同样，寄生有蚜虫瘿的黑杨（*Populus nigra*）叶子，其脱落比未感染叶提前很长时间。

如大豆（*Glycine max*）与其真菌寄生锈菌豆薯层锈菌（*Phakospora pachyehizi*）之间的协同进化，就发展成了寄生物的毒性基因与寄主的抗性基因间的对等关系，被称为基因对基因（gene for gene）协同进化。寄生物与寄主的协同进化常常使有害的"负作用"减弱，甚至演变为互利共生的关系，如引进澳大利亚的穴兔造成农牧业的巨大危害后，引入黏液瘤病毒才将危害防止住。病原体毒力降低与寄主抗性的增加是平行发展的。

（四）共生

1. 偏利共生　两个不同物种的个体间发生一种对一方有利的关系，称为偏利共生。附生植物（epiphyte）与被附生植物之间的关系就是一种典型的偏利共生，它们对被附生植物仅是一种附着的物理作用，并不从被附生植物上摄取养分。附生植物如地衣、苔藓等借助被附生植物支撑自己，可获取更多的光照和空间资源。藤本植物通过缠绕或攀爬支撑植物以保证自身的部分叶处于植物群落的上层，一般也被认为是偏利共生关系。

2. 偏害共生　偏害共生是指不同物种的个体生活在一起，其中一方对另一方产生抑制、伤害作用，甚至杀死对方，但其本身却不从中直接得到益处或害处。例如，在青贮饲料加工过程中，乳酸杆菌产生大量乳酸导致环境 pH 下降，从而抑制其他微生物的生长发育，这是一种非特异性的偏害共生关系。

3. 互利共生　互利共生是不同种两个个体间的一种互惠关系，可增加双方的适合度。共生性（symbiotic）互利共生发生在以一种紧密的物理关系生活在一起的生物体之间，如菌根（mycorrhizae）是真菌菌丝与许多种高等植物根的共生体，真菌帮助植物吸收营养（特别是磷），并从植物根部获得糖类和其他有机物，或利用其根系分泌物。

按照共生的特征，可将菌根分为内生菌根（endomycorrhizae）和外生菌根（ectomycorrhizae）

两大类型。菌根联合在贫瘠的土壤中特别重要，现已普遍在草本植物、灌木和树木上嫁接菌根以帮助其确立互利共生关系。非共生性互利共生包含不生活在一起的种类。

（1）专性互利共生和兼性互利共生：专性（obligate）互利共生指永久性成对组合的生物，其中一方或双方不可能独立生活，如地衣（lichen）是真菌-藻类共生体，由菌丝垫和包在其中的一薄层光合成藻类或蓝色细菌的细胞组成，真菌保护藻类免遭干旱和阳光辐射，而藻类提供菌丝光合成产物，这样地衣可在真菌和藻类都不能存活的、暴露的极端环境中茁壮成长。

菌根，尤其是内生菌根一般是非专性的，但有一些外生菌根对共生植物有很强的专一性。除十字花科（Brassicaceae）、莎草科（Cyperaceae）、灯芯草科（Juncaceae）、松科（Pinaceae）和水生维管植物无内生菌根外，几乎所有高等植物都有内生菌根；而外生菌根则广泛存在于温带落叶阔叶乔木及裸子植物中，生长在酸性、淋溶强、贫瘠土壤中的北方针叶林，其优势树种都具有外生菌根。在青藏高原的高寒草地土壤中，共生的丛枝菌根真菌（arbuscular mycorrhizal fungi）可促进垂穗披碱草对氮的吸收利用，显著提高其生物量。大多数共生体是专性互利共生，还有一些非共生性的互利共生也是专性的，如蘑菇-耕作蚁之间的互利共生，蘑菇和耕作蚁都不能离开对方而生存。

互利共生现象多数属于兼性互利共生，共生者可能不互相依赖着共存，仅是机会性互利共生。通常，这种关系不包括两物种间紧密的成对关系，而是散开的，有不同的物种混合在内。例如，蜜蜂会访问当季许多种正在开花的植物，而这些植物中有许多会受到多种昆虫授粉者的访问。

植物与固氮菌之间的关系，如豆科植物和根瘤菌（*Rhizobium*）之间的关系是兼性的。豆科植物与根瘤菌共生的过程十分复杂，不仅与植物根系（根系分泌物）和根瘤菌特定"共生基因"的相互识别有关，还与根系周围的环境如土壤 pH、CO_2 浓度、氮养分水平等有密切关系。在贫氮土壤中，豆科植物从在其根部形成结节的细菌的固氮活动中获得很大收益。但是，当土壤中氮水平较高时，植物在没有该菌的情况下也能很好地生长。除了豆科植物和土壤中的根瘤菌之外，其他很多高等植物也可以和土壤中的放线菌或直接与自身体内的蓝藻建立互利共生关系来固氮。如沙棘（*Hippophae rhamnoides*）、胡颓子（*Elaeagnus pungens*）、看麦娘（*Alopecurus aequalis*）等都具有与土壤中放线菌共生的根瘤；小二仙草科（Haloragidaceae）的大叶草属（*Gunnera*）的植物叶片中共生有固氮能力的藻类。

（2）传粉和种子散布：自然界中普遍存在的一种植物与动物之间的互利共生，存在于有花植物与传粉动物之间。为了与种群中其他个体交换基因，异型杂交（outcrossing）植物需要将其花粉转移到另一同种植物的柱头上，并接受同种植物个体的花粉。生长在地域广阔、植物种类稀少且均一的场所的植物种类可以进行风传粉，如在草地上生长的各种禾草。但是，大多数开花的双子叶植物依靠传粉者（pollinator，可能是昆虫、鸟、蝙蝠或小型哺乳动物）在植物间传递花粉。

通常，传粉者通过以花蜜（一种富含氨基酸的糖汁）、油或花粉为食来获益。一些植物-传粉者关系包含紧密的配对相互作用，两物种互相依赖，如丝兰仙人掌与丝兰蛾、无花果树与无花果寄生蜂之间的关系。雄性长舌花蜂是兰花传粉者，其传粉时不接受食物，而接受兰花中可转化成性信息素的复杂化合物。但是，大多数植物-传粉者的关系比上述关系更为松散。

每一传粉者用来收获花蜜和花粉的植物都有一个范围，在整个季节中该范围随可获得的花的种类的变化而改变；很多植物的传粉也不局限于某一特定的传粉者，但是不同传粉者的传粉能力存在差异，如在我国河西地区紫花苜蓿制种基地发现，鳞地蜂、黑颚条蜂、净切叶蜂、细切叶蜂和紫木蜂是传粉效率较高的野生蜂类群。

另一类动物-植物互利共生见于种子散布。气流可非常有效地传布很小的种子，但大型种子仅能靠水流传布（如椰子种子的传布）或靠动物散布。啮齿动物、蝙蝠、鸟类和蚂蚁都是重要的种子传播者。一些特化的种子传播者是种子采食者，它们摄食种子，但通过掉落或贮存和丢失种子可帮助种子散布。尽管这种种子丢失可能是偶然的，这种关系对双方仍是都有益的。另一些种子传布者包括食水果动物，它们摄食新鲜水果，但排除或去除种子。食水果动物-植物的关系通常是松散的，不同动物种类可取食同一种水果。应注意，某些动物散布种子（如埋在哺乳动物毛中的刺果）对动物没有利益，不是互利共生。

（3）防御性互利共生：有一些互利共生为其中一方提供对捕食者或竞争性的防御。一些种类的草地植物，比如多年生黑麦草（*Lolium perenne*）和醉马草（*Achnatherum inebrians*），与麦角真菌之间有互利共生关系，真菌生长在植物组织内或叶子表面，生产具有很强毒性的植物碱，使草免受食草者和食种子者的危害。

蚂蚁-植物互利共生很普遍。许多种植物在树干或叶上有称作花外蜜腺的特化腺体，为蚂蚁提供食物源，该腺体分泌富含蛋白质和糖的液体。在许多种金合欢树中，蚂蚁也通过住在树的空刺中得到物理保护，蚂蚁为其宿主提供对抗食草者的很强的防御，有力地进攻任何入侵者，在某些情况下还可以通过去除周围植物来限制竞争。实验中把蚂蚁从金合欢树上移走，这些树受到草食动物的取食水平大大提高，这从侧面证明了蚂蚁的保护效果。在与蚂蚁具有兼性互利共生关系的金合欢种类中，没有蚂蚁的植物个体含有高水平的防御性次生化合物，而那些住有蚂蚁的植物个体对这些化合物的投入水平却很低，这进一步表明蚂蚁具有威慑食草者的作用。

（4）动物组织或细胞内的共生性互利共生：住在动物肠道内或细胞内的共生者普遍存在。反刍动物拥有多室胃，在其中发生细菌（每毫升瘤胃内容物含 $10^9 \sim 10^{10}$ 个）和原生动物（每毫升瘤胃内容物含 10^6 个）的发酵作用，使得反刍动物具有较好的利用纤维性草料的能力。许多白蚁的消化道内生活着数量很大的单细胞生物（一些原生动物和细菌），它们能把白蚁所食的木纤维分解成营养成分，供白蚁吸收，同时白蚁则为这些单细胞生物提供有机物。一些白蚁还拥有可固定空气中氮的细菌（像豆类和其他植物那样），因为木中氮含量很低，这是有价值的。细胞内细菌共生体存在于一些昆虫类群中，如蚜虫和蟑螂，这些细菌可通过合成必需氨基酸促进氮代谢，这些细菌共生体已和其宿主紧密地协同进化了。

（5）互利共生和协同进化：互利共生的进化可能发生在不同情况下，或来自寄生物-寄主或捕食者-猎物之间，或发生在没有协作或相互利益的紧密共栖者之间。例如，昆虫传粉可能起始于昆虫从风媒花上偷花粉，然后双方的进化变化（协同进化）使双方从这种关系中获益。这样，在植物-传粉者关系中，增强的传粉成功的优势产生吸引昆虫的花（鲜艳的颜色、香味、花蜜）。互利共生也可能"恶化"为一方对另一方利益非平衡的剥削。例如，许多兰花不让其传粉者获得任何利益，而是通过气味、形状和色彩来模仿昆虫（特别是蜜蜂和黄蜂）雌体以诱使昆虫落到花上。

（五）他感作用

1. 他感作用的概念 他感作用（allelopathy）也称异株克生，通常指一种植物通过向体外分泌代谢过程中的化学物质，对其他植物产生直接或间接的影响。他感作用是生存斗争的一种特殊形式，种内、种间关系都有此现象。如北美的黑胡桃（*Juglans nigra*），抑制离树干 25 m 范围内植物的生长，彻底杀死许多植物，其根抽提物含有苯醌，可杀死紫花苜蓿（*Medicago sativa*）和番茄类植物；加利福尼亚灌木鼠尾草（*Salvia lencophylla*）生产挥发性松脂，可抑制田间竞争者，实验室内，生长在 2 g 鼠尾草叶子旁边的黄瓜秧苗茎的伸展长度只有不长在鼠尾草叶子旁边的对照组的 8%；在香蒲（*Typha orientalis*）种群中发生种内竞争性异株克生，香蒲群丛中心枝叶枯萎。

2. 他感物质的概念 他感作用中植物的分泌物称作他感物质，目前对他感物质的提取、分离和鉴定已做了许多工作。在我国的天然草地上，一些植物对优良饲用植物表现出抑制作用，一些植物则对某些毒杂草表现出抑制效应。对菊科蒿属（*Artemisia*）、亚菊属（*Ajania*）、橐吾属（*Ligularia*）及瑞香科狼毒属（*Stellera*）等的研究比较深入，已经鉴定出具有他感活性的化合物多为萜类、酚类、皂苷类化合物，这些化合物浓度不同时会对受体植物的他感作用表现出不同程度的促进或抑制效应。

3. 草地植物分泌他感物质的方式 草地植物分泌他感物质的方式是多种多样的，主要有以下4 种。

（1）根的分泌：植物通过根系向土壤中分泌他感物质。

（2）植物残株或凋落物的分解释放：植物及其器官死亡以后，其中的复合物或聚合物被微生物分解而释放出某些化合物，影响周围植物。

（3）挥发：一些挥发性他感物质通过植物的体表进入环境中而发挥作用。

（4）淋溶：雨水或雾滴将植株表面的一些有机酸、氨基酸、萜类或酚类等水溶性他感物质淋溶下来，对周围的植物产生影响。

4. 他感作用的意义 他感作用具有重要的生态学意义，主要体现在以下 3 个方面。

（1）他感作用对农林业和草业的生产与管理具有重要意义。如农业歇地现象就是由他感作用使某些作物不宜连作造成的。早稻就是一例，其根系分泌对羟基肉桂酸，对早稻幼苗起强烈的抑制作用，连作时长势不好，产量降低。

（2）他感作用对植物群落的种类组成具有重要影响，是造成先锋植物对后来定居植物的选择性，以及某种植物的出现引起另一种植物消退的主要原因之一。因此，他感作用也常常是混播草地建植成功的决定因素之一。在我国西南地区，将扁穗牛鞭草（*Hemarthria compressa*）与豆科牧草混播进行草场建植时，发现扁穗牛鞭草分泌的他感物质会导致豆科草种的发芽障碍。他感作用对于退化草地的人工植被建植也是十分重要的。在青藏高原东部的高寒沙化地中，杯腺柳（*Salix cupularis*）和沙棘根系分泌的他感物质可对多种多年生禾草的发芽造成"低促高抑"的影响。

（3）他感作用是引起植物群落演替的重要内在因素之一。如北美加利福尼亚的草原原来由针茅（*Stipa capillata*）和早熟禾（*Poa annua*）等构成，由于放牧、烧荒等原因逐渐变成了由野燕麦（*Avena fatua*）和毛雀麦（*Bromus hordeaceu*）构成的一年生草本植物群落，之后又由于生长在这种群落周围的两种芳香性鼠尾草灌木（*Salvia lencophylla* 和 *S. melifera*）和加州蒿（*Artemisia californica*）的叶子分泌樟脑等萜烯类物质，抑制其他草本植物的生长，进而逐渐取代了一年生草本植物群落。

复习思考题

1. 种内与种间关系有哪些基本类型？

2. 密度效应有哪些普遍规律？

3. 什么是他感作用？有何生态学意义？

4. 什么是竞争排斥原理？举例说明两物种共存或排斥的条件。

5. 什么是竞争释放和性状替换？

6. 什么是生态位？画图比较说明两物种种内、种间竞争与生态位分化的关系。

7. 谈谈捕食者对猎物种群数量的影响。

8. 怎样管理好草场？

9. 谈谈寄生者与寄主的协同进化。

10. 共生有哪些类型？

第四章

草地植物群落生态学

第一节 草地植物群落生态学的基本原理

一、植物群落的概念与特征

早在 19 世纪，丹麦植物生态学家 Warming 对植物群落（plant community）下的定义是由一定的物种组成的天然群聚，形成群落的物种实行同样的生活方式，对环境有相同的要求，或一个物种依赖于另一个物种而生存，有时种之间共生现象占优势，是不同植物有机体的特定结合。1957 年，苏联植物学家和植物群落学奠基人之一苏卡乔夫（Sukachiov Vladimir Nikolaevich）对植物群落下的定义是在一定地段上具有均匀的种类组成和关联的植物组合，形成群落的植物之间以及植物与环境之间存在相互作用。R. Tüxen 认为，植物群落是经过生境选择后由植物所形成的功能单位，环境干扰下植物群落能够自我调节和自我更新，植物群落处在相互竞争的动态平衡中。1960 年，我国生态学家侯学煜认为植物群落是一定地段中植物的集合，强调植物群落具有层片结构，同样认为植物之间以及植物与环境之间存在相互作用。

植物群落学就是研究植物群落的组成、结构、演替和在地球表面分布规律的学科。植物群落中的物种关系是核心问题，从系统角度，植物群落是一个生态功能单位，在特定空间或生境中，具有一定的种类组成、外貌及形态结构与营养结构，是相对于个体和种群更高一级的生物系统。

（一）草地植物群落研究的对象

地球表面全部植物群落的集合称为植被。植物群落是植被的基本单元，也是生物群落的重要组成部分。在草地上群集生长在一起的植物形成了草地植物群落，草地植物不只是乡土植物或者野生植物，还含有人工植被或人工群落和栽培植物。

草地植物群落学的研究对象是草地植物群落以及由草地植物群落所构成的植被，同时专注草地植物群落组成、结构和功能，是在草地植物群落和草地生态系统宏观层面上进行研究的。研究草地生态系统植物群落与环境间相互关系的学科即草地植物群落生态学。

（二）草地植物群落的基本特征

地球上的植物群落类型多种多样，这是由于地球上有多种不同的植物种类存在，而且不同物种还有特定的结合形式，它们也与相应的生境条件相互作用。尽管如此，植物群落也具有一些普遍性的共同或相似的特征，使得植物群落在复杂的自然生态系统中行使同样或类似的功能。

1. 具有一定的外貌和结构　任何类型的植物群落都具有不同的、可以通过视觉区别的一定的外部形态。不同的草地类型，其植物群落的外貌明显不同。不仅有外表形态的变化，还有以色彩为特征的颜色改变。

同一植物群落在不同季节里可能表现为外貌色彩的周期性变化，这就是植物群落的季相。通过植物群落的季相，可以快速从感官上判断植物或植被生长发育所处的阶段。温带干草原有明显的季相变化，在春季我国草原绝大部分地区，草地只有白头翁属（*Pulsatilla*）、委陵菜属（*Potentilla*）和鸢尾属（*Iris*）等植物开花。

在植物群落经过长期的适应进化后，植物物种之间以及植物与生境之间形成相对稳定的关系，进而形成了各类植物群落的形态结构、生态结构和营养结构，如生活型组成、层次、季相等。植物群落的结构是松散的，并不像有机体那样清晰，所以有人也将其称为松散结构。

2. 具有一定的种类组成 所有草地植物群落都由一定的植物种类组成，种类组成是区别不同植物群落的首要特征。当优势物种相同时，可以将它们看作相同的草地植物群落，相同的草地植物群落也可以在不同的生境里形成和发育。

3. 具有一定的种间关系 草地植物群落中的种间关系有：①共存关系，如豆禾混播共生；②竞争关系，如高密度下植物的自疏；③寄生关系，如杂草菟丝子需要寄生在寄主植物上；④附生关系，自身可进行光合作用，通常不会长得很高大，如蕨类、兰科的许多种类。随着植物群落的发展，群落中的植物种间关系逐渐趋于稳定。

4. 具有特定的内部环境 植物群落对其生长环境可产生重大影响，能够形成群落环境。在植物群落的形成发育过程中，植物（包括植物群体）与其存在的环境始终存在着相互作用。环境空间和资源为植物生长发育提供生存生长所需要的各方面条件，既有一定数量植物的生存空间，又有植物生长发育必需的光照、温度、水分和营养资源。而在由少数到多种植物群集、由简单到较为复杂的营养结构以及由较低到较高的生产力的形成过程中，植物群落也强烈地影响着其生存环境，即植物对于群落生境的温度、湿度、光照、CO_2、风力等小气候特征以及土壤的有机质、酸碱度、团粒结构等理化性质有不断改善的作用。因此，植物群落对其生存的环境可以产生重大影响，并形成特殊的群落小环境，也称群落内部环境。

5. 具有一定的动态特征 植物群落的普遍特征之一就是任何群落都存在动态特征。任何植物群落都有一个从形成到发展、成熟，直至衰退、灭亡的阶段。植物群落的动态体现在波动和演替两个方面。

波动主要是季节与年际动态，演替是植物群落有规律、连续不断的更新过程。植物群落的动态源于构成群落的植物种类的变化和其存在的环境条件的变化。群落中的植物存在多种多样的相互作用，而这些相互作用的形式与强度不断受到植物物种本身生长发育规律和易变的环境因素的影响。例如，两个植物之间存在竞争关系，但在某个阶段，或者在某种干扰下，它们之间的竞争关系可能转化成互利共生关系，植物群落也经常受到一些偶然自然因素的干扰，如洪水的水淹、过度的降雪、极端的低温等，这会导致植物竞争力与生长繁殖能力的此消彼长，进而影响群落的种类组成、营养结构以及生态功能。

6. 具有特定的分布范围和群落的边界特征 有特定的分布范围是植物群落的特征之一。任何一种植物种群都分布在特定的地段或生境中，不同群落的生境和分布范围不同。有些群落有明显的边界，有些没有。一般而言，有边界的群落，其环境梯度变化较陡，或者环境梯度突然中断，如陆地环境和水生环境交界处的植被。无边界的群落常见于环境梯度连续缓慢变化的情况，如森林与草原的过渡带、沿缓坡而逐次出现的群落替代等。

（三）草地植物群落的空间界限

群落在结构与种类组成上具有一定的生物学一致性，该一致性是与具有边界的地区相联系的。Clements 提出两个相对均匀相邻的群落存在相互过渡的转换区，并称之为群落交错带，是两个或多个群落之间的过渡区域。当两个群落相接触时，它们连接成一个整体，而连接的带不论其宽窄，均被称为群落交错区（ecotone）。由于环境条件的突然中断，有些群落之间的过渡显得突然，然而，虽然环境条件的变化突然，但是由于植物间的相互作用，有些群落间的变化显示出一种连续的梯度，也有些群落交错带是植被类型逐渐混合的地带，能反映不同因子复合体的逐步混合，因此群落交错带具有以下 3 个方面明显的特征。

1. 具有强烈的边缘效应 群落交错带的环境比较复杂，能为不同生态类型的植物定居提供条件，其包含多个群落的共同物种以及群落交错带的特有物种，物种的数目及一些种群的密度往往较大，这种在群落交错带中种群数目及密度存在增大趋势的现象称为边缘效应（edge effect），是物种竞争的紧张地带。

2. 具有渗透界面作用　人类活动正在大范围地改变自然环境，形成许多交错带，如人工植被种植均使得原有的景观界面发生变化，这些新的交错带可看作半渗透界面，可以控制不同系统之间能量、物质以及信息流的影响，是能量和物质流动活跃的地带。

3. 具有脆弱性　由于群落交错带处于两个群落的边界，对外界变化非常灵敏，一旦外力超过其可支持边缘，系统就会趋于崩溃，因此群落交错带往往都具有生态脆弱性，实际表现为草地植物群落的功能退化。

二、草地植物群落的组成

物种组成是群落分类的主要依据，对群落性质的判定起决定性作用。

（一）草地植物物种组成的性质

按照草地植物群落中各类物种的重要性以及数量分布可将其分为优势种、建群种、亚优势种、伴生种、偶见种和外来种 6 大类。

1. 优势种（dominant species）　对群落的结构和群落环境的形成有明显控制作用的植物种被称为优势种，它们通常是个体数量多、投影盖度大、生物量高、体积较大、生活能力较强的植物种类。如果把优势种从群落中去除，必然导致群落性质和环境的变化；但若将非优势种去除，只会发生很小或者不显著的变化。换言之，群落的优势种的稳定性在很大程度上决定了局域尺度生态系统的稳定性。

2. 建群种（constructive species）　优势层的优势种常常被称为建群种。如果群落中的建群种只有 1 个，则称之为"单建群种群落"；如果具有 2 个或者 2 个以上同等重要的建群种，则称之为"共建群种群落"，如由狼针草（*Stipa baicalensis*）和羊草（*Leymus chinensis*）共建的草甸草原群落。

3. 亚优势种（subdominant）　指个体数量与作用都次于优势种，但是在决定群落性质和控制群落环境方面仍起着一定作用的植物种。在复层群落中，它通常居于下层，如大针茅（*Stipa grandis*）草原中的小半灌木冷蒿（*Artemisia frigida*）就是亚优势种。在草地植物群落中，亚优势种常以某物种的相对生物量和相对盖度定义，其在群落中的权重低于优势种，但显著高于其他物种。

4. 伴生种（companion species）　伴生种为群落内的常见物种，它与优势种相伴存在，是维持群落组成和结构的重要物种。但因其生物量相对贡献较低，伴生种对于草地植物群落生产力等生态系统功能的贡献相对较低。

5. 偶见种或指示种（rare species）　偶见种是那些在群落中出现频率很低的物种，多半是种群本身数量稀少的缘故。偶见种可能偶然地由人们带入或随着某种条件的改变而侵入种群中，也可能是衰退中的残遗种。有些偶见种的出现具有生态指示意义，有的还可以作为地方性特征种来看待。

6. 外来种（alien species）　以上提及的优势种、建群种、伴生种、偶见种等都是构成植物群落的基本成分。除了这些物种之外，植物群落有时也会出现一些在原来正常的群落形成、发育过程中没有的物种，这些物种的起源和分布不在植物群落分布的地域，而是由于后来的人为因素或者自然因素侵入新的植物群落中，逐渐成为植物群落的新成员，甚至会取代原来的优势种而使得群落组成发生巨大的变化。

（二）草地植物物种组成的特征

1. 物种组成的数量特征

（1）密度（density）：指单位面积或单位空间内所拥有的个体数目。样地内某一物种的个体数占全部物种个体数之和的百分比称作相对密度或相对多度。

（2）多度（abundance）：是对单位面积上所生长的物种数目评估的度量标准。

（3）盖度（coverage）：指植物地上部分垂直投影到地面的单位面积上所覆盖住的百分比，即投影盖度。就草地植物群落而言，盖度可分为种盖度、功能群盖度和总盖度（群落盖度），常以离地面

2.54 cm 高度的断面积计算。

（4）频度（frequency）：指单个物种在调查范围内出现的频率，一般用出现该物种的样方占全部样方数的百分比表示。

（5）高度或长度（height or length）：是草地植物调查时的常用指标。一般来说，高度测量其距地面的垂直高度，便于了解群落的垂直结构；长度测量其拉直后的水平长度。

（6）重量：是用来衡量物种生物量（biomass）或现存量（standing crop）的指标，可分为干重与鲜重。这一指标是研究与理解草地植物生产力的基础。

2. 物种组成的综合特征

（1）优势度（dominance）：优势度表示一个物种在群落中的优势程度，即其在群落中的地位与作用。与多度不同，优势度高的物种并不代表着物种的个数多。例如高寒草地群落中常见的禾类草，相比于莎草其株数通常较低，但其生物量更高，即禾类草通常拥有更高的优势度，而在优势种的判断上，也认为该种禾类草为该类草地的优势种。

Braun-Blanquet 主张以相对盖度、相对高度或相对生物量来表示优势度，在草地群落调查和计算中被大量应用。苏联的 B. H. Cykaqeb 提出多度、体积或所占据的空间、利用和影响环境的特性、物候动态应作为某个种的优势度指标。还有学者认为盖度和密度为优势度的度量指标，也认为优势度即盖度和多度的综合或生物量、盖度和多度的乘积等。

（2）重要值（important value，IV）：是用来表示某个种在群落中的地位和作用的综合数量指标。重要值是 J. T. Curtis 和 R. P. Mcintosh 在美国威斯康星州研究森林群落连续体时提出的，用来确定乔木的优势度或显著度，计算的公式如下：

重要值（IV）＝相对多度（RA）＋相对频度（RF）＋相对优势度（RD）。通常在草地调查的具体实践中，多直接使用相对盖度表征相对优势度。

（三）物种多样性

1. 物种多样性的概念　生物多样性是指生物的多样化和变异性以及生境的生态复杂性，包括生物物种的丰富程度、变化过程以及由此组成的群落、生态系统和景观。生物多样性一般有 3 个水平：①遗传多样性，指地球上各个物种所包含的遗传信息之和；②物种多样性，指地球上生物种类的多样化；③生态系统多样性，指的是生物圈中生物群落、生境与生态过程的多样化。

1943 年，Fisher 等第一次运用生物多样性（biodiversity）这个概念。当时，他们所提出的生物多样性这一概念还较为狭义，表示群落中物种的数目和每个物种的个体数目。最直观的例子是 Thieneman 生物群落定律指出的在有利的环境条件下，在单位面积内观察到了大量的物种，但每一个物种的个体数量并不多，这时多样性指标是高的；当环境条件不利时，虽说在单位面积上生长的草地植物的数量多，然而其涵盖的草地植物种类却寥寥无几，这时的多样性指标较低。近几十年来，讨论物种多样性的文章很多，归纳起来，通常物种多样性具有下面两方面含义。

（1）物种丰富度（species richness）：指单位面积内的生境中群落植物物种的数目。Pole 认为只有这个指标才是唯一客观地描述多样性的指标。截至目前，草地植物物种丰富度仍然是描述草地植物群落生物多样性最直接和最常用的指标。

（2）物种均匀度（species evenness）：指单位面积内一个群落或生境中全部物种个体数目的分配状况，它反映的是各物种个体数目分配的均匀程度。例如，A 群落中有 1 000 个个体，其中 800 个为种 1，另外 200 个为种 2，B 群落中也有 1 000 个个体，但种 1 和种 2 各有 500 个个体，那么 B 群落的物种均匀度便要高于 A。

2. 物种多样性的衡量　衡量物种多样性的公式有很多，这里仅选几种有代表性的衡量指数加以介绍。

（1）物种丰富度指数（species richness index）：由于群落中物种的总数与调查样方面积和样本量纲有关，所以这类指数只能用于相同调查方法的直接比较，其绝对值不具有生态学意义。

①Gleason 指数。

$$d_{Gi}=(S-1)/\ln A$$

式中，A 为单位面积（调查样方面积）；S 为群落中物种数目（调查样方物种数）。

②Margalef 指数。

$$d_M=(S-1)/\ln N$$

式中，N 为调查样方中观察到的个体总数。

（2）多样性指数（divesity index）：多样性指数是描述丰富度和均匀性的综合指标。在应用多样性指数时，具有低丰富度和高均匀度的群落与具有高丰富度与低均匀度的群落，可能得到相同的多样性指数。下面是 3 个最著名的计算公式。

①Shannon-Weiner 指数。可以用来描述物种个体出现的紊乱和不确定性，其计算公式为

$$H'=-\sum_{i=1}^{S}P_i\log_2 P_i$$

式中，H' 为信息量，即物种的多样性指数；S 为物种数目；P_i 为属于种 i 的个体 n_i 在全部个体 N 中的比例（n_i/N）。信息量 H' 越大，不确定性也越大，多样性也就越高。

在 Shannon-Weiner 指数中包含了两个因素：物种的数目（即丰富度）、物种中个体分配上的平均性或均匀性。物种的数目多，可增加多样性；同样地，物种之间个体分配的均匀性增加也会使多样性提高。

②Simpson 指数。1949 年，Simpson 提出这样的问题：在很大的群落中，随机取样得到同样的两个标本，它们的概率是什么呢？如果在景观草地上，随机选取几片叶子，属同一种的概率很高。相反，如果在杂草丛生的天然草地中随机取样，几片叶子属同一种的概率很低。基于此，他提出了 Simpson 指数。

设种 i 的个体数 n_i 占群落中总个体数 N 的比例为 P_i，那么，随机取种 i 两个个体的联合概率应为（P_i）×（P_i-1）。如果将群落中全部种的概率合起来，就可得到 Simpson 指数，即

$$D=\sum_{i=1}^{S}n_i(n_i-1)/N(N-1)$$

Simpson 指数的最低值是 0，最高值是（$1-1/S$）。前一种情况出现在全部个体均属于一个种的情况下，后一种情况出现在每个物种个体数相等的情况下。

例如，A 群落中 a、b 两个种的个体数均为 50，而 B 群落中 a、b 两个种的个体数分别为 99 和 1，按 Simpson 指数计算，则 A 群落的多样性指数为 0.5，而 B 群落的多样性指数为 0.019 8。造成这两个群落多样性差异的主要原因是种的不均匀性，从丰富度来看，两个群落是一样的，但均匀度不同。

③Pielou 均匀度指数。均匀度（J）指群落的实测多样性（H'）与最大多样性（H'_{max}，即物种数相同的情况下完全均匀群落的多样性）之比，以 Shannon-Wiener 指数 H' 为基础的群落的均匀度为

$$J=H'/\log_2 S$$

式中，H' 为信息量，即物种的多样性指数；S 为物种数目；底数也可以用 e 或 10。当 S 个物种每一种恰好只有一个个体时，$P_i=1/S$，信息量最大，即 $H'=\log_2 S$；当全部个体为一个物种时，则信息量最小，即多样性最小，$H'_{max}=0$，因此，$J=H'/H'_{max}=H'/\log_2 S$。

三、草地植物群落的结构

（一）草地植物群落的外貌

决定植物群落外貌的四大要素包括植物的生活型、植物的种类、植物的季相以及植物的生活期。

草地上的植物通常较密集，一般呈现绿色，季相明显，大多是丛生的禾本科植物。不同草原分布受到气候条件的影响。例如我国草原多由小型草丛和根茎禾草组成，草群比较稀疏，纯覆盖度小，草原华丽程度较差，具有大型花朵的双子叶植物与单子叶植物相比居于弱势。整个草原呈现雅致的鲜绿色调。草原亚型分界线往往与等雨量线的方向大致吻合。草地的高度、密度以及单位面积内种的饱和

度与地理位置、土壤类型及气候条件息息相关。

（二）草地植物群落的结构

植物群落结构指群落的所有种类及其个体在空间中的配置状态。结构是群落显而易见的一个重要特征，每个群落类型都具有其相对固定的结构，结构反映了群落对环境的适应、动态和机能，进而有助于群落的分类。层片（synusia）是群落最基本的结构单位，它包含一个生活型或者几个至少是相近的生活型的植物。它是生物生态学的结构单位，也是形态学的结构单位，具有结构的完整性和生活型的或多或少显著的均匀性。草地植物群落的基本结构包括垂直结构、水平结构以及种类数量特征。

1. 垂直结构（vertical structure） 垂直结构是指群落在空间的垂直分化或成层现象，是群落中各植物间及植物与环境间相互关系的一种特殊形式。草地群落的地上成层现象比较简单，通常按相对高度分为上层、中层、下层，或上层和下层。

2. 水平结构（horizontal structure） 水平结构是指群落在空间的水平分化或镶嵌现象。草地群落的镶嵌性在某些情况下，可能是由挖土动物的生活活动引起的，在某些情况下，也可能是由个别植物种的生活活动引起的。另外，草地植物群落水平结构的形成与草地的土壤质地和结构以及水分条件的异质性有关。

3. 种类数量特征 对草地群落的种类组成进行数量分析是定量化研究群落的开始，也是近代群落分析技术的主要基础。一般是调查分析草地植物群落的多度、高度、密度、盖度、频度、重量、群聚度及恒有度等数量特征，表征了某种植物相对其他植物的定量区别。

（三）草地植物群落的分层特征

植物群落中各植物间为充分利用营养空间而产生的垂直分层现象称为群落的成层现象。植物群落的层的分化主要取决于植物的生活型，因为生活型决定了该种处于地面以上不同的高度和地面以下不同的深度。成层结构是自然选择的结果，它显著提高了植物利用所处环境资源的能力。

根据草地植物群落植物的植株高矮可以划分为上繁草、中繁草、下繁草和莲座丛草。

1. 上繁草 处于植物群落的上部层次，植株高大，高度在100 cm以上。叶片分布均匀，上繁草生长旺盛并占优势的群落通常分布于热带、亚热带地区；在温带，上繁草居多的草原多为打草场，刈割时叶片损失少。羊草（*Leymus chinensis*）、披碱草（*Elymus dahuricus*）以及草木樨（*Melilotus suaveolens*）等属于上繁草。

2. 中繁草 介于上繁草层与下繁草层之间，中繁草植物的植株高度为50～100 cm。

3. 下繁草 处于植物群落的下部层次，下繁草植物植株矮小，高度在50 cm以下，大量叶片集中于株丛基部，短营养枝居多，生殖枝少，群落总体的营养价值较高，由于草地植物高度低，适合放牧利用。我国温带草原多以下繁草为主，下繁草层的物种分蘖或无性系扩展良好，如针茅（*Stipa capillata*）、冰草（*Agropyron cristatum*）、小糠草（*Agrostis gigantea*）、白车轴草（*Trifolium repens*）等。

4. 莲座丛草 由莲座丛植物构成。植物植株矮小，根出叶成簇状，很少或没有茎生叶，形成"莲座"型，如车前（*Plantago asiatica*）、通泉草（*Mazus pumilus*）、草地风毛菊（*Saussurea amara*）、斗篷草（*Alchemilla vulgaris*）等。莲座丛植物在过度利用草地上较为多见。

第二节 草地植物群落动态

一、草地植物群落的时间动态

一般来说，植物群落具有两个尺度的时间变化：季节变化和年际变化。

（一）季节变化

植物群落受环境条件尤其是气候的制约而存在季节变化。温带地区气候的季节变化极为明显，从而导致植物群落存在明显的季节变化；草地植物一般在春季发芽、生长，夏季开花，秋季结果并产生种子，冬季则休眠或死去。

例如，我国北方的羊草草原一般在5月初返青，7月开花，8月中旬草地的地上生物量到达峰值，9月下旬草地植物的地上部分枯黄且停止生长。植物群落随季节变化是群落内部的变化，并不会改变整个植物群落的性质。与其他植物群落相似，草地植物群落的季节性特征明显，中、高纬度以及高海拔地区最为显著。

（二）年际变化

植物群落在不同年际常有明显的波动，这种波动反映了群落内部的变化，并不会产生更替现象。例如：看麦娘占优势的群落在干旱的年份可能转变为匍枝毛茛占优势的群落，在以后水分充足时又会变化为看麦娘占优势的群落。不同气候带内，植物群落的年际变化程度也不同，环境条件越恶劣，植物群落的年际变化程度越大。植物群落的年际变化不仅表现为植物生产力的变化，也存在物种组成的年际变化。

虽然，植物群落的年际变化是可逆的，但这种可逆是不完全一致的。植物群落在经历波动之后会复原，这种复原并不是完全地恢复至原始状态，而是逐渐向新的平衡状态靠近。而草地植物群落抵抗环境干扰的能力通常可以通过计算草地植物群落生物量的稳定性加以量化，即较低的年际波动表征更高的草地植物群落稳定性。

二、放牧对草地植物群落动态的影响

放牧一致被认为是影响草地植物群落组成、结构、特征、生产力及其动态规律的主要因素。对天然草地的放牧利用会引起草地物理环境的改变，草地植物生长发育会受到干扰，群落多样性也会因此发生变化。群落植物多样性是群落结构复杂性和稳定性的条件之一。放牧对草地植物群落的影响取决于放牧强度和家畜采食习性，其中放牧强度对群落的影响远比采食习性更为明显。

（一）放牧强度对草地群落植物多样性的影响

牧压梯度上羊草草原和大针茅草原的植物多样性取决于群落种间竞争排斥和放牧对不同植物生长的抑制或促进作用。因无放牧群落中剧烈的种间竞争排斥和重度放牧群落中放牧强度的影响，大多数植物的生长发育受到抑制，群落的植物多样性较低；而中度放牧既削弱了群落中的种间竞争，又不抑制植物的生长，使得群落具有较高的生物多样性。同时，群落的层片结构标志着群落内生态位分化程度的高低，也影响着物种的多样性。

放牧管理中发现物种丰富度受不同放牧率的影响不大，而植物多样性和均匀度随放牧率的增大而下降，群落优势度随放牧率的增大而增大。同时，适宜的放牧强度也会促进草原的发展，使其生物多样性有所提高。普遍认为，草地利用强度对草地的影响十分明显，草地的退化以适口和非适口的植物种类比例变化为特征，在轻度放牧和适度放牧条件下适口性好的植物在群落中所占比例最大，过度放牧可降低适口性好的植物的活力，而使适口性差的植物免受影响，并在对有限资源的竞争中处于更有利的地位，最终导致适口性差的植物在群落中占优势。

（二）放牧强度对草地植物群落结构的影响

放牧强度是对草地进行放牧利用的轻重程度，是影响草地群落动态的重要因素。一般认为，放牧对草地植物群落结构的影响主要有两方面：①植被冠层变化。家畜采食削弱冠层，光合作用恢复引起冠层重建，两者此消彼长，轮牧地的草丛高度、盖度等呈周期性变化，连续放牧地在生长季则相对稳定。②物种组成的变化。因为家畜选择性采食，会改变牧草的种间竞争力与群落环境，引起物种侵入或迁出，导致群落物种重要值发生变化。

合理放牧和过度放牧条件下草地植物群落的重要值差异显著。合理放牧可以改善草地植物群落结构，使草地植物群落层次分化明显，提高优良牧草比重；而过度放牧可使禾草比重降低，莎草和杂类草所占比重升高。

草地植物群落的结构与外貌通常以优势种种类组成为特征。对内蒙古锡林河流域羊草和大针茅典型草原在牧压梯度上植物群落的物种多样性、群落结构和生物量的研究表明，随着牧压强度的增大，草原植物群落高度大幅度下降，而盖度的下降幅度比较小，群落植物种的丰富度有所降低，但其均匀度和多样性在中度放牧群落中最高。对内蒙古短花针茅荒漠草原不同放牧强度下的群落特征的研究表明，放牧不但对群落地上植物构成、生物量有极大的影响，而且对植物根系、土壤的物理特性也有很大的影响。

放牧会引起植物生活型的分化，表现为放牧会引起植物繁殖特性的变化。草原植物应用繁殖和生长方式及其对不同放牧强度的适应或对策性变化是其能否忍耐或适应放牧而维持生存的重要因素。随着放牧强度的增加，羊草草原的植物盖度和生物量逐渐降低，优势羊草群落将逐渐被盐生植物替代，群落结构趋于简化，物种趋于向旱生化和盐生化方向演替。

（三）放牧强度对草地植物群落生产力的影响

一般认为，放牧过程中家畜的选择性采食、践踏会减少植物光合面积，降低牧草生产力，甚至导致草原退化，但放牧对禾草而言可增加再生植物的光合速率，增加分蘖，减少内叶郁闭，降低蒸腾面积，增加水肥利用效率等。一般情况下轻度放牧或中度放牧会增加物种的多样性，适度放牧使群落资源丰富度和复杂程度增加，可维持草原植物群落的稳定，有利于提高群落的生产力，但过度放牧会使种群生境恶化，致使群落物种多样性降低、结构简单化、生产力下降。

在植物生长季内，松嫩平原羊草草地地上生物量处于持续增加状态，但在不同生育期增加速率不同，而且随着山羊放牧率的增大或减少，植被生物量并未呈现单调变化。随着放牧率的增加，虽然植被生物量积累出现降低趋势，但其最高值出现在放牧率较低的小区而非不放牧的小区。同时，无论是丰水年、平水年还是欠水年，地上牧草现存量均随放牧率的增大而显著降低。在牧压梯度下，狼针草草原群落中不同植物表现出不同的生态适应对策，随着牧压的增加，狼针草种群株丛破碎化、小型化，羊草耐牧性较强，在中度放牧阶段生产力最高，而群落初级生产力随着放牧强度的增加而逐渐下降。

（四）家畜采食习性对草地植物群落的影响

在草地生态系统中，放牧家畜对草地植物群落发育起着非常重要的作用。家畜牧食行为包括游走、采食、反刍、卧息、站立、嬉戏及排泄粪尿等，其中主要由采食和反刍行为构成，而采食行为又起着决定性作用。大多数家畜采食叶片、花序、种子及其他细嫩部、外部光洁和多汁的牧草，而有芒、有刺、有毛、质地粗糙的牧草适口性明显下降。家畜的选择性采食对植物群落组成和结构产生了很大影响，特别是较大的放牧强度会对草地产生负面影响。

大部分研究证明，随着放牧强度的增加，适口性好的牧草会减少或衰退，借助种子繁殖的优良牧草比例也有所下降，而群落中一些适口性差、耐牧性强的丛生禾草、莲座状植物、根出叶植物及匍匐植物或有毒有害植物的比例上升，进而导致草地退化。Crawleg 详细讨论了放牧影响植物生长发育的原因：采食生长组织和光合组织会阻碍植物生长，使植物特定部位的生长资源配置发生改变，诸如资源被更多地用于诱导化学保护物质的形成和受伤组织的修复，从而使生长减慢；由于家畜采食植物组织，植物伤口易受病原菌的浸染，可能会增加植物死亡的风险；放牧影响植物的繁殖、开花率、种子的大小和数量、无性繁殖幼苗的大小和数量，使其都随放牧的增强而长势减弱或随生殖枝被采食而减少，同时植物繁殖期推迟。

在天然草地放牧生态系统中，不同的放牧管理方式对草地植物群落的组成、结构和生产力及物质循环等方面都有极大影响。不同放牧制度在不同区域也有差别，这与各区域气候、植被、其他草地资源条件及所采用的放牧技术和方法有关，不考虑条件而过分强调轮牧优于自由放牧或者自由放牧优于轮牧的观点都是片面的，即使是相同的轮牧方式，在不同的地域环境及管理条件下所得的结果也不尽相同。在大部分情况下连续放牧和间断放牧应被看作互补的放牧措施，而不是相互替代的非此即彼的选择，将二者结合使用可更有效地利用草地资源。适度的放牧可合理利用草地资源，维持草地植物群落的稳定。

三、气候变化对草地植物群落动态的影响

全球气候变化（global climate change）是指在全球范围内，气候平均状态统计学意义上的巨大

改变或者持续较长时间（典型的为 30 年或更长）的气候变动。气候变化的原因可能是自然的内部进程，或者是人为地持续对大气组成成分和土地利用的改变（工业排放、森林砍伐、草地开垦等）。

近几十年来，人类活动导致氮沉降、气候变暖、大气 CO_2 浓度上升，预计在未来一段时间内这些情况仍会持续增加。持续的温室气体排放量增加会导致全球气温和降雨格局发生变化，与此同时发生的环境变化对全球主要生物群落的影响仍存在很大的不确定性。

此外，干旱地区的面积约占全球陆地面积的 45%，因气候变化导致干旱地区扩大，预测 21 世纪末将达到 68%，干旱地区的扩大可能加强区域性气候变暖。目前，氮沉降、CO_2 浓度、气候变暖和极端干旱被认为是生物多样性损失的驱动因素，进而影响草地植物群落的动态。

（一）氮沉降对草地植物群落动态的影响

氮沉降改变了群落组成，且大多数研究认为氮沉降降低了生物多样性，尤其是过量的氮沉降；少部分研究认为氮沉降增加了生物多样性；极少研究认为氮沉降对生物多样性无影响。许多陆地生态系统的相关研究表明，氮沉降［≥25 kg/（hm² · 年）］对生物多样性产生了严重的威胁，特别是在长期较低水平氮沉降［≤10 kg/（hm² · 年）］条件下，每添加单位氮引起的物种数量减少更多，表明慢性低水平的氮沉降对多样性的影响比通常认为的影响更大。究其原因，氮沉降引起的土壤酸化加剧和相关盐基阳离子可利用性的降低导致的补充机制是一方面，生态系统受氮限制的程度得到缓解导致地上净初级生产增加，加速了对地上资源的竞争排斥机制是另一方面。受氮沉降负面效应影响的植物群落因多样性的下降导致优势物种组成的改变，进而影响群落的外貌。

外源养分添加控制试验结果表明较高的氮添加虽然提高了草地植物地上生物量，但增加了近地表植物的光限制，从而导致植物多样性减少，这种负效应可用食草动物的啃食作用而缓解。其主要机制是食草动物对地上高层植物的啃食使得低层物种有机会获得更多的光资源。从中可以看出，氮的改变和放牧共同作用于草地植物群落，进而影响其动态。随着持续的外源氮输入，植物多样性的这种负效应不仅发生在高浓度的氮添加处理中，还发生在一些长期低氮添加试验中。研究表明，氮添加对植物多样性的负效应具有可逆性，但是相对于未施肥处理，植物多样性的恢复效果仍有很大的局限性。模拟氮沉降的短期试验表明，地上竞争是内蒙古草原氮添加后物种损失的主要机制。而另一项研究表明，即使是相对较低的氮沉降速率，如果持续足够长的时间，也能够导致生态响应。

青藏高原高寒草原开展的长期氮添加试验表明，随着施氮量的增加，叶片磷含量功能多样性降低，使得光、磷利用效率持续降低；同时，优势物种叶面积增大引起的群落光拦截增加的正效应以及叶片磷含量功能多样性下降的负效应，共同导致生产力和水分利用效率沿氮梯度呈先上升后下降的趋势（图 4-1）。

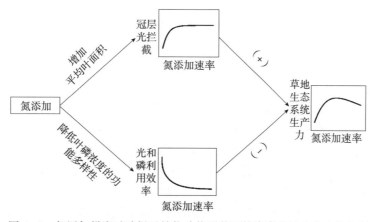

图 4-1　氮添加梯度试验揭示植物功能形状调控高寒草地生产力的机制

（引自 Zhang 等，2019）

（二）大气 CO_2 对草地植物群落动态的影响

关于气孔发育的研究表明，CO_2 的长距离和短距离信号传导是正常植物发育的必要组成部分，因此 CO_2 被视为限制植物光合作用的资源。一般情况下，全球范围内 CO_2 增强了植物的光合作用，从而刺激植物的生长和凋落物碳输入更新，并通过减少气孔孔径而减少水的使用，植物具有更高的碳同化作用和净初级生产量。在草地植物生长过程中，具有不同光合作用途径的 C_3、C_4 和 CAM 类植物对 CO_2 浓度升高的响应不同。当其他资源较为充足时，过多的 CO_2 能增加 C_3 植物的光合作用速率，但几乎不影响 C_4 植物的光合过程。

基于野外观测试验，植物对 CO_2 浓度的响应通常表现为负反馈，且短期和长期试验均能观测到 CO_2 富集下的植物光合作用适应现象，但呈现不同的反馈机制活性。CO_2 对植物生长的刺激作用取决于水、氮和磷等资源的可利用性，因此影响植物多样性。CO_2 浓度对物种丰富度的影响有积极效应，也有消极效应，其中积极效应归因于 CO_2 对土壤水分的积极影响。CO_2 浓度的增加总体上可以改变草地植物的组成成分，基于此转变的竞争差异进一步影响草地植物群落的组成和动态。

（三）极端干旱对草地植物群落动态的影响

极端天气气候事件趋多趋强，气候风险水平呈上升趋势，阶段性变化明显。轻度干旱导致林下树木死亡，严重干旱也可能导致树冠枯死，因此，严重的干旱将导致物种组成的方向性发生变化。

在生态系统功能方面，干旱将减少植物根系的生长和生物量。在全球旱地生态系统中，植物多样性-生态系统稳定性关系在干旱梯度中具有强烈的气候依赖性，因为干旱调节了植物多样性的稳定作用。相关研究发现极端干旱改变了荒漠草原群落的物种组成，降低了 Shannon-Wiener 指数和物种丰富度。

不同草地植被类型（荒漠、草甸草原、典型草原）下植物与丛枝菌根真菌的互作受菌种及其多样性的调控，在西北干旱地区，土壤水分条件是丛枝菌根真菌发生和分布的制约因素。干旱、半干旱地区为盐渍化土壤的主要分布区，玛纳斯河干旱地区盐分含量高，盐生植物占优势，其植物多样性与土壤微生物多样性之间呈显著正相关。因此，具有不同特性的草地植物（盐生植物、旱生植物等）对干旱的响应不同，进而在植物群落中的表现不同，导致群落产生相应的动态变化。

（四）气候变暖对草地植物群落动态的影响

全球变暖还在持续，中国是全球气候变化的敏感区。全球变暖在过去 100 年里对生态系统产生了显著的影响，导致许多生物的生长范围向更高海拔地区和偏向极地地区变化。

气候变暖对植物的影响首先体现在植物物候的变化，通过实验对比自然气候条件下长期观测（观测实验）和直接对植物进行增温（变暖实验）的结果发现，与长期观测相比，变暖实验促使植物开花和展叶时间提前 5～6 d。

大多数研究认为气候变暖导致植物多样性减少，全球性的变暖对热带地区生态系统的影响较人，温度增加的幅度可能超出了热带植物叶片温度的大耐受范围。在中纬度盐沼泽地区，变暖实验（<4 ℃）改变了盐生物种的组成和分布，导致植物多样性迅速丧失，其中 Shannon-Wiener 多样性指数降低了 44%～74%，反而促进了具有竞争优势的盐生狐米草（*Spartina patens*）的生长。在气候恶劣和低生产力地区（如高山地区），气候变暖可以增加种间竞争对高山植物群落结构的作用，从而改变生物相互作用对多样性的长期影响。受气候变暖的持续影响，草地植物群落的组成和结构发生变化，进而朝着优势物种聚集的方向演变。

在苔原地区，变暖实验增加了禾本科植物和杂草的高度和盖度，降低了苔藓和地衣的覆盖，降低了物种多样性和均匀度。基于大数据分析，在较温和的北方生态系统或具有更大的土壤养分可利用性环境中，地衣覆盖率下降以应对气候变暖，此时维管植物丰度增加，平均为 108%。

青藏高原增温降水控制实验发现，海北站 1983—2014 年气候呈现暖干化的趋势，但草地生产力无显著趋势性变化。但是，32 年间草地的物种组成却发生了明显改变，即深根系的禾草增加、浅根系的莎草减少。这种功能群组成的变化增强了植物群落对深层土壤水分的获取能力，有利于气候变化下生态系统初级生产力的稳定（图 4‑2）。

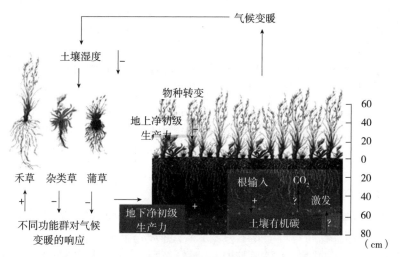

图 4‑2　高寒草地生态系统过程对气候变暖的响应及其对气候变化的反馈
＋、－和？分别表示增加、减少和不确定
（引自 Liu 等，2018）

第三节　我国主要草地类型的植物群落特征

一、青藏高原草地

（一）高寒草甸

1. 高寒草甸的分布　我国拥有世界上面积最大的高寒草甸，总面积约 8 700 万 hm²，主要分布于青藏高原海拔 3 000～4 500 m 的东南部及其内部的山地，在喜马拉雅山（海拔 4 500～5 300 m）、西昆仑山（海拔 3 800～4 000 m）、天山（海拔 2 800～3 300 m）、阿尔泰山（海拔 2 500～3 000 m）、祁连山（海拔 3 000～3 800 m）、贺兰山（海拔 3 100～3 556 m）、秦岭（海拔 3 400 m 以上）、五台山（海拔 3 000 m 以上）和大雪山的高山带（海拔 4 300～4 600 m）也有分布。

2. 高寒草甸草地植被　以密丛而根茎短的矮生嵩草、高山嵩草（*Kobresia pygmaea*）、线叶嵩草（*Kobresia capillifolia*）、短轴嵩草（*Kobresia vidua*）等多种嵩草为主；灌木有变色锦鸡儿（*Caragana versicolor*）、狭叶锦鸡儿（*Caragana stenophylla*）、金露梅（*Potentilla fruticosa*）、匍匐水柏枝（*Myricaria prostrata*）等。常伴生多种薹草、圆穗蓼和杂类草；覆盖度为 70%～90%，在临近森林线上限的阳坡还常有灌丛出现；群落高度为 3～10 cm，常为分散的片状，冬季有冰雪覆盖。

（二）高寒草原

高寒草原主要分布在青藏高原中部和南部、帕米尔高原及天山、昆仑山和祁连山等亚洲中部高山。由较强耐寒性的针茅属植物紫花针茅（*Stipa pupurea*）、座花针茅（*Stipa subsessiliflora*）等构成建群种，具有植株低矮、叶片内卷、机械组织和保护组织发达等耐旱特征，是我国高寒草原的典型代表。座花针茅属寒中生密丛型下繁禾草，在高寒草原植被中，常以建群种和亚建群种与紫花针茅、寒生羊茅（*Festuca hrydoviana*）、三穗薹草（*Carex tristachya*）、高山黄芪（*Astragalus alpinus*）等组成不同的草地类型。座花针茅草原主要分布于天山西段南坡、帕米尔高原、昆仑山和祁连山，也是组成高寒草原的重要成分。

二、北方草地

我国北方草地分布范围涉及新疆、西藏、青海、甘肃、宁夏、内蒙古、陕西、山西、河北、辽宁、吉林、黑龙江 12 个省份的 398 个县（旗）、市，该区域土地总面积 490 万 km²，占全国土地总面积的 51%，其中草地面积 274.22 万 km²，占该区土地总面积的 55.91%。如按 Thorn-thwaite 湿润指数 0.05~0.65 的地区计算，该区域总面积 331.7 万 km²，其中草地面积 186 万 km²，占 56%。

（一）内蒙古典型草原

1. 地理位置和典型植被　典型草原主要分布在内蒙古高原和鄂尔多斯高原的大部分地区。建群层片主要由旱生多年生丛生禾草、根茎禾草及旱生半灌木、旱生灌木组成，中生杂类草极少见。在该草地类型生长的针茅属植物有大针茅、克氏针茅、本氏针茅和针茅，以它们为建群种形成的草原群落是我国典型草原的代表群系，特别是以大针茅为建群种形成的大针茅草原，在我国典型草原植被中是最标准、最稳定和最具代表性的一个群系，在划分草地植被地带时具有标志作用。

2. 草地植被群落类型

（1）狼针草群落：狼针草草原主要分布于蒙古高原东部和东北部、东部以及大兴安岭东西两侧，植物种类丰富，物种饱和度较高，每平方米内一般有植物种 15~20 个，最多可达 30 种。狼针草草原共有高等植物 152 种，分属 99 属 34 科，其中，菊科、豆科、禾本科的植物有 20 种以上，蔷薇科有 16 种；5 种以上的属有委陵菜属、蒿属、针茅属、葱属、黄芪属和鸢尾属。狼针草草原中的杂类草丰富，有多年生杂类草 104 种，占总数的 68.4%；其次是禾本科植物，占总数的 12.6%；再次为半灌木，占 6.0%；灌木占 5.3%；薹草最少，只占 2.0%。就生态类群而言，草甸（森林草甸）中生植物类群 54 种，占总数的 35.5%；草原旱生植物 97 种，占 63.8%。

（2）克氏针茅群落：克氏针茅建群的草原主要分布在呼伦贝尔高平原和锡林郭勒高平中、西部及阴山山脉东段的丘陵地带。克氏针茅草原每平方米内种的饱和度平均为 15~20 种，在高平原上一般为 15 种左右，在 0~20 种变化，而发育在低山丘陵坡地上的群落，种的饱和度较高，大多数在 20 种以上，有时可达 30 种。克氏针茅草原中的 103 种高等植物分属于 28 科 69 属。其中，种数在 10 种以上的是禾本科、豆科、菊科，种数在 5 种以上的有藜科、蔷薇科、唇形科、百合科等。

（3）大针茅群落：大针茅草原的分布中心位于锡林郭勒与呼伦贝尔的典型草原带，在黄土高原北部的黄土丘陵区与暖温型长芒草草原相连接，同时还可出现在东北松嫩平原森林草原带的南缘与狼针草草原相连接。根据野外调查数据统计，组成大针茅草原的植物共有 229 种（含种下单位），隶属于 39 科 125 属。其中，物种数最多的是菊科（Asteraceae），共 21 属 40 种，占总物种数的 17.47%。在大针茅草原物种组成中，物种数最多的是多年生草本，有 166 种，占总物种数的 72.49%；总体来看，大针茅草原区系的生活型相对丰富，多年生的丛生禾草和多年生轴根型杂类草占优势，常作为大针茅草原的建群种或亚优势种。

（二）内蒙古草甸草原

草甸草原建群种为中旱生的多年生草本植物，常混生有大量中生或旱中生植被，主要是杂草类，其次为根茎禾草与丛生薹草，典型旱中生丛生禾草也起一定作用。在草甸草原上，主要生长和发育的针茅属植物是中旱生形态的狼针草，狼针草是多年生密丛型禾草，喜生于气候较温暖的环境。在降水较多的半干旱、半湿润草甸草原，狼针草除作为主要建群种外，还常常进入羊草草原等群系中成为亚优势种，另外还可进入山地森林带成为林缘草甸的伴生植物。另外，甘青针茅也是温带草甸草原的常见种。由于耐寒，甘青针茅也常为青藏高原草甸群落的常见伴生种，生长在海拔 4 600~5 000 m 区域。

（三）松嫩平原草地

松嫩平原位于我国草原的最东端，距离海洋近，夏秋两季受太平洋季风气候的影响，降雨较充沛，也是我国草原区中降雨最充沛的地区之一，而且大兴安岭把松嫩草原与内蒙古高原的草原隔开，使其成为一个独立的平原草原。由于其特殊的地理位置，气候、降水、土壤、植被等均具有独特性和复杂性。虽然土壤为黑土，但低平原土地普遍具有盐碱化特征，是世界三大苏打盐碱土地之一，分布着大面积的盐碱化草甸和盐生植被，在一定程度上影响了地带性植被类型的发育与分布。因此，有些学者称松嫩平原的草原为碱性草原或碱土草原。

1. 地理分布　松嫩平原位于吉林省和黑龙江省西部、内蒙古东部的干旱半湿润地区，三面有山，西部是大兴安岭，北部是伊勒呼里山和小兴安岭，东部是长白山系的张广才岭，南面横卧着的低丘为松辽分水岭，是以松花江、洮儿河和霍林河冲积作用为主形成的平原，总面积约 $1.7 \times 10^5 \, km^2$。

2. 草地植被群落类型　由于小地形、微地形的变化和土壤类型的多样化，松嫩平原植被类型多样化，是欧亚草原带植被类型最丰富的地带。沙丘上的植被为大针茅，平原和山前台地为地带性植被类型狼针草和线叶菊群落，平原的盐碱土壤上为羊草群落；草甸上为羊草和杂类草、拂子茅和野古草群落；湿地上为芦苇和香蒲群落。

（1）狼针草群落：狼针草群落是松嫩平原最具代表性的类型。据不完全统计，组成狼针草群落的植物约 163 种，分属于 34 科 103 属，菊科植物最多，其次为禾本科、藜科、毛茛科和大戟科。种的饱和度可达 32 种/m^2（变幅为 18～32 种）。

对生态类群进行分析，旱生植物占 35.4%，中旱生植物占 28.0%，中生植物占 20.1%，湿中生植物占 1.0%，反映了群落种群结构的特点。就生活型而论，地面芽植物占优势（占 58%），其次是地下芽植物（占 27%）、一年生植物（占 7%）、地上芽植物（占 6%）和矮高位芽植物（占 2%）。植被茂密，高达 50～70 cm，盖度可达 60%～80%。群落结构多为 3 层，也有 2 层。

狼针草群落上层高 50～70 cm，由狼针草和高大的双子叶植物组成，狼针草的生殖枝高达 80 cm；中层高 30～40 cm，主要为多种杂类草；下层 15 cm 以下，糙隐子草和寸草薹占优势地位。地下部分层不明显，地表向下 15 cm 范围内根系最为密集，个别植物根系可深达 150 cm。群落中中生植物占优势，旱生、丛生禾草较少而且含有大量杂类草，水分生态类型多为喜湿润的中生植物，如裂叶蒿、线叶蒿、桔梗、地榆、蓬子菜、全缘橐吾等。

（2）线叶菊群落：线叶菊（*Filifolium sibiricum*）是多年生中旱生轴根疏丛性杂类草，地面芽植物。线叶菊群落在我国的集中分布区为大兴安岭东西两麓低山丘陵地带，在松嫩平原草原也有广泛分布，但面积都不大，主要分布在大兴安岭山前台地波状平原的陇、岗部位，是一个有代表性的类型，对土壤的要求比较严格，一般仅出现在砾质、沙壤质和沙质淡黑钙土和栗钙土上，不出现在黏重的或盐碱化的土壤上。

线叶菊草原的植被种类较丰富，种的饱和度平均约为 22 种/m^2（变幅为 18～27 种），主要是狼针草、羊茅和火绒草 3 个生态种组的植物，其中草原中旱生植物居多，中生与旱生植物次之，还包含一些生态幅度较宽的种类。草群的盖度一般为 55%～60%，最高可达 70%。垂直结构可分为 2 个亚层：上层除建群种线叶菊外，有一些高大的杂类草和禾草，如羊草、大油芒、地榆、细叶胡枝子、小黄花菜、细叶沙参和狼针草等，营养体位于 40～50 cm 处，生殖枝可达 70 cm。下层高 10～20 cm，常见的伴生种有火绒草、黄芩、远志、瑞香狼毒和芯芭等。地表有少数的矮生植物，如匍枝委陵菜和异穗薹草等，只零散生长，不构成层。根系集中分布在 0～15 cm 的土层，最深可达 1 m 以下。这个群丛是松嫩平原草地植被中季相最为美丽且多变的群落类型，从早春开始，多种颜色的花朵逐渐开放，7—8 月进入盛夏，多数牧草开花，线叶菊的金黄色花朵中夹杂着黄芩、沙参和桔梗等蓝紫色花朵，以及地榆的紫红色果穗，十分美丽。

（3）草甸植被群落：松嫩平原属于平原低地，草甸分布广、面积大，超过地带性植被草原的面积。又因大部分草原被开垦，所以在西部草原区，草甸成为该区的景观植被。草甸植被生境中水土条件较好，群落类型比较复杂，种类组成比较丰富，草甸群落均为优良的放牧场和割草场。组成草甸的植物中，建群种禾本科植物占优势，如羊草、拂子茅、大叶章（*Deyeuxia purpurea*）、光稃茅香（*Anthoxanthum glabrum*）等。还有一些杂类草也可成为优势种，如裂叶蒿、地榆、狼尾巴花、地瓜苗（*Lycopusidus*）、旋覆花（*Inula britannica*）、全叶马兰等。西部是盐碱土的集中分布区，因此在西部广泛分布着盐生草甸，主要建群种有星星草（*Puccinellia tenuiflora*）、短芒大麦草（*Hordeum brevisubulatum*)、獐毛（*Aeluropus sinensis*）、虎尾草、角果碱蓬（*Suaeda corniculata*）碱蓬（*Suaeda glauca*）、碱蒿（*Artemisia anethifolia*）、碱地肤（*Kochia sieversiana*）、马蔺（*Iris lactea*）等。

根据种类组成及其群落结构特点和生态环境，松嫩平原主要有根茎禾草草甸、丛生禾草草甸、杂类草草甸、沼泽化草甸和盐生草甸等类型。常见的根茎禾草草甸植被群落主要有羊草群落、拂子茅群落、牛鞭草群落、野古草群落、光稃茅香群落。丛生禾草草甸植被群落主要有寸草薹群落和寸草薹-虎尾草群落。杂草草甸植被群落主要有杂草类群落、全叶马兰群落、箭头唐松草群落和罗布麻群落。一年生草甸植被群落主要有虎尾草群落和剪股颖群落。盐生草甸植被群落主要有丛生禾草盐生草甸植被群落、杂类草盐生草甸植被群落和一年生盐生草甸植被群落。沼泽化草甸植被群落主要有芦苇群落、香蒲群落和扁秆藨草群落。

（四）林灌草群落（黄土高原）

黄土高原指黄河上中游主要被黄土覆盖的地区，西起日月山，东至太行山，南靠秦岭，北抵阴山，面积为 $64.2 \times 10^4 \ km^2$，涉及青海、甘肃、宁夏、内蒙古、陕西、山西、河南 7 个省份 50 余个地（市）。黄土高原地区自然环境差异明显，降水、土壤、植被等从东南向西北呈规律性变化。

自东南向西北依次分布着暖温带落叶阔叶林带的南部亚地带和北部亚地带，温带草原地带的森林草原、典型草原和荒漠草原 3 个亚地带，此外，还有很小一部分伸入荒漠地带。该地区大部分处于温带森林带向温带草原带过渡的区域，植被区系成分较为复杂，不仅具有自身的区系特征，还包括临近区系的成分，植被类型和组合较为多样，体现了较为鲜明的过渡地带特征。

1. 森林草原 黄土高原的森林草原属于大陆性季风气候，处于温带半干旱区，冬季寒冷干旱，降水季节均匀，多集中在 6—8 月，年降水量为 330～500 mm，年平均气温为 6～8 ℃，无霜期 5～6 个月。该地区处于普通黑垆土向轻黑垆土过渡的区域，土壤主要是黑垆土，靠近草原大区的地区土壤则转为轻黑垆土。受农业活动干扰，森林草原水土流失严重，黑垆土存留很少，现存的绝大部分是在黄土母质上发育的黄绵土。

组成森林草原的主要植被类型是疏林草原与灌木草原，疏林草原中灌木和草本植物占优势，乔木稀散矮小；灌木草原则由草原或荒漠草原中的灌木组成。但是由于人为干扰，疏林草原、灌木草原以及森林被破坏，形成了大面积的次生禾草草原和半灌木草原。禾草草原有长芒草、大针茅、糙隐子草等干草原以及赖草、白羊草、香茅草等草甸草原；半灌木草原上有百里香、冷蒿、铁杆蒿、艾蒿、茵陈蒿、蒙古蒿、达乌里胡枝子。

森林草原植物区系以喜暖的亚洲中部草原成分为主，东亚区系成分特别是耐旱成分占比较大。森林草原的优势建群种主要是草本植物白羊草、长芒草、铁杆蒿、艾蒿、百里香等。其他植被主要有中国委陵菜、兴安胡枝子、细叶胡枝子、多花胡枝子、茵陈蒿等。灌木种类主要有酸枣、荆条、虎榛子、杠柳、酸刺、文冠果等。

2. 草原 随着温度的改变，降水量呈梯度变化（200～450 mm），荒漠化程度也不断加剧，土壤等因素差异较大，植被也依次出现典型草原和荒漠草原两个差异较大的植被类型和组合。

（1）典型草原：典型草原为温带大陆性季风气候、温带半干旱区，年平均气温在 5～9 ℃，年平均降水量为 350～450 mm，无霜期 4～5 个月。典型草原的土壤主要是轻黑垆土，冲积土、草甸土、盐渍土和沙土等也有广泛分布。

草原类型以长芒草群系为主，其次有艾蒿、冷蒿、铁杆蒿、阿尔泰紫菀等群系。主要植物种类有长芒草、大针茅、百里香、冷蒿、二色胡枝子、兴安胡枝子、糙隐子草、小叶锦鸡儿等。还有不少中生和旱中生植物，主要有石竹、扁茎黄芪、野豌豆、直立点地梅、糙叶败酱、阿尔泰狗娃花、草地风毛菊、白颖薹草等。也有部分地区分布有一些灌丛，主要为沙棘、虎榛子、紫丁香、文冠果等。此外，在一些沙漠或半荒漠地区分布的主要是油蒿、沙鞭、沙生冰草、沙芦草、甘草、白刺等沙生植物。

（2）荒漠草原：具有明显的温带荒漠气候特征，只有小部分还受季风气候影响，已属于温带荒漠区，无霜期 4～5 个月，年平均温度 3.5～8.5 ℃，年降水量 200～280 mm。土壤类型为钙土和灰钙土，另外也有部分的灰棕漠土。

荒漠草原植被种类组成较为贫乏，且荒漠草原的特有成分比较明显。天然植被稀疏，种类结构单一，主要植物有戈壁针茅、沙生针茅、小白蒿、赖草、白草、沙米、油蒿、牛枝子、沙珍棘豆、牛心朴子等。此外还有以杨树、沙枣、榆树、柠条和灌木柳等耐旱乡土树种构成的人工林，以及狭叶锦鸡儿、猫头刺、拟芸香、兔唇花、伏地肤、驼绒蒿、白刺、杠柳等灌木或半灌木。

三、南方草地

（一）地理位置

根据草地资源调查资料，我国南方草地主要分布在亚热带和边缘热带。该区域海拔范围为 800～2 000 m。年降水量为 1 000～2 000 mm，年均温为 10～15 ℃，无霜期 180～250 d。

我国南方亚热带地区的主要草地类型是暖季型和热性灌丛草山草坡。草山草坡总面积约为 7 958 万hm²，其中可利用草地面积 6 581.3 万 hm²，约占区域土地面积的 25.2％和草地总面积的 82.7％。大部分分布在亚热带（包括云贵高原、广东、广西、湖南、湖北、四川、江西和东南沿海各省共 13 个省份的山地和丘陵地区）。

地表主要为石灰岩和其他岩类经风化形成的薄层母质，其上发育了黄壤、黄棕壤、红壤、紫色土和草甸暗棕壤等土壤类型。地貌整体上为不同发展阶段的岩溶地貌，其与侵蚀低山丘陵及河谷平原相互交错，地表切割破碎，相对差异较大，宜于近期规模性开发的草山草坡面积为 1 330 万 hm²。

（二）草地植被群落类型

我国南方热带亚热带地区的主要草地类型是暖性草丛、暖性灌草丛、热性草丛、热性灌草丛、干热稀树灌草丛、低地草甸、山地草甸和高寒草甸。

暖性草丛建群种是旱中生、多年生禾本科植物，混生有杂类草或蒿类植物，主要优势植物有白羊草、黄背草、大油芒、白茅、野古草等，产量为 1 100～3 000 kg/hm²。

暖性灌草丛建群种为多年生禾草，散生灌木、乔木，产量为 1 200～1 500 kg/hm²。

热性草丛建群种为热性禾本科牧草，主要优势种是白茅属、野古草属、芒属、香茅属等牧草，产量为 1 600～3 500 kg/hm²。

热性灌草丛多为旱中生禾草，伴生乔木、灌木，产量为 1 400～3 000 kg/hm²。

干热稀树灌草丛产量为 1 000～2 000 kg/hm²。

低地草甸是中生、湿中生多年生草本植物形成的一种隐域性草地类型。

山地草甸植被组成则以中生禾草、杂类草为主，种类丰富、花期美观。

高寒草甸由薹草属、嵩草属和一些小丛禾草小杂类草组成，产量为 800～1 200 kg/hm²。

第四节　草地植物群落演替与生态理论

一、草地植物群落演替的概念

在自然生境中，一个植物群落形成后，可能能够在较长的时间里处于比较稳定的状态，也可能受到内部或者外部的某些作用而发生较大的变化（超出正常的波动），甚至原有的群落被一个新的群落完全代替。草地植物群落处于动态变化的状态，其由低级转变至高级、由简单发展到复杂、一个阶段接着另一个阶段、一个群落代替另一个群落的自然演变现象或过程，称为草地植物群落的演替（succession）。

（一）草地植物群落演替过程

草地植物群落的演替主要包括入侵（或迁移）、定居、竞争 3 个阶段。

1. 入侵（invasion）**或迁移**（migration）**阶段**　入侵（或迁移）是指草本植物繁殖体的传播过程。草本植物繁殖体迁移是形成群落的首要条件，也是草地植物群落变化和演替的主要基础。常见的草本植物繁殖体主要包括孢子、种子、鳞茎、根状茎以及能够繁殖的草本植物体的任何部分。草本植物繁殖体的传播取决于繁殖体的可动性，也就是繁殖体对迁移的适应性。这种适应性取决于繁殖体自身重量、体积、有无特殊的构造（如翅、冠毛、刺钩）。

2. 定居（settlement）**阶段**　定居过程通常指的是草本植物繁殖体到达新地点后，开始发芽、生长和繁殖的过程。

3. 竞争（competition）**阶段**　随着裸地上先锋植物定居的成功，以及后来定居种类和个体数量的增加，裸地上植物个体之间以及种与种之间便开始了对光、水、营养和空气等空间与营养物质的竞争。最终各物种之间形成了相互制约的关系，从而形成了稳定的群落。

（二）与草地植物群落演替有关的概念

1. 先锋种和先锋群落　先锋种（pioneer species）指群落演替过程中最早出现的物种。先锋群落（pioneer community）指演替过程中最初形成的具有一定结构和功能的群落。

2. 演替顶极和顶极群落　演替顶极（climax）指由先锋群落开始，经过不同演替阶段到达的最后演替阶段。顶极群落（climax community）指演替最后阶段形成的稳定的群落。

3. 演替系列和周期性演替　演替系列（successional series）是指生物群落的演替从定居开始到形成稳定的植物群落为止的过程。演替系列中的每一个步骤称为演替阶段或演替时期（successional stage）。多数群落的演替有一定的方向性，但其演替的方向不是单一的，在自然状态下，演替总是前进式发展，称为正向演替；若演替向着越来越差的方向发展，称为逆向演替。例如，过度放牧导致呼伦贝尔地区以羊草为优势种的草甸草原逐渐沙化，在采取适宜的休牧措施后，草原植被得以自然修复，逆向演替逐渐变为正向演替。也有一些群落有周期性的变化，即群落由一个类型转变为另一个类型，然后又回到原有的类型，称群落的周期性演替（periodic succession）。

按照发生条件可将草地植物的演替分为原生演替和次生演替。原生演替（primary succession）是指发生在原生裸地上的演替。其中原生裸地（primary bare area）是指从来没有植物覆盖的地面，或是原来存在过植被，但被彻底消灭了（包括原有植被下的土壤）的地段，如火山爆发熔岩流形成的浮石平原、流星撞击地表形成的陨石坑、冰川消退露出的陆地以及刚刚形成的沙丘等。次生演替（secondary succession）是指发生在次生裸地上的演替。其中次生裸地（secondary bare area）指原有植被已不存在，但原有植被下的土壤条件基本保留，甚至还有曾经生长在此的种子或其他繁殖体的地段。导致次生演替的情况有病害、火灾和原木砍伐地演替以及废弃农田的重新利用。在地球生物圈漫长的发展过程中，发生过不计其数的与原生演替和次生演替有关的典型案例，如沙丘植被的原生演替和弃耕地或啮齿动物土丘斑块上的次生演替格局。人们在沙漠、弃耕地或动物扰动地区开展了较广泛的演替研究。有研究表明，限制先锋种在演替早期成功拓殖的原因是种子传播和啮齿类动物捕食种子。在美国密歇根湖（Lake Michigan）沿岸沙丘上，美洲沙茅草（*Ammophila breviligulata*）通过横向的营养生长在演替早期活跃的沙丘中拓殖，丛生牧草如帚状裂稃草（*Schizachyrium scoparium*）在100年内逐步取代沙茅草成为优势种。19世纪美国东部出现了大量的、不同时间弃耕、经历不同时间的一系列弃耕区域，该区域的相关研究表明，典型的优势植被序列为一年生杂草、多年生草本和灌木。

二、与草地植物群落演替有关的理论

草地植物群落的演替是群落内部关系和外界环境因子共同作用的结果，用与演替相关的生态理论来探讨草地植物群落的演替过程，有助于预测演替的方向和进度。

（一）生产力学说（productivity theory）

生产力学说由美国科学家康奈尔和奥利亚斯于1964年提出，具体内容为群落多样性的高低取决于通过食物网的能流量，通过食物网的能流量越大，总的生物多样性就越高。此处主要涉及的是生物群体生产力，不能按个体计，需按单位体积（或面积）上的生物总体来计。

在使用生物生产力一词时，常指初级生产力。生态系统的功能研究着眼于能量流的分析，但各种有机物所含能量不等，必须折算为统一单位才能比较，所以生产力都以有机物质的热量来计算。生产力的通用量纲是能量/（体积或面积×时间），例如 J/（m^2·年）。在计算初级生产力时也有用光合作用固定的碳元素量（固碳量）来代替能量，这是因为光能主要固定于碳水化合物中。若只讨论单一产物，也可直接用干物质重量或湿物质重量来表示其生产力，但结果不够精确。

在草地生态系统中，可以将一个群落的生产力与形成该生产力的现存生物量联系起来，或者说可以将现存生物量看成由生产力维持的生物量，因为快速生长的草本植物 $NPP:B$（净初级生产力：生物量）值很高。比如，森林的 $NPP:B$ 值（每年每千克现存生物量生产的干物质的量）平均为 0.042，草地和灌丛系统约为 0.29，水生群落中则为 17。

（二）竞争学说（competition theory）

竞争学说是解释群落间多样性差异的一种假说，认为温带和极地的自然选择主要受物理因素控制，而生物之间的竞争则是热带地区物种进化和生态位特化的动力，即热带地区的物种比温带地区的物种具有更狭窄的生态位，从而允许有更多的物种生存在一起。

（三）中度干扰假说（intermediate disturbance hypothesis）

中度干扰假说由美国生态学家康奈尔等于 1978 年提出，该学说认为中等程度的干扰频率能维持较高的物种多样性。如果干扰频率过低，少数竞争力强的物种将在群落中取得完全优势；如果干扰频率过高，只有那些生长速度快、侵占能力特强的物种才能生存下来；只有在干扰频率中等时，物种生存的机会才是最多的，群落多样性最高。

例如，鼢鼠土丘密度影响物种多样性。其理由如下：①在轻度扰动后，少数先锋种入侵裸斑，如果扰动强度增加，则先锋种不能发展到演替中期，多样性较低；②如果扰动间隔期很长，使演替过程发展到顶极期，多样性也不是很高；③只有中等扰动程度使多样性维持最高水平，允许更多的物种入侵和定居。

（四）平衡学说（equilibrium hypothesis）和非平衡学说（non-equilibrium hypothesis）

平衡学说和非平衡学说是两种对立的观点。平衡学说由 MacArthur R. H. 提出，该学说认为共同生活在同一群落中的物种种群处于一种稳定状态。其中心思想如下：①共同生活的物种通过竞争、捕食和互利共生等种间相互作用而互相牵制；②生物群落具有全局稳定性的特点，种间相互作用使得群落具有稳定特性，在稳定状态下群落的物种组成和各种群落数量变化都不大；③群落实际上出现的变化是由于环境的变化而发生的，即受所谓的干扰影响，并且干扰是逐渐衰亡的。因此，平衡学说把生物群落视为存在于不断变化的物理环境中的稳定实体。

非平衡学说的主要依据就是中度干扰假说，由 Wilson E. O. 提出，该学说认为构成群落的物种始终处于变化之中，群落不能达到平衡状态，自然界的群落不存在全局稳定性，有的只是群落的抵抗性（群落抵抗外界干扰的能力）和恢复性（群落在受干扰后恢复到原来状态的能力）。

平衡学说和非平衡学说的区别主要表现在 3 点：①对干扰作用的强调不同；②平衡学说关注系统处于平衡点的性质，而非平衡学说强调时间和变异性；③对群落的封闭和开放性的界定不同。

（五）捕食学说（predation theory）

捕食学说认为热带的捕食者和寄生者较多，捕食者的捕食作用使猎物的数量处于较低水平，从而减少了猎物之间的竞争，竞争的减少又允许更多种类的猎物共存，这又转而支持了新的捕食者种类。广义的捕食关系包括如下 4 种类型：①肉食动物（carnivore）捕杀其他动物并以后者为食物，狭义的捕食关系为这种类型，肉食动物因此也被称为真捕食者；②植食动物（herbivore）吃绿色植物，植物不一定全部被吃掉，因而可能只受损伤；③寄生者（parasitoid）不立即杀死其寄主，而是从寄主获得营养完成其生活史，直到寄主死亡为止；④某一生物捕食同种生物的其他个体，捕食者与被捕食者都属于同一个物种（即同类相食）。

（六）进化时间假说（evolutionary time hypothesis）

进化时间假说由达尔文在《物种起源》中率先系统地提出。对于环境条件稳定的群落，地球上的生物随时间有一个由低级生命形态向高级生命形态逐渐进化的必然趋势。并且，随着物种外在环境的差异和变化（如地理位置、食物来源等），生物可以出现许多不同的变化。这就是所谓的微进化时间论（microevolution）。"物竞天择，适者生存"是达尔文进化时间论的中心思想。

（七）空间异质性学说（spatial heterogeneity hypothesis）

空间异质性是指生态学过程和格局在空间分布上的不均匀性及其复杂性，可理解为空间缀块性（patchness）和梯度（gradient）的总和。环境的空间异质性越高，群落多样性也越高。植物群落的层次和结构越复杂，群落多样性也就越高。在草地土壤和地形变化频繁的地段，群落含有更多的植物种，而平坦同质土壤的群落多样性低。

（八）气候稳定学说（climatic stability theory）

气候稳定学说认为气候越稳定，动植物的种类就越丰富。在生物进化的地质年代，地球上可能唯有热带的气候是最稳定的，而高纬度地区气候不稳定。气候稳定学说主要体现在以下 3 个方面：①随季节变化的环境中时间生态位的分化；②非季节性变化的环境中的特化；③不可预测性的气候变异（气候不稳定性）可能对物种丰富度产生多种影响。当然，气候不稳定性与物种丰富度之间并没有既定的关系。

（九）冗余假说（redundancy hypothesis）

Walker 于 1992 年首次提出冗余假说。该假说认为物种在生态系统中的作用显著不同；某些物种在生态功能上有相当程度的重叠。生态系统保持正常功能需要一个物种多样性的域值，低于这个域值系统的功能会受到影响，高于这个域值则会有相当一部分物种是冗余的。冗余假说还认为，某一物种的丢失并不会对生态功能产生大的影响，这并不意味着冗余种是不必要的，冗余是对于生态系统功能丧失的一种保险和缓冲。在临界值以上大多数物种的功能具有冗余性。冗余假说建立在一种与铆钉假说类似的概念的基础之上。

（十）铆钉假说（rivet-popper hypothesis）

铆钉假说认为，生态系统中每个物种都具有同样重要的功能。该学说将生态系统中的每个物种比喻为一架飞机上的每颗铆钉，任何一个铆钉或一个物种的丢失都会导致发生严重的事故或系统的变化。物种铆钉假说和冗余假说看起来是两种相互对立的假说，但要证实这两种假说需要进行更全面更深入的研究，因为其对保护生物学、生态毒理学、生态风险评估和基础生态学都具有重要意义。如果生态系统具有冗余成分，那么在自然资源的开发利用和生物多样性保护中必须合理地确定应该使生态系统简化到何种程度而不会损害其正常功能；相反，如果生态系统缺乏冗余就应当采取各种措施保护生物资源以控制所有危害生态系统的因素。

（十一）生态位理论（niche theory）

生物的生存必然受到环境因素的制约，这种制约作用的外在表现是生物只能在（时间、空间、营养、天敌等）多维环境空间中的一定范围内生存和繁行，即所谓的生态位。它是有机体对生境条件的耐受性以及对生境资源需求的综合性，是生物适应性的外在表现。生态位理论认为，每个物种生活在其最适宜的环境内，即拥有自己的生态位，因而物种间的生态位分化将导致不同环境条件下的群落组成不同，两个群落环境条件越相似，则其群落组成越相似。生态位宽度（niche breadth）、生态位重叠（niche overlap）、生态位体积（niche volume）及生态位维度（niche dimension）等是生态位理论中生态位的数量指标。

（十二）中性理论（neutral theory）

中性理论是分子进化的中性学说（neutral theory of molecular evolution）的简称。日本遗传学家 Kimura 1968 年根据分子生物学证据发现，在分子水平上发生的突变多是中性的，它们对生物的生存和繁殖既非有利、亦非有害，不涉及被保留或被淘汰的问题，所以自然选择对它们不起作用，这类中性突变在群体中的保存、扩散或消失完全取决于随机的遗传漂变。尽管这一学说否定了达尔文的自然选择学说，但 Kimura 也指出在个体（表型）水平上，自然选择还是起主导作用的。

群落中性理论有两个基本假设：①个体水平的生态等价性。群落中相同营养级所有个体在生态上等价，更确切地说是有等同的统计（demographic）属性，即在群落动态中，所有个体具有相同的出生、死亡、迁入和迁出概率，甚至是物种形成概率。②群落饱和性。群落动态是一个随机的零和（zero-sum）过程，也就是说群落中某个个体死亡或迁出马上会伴随着另外一个随机个体的出现以填充其空缺，这样群落大小不变，景观中每个局域群落都是饱和的。基于此，能够得出群落中性理论的两个主要理论推测：①群落物种多度分布符合零和多项式分布（zero-sum multinomial distribution，ZSM）。②扩散限制对群落结构有着决定性作用。随着空间距离的增加，群落的相似性降低，其中扩散限制对于每个物种来说都是相同的。

近年来关于生态位和中性理论的验证研究已经取得了显著的成果，但关于局域群落构建机制的认识仍存在很大争议。与此同时，基于生态位理论衍生出 Lotka-Volterra 竞争模型（Lotka-Volterra competition model）、竞争–拓殖权衡假说（competition-colonization trade-off）、资源比例假说（resource ratio hypothesis）、贮存效应（storage effect）、更新生态位假说（regeneration niche hypothesis）、微生物介导假说（microbial mediation hypothesis）等群落物种共存假说；基于中性理论衍生出极限相似性假说（limiting similarity hypothesis）。

上述假说的具体内容如下：①Lotka-Volterra 竞争模型认为，通过种间竞争，当物种对其同类种群个体的生长抑制大于对异类个体的抑制时，两个竞争的物种就能够稳定共存。②竞争-拓殖权衡假说认为，在自然群落中，当种间竞争能力很不对称时，物种水平上竞争能力和拓殖的负相关关系能够使物种在群落中共存。③资源比例假说认为，植物生长由生境中最稀少的必需资源决定，养分之间没有相互作用，如果生境内资源比例变化，两个（或多个）资源的限制就能够使两个（或多个）物种共存。④更新生态位假说（regeneration niche hypothesis）认为，由于物种生活史对策各异，使得各种植物在种子生产、传播和萌发时所需要的条件不同，物种在其营养体竞争不利时，通过有利的繁殖更新条件得以补偿，即各物种的竞争优势在生活史周期上分散不同，从而促成物种共存。⑤贮存效应（storage effect）认为，在气候变化下，当植物遭遇不利于其生长更新的气候时，多年生植物通过种库、芽库、幼苗和长寿命的成年体等方式贮存其繁殖潜力，在有利环境中继续生长繁殖，以达到共存。⑥微生物介导假说认为，由于植物对营养资源的需求有特化性，而与植物共生的微生物往往又能促进植物形成和利用特化的营养资源占据特定的营养生态位，从而导致植物多物种共存。⑦极限相似性假说认为，在共存的物种之间，生态位重叠程度存在一个上限，超过这个上限，物种不能稳定共存。物种间由于相似而加剧了竞争强度，相似度越高，则竞争越激烈，最终导致竞争排斥，又削弱了物种间的相似性，使生态位分化，以保证共存状态稳定，因此，极限相似性被认为是与生境过滤相反的作用过程。

植物群落构建的确定性过程主要是基于生态位理论的生态过滤机制（包括环境过滤和生物过滤，其中生物过滤包括种间竞争和种内功能性状变异）作用的结果，生态过滤作用使同一物种库的物种连续反复地拓殖，从而使群落中的物种稳定共存。统计和理论上的进步使得用功能性状和群落谱系结构解释群落构建机制成为可能，主要通过验证共存物种的性状和谱系距离分布模式来实现。然而，谱系和功能性状不能相互替代，多种生物和非生物因子同时控制着群落构建。植物群落构建的随机性过程主要是基于中性理论的扩散限制和极限相似性作用的结果。

随着研究的深入，生态学家越来越倾向于认为基于中性理论的扩散限制、基于生态位的环境过滤和竞争排斥等多个过程可能同时影响着群落的构建，而两者的相对贡献与研究尺度和生态系统类型有关。鉴于此，Gravel 等在整合群落中性理论和生态位理论的基础上提出生态位-中性连续体。他们认为：①竞争和随机漂变可以同时作用于群落构建和群落动态，它们作用的相对大小决定了群落构建是一个从纯生态位构建到纯中性构建的连续体。②竞争和扩散的共同影响足以产生这种连续体,物种间的竞争不对称性决定了种群动态对繁殖体供给的影响程度。③竞争和随机排除之间的平衡决定了群落内物种相对多度的分布模式。在相对独立的群落中,从集合群落中的迁入并不足以平衡这两种排除过程。在物种多样性低的群落中,生态位分化是影响物种多度分布的主导因子,物种间的生态位重叠很少或几乎没有,物种相对多度取决于环境资源的分布状况;而在多样性高的群落中,物种间的生态位重叠极大,高迁入率又使得群落限制性和相似性增加,也抑制了物种丰富度的增大,群落动态则由随机排除主导。

生态学家通过大量的野外观测和理论模型研究结果已达成共识,在解释群落演替的过程机理时,基于中性理论的随机作用和基于生态位理论的确定性因素相互依存,共同决定了物种共存和生物多样性的维持。

复 习 思 考 题

1. 草地植物种群与群落有何不同?
2. 优势种和建群种的区别是什么?
3. 衡量草地植被群落结构的常见指标有哪些?
4. 放牧影响草地植被群落的途径有哪些?
5. 除氮沉降、气候变暖、大气 CO_2 浓度和极端干旱之外,还有哪些气候因子变化会影响草地群落?
6. 高寒草甸和高寒草原的区别和联系有哪些?
7. 我国南北方地区草地类型差异的原因有哪些?
8. 草地植物群落演替过程中植被的物种组成或群落结构发生了怎样的变化?
9. 请仅用一种生态学理论去解释特定的植被群落演替机理的合理性。

第五章

草地生态系统生态学

第一节 生态系统的概念与特征

一、生态系统的概念

生态系统一词由英国植物生态学家 A. G. Tansley（1871—1955）于 1935 年首次提出。他在研究中发现，气候、土壤和动物对植物的生长、分布和丰富度都有明显的影响，并提出："生物与环境形成一个自然系统，正是这种系统构成了地球表面各种大小和类型的基本单元，这就是生态系统。" 1942 年，R. L. Lindeman 对一个结构相对简单的天然湖泊赛达伯格湖（Cedar Bog Lake）进行了研究，这是首次对生态系统功能展开正式调查的经典案例之一。同年，发表了有关赛达伯格湖的研究工作，首次对生态系统概念进行了明确。

生态系统（ecosystem）是指在一定空间内，生物和非生物成分之间，通过不断的物质循环和能量流动而相互作用、相互依存构成的一个生态学功能单位，属于生态学研究的最高层次（图 5-1）。

生态系统的基本含义：①生态系统是客观存在的实体，是有时间和空间概念的功能单元；②由生物和非生物成分组成，以生物为主体；③各要素有机地组合在一起，具有整体的功能；④生态系统是人类生存和发展的基础。

生态系统范围可大可小，相互交错，通常根据研究的目的和具体的对象确定。太阳系就是一个生态系统，太阳就像一台发动机，源源不断地给太阳系提供能量。地球最大的生态系统是生物圈（biosphere），可看作全球生态系统，包括地球上一切的生物及其生存

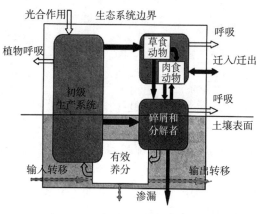

图 5-1 简化的生态系统概念图
空白箭头为能量，黑色箭头为生物量，虚箭头为水分
（引自 D. J. Gibson 著，张新时等译，2018）

条件；最为复杂的生态系统是热带雨林生态系统，人类主要生活在以城市和农田为主的人工生态系统中。一块草地、一个池塘都可看作一个生态系统。草地（草原）生态系统是全球重要的生态系统之一。

二、生态系统的特征

1. 空间性 生态系统通常与一定的地区和空间范围相联系，以生物体为主，形成网络式的多维空间结构，即生态系统必须是有边界的，尺度范围可大可小。尺度的界定更依赖于系统功能而非可列举的成分，尺度分析也取决于所要解决的问题。在同一空间内，不能同时出现两个以上性质相同的系统。

2. 负荷能力的有限性 受有限资源和环境空间的影响，生态系统在维持基本功能的前提下所能

承载的消费者数量及其使用强度的最大容量称为负荷力或承载力（carrying capacity）。如生态系统对污染物的容纳量与其环境容量（environmental capacity）相关，环境容量越大，可接纳的污染物就越多。生态环境的承载力不仅表现在小单元的生态系统水平上，还表现在景观、区域、地区以及生物圈各个层次的生态系统水平上，不同层次生态系统水平的承载力不同。

3. 开放性　生态系统是开放的系统，不断有物质和能量的输入和输出。生态系统中的生物群落同其生存环境之间以及生物群落内不同种群生物之间不断进行着物质交换和能量流动而自我调控，并处于互相作用和互相影响的动态平衡中，进而维持生态系统的稳定。

4. 功能的服务性　生态系统不是生物分类单位，而是功能单元，不断进行连续的能量流动、周而复始的物质循环、多样的生物生产及信息传递等。生态系统在进行能量流动和物质循环的过程中为人类提供了多种生态系统服务，如调节服务、提供服务、支持服务以及文化服务（表5-1），如提供淡水、粮食、药物、工农业原料、能源及生存环境等，还有娱乐、审美、智力和心灵启迪等。

表5-1　生态系统服务类型、举例和归类

服务类型		举例及归类
提供服务	食物	海产食品、农作物、牲畜和香料等
	药物	医药产品
	耐用材料	天然纤维、木材
	能源	生物燃料、浅沉积水体发电
	工业产品	石蜡、石油、香水、燃料和橡胶
	基因资源	可提供其他产品的中间产品
调节服务	循环和净化过程	废弃物解毒和分解、土壤肥力提高和更新、空气和污水净化等
	迁移过程	树木和其他植物盖度的种子散布、作物和其他植物的授粉
	稳固过程	海岸、河流河道的维持，主要潜在害虫的控制，碳固定
	疾病预防	水文循环调节（缓解洪涝和干旱）、极端气候抑制（如温度和风向）
文化服务		审美、静谧环境、消遣机会、文化、智力和心灵启迪等
支持服务	选择	维持生产上述服务的过程
		维持为将来提供如上及有待发现产品和服务的生态组分与生态系统

5. 物质循环与能流单向性　生态系统的物质和能量沿食物链流动，穿过各营养级时急剧减少，逐级形成上小下大的金字塔形，称为生态金字塔（ecological pyramid）。一般情况下，越向食物链的后端，生物体的数目越少，即处于金字塔的上端。生态系统中的能量流动始于初级生产者光合作用过程中所捕获的太阳能，经生态系统内部各部分通过各种途径分散到环境中的能量，不能再为其他生物所利用，即能量流动是单向的。

6. 动态与可持续性　生态系统始终处于变化发展中，具有发生、形成和发展的过程。生态系统发展的各阶段具有不同生命特征或生物成分，这种不同的生命特征或生物成分由生产者固定物质和能量及其在系统内外流转过程中的形式所决定。自然生态系统是在数十亿万年中发展起来的整体系统，为人类提供了物质基础和良好的生存环境，是人类社会可持续发展的根本保障，加强生态系统管理从而促进可持续发展是全人类的共同任务。

第二节　草地生态系统的组成成分与结构

一、草地生态系统的组成

在一个生态系统中，个体终会死去，种群也不可能永久存活，任何一个种群都无法固定自身能量并处理自身产生的废弃物，因此，每个生态系统都包含支持生命所必需的生态群落：生产者、消费者和分解者以及所依存的物理环境。草地生态系统是系统中生物与生物、生物与环境相互作用、相互制约、长期协调进化形成的相对稳定、持续共生的有机整体。

（一）非生物环境

非生物环境是生态系统中非生物因子的总称，由物理、化学和其他非生命物质组成，是草地生态系统的生命支持系统。主要包括以下 3 个方面。

1. 驱动整个生态系统运转的能源和热量等气候因子　主要指太阳能及其他形式的能源，如气候或温度、湿度，以及气压等物理条件。

2. 生物生长的基质和媒介　主要指岩石、沙砾、草地土壤、空气、水等，构成植物生长和动物活动的空间。

3. 生物生长代谢的材料　主要指参加物质循环的无机元素和化合物（如 C、N、O、Ca、P、K、CO_2、H_2O 等）以及连接生物与非生物成分的有机物质（如蛋白质、糖类、脂类和腐殖质等）。

（二）生产者

生产者是指以简单的无机物制造食物，并把太阳辐射能转化为化学能贮存在有机物的分子键中的自养生物，包括所有的绿色植物和利用化学能的细菌（硝化细菌等），主要是指绿色植物。

草地生态系统中生产者的主体是禾本科、豆科和菊科等草本植物。其中优势植物以禾本科为主，如针茅属植物。禾本科植物的叶片能够充分利用太阳光能，能忍受环境的激烈变化，对营养物质的要求不高，还具有耐割、耐旱、耐放牧等特点。这些草本植物是草地生态系统中其他生物的食物来源，也是草地生态系统进行物质循环和能量循环的物质基础。

气候对草地生态系统的生产者有明显的影响。温带草原上耐寒耐旱的多年生草本植物占优势，如针茅属、羊茅属等，并混生耐旱的小灌木；高寒高原草地生态系统中非常耐寒的矮生草本植物占优势，并经常混生一些垫状植物和其他高山植物；热带亚热带稀树草原生态系统中以黍族禾草为主，并混生一些耐旱的乔木和灌木。

生产者所合成的有机物是消费者和分解者最初的能量来源。生产者是生态系统中最基本和最关键的生物成分，所有自我维持的生态系统都必须具有生产者。植物在生态系统中除进行固定能量的光合作用外，还有如下两个主要作用。

1. 植物是环境的强大改造者　植物通过缩小温差、蒸发水分、增加土壤肥力以及其他多种方式改变环境。因此，植物在一定程度上决定了生活在该生态系统中的生物物种和类群。

2. 植物有力地促进了物质循环　在生物圈中生命所需要的碳、氧、氮等多种元素主要存在于大气和土壤等介质中。人或动物是没有能力向土壤中释放和直接从土壤中吸收矿物分子和离子的。植物则是生态系统中活有机体所利用的矿质营养的源泉。植物借助光合作用和呼吸作用促进氧、碳、氮等元素的生物地球化学循环。

（三）消费者

消费者不能用无机物直接制造有机物，而是直接或间接依赖生产者制造的有机物质，属于异养生物，主要是指以其他生物为食的各种动物，也包括某些寄生的菌类和病毒等。按其营养方式，可分为植食性动物、肉食性动物、寄生动物及杂食动物等。根据食性的不同可分为一级消费者（也称初级消费者）、二级消费者（也称次级消费者）等。草食动物以植物为食，为一级消费者；以草食动物为食的肉食动物称为二级消费者或次级消费者；以二级消费者为食的动物，称为三级消费者；依此类推。

在草地上，初级消费者包括大型草食动物，如野兔、长颈鹿、黄牛、牦牛、绵羊、山羊、野马、野驴、骆驼、斑马、野牛和羚羊等，以及以小的哺乳动物（如田鼠、小鼠和鼩）和小的无脊椎动物（如草地毛虫）为代表的一大类小型草食动物。草地的次级消费者包括各种肉食动物，如猫头鹰、狐狸、鼬、蛙类、狼等。北美普列里草原郊狼和非洲萨瓦纳草原雄狮以及一些小的生物，如蝗虫和其他节肢动物等也是次级消费者。消费者在生态系统中不仅对初级生产物起着加工、再生产的作用，还对其他生物种群数量起着重要的调控作用。

（四）分解者

分解者属于异养生物，基本功能是把动植物残体逐渐分解为比较简单的化合物，最终分解为最简单的化合物，并释放能量，供生产者重新吸收和利用，其作用与生产者相反。分解者主要是细菌、真菌和某些营腐生生活的原生动物和小型土壤动物等。分解过程在分解者的体内或体外进行。

草地生态系统中的分解者是一些细菌、真菌、放线菌和土壤小型无脊椎动物如蚯蚓、线虫等。在温带草地上，细菌和真菌均在草地的分解中扮演重要角色，可以达到每克土壤中细菌 10^7 个、真菌菌丝 3 000 m。分解者的作用不是一类生物所能实现的，不同的阶段需要不同的生物来实现。分解者影响着生态系统的物质再循环，是任何生态系统都不能缺少的组成成分，在生态系统中的地位是极其重要的，如果没有分解者，动植物残体、排泄物等将无法循环，物质将被锁在有机质中不能被生产者利用，生态系统的物质循环将会终止，整个生态系统将会崩溃。

二、草地生态系统的结构

生态系统的结构主要是指构成生态的诸要素及其量比关系，各组分在时间、空间上的分布，以及各组分间能量、物质、信息流的流通途径与传递关系。结构是生态系统内各要素相互联系、相互作用的方式，是生态系统的基础属性。生态系统的结构特征主要表现在 3 个方面：空间结构、时间结构和营养结构。

（一）空间结构

各生态系统在空间结构的布局上有一致性。上层阳光充足，集中分布着树冠或藻类，故上层又称为绿带或光合作用层；绿带以下为消费者或分解者，常称为褐带；然后是生产者与消费者、消费者与消费者之间，以及生产者、消费者与分解者之间的相互作用、相互联系彼此交织在一起形成的网络式结构。生态系统的空间结构分为水平结构和垂直结构。

1. 生态系统的水平结构　生态系统的水平结构是指在一定生态区域内生物类群在水平空间上的组合与分布。在不同的地理环境条件下，受地形、水文、土壤、气候等环境因子的综合影响，植物在地面上的分布并不是均匀的，植物种类多、盖度大的地段动物种类也相应多，反之则少，这种生物成分的区域分布差异性直接体现在景观类型的变化上，形成了所谓的带状分布、同心圆式分布或块状镶嵌分布的景观格局。

草地生态系统中由于环境条件的不均匀性，如小地形或微地形的起伏变化、土壤湿度、盐碱度、人为影响、动物影响（如挖穴）以及其他植物的积聚性影响（如草原上的灌木）等，草地植物群落往往在水平空间上表现出斑块相间的镶嵌性分布现象，即群落的镶嵌性。

每一个斑块是一个小群落，它们彼此组合形成群落的镶嵌性水平结构，是成群型分布的一个典型体现，灌丛化的草原就是群落镶嵌性分布的典型例子。在这些群落中往往形成直径 1～5 m 的圆形或半圆形的灌丛，在灌丛内及周围伴生有各种禾草或双子叶杂类草，组成小群落。这些小群落内部具有较好的养分和温湿条件，形成一种优越于周边环境的局部小生境。因此，小群落内的植物往往返青早，生长发育好，植物种类也较周围环境丰富，有的甚至可以生长一些越带分布的植物。

2. 生态系统的垂直结构　生态系统的垂直结构包括不同类型生态系统在不同海拔高度的生境上的垂直分布和生态系统内部不同类型物种及不同个体的垂直分层两个方面。

草地生态系统的垂直结构主要指群落的分层现象，也称为群落的成层性。随着海拔高度的变化，生物类型出现有规律的垂直分层现象，这是因为生物生存的生态环境因素发生了变化。如川西高原，自谷底向上，其植被和土壤依次为灌丛草原-棕褐土、灌丛草甸-棕毡土、亚高山草甸-黑毡土、高山草甸-草毡土。由于山地海拔高度的不同，光、热、水、土等因子发生有规律的垂直变化，从而影响了农、林、牧各业的生产和布局，形成了独具特色的立体农业生态系统。

在草地生态系统内部不同类型物种及不同个体上的垂直分布也有分层现象。例如，松嫩平原上比较复杂的羊草＋杂类草草甸，其地上部分可分为 3 个亚层：第 1 层高 50～60 cm，主要由羊草、野古草、牛鞭草、拂子茅等中生根茎禾草组成；第 2 层高 25～35 cm，主要由水苏、通泉草、旋覆花等中生杂类草组成；第 3 层高 5～15 cm，主要由匍枝委陵菜、寸草薹和糙隐子草等组成。

群落的垂直结构不单单表现在地上部分，地下的根系也有明显的分层性。不同种类的根系可分布在不同的土层深度。在干旱的荒漠草原或沙地草地植物群落中，某些植物的根系可达数米深。但是，最大根量仍主要分布在土壤的表层，这与土壤养分主要分布在土壤表层有关。

（二）时间结构

生态系统结构的另一表现是时间变化，即时间结构。生态系统短时间结构的变化反映了植物、动物等为适应环境因素的周期性变化，进而引起整个生态系统外貌上的变化，这种短时间的变化往往反映了环境质量的变化。

生态系统的时间结构一般有 3 个时间度量：①长时间度量，以生态系统进化为主要内容；②中等时间度量，以群落演替为主要内容；③昼夜、季节等短时间度量。例如，在温带草原群落中，由于温带气候四季分明，其外貌形态变化也十分明显。早春，气温回升，植物开始发芽、生长，草原出现春季返青景象；盛夏季节，水热充沛，植物开始繁茂生长，百花盛开，色彩丰富，出现五彩斑斓的华丽景象；秋末冬初，植物地上部分开始干枯，呈红黄相间的景观；冬季则是一片枯黄或是被白雪覆盖。草原上的动物随季节的变化也十分明显。例如，大多数典型草原上的鸟类在冬季来临前都向南方迁徙；热带草原上的角马在干旱季节要跋涉上千里（1 里＝500 m）向水草丰美的地方迁移；一些草原啮齿类动物在冬季要冬眠。

（三）营养结构

营养结构是指生态系统中生物与生物之间，生产者、消费者和分解者之间以食物营养为纽带所形成的食物链和食物网，它是物质循环和能量转化的主要途径。

1. 食物链

（1）食物链的概念：生产者所固定的能量和物质通过一系列取食和被食的关系在生态系统中传递，各种生物按其食物关系排列的链状顺序称为食物链（food chain）。生态系统中的食物链不是固定不变的，只有在生物群落组成中成为核心的、数量上占优势的种类所组成的食物链才是稳定的。受能量传递效率的限制，食物链的长度不可能太长，一般食物链由 4～5 个环节构成。例如，在草原生态系统中，野兔吃青草、狐狸吃野兔、狼吃狐狸，就构成了"青草—野兔—狐狸—狼"的食物链。食物链作为生态系统营养结构的基本单元，是系统内物质循环利用、能量转化和信息传递的主要渠道。食物链上每一个食性级称为一个营养级。上例中青草为第一营养级，野兔为第二营养级，依此类推。

（2）食物链的类型：

①捕食食物链。以生产者为基础，然后是植食性动物和肉食性动物，能量沿着太阳—生产者—植食性动物—肉食性动物的方向流动。在大多数生态系统中，净初级生产量只有很少一部分通向捕食食物链，捕食食物链不是主要的食物链。

②寄生性食物链。生物间因寄生生物与寄主的关系而构成食物链。它以大型动物为食物链起点，寄生物的体型越来越小，数量越来越多。例如，哺乳类或鸟类—跳蚤—原生动物—细菌—过滤性病毒食物链便属寄生性食物链。

③腐食食物链。又称残渣食物链或残屑链，它是以有机体的尸体或排泄物为食物，通过腐烂、分解将有机物分解为无机物的食物链。例如，森林中存在的枯枝落叶被蚯蚓变成有机颗粒或碎屑，然后经真菌、放线菌分解而成为简单有机物，最后被细菌分解成无机物，便属腐食食物链类型。

④混合食物链。又称杂食食物链，这种食物链的特点在于构成食物链的多个环节中，既有活食食物链环节，又有腐食食物链环节。例如草原中存在的植物—草食动物—粪便—蚯蚓—鸟类食物链便属混合食物链。

此外，自然界还有很多种能捕食动物的植物，如瓶子草、猪笼草、捕蝇草等，它们能捕捉小甲虫、蛾、蜂甚至青蛙。这些植物将诱捕到的动物分解，产生氨基酸后再吸收利用，是一种非常特殊的食物链。

（3）食物链的特点：①食物链的长度通常不超过 6 个营养级，最常见的是 4～5 个营养级。②食物链越长，最后营养级位获得的能量越少。③食物链或食物网的复杂程度和生态系统的稳定性直接相关。④生态系统中的食物链不是固定不变的，它不仅在进化历史上改变，还在短时间内发生变化。

2. 食物网　生态系统中许多食物链彼此交错连接，形成一个网状结构，即食物网（food web）。在生态系统中，各种生物之间吃与被吃的关系往往不是单一的，营养级常常是错综复杂的。食物网的形成就是由于一种生物常常以多种食物为食，而同一种食物往往被多种生物取食。

一般来说，生态系统中的食物网越复杂，生态系统抵抗外力干扰的能力就越强，其中一种生物的消失不致引起整个系统的失调；生态系统的食物网越简单，生态系统就越容易发生波动和毁灭，尤其是在生态系统功能上起关键作用的种，一旦消失或受严重损害，就可能引起这个系统的剧烈波动。一个复杂的食物网是生态系统保持稳定的重要条件。

3. 食物链和食物网的意义

（1）食物链是生态系统营养结构的形象体现；食物网在自然界是普遍存在的，它使生态系统中的各种生物成分之间产生直接或间接的联系。

（2）生态系统中的能量流动和物质循环都是沿着食物链和食物网进行的，食物网的组成和结构往往具有多样性和复杂性，这对于增加生态系统的稳定性和持续性非常重要。

（3）食物链和食物网同时揭示了环境中有毒污染物转移、积累的原理和规律，是维持生态系统平衡、推动生物进化，以及促进自然界不断发展演变的强大动力。

第三节　生态系统的能量流动与物质循环

一、生态系统的能量流动

（一）能量流动定律

能量是生态系统的动力，是一切生命活动的基础。能量在生态系统内的传递和转化严格遵循热力学（thermodynamics）的两个基本定律。

1. 能量守恒定律（law of conservation of energy）　即热力学第一定律，能量既不能创造，也不能消灭，而是从一种形式转变为另一种形式。例如，太阳光能被地表物体吸收后可以转化为热能，或被绿色植物吸收后，通过光合作用可以转化为化学能，能量在这两个转化过程中没有消失，只是存在形式改变了。

2. 熵增加原理（law of entropy increase）　即热力学第二定律，除向热能转变这一自发的不可逆过程外，能量从一种形式向另一种形式转变（做功）的过程中，不可能百分之百地有效，即能量在转变过程中，总会有热损耗产生，其中一部分能量转化为无法利用的热能向周围散失。换言之，自发过程总是倾向于使体系中的熵增加（系统同时趋于无序化），而使体系中熵减少（有序化）的能量转化过程不可能自发地进行。

（二）能量流动特点

能量在生态系统中流经食物链各营养级时逐渐以做功或以热的形式耗散，而不可能逆向进行。例如生态系统中复杂的有机物质被分解者分解为无机物质是一种自发过程，而植物生产有机物质的光合作用过程则需借助外界光能进行。在同一生物体内（或同一营养级上），能量以不同的形式耗散或被生物体利用，而不能逆向运转。如草食动物摄取植物能后，通过粪尿的形式或呼吸作用消耗部分能量，将其余能量用于维持、生长、繁殖等生产活动。通过具体测算、分析能量分配状况，可以推断草食动物次级生产的能量流动过程。

各营养级之间的转换效率较低。在北美放牧和不放牧草地捕获的太阳能不到 1%。根据研究，捕获的能量流动到地下的大约是流动到地上的 3 倍。在没有放牧的情况下，地下部分包含的能量是地上活体茎的 13 倍。能量的输入和输出在不同的部分大致是平衡的。放牧改变了能量平衡，当在北美草地上放牧时，能量损失的速率超过了能量捕获的速率，达到 34 kJ/（m² · d），特别是地下部分。在北美温带草原，山地和混合禾草草地类型的能量捕获效率（约为 1%）比矮草和高草普列里草原的效率（约为 0.7%）高。最低效能发生在荒漠草地，未放牧和放牧情况下分别是 0.17% 和 0.14%。比较混合禾草普列里草原和高草普列里草原的能值（表 5-2）发现，两草原上的能量含量和初级生产力及次级生产力的能量转换与总辐射及光合辐射有关。在高草普列里草原上有更高的地上生产力和转换效率，而地下部分正好相反。从牧草到次级生产力（随时间而在草食动物体内转化为动物生物量）的能量转换效率在高草普列里草原高一些，尽管全部效率也只有 0.006%。

表 5-2　混合禾草普列里草原（得克萨斯州）**和高草普列里草原**（堪萨斯州）**的能值**

（引自 West 等，2003）

	混合禾草普列里		高草普列里	
	能量含量（MJ/hm²）	能量转换率（%）	能量含量（MJ/hm²）	能量转换率（%）
太阳能				
总辐射	10 319 708		9 227 033	
光合辐射	4 573 047		4 087 414	
初级生长量（植物生长）		0.1　0.22　0.50　0.002		0.17　0.39　0.35　0.006
地上部分（饲料）	10 320		16 188	
地下部分（根系）	41 076	2.0	19 364	3.6
总植物生物量	51 396		35 504	
次级生产量（动物获得）	206		579	

注：箭头表示不同系统成分之间的能量转换率，如总的太阳能到地上部分能量的转换率为 0.1%。

二、生态系统的物质循环

生物所需的营养元素多以无机形式存在于空气、水、土壤与岩石之中。营养元素在生态系统之间的输入和输出、在生物之间的流动和交换以及它们在大气圈、水圈和岩石圈之间的流动称为生物地球化学循环。全球生物地球化学循环主要有三大类型，即水循环（hydrological cycle）、气体循环（gaseous cycle）和沉积型循环（sedimentary cycle）。在气体循环中，大气和海洋是主要贮存库，有气体形式的分子参与循环过程，如氧气、二氧化碳、氮等的循环。参与沉积型循环的物质，其分子和化合物没有气体形态，主要通过岩石风化和沉积物分解为生态系统可利用的营养物质，如磷、钙、纳、镁等。气体循环和沉积型循环都受太阳能驱动，并依托水循环。

（一）水循环

水循环是地球上太阳能推动的各种循环中的一个中心循环，影响着其他各类物质的循环。海洋是水的主要来源，太阳辐射使水蒸发并进入大气，风推动大气中水蒸气的移动和分布，并以降水的形式落到海洋中和陆地上（图 5-2）。陆地上的水可能暂时贮存于土壤、湖泊、河流和冰川中，或通过蒸发、蒸腾作用进入大气，或以液态形式经过河流和地下水，最后返回海洋。

水循环是联系地球各圈和各种水体的"纽带"，是"调节器"，其实质是物质与能量的传输过程。水是所有营养物质的介质，营养物质的循环（如草地土壤中的氮、磷、钙等）和水循环密切联系，不可分割；水对物质而言是很好的溶剂（如土壤中的矿质元素溶于水后才能被植物吸收和利用），在生态系统中起着能量传递的作用；水是地质变化的动因之一，一个地方矿质元素的流失而另一个地方矿质元素的沉积往往要通过水循环来完成。

草地土壤水分是影响草地生产力的一个关键因素，尤其是在干旱地区，土壤水分更是植物生长的最大限制因子。土壤水分的减少从一定程度上反映了草地的退化。对人工草地而言，影响草地水分的

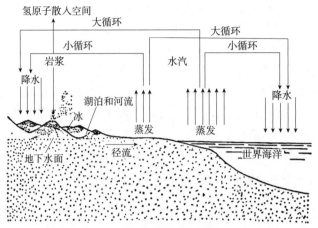

图 5-2　水循环示意图

(仿 Penman, 1970)

因素较多，如灌溉、施肥、草种选择等。对天然草地而言，放牧是草地水的影响因素中最为显著的一项指标，它对土壤水分的影响表现在两个方面：①直接的影响，即过度放牧会增加家畜对土壤的践踏，破坏土壤的自然结构，改变土壤的物理性质。有研究表明，随着放牧强度的增加，土壤含水量逐渐降低，表层 0～5 cm 的土壤水分的变化最为显著。而长期放牧会导致草地土壤硬度和紧实度增加、持水量下降，由于土壤通透性变差，牧草不能很好地生长，草地逐渐退化，在自然状态下难以恢复。②间接的影响，即放牧通过影响草地植被进而影响其对土壤水分的吸收利用，如草地植被可拦截雨滴，缓和雨滴的冲击，同时植被根系可固结土壤、防止土壤冲刷等。

（二）气体循环

1. 碳循环　碳的主要蓄库是大气圈和水圈，虽然最大量的碳被固结在岩石圈中，但碳循环具有典型的气体循环性质，因为通过光合作用进入生物体内的碳来自空气中的 CO_2。碳循环的基本路线是从大气到植物和动物，再从动植物通向分解者，最后又回到大气中（图 5-3）。植物通过光合作用从大气中摄取碳的速率和通过呼吸与分解作用将碳释放到大气中的速率大致相同。

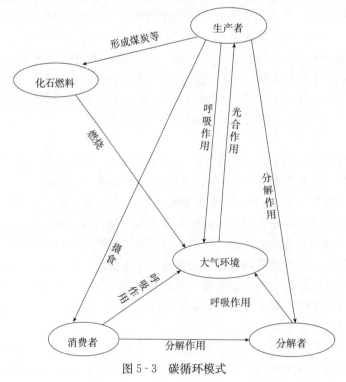

图 5-3　碳循环模式

草地以高水平的自然增碳和在地下土壤中的碳封存为全球碳贮存提供重要的服务。草地高达90％的生物量在地下。草地的土壤碳水平高于森林、农业生态系统或其他生态系统（表5-3）。在高纬度地区，因分解率低，地下碳贮量较高，土壤中的有机质和碳贮量可以积存上百年；在低纬度地区，由于温度较高，地上有较高生产力，因此地下碳贮量较低。自工业革命以来，基于大气中碳的人为增加，草地在地区陆地生物圈中是一个潜在的重要的碳汇。但是，陆地碳汇包括草地碳汇在多大程度和时间尺度上响应全球气候变化是不确定的，不确定性在于不断变化的 CO_2、温度和养分供应条件下分解和光合速率也在不断变化。

表5-3　草地的碳贮量与森林和农业生态系统的比较

（引自 White 等，2000）

生态系统	植被	土壤	合计	单位面积的碳贮量（t/hm^2）
高海拔草地	14～48	282	296～330	271～303
中海拔草地	17～56	140	157～196	79～98
低海拔草地	40～126	158	198～284	91～131
草地合计	71～230	580	651～810	123～154
森林	132～457	481	613～938	211～324
农业生态系统	49～142	264	313～406	122～159
其他	16～72	160	176～232	46～60
全球合计	268～901	1 485	1 753～2 386	120～164

注：表中"其他"包括湿地、裸地和人居地。

草地生态系统碳贮量和通量的全球估计以及全球气候变化、大气 CO_2 浓度升高、人类活动对草地生态系统过程的影响是碳循环研究的主要内容，其碳贮量和通量是研究的重点。早期的草地碳循环研究主要集中在土壤呼吸和碳平衡方面，其中土壤呼吸和光合作用被认为是草地生态系统碳循环最为重要的环节。目前，利用实验和模型相结合的方法研究气候变化对草地碳贮量的影响，精确估计全球土地利用变化对草地碳循环的影响是研究的热点。国内学者从草地植物的光合作用、生物量动态、凋落物分解、土壤微生物活动和土壤有机碳动态等方面对草原生态系统碳循环进行的研究已经开始。

2. 氮循环　自然界中氮的固定途径主要有3种：闪电固氮（7.6×10^6 t/年）、生物固氮（5.4×10^7 t/年）和工业固氮（8.0×10^7 t/年）。含氮有机物的转化和分解途径主要包括氨化作用（ammonization）、硝化作用（nitrification）和反硝化作用（denitrification）。

（1）氮库：气态氮（N_2）是全球最大的氮库，但大气游离的气态氮不能被植物直接利用。然后是土壤氮库，土壤氮库中最大的部分是有机氮，其占土壤氮库的95％以上，稳定且能长时间保持在土壤中。无机氮（NO_3^- 和 NH_4^+）在土壤氮库的占比非常小（<5％），其中铵态氮大概是硝态氮的10倍。

（2）生物固氮：牧场的生产力系统很大程度上依赖共生固氮的固氮作用来维持土壤肥力，然而豆科植物只是天然草场上的一个优势组分，并且其中一些只有比较低的结瘤水平。牧场氮肥的施用能降低白车轴草的固氮水平，提高植物组织氮的浓度，并提高土壤氮的矿化度。土壤自养细菌每年的固氮量最高能够到达 $1.5 g/m^2$，但是一般在 $0.1～0.2 g/m^2$，在高草普列里草原土壤结壳上的念珠藻每年的固氮量为 $1.0 g/m^2$）。

（3）氮的流动：固氮细菌和某些蓝藻以及闪电和工业生产都可以把分子氮转化为氨或硝酸盐被植物吸收，用于合成蛋白质等有机物质，进入食物链。动植物的排泄物和尸体经氨化细菌等微生物分解产生氨，或再经过硝化作用而形成硝酸盐被植物利用。另一部分硝酸盐被反硝化细菌转变为分子氮返回大气中，还有一部分硝酸盐随水流进入海洋或以生物尸体的形式保存在沉积岩中。

从未放牧的高草普列里草原展示的氮循环模式来看，氮流动主要的限速步骤是系统中的氮输入以及植物对土壤溶液中无机氮的利用（图5-4）。这个系统中植物的吸收和转移很大程度上受季节（影响温度）和水分有限性的影响。温度和水分供给对植物生长速率和微生物活性都有相当重要的影响。在春季随着新组织的生长，氮从根茎（组织氮的46%）和根（55%）向地上部分转移；生长季结束时随着植物的衰老，从叶片向地下发生一个相对大的氮转移（如大芒草叶中58%的氮转移到地下）。在此系统中放牧本地大型的草食动物（如野牛）会提高单循环的速率和有效性，能导致较高的组织氮浓度在生长季末向地下转移的延迟。

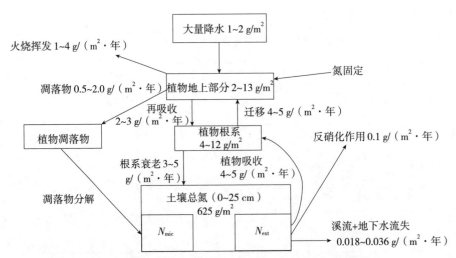

图5-4 在未放牧的高草普列里草地上氮循环的概念模型

N_{mic}为微生物量氮；N_{ext}为KCl从铵态氮和硝态氮中提取出的氮

（引自D. J. Gibson著，张新时等译，2018）

（三）沉积型循环

沉积型循环的蓄库主要是岩石圈和土壤。属于沉积型循环的营养元素主要有磷（P）、硫（S）、碘（I）、钾（K）、钠（Na）、钙（Ca）等。保存在岩石圈中的这些元素只有当地壳抬升变为陆地后，才有可能因岩石风化、侵蚀和人工采矿等被释放出来，进而被生产者植物利用。因此，沉积型循环周期很长，常常还会造成局部性的匮乏。

1. 磷循环 磷对草原的限制作用仅次于氮，在土壤中，磷以无机态和有机态存在，磷在土壤溶液中难以迁移，土壤中的大部分磷沉淀难溶或呈闭蓄态和被化学吸附，植物吸收的土壤溶液中的磷来自土壤中无机态和有机态磷的释放。在草地管理中，肥料（主要是过磷酸钙）和动物饲料增加了生态系统的磷，促进了牧草增长并促进了磷循环。与其他循环相比，磷循环相对封闭，年投入和损失相对较少，主要存在于土壤有机质中。植物可利用的磷主要来自土壤有机质矿化以及植物、动物、微生物残体和无机物的分解。动植物残体被分解后，有机磷被转化为无机形式的可溶性磷酸盐，然后一部分可溶性磷酸盐再次被植物利用，进入食物链进行循环，另一部分则随水流进入海洋，被长期保存在沉积岩中（图5-5）。

（1）磷循环的具体特征：①磷没有任何气体形式或蒸气形式的化合物，即磷没有气相；②快速释放的生物有效磷（可溶性的）可被固定贮存变为不可利用，然后再缓慢释放。

（2）磷的主要输入方式：磷的主要输入方式是大气沉降（湿沉降和干沉降）、母岩材料（尤其是磷灰石矿物）的矿物输入和肥料输入。不过除施肥外，这些投入短期内的量往往不大。大气沉降主要提供$0.02\sim0.15$ g/m²灰尘、植物以及化石燃料燃烧产生的物质。牧场常常是将过磷酸钙或重过磷酸钙单独作为肥料，或与氮肥或钾肥结合，或使用磷酸二氢铵、磷酸二铵或磷矿粉的复合肥料。

（3）磷的归还和损失：除了动物产品的输出和在较小程度上的地表径流有效多的施肥损失外，磷循环系统是闭合的。草食动物所消耗生物的10%～40%的磷吸收到其身体组织中或转化到奶中，剩

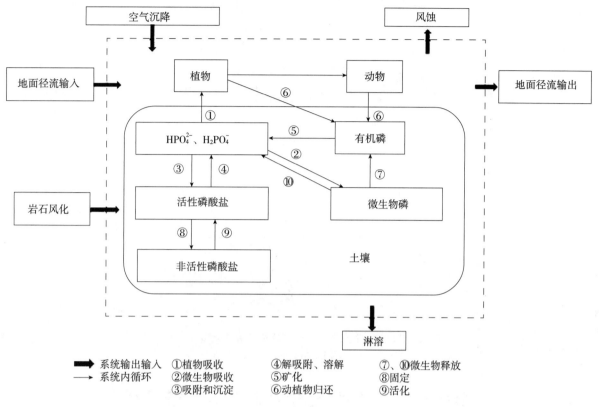

图 5-5　磷循环示意图

余的通过排泄物归还至土壤。在草原生态系统中，动物产品输出，或把动物由白天草场转移到夜间睡觉的围场中时也会发生磷的损失。在英国集中化管理的放养奶牛的草场，磷损失为 1.2 g/（m² · 年），可见放牧会加重磷受限草原中磷的损失，并加速养分循环速率。

　　2. 硫循环　硫虽然有气态化合物，但在循环中作用较小，因此总体上仍属沉积型循环。经过长期的沉积相（即束缚在有机和无机物中的硫）通过风化和分解，以无机硫酸盐的形式被提供给大多数生物。化石燃料的不完全燃烧常常释放 SO_2 气体，进一步被氧化形成酸雨，降落到陆地或海洋，被保存在沉积岩中。

　　3. 有毒、有害物质循环　有毒、有害物质像其他物质一样，在食物链营养级上进行循环流动。不同的是大多数有毒物质，尤其是人工合成的大分子有机化合物和不可分解的重金属元素在生物体内具有富集现象，在代谢过程中不能被排出，而是被生物体同化，长期留在生物体内，造成有机体中毒、死亡，这正是环境污染造成公害的原因。

三、能量流动与物质循环的关系

　　生态系统的能量流与物质流交织在一起，各种生命有机体所需能量必须固定和保存在由这些无机元素构成的有机物中，才能沿食物链传递以供其他生物所需。因此，生态系统中流动的物质既是贮存化学能的运载工具，又是维持生物新陈代谢活动的基础。可见，能量流动和物质循环是紧密联系、并存并行、不可分割的。物质是能量的载体，当贮存于有机物分子键中的能量通过呼吸过程被释放出来产生动力时，有机物被分解为简单的无机形式重新释放到环境中，从而被生产者再次利用，完成循环。二者的不同之处是能量单向流动，逐级递减，最终以热的形式释放到环境中；而营养物质能够进行再循环，有些营养物质活动在短期循环之中，有些则暂时贮存于有机体内，还有一些沉积下来变为岩石（图 5-6）。

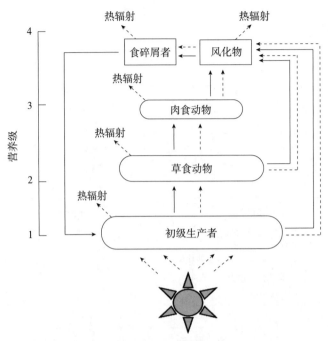

图 5-6 生态系统中的物质循环和能量流动

(引自 De Angelis，1992)

第四节 生态平衡与生态平衡反馈机制

一、生态平衡的概念与特点

（一）生态平衡的概念

自然生态系统经过由简单到复杂的长期演化，最后形成相对稳定的状态，物种在种类和数量上保持相对稳定；能量的输入、输出接近相等，系统中的能量流动和物质循环能较长时间保持平衡状态，即生态平衡（ecological equilibrium）。

生态平衡是指生态系统内两个方面的稳定：①生物种类（即动物、植物、微生物、有机物）的组成和数量比例相对稳定；②非生物环境（包括空气、光、水、土壤等）保持相对稳定。例如，热带雨林就是一种发展到成熟阶段的群落，其垂直分层现象明显，结构复杂，单位面积的物种多，各自占据着有利的环境条件，彼此协调地生活在一起，其生产力也高。

生态平衡是整个生物圈保持正常的生命维持系统的重要条件，为人类提供适宜的环境条件和稳定的物质资源。维护生态平衡不只是保持其原初稳定状态，生态系统可以在人为有益的影响下建立新的平衡，实现更合理的结构、更高效的功能和更好的生态效益。

（二）生态平衡的特点

1. 动态平衡 变化是宇宙间一切事物的最根本的属性，生态系统这个自然界复杂的实体处在不断的变化之中。例如生态系统中的生物与生物、生物与环境以及环境各因子之间不停地在进行着能量流动与物质循环；生态系统在不断地发展和进化——生物量由少到多、食物链由简单到复杂、群落由一种类型演替为另一种类型等；环境也处在不断的变化中。因此，生态平衡不是静止的，会因系统中某一部分先发生改变而出现不平衡，然后依靠生态系统的自我调节能力进入新的平衡状态，这种从平衡到不平衡到又建立新的平衡的反复过程推动了生态系统整体和其各组成部分的发展与进化。

人类应从自然界中受到启示，发挥主观能动性，维护适合人类需要的生态平衡（如建立自然保护区），或打破不符合自身要求的旧平衡、建立新平衡（如把沙漠改造成绿洲），使生态系统的结构更合理、功能更完善、效益更高。

2. 相对平衡　任何生态系统都不是孤立的，都会与外界发生直接或间接的联系，经常受到外界的干扰。生态系统对外界的干扰和压力具有一定的弹性，其自我调节能力也是有限度的，如果外界干扰或压力在其所能忍受的范围之内，当这种干扰或压力被去除后，它可以通过自我调节能力而恢复；如果外界干扰或压力超过了它所能承受的极限，其自我调节能力也就遭到了破坏，生态系统就会衰退，甚至崩溃。

通常把生态系统所能承受压力的极限称为阈限。例如，草原应有合理的载畜量，超过了最大适宜载畜量，草原就会退化；森林应有合理的采伐量，采伐量超过生长量，必然引起森林的衰退；污染物的排放量不能超过环境的自净能力，否则就会造成环境污染，影响生物的正常生活，甚至使其死亡等。

二、生态平衡反馈机制

生态系统的平衡靠反馈机制维持。反馈（feedback）是指系统或其中某一成分因系统的一个输入而在输出上产生一个响应变化趋势，该响应变化又反过来作用于导致产生该响应变化的系统输入，使系统进一步发生变化。

1. 正反馈（positive feedback）　正反馈是其作用效果使该输入得到加强从而导致其不断地被激励或扩大。

2. 负反馈（negative feedback）　负反馈则是其作用效果使该输入受到抑制从而衰减之。现实中生态系统常受到外界的干扰，但干扰造成的损坏一般都可通过负反馈机制的自我调节作用使系统得到修复，维持其稳定与平衡。

3. 正、负反馈的转换　负反馈可增强生态系统的稳定性，增强其应对干扰的重建能力，正反馈则使生态系统的重建能力下降，使生态系统从稳定状态退化为不稳定状态，从负反馈向正反馈转化时出现了阈值（图5-7）。在达到必要条件之后，在某些区域超过阈值可以过渡到另一个状态。"球杯图"被用来阐述"转换"之间的动态变化，圆球表示系统或者植物群落，杯子代表稳定的状态。需要大量的干扰才能将系统移出杯子外，或者使用超过阈值的方法使一个稳定的状态转换到另一个状态。

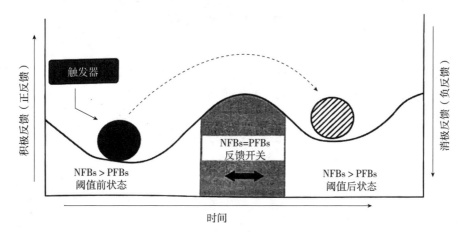

图5-7　反馈机质转换的阈值示意图

NFB表示负反馈，PFB表示正反馈，实心球表示阈值状态之前的区域，斜线球表示阈值状态之后的区域，中间倒扣的杯状阴影表示正负反馈阈值的开关。反馈开关决定起始阈值的不连续程度，触发器代表开始阈值反馈进展

（引自D. J. Gibson著，张新时等译，2018）

生态系统具有一定的内部调节能力。但是，生态系统的调节能力是有一定限度的。当外界干扰压力很大、系统的变化超出其自我调节能力限度即生态阈限（ecological threshold）时，系统的自我调节能力会随之丧失。此时，系统结构遭到破坏，功能受阻，整个系统受到严重伤害乃至崩溃，此即生态平衡失调。严重的生态平衡失调威胁到人类的生存时称为生态危机。生态平衡失调起初往往不易被

人们觉察，一旦出现，所引发的生态危机很难在短期内解除。因此，人类应该正确处理人与自然的关系，在发展生产、提高生活水平的同时，注意保持生态系统结构和功能的稳定与平衡，实现人类社会的可持续发展。

第五节　生态系统演进及过程机制

从牛津大学的生态学家 A. G. Tansley 提出生态系统的概念，到美国科学院院士 E. P. Odum 完成 *Fundamentals of ecology* 一书，生态系统的演变或改变机制逐步成为生态学研究的重要内容。随着农业、工业和绿色革命的发展，人类所处的生态系统总是在不断的变化之中，不受人类干扰的生态系统已经非常少见。这些变化的驱动既有自然因素，又有人为影响，迄今为止，有关生态系统的演变机制尚无明确定论。生态系统演变应当包括演替和系统重建，前者是在结构没有发生变化的情况下生态系统的功能演变，而后者是依据人类目的和需求重建的新的生态系统。生态系统演变与人类经济目的有关，投入产出比影响着人们的系统重建目标。生态系统核假说是对生态系统演变的一种创新性解释，与群落演替学说既有联系又有区别，它运用结构与功能原理揭示了系统演变机制，而有关生态系统嬗变的过程机制，特别是物质能量投入阈值的确定，均有待于进一步探索研究。

生态学发展到今天，已形成分子、个体（生理生态）、种群、群落、生态系统和景观多层次、多视角的研究格局，在群落生态学研究中还形成了较为完整的演替理论。群落演替是自然或人为干扰导致的环境变化，进而引发群落组成特别是优势种的变化，同一个地点的不同时间段内一个群落被另一个群落所替代的现象。自 20 世纪 30 年代 Tansly 提出生态系统概念以来，系统论和整体论的观点被用来研究生命过程和现象，形成了较为完整的生态系统理论，生态系统生态学也不断完善发展，已经成为生态学研究的重点领域。但是，现实世界中人类所处的生态系统总是处在不断的变化之中，这种变化的驱动既有自然因素，又有人为影响，作为不同的研究层次，系统演变与群落演替在机制方面是否相同呢？是什么因素驱动了生态系统的演变？迄今为止，有关生态系统的演进机制尚无明确定论，而在多年研究基础上尝试提出的生态系统核假说以期对上述问题进行科学的阐明。

一、生态系统核假说的基本含义

（一）原子核理论的释义

经典的物理学表明，原子是由带正电的原子核和带负电的核外电子组成，它们之间通过正负电吸引，形成一个完整的、稳定的原子结构。核外的电子由于所带电荷不同而处于不同的轨道，电子吸收一定的能量后就会从一个能级轨道跃迁到另一个能级轨道，而吸收的这种能量足够大，超过电子与核之间的引力时，就会使电子脱离核的引力影响飞跃出去，这种现象称为"逃逸"。核外的所有电子结合在一起形成"电子云"，这些"电子云"是电子的存在状态，具有动态特点。"电子云"与原子核通过电荷作用结合在一起，构成了原子（图 5-8）。

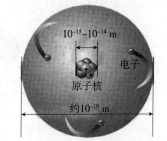

图 5-8　原子大小的数量级

（二）生态系统核的基本含义

生态系统由"环境＋生物"组成。环境则主要由无机环境和有机环境组成，无机环境对生物的存在和发展至关重要，它包括生物生长发育所需要的光、温度、水、空气、热量、土壤等，而有机环境主要是指生物之间的形成关系。生物包括植物、动物和微生物，根据其所具有的功能可以将其划分为生产者、消费者和分解者。一般来说，有什么样的环境就有一定种类的生物存在，环境决定生物的存在；但生物在适应环境的同时又对环境具有改造作用，它们之间具有相辅相成的生态关系。生物和环境之间通过能量流动、物质循环和信息传递连接在一起，构成了具有一定结构和功能的生态系统。

与原子结构相比，生态系统中生物与环境之间的关系较为相似。生态系统中环境类似于原子核，称之为"生态系统核"，各类环境因子为生命系统的存在与发展提供基础，或也可将其称之为"资源核"。而整个生命系统就像绕核旋转的"电子云团"，它们不断从环境中获得物质和能量，与资源核结合在一起就构成了生态系统。实际上，生命系统在利用资源的同时，通过物质和能量的形态转换，又维持和改造着资源环境，形成一种循环状态，才使得地球持续发展下去。

在未受人类干扰的自然状态下，一定的生命系统对应一定的"资源核"，地球上的植被出现纬向和经向地带分布，实际上就是这一假说的具体体现。而当人类对自然生态系统进行干扰，亦即投入物质能量增加或者改变系统输出状态时，生态系统就会发生变化，或成为另外一种生态系统，相当于电子跃迁；而当这种干扰足以超过资源核所提供的物质能量时，整个生态系统将会发生变化，甚至可以完全脱离自然条件的约束，形成完全人工智能化的生态系统，也就是原子中出现的电子"逃逸"现象。在生态系统的演变中，各种生态因子综合发挥作用，导致系统结构和功能变化，而物质和能量的变化是主要的驱动因子，亦即改变物质能量的投入则会使自然生命系统发生变化，这便是生态系统的演变机制所在（图 5-9）。

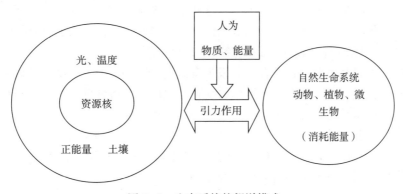

图 5-9　生态系统核假说模式

二、生态系统核假说的理论基础

物质循环和能量流动是生态系统的最基本特征，物质不灭定律和能量守恒定律依然是生态系统核假说的基本理论基础。结构和功能原理是生态系统的最本质特征，结构是功能的基础，功能是结构的表现，它们通过信息传递连接起来。作为一个开放的生态系统，它无时无刻不与外界发生着能量流动、物质循环和信息传递，它们就像一条纽带一样把生态系统的各个组成部分有机地联系在一起，形成具有一定结构和功能的整体。

自然界中，植被或者植物群落不时地在发生变化，在同一地点、不同时间一个植物群落被另一个植物群落替代的现象称为植被演替。同样，一个生态系统被另一个生态系统所替代的现象，称为生态系统演变。但是二者既有联系，又具有明显不同的特质：植被或群落更多的是关注生命组成——植物的本身，如物种组成、生物多样性、生产力、季相等变化，它是植物本身对自然或者干扰的一种响应，是一种表象；而生态系统包括非生命环境和生命物质本身，生命部分又包含动物、植物和微生物，它们之间的关系非常复杂，是生态系统对自然或人为干扰的一种综合反映。因此，生态系统演化较群落演替也复杂得多。

演替的原因主要包括自然因素和人为干扰影响，如果这种演替是在没有外界干扰的情况下发生的，就是自然演替。一般来说，自然生态系统都有自己特定的结构和功能类型，尽管它们的结构与功能也在发生变化，但这种变化往往只是一种波动，或者被认为是一种波动下的平衡，或许在长期变化下会进化出一些定向演变。当生态系统中的环境条件没有发生根本改变，特别是土壤性质没有发生变化时，只要有足够的时间，生物群落可以恢复到与原来相近的状态。而现在，未受到人类干扰的生态系统已经非常少见，更多的是多种干扰下的生态系统，这种类型又称为人为扰动变化。人为干扰包括多种形式，如利用、弃置、改造、再造、重建、恢复等，这些干扰有时单独发生，有时共同作用，干扰时间、规模、强度又共同构成了干扰体系，干扰体系又构成生命世界变化的主要驱动力。

三、生态系统核假说的实证

在我们生存的地球上，经度纬度相对确定、地形地貌基本一致的地区，它们的光照、降水、温度、湿度、土壤、生物系统等可以看作相同的，依据自然规律来讲，在没有任何人为干扰的情况下，它们所构成的生态系统应该属于同一个类型。然而，这种情况却很少存在。在人类活动的强烈干扰下，已很难找到未受人类干扰的自然生态系统，取而代之的是多种生态系统类型并存，特别是人为构造或受到各种干扰程度的生态系统占据了主流。迄今为止，地球陆地表面的 20% 已被垦殖为农田，加上人工林地、水面、生活居住等，总面积占 30% 左右，这些地方已与原来的生态系统类型大相径庭。比如，我国北方的农牧交错带地区，原本是欧亚大陆的地带草原生态系统，但随着人口的大量增加，人们开始大面积垦殖草原，进而出现了农田、人工林、蔬菜地、人工饲草料地、湿地、放牧地、蔬菜大棚等数十种人工、半人工生态系统类型。这些生态系统类型或因人类的经济目的而存在，或因自然气候土壤条件所掣肘，共存于一定的区域范围之内，形成了我们认为的复合景观。

（一）同一气候土壤条件下不同生态系统类型的共存机制

自然地理学的一些研究表明，在没有或者很少有人类干扰的情况下，某一气候条件应该对应一个主要顶级的生态系统类型，由于局部地形地貌的变化可以出现一些辅助生态系统类型，也就是所谓的单元顶级学说。河北沽源县是我国北方农牧交错带的典型代表区域，该县有人口 22.45 万，土地面积 36.54 万 hm^2，其中耕地占 50%，天然草地、林地占 40%，水面、道路、居住等占 10%。我们选择其中主要的 12 种生态系统类型为研究对象，涉及经济作物、人工饲草料、大田作物和放牧、割草地四大类土地利用类型，对其进行了能值分析（表 5-4）。

表 5-4　河北沽源县主要生态系统投入能值总和

生态系统类型	生态系统	自然投入 （$\times 10^{14}$ sej/hm²）	辅助投入 （$\times 10^{14}$ sej/hm²）	投入总和 （$\times 10^{14}$ sej/hm²）
经济作物	菠菜大棚	5.31	146.35	151.66
	大白菜大棚	5.31	146.36	151.67
	马铃薯	5.31	147.67	152.98
	陆地甘蓝	5.31	101.04	106.35
人工饲草料	青玉米	5.31	12.09	17.40
大田作物	燕麦	5.31	15.63	20.94
	莜麦	5.31	6.94	12.25
	小麦	5.31	6.89	12.20
	胡麻	5.31	6.90	12.21
	人工羊草	5.31	3.54	8.85
放牧、割草地	天然打草场	5.31	3.53	8.84
	自由放牧区	5.31	4.21	9.52

注：sej 指太阳能焦耳。

生态系统具有开放性，存在着物质能量的投入和产出。纯自然生态系统没有或少有人为物质能量的投入，而人工和半人工生态系统情况就比较复杂，各系统类型之间不但结构上存在差别，所展示的功能状态也存在明显差异。12 个生态系统类型的自然投入是相同的，约为 5.31×10^{14} sej/hm²，但是它们的平均系统能值投入总和相差了 15 倍之多，而它们的平均辅助投入更有将近 40 倍的差距，大致表现出了经济作物＞人工饲草料＞大田作物＞放牧、割草地的规律。

从生态系统类型的规律来看，经济作物、人工饲草料、大田作物和放牧、割草地的能值投资率（EIR）和环境负载力（ELR）表现出明显的依次下降的趋势，而能值自给率（ESR）和净能值产出率（EYR）表现出明显增加的趋势，整个生态系统的能值可持续指数（ESI）显著增加（表5-5）。这充分说明：一个生态系统产出越高，需要投入的能值也就越高，环境负载率就越大，相对而言可持续指数就越低，这从某种程度上佐证了生态系统核假说。

表5-5　河北沽源县主要生态系统比较

生态系统类型	生态系统	能值投资率（EIR）	能值自给率（ESR）	净能值产出率（EYR）	环境负载力（ELR）	能值可持续指数（ESI）
经济作物	菠菜大棚	27.81	3.47	1.04	31.00	0.033 4
	大白菜大棚	27.56	3.50	1.04	30.73	0.033 7
	马铃薯	27.56	3.50	1.04	30.73	0.033 7
	陆地甘蓝	19.03	4.99	1.05	21.25	0.049 5
人工饲草料	青玉米	2.94	25.36	1.34	3.38	0.396 3
大田作物	燕麦	2.28	30.52	1.44	2.64	0.545 2
	莜麦	1.31	43.34	1.76	1.56	1.128 9
	小麦	1.30	43.51	1.77	1.55	1.139 5
	胡麻	1.30	43.51	1.77	1.55	1.139 8
	人工羊草	0.79	55.79	2.26	0.99	2.281 9
放牧、割草地	天然打草场	0.67	60.03	2.50	0.85	2.941 8
	自由放牧区	0.66	60.07	2.50	0.85	2.948 1

（二）不同气候条件下同一生态系统类型的能值变化

地球上的经纬度受水热条件的限制，因而从赤道到两极依次有着不同的植被分布带。我国在气候上自北向南依次出现寒温带、温带、暖温带、亚热带和热带气候，植被依次分布着针叶落叶林—温带针叶落叶阔叶林—暖温带落叶阔叶林—北亚热带含常绿成分的落叶阔叶林—中亚热带常绿阔叶林—南亚带常绿阔叶林—热带季雨林、雨林。受人类活动的干扰，如今地球上的自然生态系统已不多见，更多的被各种人工生态系统替代。玉米和小麦是我国的两大主要作物，从南至北几乎每个气候带上都有它们的足迹。我们以2014年全国各气候带主要省份统计资料为基础，分析了玉米和小麦农田生态系统的能值投入产出情况（表5-6、表5-7）。

表5-6　不同气候区域小麦投入能值（2014）

生态类型区	自然投入（$\times 10^{14}$ sej/hm²）	辅助投入（$\times 10^{14}$ sej/hm²）	投入总和（$\times 10^{14}$ sej/hm²）	自然投入占比（%）	辅助投入占比（%）
东北	12.47	13.55	26.02	47.92	52.08
华北平原	6.50	32.80	39.30	16.54	83.46
黄土高原	11.31	34.72	46.03	24.57	75.43
西北	8.35	36.86	45.21	18.47	81.53
西南	12.25	17.99	30.24	40.51	59.49

表5-7　不同气候区域玉米投入能值（2014）

生态类型区	自然投入（$\times 10^{14}$ sej/hm²）	辅助投入（$\times 10^{14}$ sej/hm²）	投入总和（$\times 10^{14}$ sej/hm²）	自然投入占比（%）	辅助投入占比（%）
东北	14.11	22.20	36.31	38.86	61.14
华北平原	7.51	23.36	30.87	24.33	75.67

（续）

生态类型区	自然投入 （×10¹⁴ sej/hm²）	辅助投入 （×10¹⁴ sej/hm²）	投入总和 （×10¹⁴ sej/hm²）	自然投入占比 （%）	辅助投入占比 （%）
黄土高原	13.06	28.82	41.88	31.18	68.82
西北	9.64	39.73	49.37	19.53	80.47
西南	16.21	25.41	41.62	38.95	61.05

我国地域广阔，气候迥异，就小麦和玉米产量而言，平均产量分别为 300 kg 和 600 kg 左右，但是它们的投入能值却大不相同。就小麦生态系统而言，东北和西南地区投入在 50% 左右，而其他地区高达 80%；玉米生产在东北、西南和黄土高原投入能值为 60%～70%，而在华北和西北地区为 75%～80%。在常规条件下，玉米、小麦的产量主要取决于自然和辅助投入能值的多少，而辅助能值的投入又与各气候带的水热条件和土壤肥力状况密切相关。我国东北盛产玉米、小麦和大豆，而华北和西北地区盛产小麦，南方地区水稻种植面积较大。我国所谓的作物主产区，就是人类在长期的生产实践中逐渐摸索出来的充分利用自然资源的典范，实际上是在人为投入较少的情况下获得高产的一种选择。

四、生态系统演进机制

任何一个生态系统，在一定的时空范围内都具有相对稳定的特性，但是生态系统结构中的生命组成部分无时无刻不在发生着变化，而当这种变化达到一定程度的时候，或者是超过一定"阈值"，生态系统的功能也就会发生根本性变化，最终导致生态系统的演变，这种情况的发生是以植物群落演替为标志的系统嬗变。生态系统结构功能原理表明结构是功能的基础，功能是结构的体现，而变化是绝对的，稳定是相对的。在漫长的历史变迁中，生态系统经历了水生—陆生、低等—高等、草本—木本的变化，实际上是系统结构与功能变化的具体体现。而目前自然界中，人们根据自己的目的和需求改建了许多人工生态系统，比如农田、人工草地、温室大棚、经济林和水产养殖场等（图 5-10）。

这些生态系统与原有的本地生态状况相比已面目全非，结构功能都发生了根本性的改变，它们除了部分利用自然资源外，更多的通过人为投入物质能量来支撑。而像人工气候室、工厂化植物生产等，已经基本上脱离了自然生态环境，完全靠人工投入来维持，其实这时已经像逃逸的电子一样不再受"原子核"的控制了（图 5-10）。

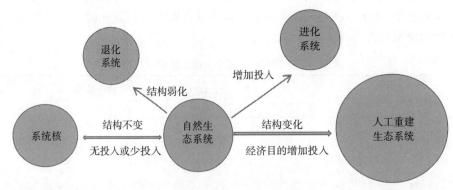

图 5-10　生态系统核假说机理

当自然生态系统的结构变得弱化以后，它的功能也将出现退化，如在过度利用的情况下，天然草地退化，生产功能和生物多样性下降；给自然生态系统增加投入时，生态系统的功能也会得到加强，如对天然草地施行施肥、灌溉、松土、补播等技术措施时，牧草的生存环境改善，草地的生产能力明显提升。但上述两种情况均是基于生态系统的结构没有发生根本变化，也就是说在生态系统"阈值"范围之内，属于同一地点不同时间生态系统的演替。

而人工重建生态系统则是人类部分或完全破坏了自然生态系统的结构，因而它也就展示出了不同的系统功能，比如将天然草地开垦为农田，两个生态系统的功能也就发生了变化，放牧功能变成了粮食生产。而决定这种生态系统的是人类的经济目的，亦即所谓的"经济价值牵引子"，它是在现实经济技术状态下投入与产出的决策，而非绝对遵循系统物质能量投入原理，世界上大规模使用化肥农药，虽然获得了高产，但使自然生态环境遭到严重破坏，也充分说明了这一点。

五、生态系统演进意义与展望

生态系统核假说揭示了生命系统与环境之间的量化关系，结构与功能原理是生态系统演变的核心，而人为辅助能值的投入是生态系统演变的根本原因。生态系统演变包括演替和系统重建，前者是在结构没有发生变化的情况下生态系统的功能演变，而后者是依据人类目的和需求重建的新的生态系统。生态系统演变与人类经济目的有关，"经济价值牵引子"或投入产出比影响着人们的系统重建目标。

生态系统核假说是对生态系统演变的一种创新性解释，与植物群落演替学说既有联系又有区别，它运用结构与功能原理揭示了系统演变机制，而有关生态系统嬗变的过程机制，特别是物质能量投入阈值的确定，有待进一步探索研究，该研究可为生态系统演变研究奠定理论基础。

第六节　草地生态系统

草地生态系统是在中纬度地带大陆性半湿润和半干旱气候条件下，多年生耐旱、耐低温、禾草占优势的植物群落的总称，指的是以多年生草本植物为主要生产者的陆地生态系统。草地与森林一样，是地球上最重要的陆地生态系统类型之一。草地植物群落以多年生草本植物为主，辽阔无林，在原始状态下常有各种善于奔跑或营洞穴生活的草食动物栖居其上。草地可分为草原与草甸两大类，前者由耐旱的多年生草本植物组成，在地球表面占据特定的生物气候地带，后者由喜湿润的中生草本植物组成，出现在河漫滩等低湿地和林间空地，或为森林破坏后的次生类型，属隐域植被，可出现在不同的生物气候地带。

一、草地生态系统的类型与分布

草地生态系统是在一定草地空间范围内共同生存于其中的所有生物（即生物群落）与其周围环境之间不断进行物质循环、能量流动和信息传递的综合自然整体。根据草本植被的生态学特征可将全球天然草原生态分为草原生态系统、草甸生态系统及稀树草原生态系统。

（一）草原生态系统

以喜温、旱生、多年生草本植物为主组成的植物群落，主要是由所在地区的气候因素和历史条件决定的，是一种地带性植被。在组成关系上，多年生禾本科草本或禾草类型的丛生草，以及一部分地衣和地面藻类植物组成的层片有显著的地位，能忍受长期的干旱；而在许多情况下，又具有忍受相当程度的暂时湿润的能力。半干旱半湿润气候条件不足以支持森林的发育，从而阻止其向森林或疏林发育，但却足以维持耐旱的多年生草本植物，尤其是禾草类的繁茂生长。

全球温带草原，除一小部分被开垦为农田外，大部分为天然放牧场。草原在地球上的分布是有一定的地带性规律的。一般来说，它处于湿润的森林区与干旱的荒漠区之间。靠近森林一侧，气候半湿润，草群繁茂，种类丰富，有时还出现岛状森林，如欧亚大陆的草甸草原和北美的高原草原；而靠近荒漠一侧，雨量减少，草群低矮稀疏，种类组成简单，并常混生一些旱生小半灌木或木质植物，如北美的矮草草原与欧亚大陆的荒漠草原，两者之间则为辽阔的典型草原。

草原生态系统采用生态外貌原则可划分为草甸草原、典型草原及荒漠草原，依据气候所决定的群落季节节律特征或各种气象因素的剧烈季节性变化可将草原分为温和夏旱气候草原、温和冬旱气候草原、温和高位山地气候草原、干燥亚热带草原。

我国是世界上草原资源最丰富的国家之一，草原总面积将近 3.93 亿 hm²，占全国土地总面积的 40.9%，为现有耕地面积的 3 倍。我国草原一般可以划为 5 个大区：东北草原区、蒙宁甘草原区、新疆草原区、青藏草原区、南方草山草坡区。东北草原区包括黑龙江、吉林、辽宁三省的西部和内蒙古的东北部，面积约占全国草原总面积的 2%。我国南方有大片的草山草坡以及大量的零星草地，这些统称为南方草山草坡区。

（二）草甸生态系统

草甸植物群落由多年生中生或旱生中生植物构成，并且常常和地下水相连。通常是中生性的地面芽植物占优势，许多植物在雪被覆盖下，至少在整个冬季部分保持绿色。草甸植被处于森林气候的温带或亚极地，无明显的干季。草甸一般不呈地带性分布，是特殊生境的产物，是一种隐域性植被，它广泛分布于欧洲、亚洲、美洲的森林地带。草甸大多是森林被破坏后形成的次生植被，而在高纬度或高海拔的草甸可有其原生类型。

在湿润气候区，草甸可以伴随针叶林或落叶阔叶林出现，也可以分布在山间低地；尽管草原带和荒漠带的气候干旱，大气降水不足，但在地表径流汇集的低洼地和地下水位较高之处仍可形成草甸。在热带、亚热带和温带的高山地区还能形成高寒草甸。因此，北自欧亚大陆和北美洲、冻原带，南至南极附近的岛屿上均有草甸出现。不过，典型的草甸在北半球的寒温带和温带分布特别广泛。

组成草甸的植物区系成分相当丰富。例如，苏联在欧洲的部分草甸有 600 多种多年生和一年生草本植物，其中广泛分布的有 200 余种（大约包括 40 种禾草、25 种莎草、15 种豆科草、120 种杂类草）。我国草甸建群种达 70 种以上。其中禾本科和莎草科种类最多，作用最大，其次为豆科、蔷薇科和菊科的一些种类。草甸的土壤土层较厚，肥力较高，草皮明显，所以有复杂的土壤动物区系和种类繁多的土壤微生物。草甸土壤的另一特点是具有大量的嫌气性细菌，它们对草甸生态系统的物质循环产生了一定影响。

草甸的类型多样，划分的方法通常有两种：①植物地形学的方法，按照草甸分布的地形部位将其分为河漫滩草甸、大陆草甸、低地草甸、亚高山草甸和高山草甸等；②植物群落学的方法，将草甸分为禾草草甸、薹草草甸、禾草-杂类草草甸等。还有一种分类方法，是按照草甸优势植物的生态特性分类，可以分为典型草甸、草原化草甸、沼泽化草甸、盐生草甸和高寒草甸。

我国的草甸分布于东北、西北、华北以及青藏高原一些海拔较低的地区。草甸分布区气候一般比较温凉，水分适中。在山地，空气的相对湿度较高；在平原，地下水位较高，土壤湿润，土层深厚且富含有机质，生草化作用明显，肥力较高。土壤类型主要为各种不同的草甸土或黑土。

（三）稀树草原生态系统

稀树草原生长在具有周期性干湿季节交替的热带地区，群落以草本植物为主，乔、灌木通常有规则地出现在草被之中。这些散生乔木都是旱生结构，如半矮生、多分枝、树干不整齐、树冠呈伞状、叶多为羽状具毛茸等。热带稀树草原多种多样，从没有树木的干旱草原到几乎郁闭的森林都可以见到。稀树草原土壤肥力通常较低。从演替角度来看，稀树草原是一种气候顶级群系，或是一种主要受放牧制约的生物顶级群落，抑或是一种由特殊土壤条件形成的土壤顶级群落。稀树草原可视为赤道区雨林和南、北较高纬度区沙漠之间的地理及环境过渡带。世界最大片的稀树草原在非洲、南美洲、澳大利亚、印度、缅甸、泰国和马达加斯加。不同地区稀树草原内有各类突出的植物。人类的放牧活动等对稀树草原的本质、动态、发展、结构和分布在全球许多地方有控制性影响。

我国云南南部元江干热河谷的稀树草原以扭黄茅为主构成草本层，高度达 60~80 cm，地面覆盖度可达 90%。草本层中还有双花草、小菅草等；灌木生长分散，丛生，高度多在 100 cm 以下，覆盖度很小；虾子花、牛角瓜、疏序黄荆、红花柴、元江龙须藤、火索麻、朴叶扁担杆等有零星分布。稀疏孤立的乔木树种一般高 3~7 m，树种有木棉、厚皮树、毛叶黄杞、火绳树、余甘子、九层皮等。这种稀树草原多被作为放牧场。

二、天然草地生态系统功能

草地是人类重要的自然资源。草地在人类生存空间中有相当重要的地位，它不仅是草原畜牧业的生产基地，在防止水土流失、土壤沙化及防风固沙等方面还起着极其重要的作用。基于草地重要的经济、环境、社会价值，很久以来，它都是中外生态学家关注的热点。

天然草地作为全球重要的陆地生态系统，起着十分重要的作用，这种作用可概括为两方面，即经济功能和生态功能。

（一）经济功能

草地重要的经济功能促进了草地产业的迅速兴起。20 世纪 80 年代初，著名科学家钱学森就提出了"立草为业"的概念。草地是地球上的生产者，人类的食物有相当一大部分靠其提供。首先，草地是野生动物重要的食物来源，天然草地上具有丰富的动物资源，种类繁多的野生动物不仅是陆地生态系统的重要组成部分，还是当地牧民狩猎的对象和经济来源。其次，草地也是家畜重要的实用饲料，尤其是禾本科、豆科的一些种是优良的牧草。草地孕育了丰富的野生动物，为人类提供了大量的肉、禽、蛋、奶制品，丰富了人们的饮食结构。再次，随着科学技术的发展和绿色食品工业的兴起，天然草地也是食品植物的重要产地，如蕨菜、黄花菜、白蘑等早已被人们食用。

高大的草本植物是造纸的原料之一，如芦苇、大叶章、芒、五节芒等。沙棘、西伯利亚杏等是饮料食品的重要原料。草原地区还可提供多种药用植物（如人参、党参等）、野生花卉植物、资源动物、珍稀动植物和许多珍贵的家畜品种。

（二）生态功能

草地生态系统具有防风、固沙、保土、调节气候、净化空气、涵养水源等生态功能。草地生态系统是自然生态系统的重要组成部分，对维持生态平衡、地区经济、人文历史具有重要的地理价值。

1. 保持水土　草的水土保持功能十分重要，在许多情况下，草比树的作用更为突出。据中国科学院西北水土保持研究所测定，种草的坡地在大雨状态下可减少地面径流 47%，减少冲刷量 77%，保持水土能力比农田大数十倍；生长两年的草地拦截地面径流的能力和含沙能力分别为 54% 和 70.3%，比 3～8 年林地拦截地面径流和含沙能力高 58.5% 和 88.5%。

2. 形成土壤　地球表面覆盖的一层薄薄的土地对于大自然和人类都具有十分重要的作用。没有肥沃的土壤，就不会有茂盛的植物、丰富的大自然和人类的今天。在土壤形成过程中，草地的作用尤为重要。栗钙土、黑钙土、草甸土、沼泽土等草原土壤的形成是草地植被作用的结果。与木本植物相比，草地植被在形成、改良土壤过程中的作用十分重要，而且很有特色。

3. 调节气候　草地调节气候的功能主要有 3 个方面。

（1）草地可截留降水，且比空旷地有较高的渗透率，对涵养土壤中的水分有积极作用。

（2）由于草地的蒸腾作用具有调节气温和空气中湿度的能力，与裸地相比，草地的湿度一般较裸地高 20% 左右。

（3）由于草地可吸收地表面的热量，故夏季草地地表温度比裸地低 3～5 ℃，而冬季相反，草地比裸地高 6～6.5 ℃。

三、草地生态平衡

草地生态平衡是指草地生态系统中生物系统的相对平衡，是把生物间的相互关系与物理的、化学的环境条件，通过能量流动和物质循环及信息传递等过程联系起来的一个动态平衡。一个草地生态系统是其结构和功能相互依存、相互制约的统一体。结构是功能发挥作用的基础，功能又依赖结构来完成。结构和功能的相互适应、相互完善使生态系统各组分在一定时间内通过制约、转化、补偿、反馈等处于最优化的协调状态，表现出高的生产力，能量和物质的输入和输出几乎相等，物质的贮存量相对稳定，信息有序传递，在外来因素的一定程度干扰下，通过自我调节可以恢复到原来的稳定状态。

任何一个草地生态系统都具有一定的自我调节能力，以保持系统的稳定性和生态平衡。这种调节能力与其成分的多样性、能量流动和物质循环途径的复杂性密切相关。如果一个草地生态系统成分多样，能量流动和物质循环复杂，则较容易保持稳定，因为系统的一部分发生机能障碍，可以被不同部分的调节所补偿，但这种自我调节能力有一定的生态范围和条件，如果干扰过大，超过了生态系统本身调节能力的限度，草地生态平衡就会被破坏，即超过临界限度——"生态阈限"。如今的许多草地退化问题都是由于草地的不合理开发和使用破坏了草地生态系统的能量流动、物质循环和信息传递，从而超过了草地的生态平衡而引起的。

复 习 思 考 题

1. 草地生态系统所提供的最主要服务类型有哪些？
2. 草地生态系统与其他陆地生态系统的组成和结构相比有何不同？
3. 生态系统中的能量流动、物质循环与信息传递之间关系如何？
4. 生态系统正反馈和负反馈作用之间的联系和区别有哪些？
5. 生态系统的演进与群落演替的区别是什么？
6. 与天然草地相比，栽培草地的功能有哪些？

第六章

全球变化下的草地景观生态学

第一节　景观及景观生态学

以生态系统这一重要科学概念的提出和林德曼等对生态系统能量流动的研究为标志，生态学进入了以生态系统为研究重点的新阶段，研究内容更多关注于相对同质的生态系统内部的能量流、物质流等，但是，从根本上讲，环境问题的产生主要是由于人类对自然景观的改变，这不仅仅是人类对生态系统的开发与利用，更重要的是农田、村屯、城市等人工生态系统的建立，形成了经济-社会-自然复合生态系统的景观，使自然生态系统破碎化。因此，大多数环境问题的解决不仅要依靠生态学、环境科学等多学科的配合，还需要以区域复合生态系统为研究尺度的景观生态学的理论、技术和方法。

一、景观及景观生态学的基本概念

（一）景观

对于景观这一术语，可能人们会感到比较陌生，但当你站在高处鸟瞰时，在你所看的区域，可能会有农田、村庄城市、森林、草地或水塘等，它们有些是自然的，有些是人文的，但它们都是构成景观的要素，这些要素的聚合体就是景观。实际上，你所看到的这些，就是生态学家所说的景观。

19世纪初，被称为现代植物学和自然地理学的先驱的洪堡（von Humboldt A.）曾把景观作为科学的地理术语提出，并将其作为"自然地域综合体"的代名词。此后，生态学家对景观一词给出了各种各样的定义。如以色列景观生态学家Naveh认为，景观是自然、生态和地理的综合体；美国著名景观生态学家Forman和Godron将景观定义为由相互作用的生态系统镶嵌构成，并以类似形式重复出现，具有高度空间异质性的区域。

我国的景观生态学家也对景观一词的定义进行了归纳和总结。肖笃宁将景观概念表述为景观是一个由不同土地单元镶嵌组成，具有明显视觉特征的地理实体，它处于生态系统之上、大地理区域之下的中间尺度，兼具经济、生态和美学价值。傅伯杰等在综合国内外有关景观的概念的基础上，总结了对景观的理解：①景观由不同空间单元镶嵌组成，具有异质性；②景观是具有明显形态特征与功能联系的地理实体，其结构与功能具有相关性和地域性；③景观是生物的栖息地，更是人类的生存环境；④景观是处于生态系统之上、区域之下的中间尺度，具有尺度性；⑤景观具有经济、生态和文化的多重价值，表现为综合性。

（二）景观生态学

景观生态学（landscape ecology）一词由德国区域地理学家Troll于1939年首次提出，他将景观生态学定义为研究某一景观中生物群落之间错综复杂的因果反馈关系的科学。此后，各国学者对景观生态学给出了各种各样的定义。Forman指出，景观生态学集中于以下三方面的研究：①景观单元或生态系统间空间关系的研究；②景观单元间的能量流、物质流和物种流研究；③景观镶嵌体随时间而变化的生态动态研究。Naveh 和 Lieberman 提出："景观生态学是基于系统论、控制论和生态系统学的跨学科的生态地理科学，是整体人类生态系统科学的一个分支。"这个表述强调整体论和生物控制论观点，并以人类活动频繁的景观系统为主要研究对象。Risser 等认为景观生态学明确地集中于空间格局的研究，特别关注空间异质性的发展和动态、异质化景观中时空的相互关系与交换、空间异质性对生物过程和非生物过程的影响以及空间异质性的管理。Weins 等认为，景观生态学主要研究一系列生态现象中镶嵌体空间格局的效应。

Turner 等在综合上述定义的基础上，提出了景观生态学区别于生态学其他分支学科的两个主要方面：①景观生态学关注空间格局对生态过程的重要影响；②景观生态学的研究尺度通常高于传统生态学研究的尺度。傅伯杰认为，景观生态学把地理学研究自然现象空间关系的"横向"方法同生态学研究生态系统内部功能关系的"纵向"方法相结合。概括地讲，景观生态学是研究景观单元的类型组成、空间配置及其与生态学过程相互作用的综合性学科。

二、景观生态学中常用的基本术语与定义

Forman 于 1995 年提出景观生态学中的一些基本术语的定义，2001 年 Turner 等对其进行了一定的修改，这些基本定义如下。

（1）结构（configuration）：即空间单元的特殊配置，通常与空间结构或斑块结构同义。

（2）连接度（connectivity）：即一个景观内一种生境或覆盖类型的空间连续性。强调景观中各要素在功能上和生态过程上的联系。

（3）廊道（corridor）：指与其两侧相邻区域有差异的相对呈狭长形的一种特殊景观类型。

（4）覆盖类型（cover type）：指在一个景观中，根据不同的分类标准划分出的某些生境、生态系统或植被类型中的一类。

（5）边缘（edge）：一般指一个生态系统或覆盖类型的周边部分，其内部的环境条件可能与该生态系统的内部区域有一定差异；有时也被用于表示在一个景观中不同覆盖类型间邻接宽度的计量。

（6）破碎化（fragmentation）：一个生境或覆盖类型破碎为更小的、不相连的小块。

（7）异质性（heterogeneity）：包含不同景观要素的性质或状态，如一个景观中包含的各种生境类型或覆盖类型，与同质性相对，同质性是指一个景观内的要素是相同的。

（8）基质（matrix）：在景观中的本底覆盖类型，通常具有高覆盖率和高连接度；并不是所有的景观中都可以划分出确定的基质。

（9）斑块（patch）：在性质或外貌上不同于周围单元的块状区域。

（10）尺度（scale）：对象或过程的时空维度，具有粒度（分辨率）和幅度（范围）的特征。

三、景观生态学的原理

Farman 和 Godror 在 1986 年合著的 *Landscape Ecology* 一书中，根据对景观的结构、功能和变化的研究，提出了 7 条景观生态学原理。

1. 景观结构与功能原理　景观是异质性的物种、能量和物质在斑块、廊道及基质之间的分布表现出的不同的结构。因此，物种、能量和物质在景观结构组分的流动中表现出不同的功能。

2. 生物多样性原理　景观异质性可以降低稀有内部种的丰度，增加边缘种及需要两个或两个以上景观组分（生境）的动物种的丰度，并提高总体物种潜在的共存性。

3. 物种流动原理　物种在景观元素之间的扩张和收缩既影响景观的异质性，又受景观异质性的制约。

4. 养分再分配原理　矿物养分在景观元素之间的再分配速率随着这些元素干扰强度的增强而增加。

5. 能量流动原理　热能和生物量通过景观中的斑块、廊道和基质的边界的速率随景观异质性的

增加而增大。

6. 景观变化原理 在无干扰条件下，景观的水平结构逐渐趋向均质化；中度干扰将迅速增加异质性；而严重干扰则可能增加异质性，也可能减少异质性。

7. 景观稳定性原理 景观的稳定性起因于景观对干扰的抗性和干扰后复原的能力。存在低生物量时，系统对干扰有较小的抗性，但有对干扰迅速复原的能力。存在高生物量时，系统对干扰有高的抗性，但复原速度缓慢。

另外还有一些生态学家也曾从不同的角度提出了关于景观生态学的类似原理。景观生态学强调尺度研究的作用，这是因为：①不同过程是在不同的尺度上发展和起作用的；②多样性、异质性等许多概念都与观测尺度有关。因此，不可随意将一种尺度上的研究结论推广到另一种尺度上。等级系统组织是在尺度概念的推广应用下产生的，对景观生态学的研究有重要意义。

四、景观生态学研究的对象与内容

景观生态学是研究景观与生态学相互作用以及景观单元的构成、空间布局等的综合性学科，它既包含"水平关系"，又包含"垂直关系"，即空间各单元相互之间的关系，也可以说景观生态学研究内容包括景观的功能、结构、层次和变化，景观的规划、建设、监管和预警等。

（一）景观结构、功能和变化

1. 景观结构（landscape structure） 景观结构指景观组成单元的种类、多样性、数量构成、空间与层次关系及其影响因素，包括斑块、廊道、基质，以及要素的类型、数量构成、空间配置形式、多样性、破碎化、连通性、优势度等特征。

2. 景观功能（landscape function） 景观功能指景观通过其生态学过程对自身内部及其他相关生命系统生存和发展所能提供的支撑作用。

3. 景观变化（landscape change） 景观变化也称景观动态（landscape dynamic），是研究随时间推移，在不同驱动因素作用下景观结构和功能发生的变化过程、特征与规律，包括景观变化标准、稳定性及其测度、变化的驱动力以及空间模式。

（二）景观生态规划

1. 景观生态规划的概念 景观生态规划是通过分析景观特性以及对其进行判别和评价，提出景观最优利用方案。其目标是使景观生态特征及内部活动在时间和空间上协调，实现景观的合理利用，既保护环境，又发展生产，合理处理生产与生态、资源开发与保护、经济发展与环境质量、开发速度、规模、容量与环境承载力等的辩证关系。

2. 景观生态典型的规划模式 自然灾害损毁的区域景观往往破碎化严重，土地景观生态规划是运用景观生态原理，结合灾害损毁地区的景观生态系统，从而规划更为贴近当地自然环境的景观结构。在土地利用的景观生态规划中，有一些比较典型的规划模式。

（1）集中与分散相结合模式：它是美国景观生态学家 Forman 根据生态空间理论提出的景观生态规划格局，是进行土地利用空间格局优化的主要理论依据，被认为是生态学上最好的景观格局。这种模式强调集中利用土地，使大型自然植被斑块保持完整性，让它的生态功能得到充分发挥；在自然斑块的设计和引导过程中，其以小型斑块或廊道的形式分散渗入人类活动控制的农业耕作或建筑地带；在人类活动的范围内，沿着廊道和自然植被斑块周围设计人为的小型斑块，如居民区、工业和农业小斑块等。

（2）生态网络模式：主要源于 Mac 等的岛屿生物地理学理论（theory of island biogeography）及其在陆地上的使用。自然灾害的发生加剧了自然生境的破碎化，形成许多大小不一、程度各异的自然生境斑块，随着自然生境斑块相互间的隔离程度与破碎化程度的不断加大，某些动植物种群绝迹。生态网络模式就是将各种彼此分离的生态系统通过生态网络联系起来，以解决自然生境的破碎化和隔离问题。生态网络模式由自然开发区、连通区和核心区三部分构成，自然开发区是为保护自然景观和自然资源服务的，连通区维护和促使各核心区之间及核心区内部的物种迁徙，而核心区则是处于被保护地区的高生态价值区。

（3）"千层饼"模式：它是 Mc hargi. L. 根据适宜性分析提出的，"千层饼"规划模式的主要路线是在研究影响因子和确定其主要作用的基础上，通过现场踏勘、查阅和分析文献资料，根据影响因子（如地形地貌、水文、气候、动植物状况、居住情况、交通状况等）的自身特征现状进行分析和评价，确定质量评价指标和权重值，然后将单因子依次制图并叠加，利用地学信息系统对比分析，最后制订与当地农业景观相适应的规划方案。其基本规划框架如图 6‑1 所示。

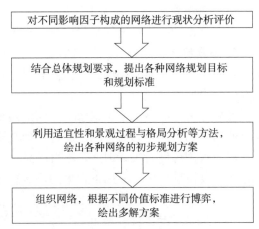

图 6‑1 "千层饼"模式规划框架
（引自俞孔坚等，2005）

（4）区域生态系统模式：英国著名生态学家 A. G. Tansley 在 1935 年较完整地提出了"生态系统"的概念，根据这个理论，Odum 提出了区域生态系统规划模式。生态系统以能量流动和物质循环为主要表现形式，包含：①在一定区域内的生物数量、种类及其空间分布情况；②光照、温度、湿度、土壤等对生物生长发育的影响；③水、空气和矿物质等非生命物质的含量及分布；④物质、能量等在生态系统中循环和流动的方式；⑤环境对生物的调节。土壤营养物质调节、区域物种改良与优化配置以及生物种群的空间分布，是区域生态系统模式规划的重点。在不破坏当地文化特色和促进社会经济发展的前提下，通过适当改变区域内种植方式和种植习惯来达到改良土壤的目的，使被破坏的生态系统得到恢复，使区域生态环境实现可持续发展。

（三）景观生态保护与管理

景观生态学不仅要研究景观生态系统发生、发展和演替的规律特征，还要运用生态学的原理和方法探求合理利用、保护和管理景观的途径与措施。通过科学实验与数学模型的建立，研究景观生态系统最优的组合、管理措施和约束条件，采用多级利用生态工程，有效提高植物光合作用的强度，最大限度地利用初级异养生物，使不同营养级生物产品的经济效益最大化。建立人文景观和自然景观保护区，保护和管理资源与环境，保护生态过程与生命支撑系统，保护遗传基因的多样性，保护现有生物物种，同时不断增强景观生态系统的功能。

（四）景观生态监测与预警

景观生态监测与预警是在景观生态分类与评价的基础上，对人类活动干预和影响下生态环境变化的监测，以及对景观生态系统的结构、功能和环境可能发生的变化进行预测。景观生态监测的任务主要是对自然、生物圈和人工生态系统等组成部分的状况进行连续的监测，确定这些组成部分的改变情况，并查清人类活动对这些改变所起的作用。景观生态监测工作是在具有代表性和典型性的景观生态系统中建立监测站，收集资料和数据，建立和完善生态数据库，动态监测生态系统和物种的变化趋势，可为决策部门制定合理利用自然资源与保护生态环境的政策措施提供科学依据。

第二节　草地景观与生态

一、草地景观资源

草地景观包括自然景观和人文景观两部分。草地特殊的自然环境、地理要素、自然现象和自然地带性等构成草地自然景观，草地游牧民族的民俗、风情、历史遗迹等构成草地人文景观。草地的自然景观和人文景观组成一定范围的风景名胜景点或地理区域，具有供人们观赏、游览、休憩、娱乐、旅游、狩猎的价值或具有特殊的文化教育、探险、科学研究价值，因而具有资源意义。

(一)草地自然景观

草地自然景观主要包括以下 5 个方面。

1. 特殊的野生植物群落 如一望无垠的内蒙古针茅草原、绿色地毯般的青藏高原小型嵩草草甸、荒漠中的梭梭林、沙海中的芦苇沼泽等。

2. 特殊的野生动物群体 如羌塘草原的藏野驴群、内蒙古草原的蒙原羚群、青藏高原沼泽的黑颈鹤、松嫩湿地中的丹顶鹤群等。

3. 特殊的草地自然地貌景观 如宽阔的高原、纵深的峡谷、西北干旱草地中的戈壁滩、风蚀谷、雅丹地貌、南方草地中的喀斯特地貌等。

4. 草地自然地带性景观 如"天苍苍、野茫茫、风吹草低见牛羊"的内蒙古大草原风光，林草相间、风光绚丽的天山牧场，九寨沟高山牧场风景区，百花争艳的五花草甸，四季绿草如茵的热带草地等。

5. 草地自然保护区景观 有被保护的原始动植物资源，有珍贵的被保护的草地类型风光，既有重要的保护价值，又是科研、草地教学和实习的基地。

(二)草地人文景观

草地人文景观主要包括以下 2 个方面。

1. 草地游牧民族的民俗风情 如草原上的帐篷、蒙古包，那达慕大会和赛马会上的骑马射箭、叼羊、赛骆驼等民族体育。此外，还有马奶酒、酥油茶、烤全羊等民族风味饮食。

2. 草地游牧民族的文化、宗教遗产、历史遗迹 如粗犷的草原民族歌舞、宗教仪式，匈奴、吐蕃、回纥、西夏等草原游牧民族的遗址，成吉思汗墓、文成公主庙等。

二、草地景观格局

(一)草地景观格局的影响因子

1. 景观格局 景观格局是指组成景观的各种大小不一、形状各异的斑块要素在景观空间的分布规律，景观格局的研究目的是在似乎无序的景观镶嵌上发现潜在的有意义的规律性，如聚集度、均匀性和分形特征等。它和尺度、异质性以及生态工程等组成了景观生态学研究中的核心。景观格局是景观异质性的具体表现，同时又是包括干扰在内的各种生态过程在不同尺度上作用的结果。可以通过景观格局分析，确定产生和控制空间格局的因子和机制，比较不同景观的空间格局及其效应以及不同尺度上的景观格局特点。

2. 影响因子 植被是景观的核心要素，对草地植被空间格局的研究是草地景观研究中涉及最多的领域，其目的是探讨影响植被空间格局的因子。一般小规模格局是种子扩散和营养繁殖的结果，而大规模格局是环境因子影响的结果，其中地形条件可能是主要的原因。

一些定量分析的手段也被用于草地植被空间格局研究中。通过把植物群落的总覆盖的变化分割成由物种迁移引起的空间上的增量和由局部生态过程造成的局部增量，建立植物群落覆盖的变化和反映群落分布格局的斑块指数之间的半理论的线性关系。这种关系表明草地景观的斑块化可加速植物群落的恢复也可促进其退化，主要取决于由一个梯度力（gradient strength）描述的环境状况。例如Burkat 利用聚类、排列等方法对阿根廷盘帕斯草原上自然植被异质性的研究表明，地形和土壤盐分两个主要生态梯度决定了群落水平上出现在该地区的植被异质性。

总之，影响草地景观中的植被，尤其是草本植物的覆盖情况的因素包括生物因素（如灌木、乔木的入侵及其分布格局，动物摄食，杂草入侵和病虫害的威胁等）、非生物因素〔如土壤状况（包括土壤盐渍化程度、氮含量等），地形条件等〕以及人为因素（如放牧强度和方式等）3 个方面。因此，在不同地区不同类型的草地上，影响因子不同。

(二)不同尺度上的草地景观格局特点

格局与过程的时空尺度化是景观生态学研究的热点之一。景观生态学关注的是空间异质性的原因和结果，而不在于尺度的具体范围，然而，空间异质性的程度却依赖于尺度。Di Rietro 等对法国比利牛斯山脉的牧场经营和景观格局变化在多尺度上的动态进行了观察，证实了以上结论。

尺度问题是复杂的，对区域生态格局和过程的分析以及对土地管理方式的决策都必须在合适的尺度上进行。解决尺度问题复杂性的方法是首先将尺度功能（scale function）概念化，然后提出尺度规则，从尺度方程中得出结论。可将景观中的植被斑块大小与资源危机程度之间非常紧密的关系（比如土壤养分和水分往往在这些斑块上聚集等）作为尺度规则，在此规则下尺度功能的特征与物理过程和生物过程（如地表水流动，资源再分配后植物获得其中的能量并将其转化为生物量的方法及由此导致的资源集中和斑块大小增加等）有关，在此基础上建立尺度方程以评价不同的干扰对植被和土壤营养成分保持的影响。

（三）草地景观与其他景观类型交错地带的研究

由于景观处于比生态系统更高层次的生态空间，所以用景观生态学的观点来研究草地必然要涉及相邻景观类型的内容，如森林、农田、灌丛等，在这些方面国际上已有广泛的研究，其内容涉及生态交错带的生态梯度分析、生物多样性、动物在生态交错带中的迁移规律等。

国内的研究工作通常尺度较大，对农牧交错区的研究就是如此。刘俊平研究了半干旱区农牧交错带景观空间格局，但没有涉及格局与过程的关系。常学礼等对科尔沁沙地农牧交错区典型景观空间格局进行了间隙度分析和分形分析，探讨了放牧活动和农业活动对景观格局演变的影响。

三、草地景观的美学价值

（一）具有美学价值的景观的生态特征

大多数人所认同的具有较高美学价值的景观的生态特征有：①合适的空间尺度；②景观结构的适量有序化；③景观类型的多样性和时空动态变化；④景观的可达性和生物在其中的移动自由。草地景观因其特有的开阔和绿色，再加上一些特意的人工装饰，将成为重要的游憩资源之一。

（二）国内外关于草地景观美学的研究

国内在草地的游憩利用方面研究较少，已有的研究主要涉及游憩活动所造成的生态破坏。草地旅游在有限范围内可带动当地经济发展，但同时也会加重草地资源负担，在缺乏建设和管理的情况下，极易导致草地退化甚至沙漠化。实现草地旅游业持续发展的关键途径为：①合理布局，分散旅游压力，避免过分集中；②按景观、活动场所、生产地等专用基地进行草地资源建设；③对游客及旅游经营者进行环保意识教育，并科学地规范其经营行为。

国外的研究工作还涉及如何更好地利用草地景观为游憩活动服务，其中一项工作是关于草地景观上游憩设施的颜色评价问题，通过问卷调查，了解公众最喜欢的草地上游憩设施的种类、设计外形和颜色等。草地娱乐设施和道路的设计还可以通过计算机的手段来辅助支持。对草地景观的游憩价值评价有不同的方法，在一种被称为语义区分法（semantic differential method，SD）的方法中，研究者在以 50 个包含 3 个适宜性指标的 SD 等级的基础上，让公众对不同景观的 80 个电子幻灯片进行打分，利用因子分析法来评价打分情况，结果表明远处景观元素的种类，草地周围景观元素，草地类型、大小、颜色，观赏植物的存在以及草地上便利设施的种类和颜色等极大地影响了草地景观的美学价值。

美本身会带来经济价值，因此草地旅游所能带来的收益也是管理者非常关心的问题。

第三节　全球变化引起的生态系统变化

一、全球变化的概念与现状

（一）全球变化的相关概念

1. 全球变化（global change）　全球变化主要是从地球系统科学的角度提出的，是指由于自然和人为因素的影响而造成的，在全球尺度上发生或者具有全球性环境影响的一些生物、物理和化学过程的变化，内容包括大气成分变化、全球气候变化、土地利用和土地覆盖的变化、人口增长、荒漠化和生物多样性变化等。狭义的全球变化是指大气中温室气体浓度增加、臭氧层耗损、大气中氧化作用的减弱和全球气候变暖，即我们常说的全球气候变化。

2. 全球环境问题（global environmental issue）　全球环境问题是指由以气候变化为主的全球变化所引起的直接或间接影响人类社会生产、生活、生存的各种环境问题，并且这些问题是在全球尺度上发生的，具有全球意义。

3. 全球变化科学（global change science）　全球变化科学以"地球系统"为研究对象，将大气圈、水圈、岩石圈和生物圈（包括人类自身）视为一个相互耦合的整体，综合性地探讨由一系列相互作用过程联系起来的复杂非线性、多重耦合的地球系统的运行机制及其人为和自然因素的影响。

4. 全球变化生态学（global change ecology）　全球变化生态学是在人类活动的强度和广度已经发展到对全球环境和生态系统产生深刻影响的背景下形成的，是一门宏观和微观相互交叉、生物学与地学相互渗透的新兴学科。它重点研究全球变化领域中的基本生态学问题以及它们之间的相互关系，为预测全球变化对人类生存环境的影响以及人类采取相应的对策提供理论依据。

（二）全球变化的主要内容

1. 土地利用和土地覆盖的变化　土地覆盖（land cover）是指陆地表面生态系统类型及其生物的和地理的特征，如森林、草地、农田等，而土地利用（land use）则是指对土地的利用方式。对全球变化研究而言，土地利用变化是指人为土地利用方式的改变，以及反映土地利用目的的土地管理意图；而土地覆盖变化是指土地物理或生物覆盖物发生的变化，包括生物多样性的变化、实际和潜在的初级生产力的变化、土壤质量的变化、径流与沉积率的变化等。

土地利用和土地覆盖往往相互关联，它们直接改变着陆地生态系统的结构和功能以及区域乃至全球范围内的生物地球化学循环，同时可能影响区域范围内的能量和水分收入，从而影响区域的气候特征，因而土地利用和土地覆盖变化研究也成为全球变化研究的重要内容。

土地利用与农、林、牧业及城市交通建设密切相关，它包括森林的采伐、牲畜的放牧、土地垦殖、水体的利用、水生物的捕捞和城市扩张等。其结果是天然植被的破坏、地表的物理化学特性的改变，进而影响到微量气体的生物源和汇，改变自然的生物地球化学循环，并通过各圈层的相互作用给人类的生存环境带来深远的影响。

2. 生物地球化学循环的变化　生态系统之间矿物元素的输入和输出以及它们在大气圈、水圈、岩石圈之间以及生物间的流动和交换称为生物地球化学循环。过去的 100 多年中，氮、磷、硫等物质的生物地球化学循环在人类的干扰以及气候变化的条件下已发生了显著的变化。

Vitousek 的研究表明，全球自然固氮量每年约为 130 Tg（$1\ Tg=10^{12}\ g$），其中陆地生态系统每年自然固氮量为 100 Tg，海洋固氮量大约为 20 Tg，而闪电引起的固氮量为 10 Tg；化肥工业固氮量高于 80 Tg，农作物固氮量为 30 Tg，其他工业释放 25～35 Tg 氮，总计 135～145 Tg，超出自然固氮量。

不仅如此，人类活动如土地利用和湿地排水等都已加速了氮库的游离，游离的氮均可回到大气或水域，进而影响了水质，从而改变了局部地区氮循环。同样，人类活动也改变了硫、磷的生物地球化学循环，导致酸雨的产生和水体的富营养化。

3. 人口增长　人口增长是全球变化中的一个重要方面。人口剧增是全球变化的一个主要原因。自地球上出现人类直到 1945 年，人口增加到 20 亿，1962 年为 30 亿，1980 年为 44 亿，联合国发布的《世界人口展望：2015 年（修订版）》报告称，世界人口将在 2030 年之前达到 73 亿，2050 年达到 97 亿，2100 年达到 112 亿（图 6-2）。

世界各地区或国家的人口增长率是不相同的，非洲和拉丁美洲是人口增长最快的地区，其次是亚洲。当前全球人口每年以 8 000 万的增幅在增长，且发展中国家的人口增长率一般都比发达国家高。众多人口给全球生态系统施加了巨大压力，人类活动正在改变着世界的运转方式，而且人类工农业活

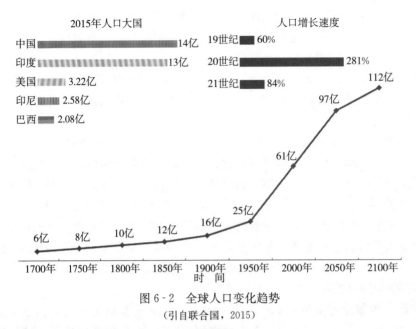

图 6-2　全球人口变化趋势

(引自联合国，2015)

动以及对自然资源的耗费将对全球变化造成巨大的影响。

4. 生物多样性丧失　生物多样性丧失是全球变化的重要成分。事实表明，随着全球人口的激增和人类经济活动的加剧，作为人类生存最重要基础的生物多样性也受到最严峻的挑战。世界自然基金会表示，物种灭绝的速率是人类干预出现之前自然速率的1 000～10 000倍（图 6-3）。更为严重的是生物多样性丧失是不可逆转的，一个物种一旦消失，就永远不会再现。

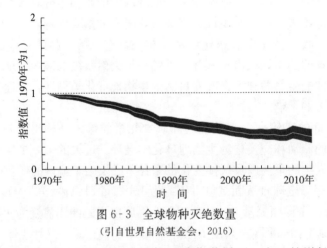

图 6-3　全球物种灭绝数量

(引自世界自然基金会，2016)

在对全球变化的研究中发现，土地利用、生物地球化学循环、人口的增长等都会对生物多样性的存在和丧失产生影响，而生物多样性的变化也反过来影响着陆地和海域生态系统的结构和功能，从而影响全球的土地利用变化、物质生物地球化学循环变化、全球气候变化等。因而，Vitousek 和 Mooney 等在许多全球变化的研究项目中已把生物多样性的丧失作为重要内容。

5. 大气成分变化　近半个多世纪以来，由于全球人口数量的增加、人类经济活动的增强和现代工业的发展，人类社会对能源的消耗量越来越大；矿物燃料的大量使用和森林面积的不断减少导致大气中的 CO_2、CH_4、N_2O 和氟氯烃类化合物（chlorofluorohydrocarbons，CFC）等气体的浓度明显升高（表 6-1）。这些气体可产生温室效应（effect of green-house），因此被称为温室气体（green-house gas）。温室气体浓度的升高将使全球气候发生显著的变化，在温室气体中，CO_2 对温室热效应的作用最大，占 56%。尽管其他气体对热辐射吸收能力大大高于 CO_2，但由于其浓度基数低，作用较小，对热效应的总作用占 44%，其中 CH_4 占 11%、N_2O 占 6%、CFC 占 24%、水汽占 3%。

表 6-1　全球主要温室气体的变化

温室气体	CO_2	CH_4	N_2O	CFC
工业化前的浓度（μL/L）	280	0.80	0.288	—
1990 年的浓度（μL/L）	353	1.72	0.310	0.000 2～0.000 3
年平均增加（%）	0.50	0.90	0.250	4
吸收辐射能力（相对于 CO_2）	1	32	150	>10 000

CO_2 浓度在近 200 年中增加了 25%，年均增加 0.5%。现在的增加速度更快，在美国夏威夷莫纳罗亚火山的长期观测记录证实了这一点（图 6-4）。根据多种模型预测，到 2030 年大气中 CO_2 的浓度将加倍，CO_2 浓度的增加主要是由工业燃料燃烧量迅速增加以及森林植被和林下土壤碳库中碳的分解释放造成的。在温带和热带地区，由于大量森林被砍伐，在 1850—1987 年，大约有 115 Gt 碳被释放到大气中。自 20 世纪 90 年代以来，热带地区森林被破坏的速度加快，该地区年均释放 1～2.6 Gt 碳，其中 0.2～0.9 Gt 来自林下土壤。工业燃料释放的 CO_2 在 1850—1987 年约为 200 Gt 碳，第二次世界大战后，其增加速度非常快，现在年均释放 5.7～6.0 Gt 碳。与能源有关的 CO_2 释放在全球各地是不均匀的，在北美、西欧和苏联地区的释放量较大。

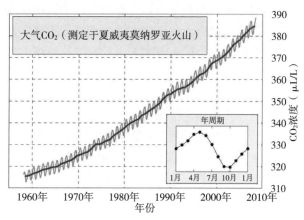

图 6-4　全球 CO_2 变化的 Keeling 曲线
（引自 Charles Keeling，2008）

工业革命以来，CH_4 的浓度增加了 1 倍多，其来源主要是工业源、湿地、水域、稻田、农田中的有机肥、有机物质燃烧等。CFC 则完全是工业化的产物。2000—2017 年，CH_4 水平急剧上升，Rob Jackson 研究指出，至 2017 年，地球大气层吸收了近 6 亿 t CH_4。在 100 年的时间里，CH_4 的吸热能力是 CO_2 的 28 倍。目前，超过一半的 CH_4 排放都来自人类活动。21 世纪初，大气中的 CH_4 浓度相对稳定，CH_4 的年排放量增加了 9%，即每年 5 000 万 t，如果继续按这种趋势，在 21 世纪末之前，CH_4 将导致全球气温增加 3～4 ℃。

6. 全球气候变化　当代气候变化主要是由人类活动引起的，与过去自然因素占主导的气候变化的特点不同。

（1）人为获得的影响加剧：①由于人类燃烧大量的化石燃料和开垦土地，使大气中 CO_2、CH_4 等的浓度显著增加，导致全球气候变暖；②砍伐森林等土地利用、土地覆盖的变化，不仅对大气温室气体浓度产生影响，还导致全球生物多样性减少。因此，全球气候发生了显著改变，1880—2012 年，全球平均气温上升了 0.85 ℃。世界气象组织发布的 2011 年全球气候报告指出，2011 年全球多地发生了极端气候导致的灾害，其中主要包括欧洲的春季大旱，非洲东部的旱涝急转，东南亚、南亚和中南美洲的暴雨洪涝灾害，巴西的洪水和泥石流灾害等。

（2）气候变化的速率：近 100 年来全球气温的变化速率是近 1 万年间所没有的。也就是说，当代气候变化在近 1 万年间是快速的变暖事件，这种快速变化将会产生一系列的生态后果，如大量的物种或生态系统来不及达到与变化的气候相适应的平衡条件，跟不上气候变化的步伐，从而增加了物种灭绝和生态系统变化的速率；全球气候变暖导致的海平面上升将从根本上改变这些沿海城市的存在与否及其格局，导致一些国家和地区的整个社会经济生产和发展布局发生改变，从而影响全球或地区的经济发展。

（3）气候变化的区域差异：实际观测资料和模型模拟研究均表明，全球变化存在显著的区域性差异，这种差异主要体现在温室气体和气溶胶排放量、温度和降水量变化的方向与幅度，以及海平面上升的幅度等方面，这些变化的区域差异将导致生态系统结构和功能、自然资源的开发和利用格局发生改变。一些地区和国家变暖、变湿或变干，而另一些地方却变化不明显。如果原来寒冷的地区变暖，或干旱的地区降雨增多，人们将会认为气候变化对他们是有利的，反之则不然。俄罗斯人认为气候变暖将会给他们对北方地区的开发带来机会，而地中海地区的人们会担心未来的干旱化会给南欧国家的发展带来不利影响。多岛屿的国家和沿海地区特别担心海平面上升，因为海平面上升有可能导致城市下沉和土地被淹没，这也是多岛屿国家对全球变暖格外关注的主要原因之一。

（4）气候变化预测的不确定性：全球气候变化是目前人类遇到的一个最复杂的地球系统科学问题，它主要起因于温室气体的排放，而温室气体在地气系统的循环过程中涉及地表系统各圈层物理的、化学的和生物的过程。由于这些过程极其复杂，人类对它们的认识又十分有限，因此，预测由它们导致的气候变化是十分困难的，存在相当大的不确定性。在许多不确定性因素中，下列 4 个方面被认为是至关重要的：①温室气体的源和汇，影响着对未来温室气体浓度的预测。②云量及其变化，对气候变化的幅度有很大影响。③海洋，影响气候变化的发生时间和发展。④极地冰雪，影响对海平面上升的预测。

另外，生物圈的作用也应该是导致不确定性的主要因素之一，因为在地表各圈层中，生物圈是最活跃的部分，人类对它的结构、功能和相关过程的认识是相当少的。为了减少气候变化预测的不确定性，目前最需要开展科学工作的主要方面包括改进大气和陆面观测系统、发展海洋和冰面的观测系统、建立综合完善的气候监测系统、发展更完善的气候模式等。

（三）全球变化与全球变化科学

1. 全球变化 "全球变化"一词首先出现于 20 世纪 70 年代，为人类学家所使用。当时国际社会科学团体提出的"全球变化"一词主要是表达人类社会、经济和政治越来越不稳定，特别是国际安全和生活质量逐渐降低这一特定的含义。20 世纪 80 年代，自然科学家开始借用并拓展了"全球变化"的概念，将原先的定义延伸到了全球环境变化，即将地球的大气圈、水圈、生物圈和岩石圈的变化纳入"全球变化"的概念范畴，并突出地强调地球环境系统及其变化。

工业革命以后，世界人口剧增、现代工业迅速发展、矿物燃料广泛应用、森林过伐、草原开垦与过牧等人类活动导致地球大气中的温室气体（特别是 CO_2）的浓度以前所未有的速度增加，引起了全球变暖、水资源短缺、生态系统退化、植被带迁移、生物多样性丧失、荒漠区域扩展、海平面上升等一系列全球尺度的环境变化，成为国际社会共同关注的环境问题，这些问题对人类的生存和发展构成了严峻的挑战（图 6-5）。

20 世纪 70 年代以来，国际科学界开始酝酿、讨论和设计有关全球变化的科学研究计划，并在研究计划的实施过程中不断充实、完善和发展，丰富着全球变化的科学概念、研究内容和研究方法，这是国际社会为解决全球环境问题做出的重大努力；1986 年在国际科学联合会（International Council for Science，ICSU）的组织下开展的"国际地圈-生物圈计划（International Geosphere-Biosphere Programme，IG-BP）"，不仅涉及大气圈、水圈（包括海洋）、生物圈和岩石圈，还涉及工业与能源管理、森林砍伐和种植等社会经济问题，其目的是了解全球性的变化过程和造成这种变化的原因，以及对人类未来的影响。

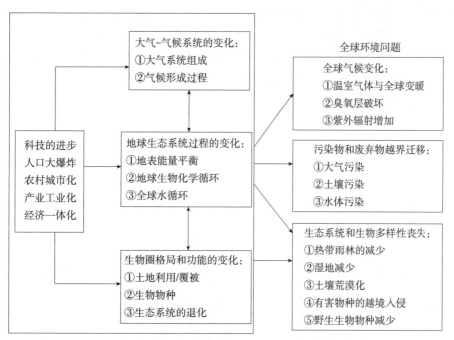

图 6-5　全球变化与全球生态问题的概念框架

(引自于贵瑞，2003)

　　全球变化与全球环境问题是两个相关联的学术用语。全球环境问题 (global environmental issue) 是指由以气候变化为主的全球变化所引起的直接或间接影响人类社会生产、生活、生存的各种环境问题，并且这些问题在全球尺度上发生，具有全球影响意义，例如，全球气候变化（温室气体与全球变暖、臭氧层破坏、紫外辐射增加）、污染物和废弃物越境迁移（大气污染、土壤污染、水体污染）、生态系统和生物多样性丧失（热带雨林的减少、湿地减少、土地荒漠化、有害物种的越境入侵）等。全球环境问题更多的是从社会经济的可持续发展的视野提出的，往往是全球变化的结果（图 6-5）。

　　2. 全球变化科学　　全球变化主要是从地球系统科学的角度提出的，是指由自然和人为因素的影响而造成的，在全球尺度上发生，或者具有全球性环境影响的一些生物、物理和化学过程的变化，例如大气-气候系统的变化（大气系统组成、气候形成过程）、地球生态系统过程的变化（地表能量平衡、地球生物化学循环、全球水循环）、生物圈格局和功能的变化（土地利用/覆盖、人口增长、荒漠化、生物物种、生态系统的退化）等（图 6-5）。人口增长及其强大的物质需求的增加是全球变化的主要驱动因子，同时科技的进步、农村城市化、产业工业化、世界经济的一体化加快了全球变化的进程。

　　自 20 世纪 80 年代开始，全球变化科学作为一门以研究全球环境变化及其全球环境问题为对象的新兴学科逐步形成，并陆续形成和发展了国际地圈-生物圈计划、全球变化人文因素计划 (International Human Dimension Programme On Global Environmental Change，IHDP)、世界气候研究计划 (World Climate Research Programme，WCRP)、国际生物多样性计划 (DIVERSITAS) 等 4 个科学研究计划。全球变化科学以"地球系统"为研究对象，将大气圈、水圈、岩石圈和生物圈（包括人类自身）视为一个相互耦合的整体，综合性地探讨由一系列相互作用过程（包括系统各组成成分之间的相互作用，物理、化学和生物 3 大基本过程的相互作用，以及人与地球的相互作用）联系起来的复杂非线性、多重耦合的地球系统的运行机制及其人为和自然因素的影响。这种地球系统的整体观，特别关注地球系统的物理、化学和生物 3 大基本过程的相互作用关系以及人类活动对地球环境变化的影响。全球变化科学作为一门全新的集成科学已经成为国际科学研究的前沿。

　　广义的全球变化实际上涵盖了所有发生在地球系统内部的对地球的生命支持能力产生全球性影响的一切环境（相对于人类而言）变化，但其核心是全球气候变化。在全球的气候变化中，由于土地利用变化、能源消耗与石灰生产、全球生态系统地球化学循环的人为干扰所引起的地表温室气体排放、全球生态系统碳循环的改变所导致的全球气候变暖更是人们关注的焦点。因为全球气候变暖将会直接导致冰川融化、海面升高、降水分布变化、海岸带与岛屿变化，改变工业与农业生产、能源与生活环境，同时还可以通过植被格局改变、有害生物的发生和格局变化、生物种群结构、生态系统的地球化学循环与能量交换等反馈影响气候系统，进而间接影响人类的生存环境（图6-6）。

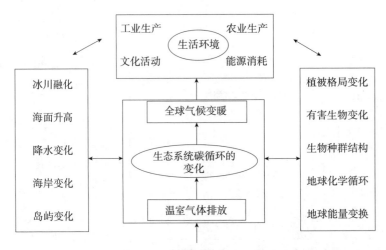

图 6-6　温室气体排放、全球生态系统碳循环、全球变暖及其可能的影响
（引自戈峰，2008）

全球变化科学研究是迄今为止规模最大的跨学科、跨国界的国际合作研究活动，涉及地球科学、生物科学、环境科学、天体科学以及遥感技术、地理信息系统、网络化高科技技术的应用等众多的学科领域；规模大、持续时间长、经费投入多和利用高科技技术是其发展趋势。

二、全球变化生态学及其发展

（一）生态系统生态学的应用与宏观发展

生态系统生态学（ecosystem ecology）是生态学的一个分支学科，是以不同空间尺度、不同类型的生态系统为对象，研究生态系统的组成要素、结构与功能、发展与演替，以及人为影响与调控机制的生态科学。它是在群落学的基础上，通过现代科学技术的应用和学科的相互渗透而发展起来的，已经形成了具有独立的研究对象、理论体系和研究方法的学科体系。生态系统生态学不仅研究生态系统内部的植物、动物、微生物等生物要素和大气、水分、碳、氮等非生物要素的动态过程及其相互作用关系，还研究生态系统与外部环境、社会经济系统的关系，其学科目标是指导人们应用生态系统原理，改善和保护各类生态系统，维持生态系统和区域的可持续发展。

现实的生态系统可以按生态系统的主要组分或地貌特征命名，陆地生态系统通常按植被的组分特征命名，分为农田、森林、草地、荒漠生态系统；按地貌特征可分为湖泊、海湾、湿地、河流、山地、沙地生态系统等；按生态系统的产业功能特征划分为农业、林业、牧业、渔业、城市生态系统等；按生态系统的空间尺度可以分为生态系统、复合生态系统、区域（流域）生态系统、大陆生态系统以及地球生态系统等。

现代的宏观生态学研究工作正在从生态现象的定性描述走向定量表达，从系统模拟走向科学预测，从科学发现和机理认识走向服务于经济和社会发展，从生态系统研究走向以地球生态系统为对象的集成。生态学的各分支学科共同致力于地球生态系统整体行为的研究已成为当今生态与环境领域科技发展的基本态势，具体表现在生态系统整体行为研究的系统性、科学技术领域的前沿性、多学科交叉与国际合作的广泛性、面向国家与社会问题的时效性等鲜明的时代特征。图 6-7 显示了生态系统生态学在生态学科中的定位与研究工作的时空尺度。

人类对自然资源的不合理开发和利用使全球的生态环境发生了急剧变化。这种全球范围内的生态环

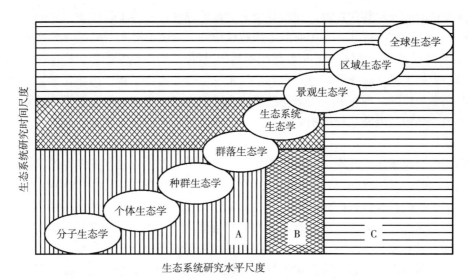

图 6-7　生态系统生态学在生态学科中的定位与研究工作的时空尺度
A. 微观研究尺度区域　B. 生态系统生态学核心研究尺度区域　C. 宏观研究尺度区域
（引自戈峰，2008）

境变化，如大气 CO_2 浓度的升高、全球气候变暖的加剧、臭氧空洞的扩大以及森林和草地的减少等，已经对包括人类在内的地球生命系统构成了巨大威胁。在这种社会和经济背景下，以解决全球变化和全球环境问题为核心，直接以地球生态系统为研究对象的全球变化生态学也应运而生，全球变化生态学是生态系统生态学向宏观扩展的重要分支，也是目前研究尺度最大、最为复杂的生态学研究领域。

（二）全球变化生态学的核心问题

全球变化生态学必须回答的科学问题包括以下几点。

（1）全球变化将如何影响地球的生命系统及其形形色色的生命过程？反过来，地球生命系统及其生命过程的变化将如何反馈影响全球变化？

（2）全球变化如何影响和制约人类的福利？人类行为是否以及能够在多大程度上减缓急剧的全球生态环境变化？人类社会如何应对和适应全球生态环境问题？

（3）全球变化条件下的生态系统在多大程度上影响人类福利？人类如何管理生态系统？如何适应生态系统变化？

全球变化生态学是 20 世纪 80 年代形成并发展起来的生态学分支领域，是全球变化科学的重要组成部分。全球变化生态学的概念和研究范畴随着全球变化科学研究的发展而发展。全球变化生态学的研究对于减少未来环境预测的不确定性、促进未来社会可持续发展具有不可估量的价值。它既是现代生态学的前沿，又是保护人类生存环境的重要技术支撑之一。

三、全球变化下的生态系统变化及其调控管理

在全球尺度上，土地利用变化导致大气 CO_2 浓度增加，促进地球温室效应的增加；在区域尺度上，生态系统可通过影响和改变植物的蒸腾作用直接改变区域性气候，增加旱涝灾害等气象灾害，在更小的空间尺度上，自然生态系统的破坏往往使其气象调节功能减弱，生态系统的生产和系统自我维持与修复机制丧失；在流域尺度上，植被破坏后会导致流域水分循环过程的改变，大大增加地表径流和水土流失，进而导致土壤生产力下降，降低水资源的可利用性，加重旱涝灾害的危害。生态系统的变化包括生态系统自然进化、演替，以及人为活动胁迫下的生态系统退化等多个方面。

1. 生态系统进化（ecosystem evolution）　是指长时间的生态系统变化，它是在地质、气候等外部环境的长期变迁过程中受外部因素影响的生态系统自我适应性的变化。

2. 生态系统演替（ecosystem succession）　是短时间尺度上的变化，是在生态系统内部因素的驱

动下生态系统类型的演变和替代过程，在相对稳定的地质和气候条件下，生态系统的自然演替主要表现为植被群落的演化，同时将伴随着相应的生物地球化学、水文的局地气象等多种过程的改变。

3. 人为活动造成的生态系统退化 人类在不断的发展过程中逐渐增大了对自然生态系统的影响能力，可通过一定的手段（农业管理等）和科学技术（生态、遗传工程、生物化学等）对生态系统的变化过程进行调整和控制。现在的人类活动已经成为影响生态系统演替的主要干扰因素，人类活动对生态系统演替的影响包括阻断系统的演化进程、加速或减缓系统的演化速度、调整或改变系统的演化方向等多种情景。

从生态系统中获取物质、纤维、药材、能量和水等生活必需品以及优美良好的生态环境，是人类干扰生态系统的目的，其干扰的方式从过去的简单索取到管理生态系统的生产过程，再到如今的对生态系统服务形成过程的调节，人们越来越强烈地希望定向控制生态系统的变化过程和状态，使其处于良好的结构和功能状态，从而使其向着有利于人类社会可持续发展的方向发展。

可是，现在人们对复杂生态系统的演变规律及驱动机制还不十分清楚，对生态系统的结构、过程与功能的相互作用关系以及生态系统变化及其稳定性、不同尺度（区域、景观、生态系统）、不同类型生态系统（如森林、草地、荒漠）之间的耦合作用机理、生态系统变化的内在机制和外部原因的理解还不是很充分，还无法对生态演化趋势进行准确的预测和预警，无法定量评价自然因素和人为因素对生态系统变化过程的调控作用及其效果，这些都是对生态系统变化过程实施定向调控所必须深入研究的一系列科学问题。

四、全球变化对陆地生态系统的影响

生态系统对全球变化的反应体现在不同的时空尺度上。全球变化的不同方面通过影响生物的生理过程、种间相互作用，甚至改变物种的遗传特性影响整个生态系统的种类组成、结构和功能。

（一）对陆地生态系统功能的影响

1. CO_2浓度升高和气候变暖的影响 由于CO_2浓度升高和全球变暖是最为明显和肯定的全球变化，加上两者在控制陆地植物的生长及其生态系统功能上的重要性，全球变化对陆地生态系统功能影响方面的研究侧重在CO_2浓度增加和温度升高对陆地生态系统功能所产生的影响。

（1）对初级生产力的影响：大多数生态系统CO_2浓度增加的实验结果表明，陆地生态系统的初级生产力在CO_2浓度增加的条件下比在正常CO_2浓度下高得多。

（2）对凋落物分解的影响：CO_2浓度增加条件下形成的凋落物并非分解速度慢。绝大部分的温室实验都发现植物叶中的C/N随CO_2浓度的增高而提高。然而，高CO_2浓度条件下形成的凋落物在大多数情况下具有和正常CO_2浓度下形成的凋落物相类似的C/N（图6-8）。

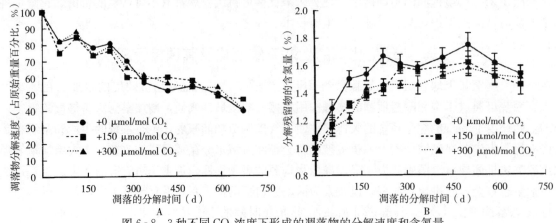

图6-8 3种不同CO_2浓度下形成的凋落物的分解速度和含氮量

A. 针阔混交林的凋落物 B. 桦林的凋落物

（引自O'Neil等，1996）

（3）对水分有效性的影响：草本植物的气孔传导率因 CO_2 浓度的增加而降低，因而草地生态系统土壤水分的有效性在高 CO_2 浓度下会有所增加，正是这种增加的土壤水分使草地生态系统的净光合作用能力在高 CO_2 浓度下增加得更明显。

（4）对碳汇功能的影响：①CO_2 浓度增加会促使植物光合产物流向根系，从而提高生态系统地下部分对碳的固定以及土壤矿质化过程和植物根系对水分的吸收。但目前还缺乏令人信服的实验证据来说明这种关系。②大气温度的升高很可能提高陆地生态系统的呼吸量，从而有可能降低整个生态系统的碳贮存量，尤其是在寒冷地区。

2. 大气氮沉降的影响　人为活动导致的氮输入已超过了自然固氮的总和，其中相当一部分人为氮输入以大气氮化物（主要为 NO_3^-、NH_4^+）沉积的形式进入陆地生态系统。大气氮沉降通过改变植物组织的化学组成、凋落物的累积和分解以及土壤氮的矿化作用而影响陆地生态系统的功能。大气氮沉降不仅会增加初级生产力和生物量，还可能会提高叶片含氮量，从而提高植物受虫害的可能性。另外，氮的输入还会提高一些植物的竞争能力，从而在相当一段时间内影响到生态系统的功能。

3. 土地覆盖和利用改变的影响　土地覆盖和利用的改变对陆地生态系统功能的影响主要体现在生物地球化学循环的变化。无论是土地利用的转变，还是土地覆盖的改变都会影响到区域乃至全球范围内陆地生态系统中碳、氮和其他元素的利用和循环。目前，土地覆盖和利用改变对陆地生态系统功能的影响已引起许多学者的高度重视。

4. 生物多样性丧失的影响　生物多样性和生态系统功能的关系一直是生态学家争论的热门课题。20 世纪 90 年代以来，有关生物多样性的丧失对陆地生态系统功能影响的研究活跃起来。植物物种多样性的水平决定着草地生态系统的生产力、养分有效利用及抗干扰能力，植物优势种的生物学特征而不是物种的数目决定生态系统生产力和养分的生物地球化学循环。

5. 其他全球变化的影响　全球变化的其他方面，如降水量改变、海平面升高等也会在很大程度上影响陆地生态系统的功能。例如，美国西南地区降水量会随 CO_2 浓度的增加和全球变暖在夏季明显增加，促进这些干旱、半干旱地区植物的生长。同样，海平面的提高可能会加剧海水对陆地生态系统的侵扰，从而影响海岸地区植物的光合作用和水分平衡。

（二）对陆地生态系统组成和结构的影响

1. 对生态系统种类组成的影响　由于不同物种对全球变化的反应有很大的差异，可以预计陆地生态系统的种类组成会随全球变化而发生显著的改变。例如，在冻原或高山寒冷地带，气温的升高已被证实能改变群落的物种组成。即便是哥斯达黎加的热带山区，1980—1999 年，气温升高已造成 20 多种青蛙和蟾蜍类动物灭绝以及鸟类和爬行类动物种类的大量减少。同样地，CO_2 浓度增加也改变了许多生态系统的物种组成和结构。土地覆盖和利用的改变同样造成全球范围内生物种类和品种的大量减少。根据 Wilson 的估算，仅热带雨林的破坏一年就造成 27 000 多种生物的灭绝。

2. 对生态系统结构的影响　全球变化对生态系统结构的影响体现在多个方面。首先，种类组成的改变会直接导致生态系统结构的变化；其次，全球变化可以通过改变植物的死亡率以及随后的幼苗生长而影响陆地生态系统的结构；最后，人类活动造成的景观破碎化将对陆地生态系统结构变化产生重要的影响。

由于不同植物种类的生长率、抗干扰能力以及对全球气候变化的反应不同，某一地区或全球范围内的植被不可能以单一整体发生变化。生态过渡带的变化明显地反映了这一现象。生态系统结构的改变在极端的生境条件下（如高山和极地地区）有明显的表现。

（三）陆地生态系统对全球变化的反馈作用

对陆地生态系统和全球变化相互作用的研究主要集中在全球变化对陆地生态系统结构和功能的影响上。21 世纪之前，有关陆地生态系统对全球变化的反馈作用的研究还不多。21 世纪后，这方面的研究才逐渐受到重视，特别是一些定位观测和田间实验不仅为大气环流模型的校正和改进提供了实验参数，也为了解陆地生态系统在缓和或加剧全球变化方面，特别是在大气成分和全球气候方面的重要性积累了实验证据。

1. 对大气成分的调节　陆地生态系统既可以是大气中主要温室气体（如 CO_2、CH_4、N_2O）的源，也可以是这些气体的汇，因而在调节大气成分组成中起着十分重要的作用。首先，贮存在陆地生态系统中的总碳量高达 25 000 亿 t 左右，通过植物光合作用，陆地生态系统每年从大气中吸收高达 1 220 亿 t 的碳，但其中的绝大部分（约 1 200 亿 t）又通过植物和土壤生物的呼吸返回大气，只有约 20 亿 t 的碳留在陆地生态系统中，刚好平衡全球的碳循环。

陆地生态系统对大气成分的调节还表现在对其他温室气体特别是 CH_4 和 N_2O 的影响方面。大气 CH_4 浓度每年以 1.1% 的速率递增，其主要原因是人类的土地利用。陆地生态系统可以是大气 N_2O 很重要的源，尤其是热带森林土壤。陆地生态系统可以通过吸收或排放各种温室气体影响地球的大气成分组成，最后也影响全球气候条件。

2. 对全球气候的调节　陆地生态系统除了通过调节大气温室气体含量间接地影响全球气候条件外，还能直接地通过改变水文条件、热量平衡、云层分布等而对全球气候变化产生反馈作用。由于大气的水分只占全球水总量的 0.001%，植被的蒸腾作用和表土的蒸发均会影响大气中水蒸气的含量。陆地植被可以直接或间接地影响水循环。首先，植被能截留高达 1/3 的年降水量；其次，植被有利于防止水土流失。植被能降低地表水分蒸发，但同时也由于叶片的蒸腾使水分流向大气。以亚马孙盆地为例，在每年近 2 000 mm 的降水中，48.4% 通过植被蒸腾直接返回大气圈，25.6% 通过表面蒸发返回大气圈，26% 以表面径流的方式流入大海。

陆地植被影响太阳辐射在地球表面的分布，从而影响地表温度和热量平衡。利用大气环流模型的研究结果表明：植被的分布和特征显著地影响地表的反射能力、降水量和大气温度等。降雨和其他水分的稳定同位素分析已能综合反映大区域范围内水分的蒸发情况以及水分流动的途径，为检验全球气候模式的预测结果提供了可靠的数据。总之，随着新技术的利用，我们有可能更清楚地了解植被在调节地球水分循环和能量平衡中的作用，从而更好地了解大气圈-生物圈的相互作用。

第四节　全球变化引起的草地生态系统变化

一、大气 CO_2 浓度升高的影响

大气 CO_2 浓度持续升高是全球变化中重要的内容之一，长期以来备受关注。大气 CO_2 浓度变化对植物生长、环境适应性及入侵均会造成影响，且影响方式非常复杂，因为 CO_2 不仅作为光合底物，直接通过"施肥效应"影响光合作用进而对植物产生影响，它还能通过改变其他环境因素，如温度、水分等，间接地对植物产生影响。通常情况下，入侵植物的竞争能力、繁殖力、扩散能力及对恶劣环境的耐受力要高于本土植物，随着大气 CO_2 浓度的升高，入侵植物生产力和光合作用速率增加，生长发育更快，个体更大，且能够更快速地适应环境变化。

不同物种对 CO_2 浓度变化的响应不同，这取决于它们的光合作用途径。一般认为，由于 C_3 植物的 CO_2 饱和点高，所以大气 CO_2 浓度升高将更有利于 C_3 植物，而对 C_4 和 CAM 植物（具景天酸代谢途径的植物）的影响尚缺少预见性。因为在当前的大气 CO_2 浓度下，C_4 植物较 C_3 植物有着更高的 CO_2 利用效率，随着 CO_2 浓度的升高，C_3 植物的光合作用将会大大增强，其增强程度将会远高于 C_4 植物。

Poorter 等用整合分析方法研究了早期 CO_2 浓度升高对植物生长和竞争表现影响的结果，认为生长快速的草本 C_3 植物较生长较慢的草本 C_3 植物和 C_4 植物对 CO_2 的刺激响应更为强烈。此外，C_4 植物在竞争环境中对 CO_2 浓度升高的响应最弱。然而，CO_2 浓度升高有时也会更利于 C_4 植物。

随着 CO_2 浓度的升高，植物生长加快，其他环境因素也会发生改变，如土壤温度、湿度、营养水平、自然干扰体系等，从而间接地影响植物的入侵过程。一般认为，大气 CO_2 浓度升高会导致植物气孔张开度降低，甚至部分关闭，从而使蒸腾作用减弱、水分流失减少，土壤含水量因此增加。

CO_2浓度升高一般会刺激植物生长，但由于不同植物对CO_2浓度的响应存在差异，这可能导致群落物种组成发生改变，或加剧植物对资源的竞争；同时会促进一些植物向地下部分输送碳，而植物组织因CO_2浓度升高而导致的组织 C/N 的改变会影响凋落物质量和分解速率，从而进一步改变土壤微生物的群落组成和结构，这些都会改变土壤中资源的可利用性。

二、气候变暖的影响

人类活动引起的气候变化是全球变化的一个重要方面，主要表现为温度的上升、降水格局的改变以及极端气候事件的频度和强度的增加。气候变化可能直接促进外来物种生长，增加外来物种竞争力，也可能使本地物种在新环境下的竞争力降低，从而间接使外来物种成功建成。

温度是影响生物生长和发育的一个重要环境变量，但 19 世纪 80 年代以来，全球平均表面温度上升约 1 ℃，全球平均气温急剧上升，未来还有持续上升的趋势。在此背景下，在温带地区原来受到低温限制的植物种具有更强的入侵和扩展能力，温度的升高使得低温的抑制得到缓解，植物生长季长度增加，从而能够更好地生长，具有更强的竞争力，进而成功拓殖、建成或从原有的分布区向纬度海拔更高的区域扩展。

温度的升高也能促进外来物种的生长、发育与繁殖，甚至影响其种子的传播。例如，在温度升高 3 ℃的情况下，入侵物种简轴茅（*Rottboellia cochinchinensis*）生物量和叶面积分别增加了 88% 和 68%，因此在未来会生长得更好。在温度上升 1.5 ℃ 和 3 ℃ 的情况下，幽狗尾草（*Setaria parviflora*）生物量和繁殖力都有上升的趋势，但在温度比较高的时候，这种上升的趋势会减慢；同时，温度上升使其生长期、花期和成熟期同时提前，这些都有助于其在与本地物种的竞争中取得优势。

三、降水格局改变的影响

水分是另一个影响植物生长和分布的重要环境变量，根据全球环流模型预测，增强的大气环流会改变全球范围内的降水格局。降水格局的变化主要包括降水量、降水强度、降水频度和降水季节分配的变化。在 21 世纪，全球的降水量在中高纬度呈现增加的趋势，而在中低纬度和部分亚热带地区呈现减少的趋势，同时，全球极端降水事件发生的频度会有所增加。但是，降水季节分配变化却存在着明显的区域性。

水分是植物生长和大多数生态学过程的必需因子，降水格局的改变首先通过直接改变水分在土壤中的垂直和水平分布影响草地生态系统中的碳循环和土壤呼吸，草地生态系统碳循环在年际或季节间会随着降水量的变化呈现规律性的波动。在水分限制的干旱半干旱系统中，降水量的增加无疑会促进植物的存活和生长，而生长季降雨的减少则会降低地上生物量的积累。降雨格局的改变除了年际降水量的变化外，还存在年内不改变降水量的情况下降雨分配的改变，而且年内的变异对生态系统的影响更加强烈和多样化。

在可预见的未来，降水格局的改变必然会导致区域性干旱更加频繁，且等级更高和持续时间更长，可能超出草地生态系统能够承受的压力阈值，对草地植被、土壤、微生物及整个草地生态系统产生强烈的影响。草地生态系统生产力的变化取决于植物获得有效水分的生理反应和植被结构的变化，干旱强度和频率的增加一方面影响正常植物生长的供水，引起植物生产力波动，另一方面可以抑制光合作用降低草地生态系统的总初级生产力。同时，干旱可以通过影响其他形式的干扰间接影响陆地生态系统的生产力，如增加火灾强度和频率、提高植物死亡率以及增加疾病和昆虫侵扰的发生率等。

四、氮沉降的影响

氮是蛋白质、基因材料、叶绿素和其他重要有机分子的必要组分，所有生物有机体均需要氮元素来维持生命活动。在人类活动开始改变氮的自然循环过程之前，对生态系统来说，氮属于限制性元素。事实上，在一些生态系统中目前仍是如此。所以，氮是控制许多生态系统动态、生物多样性和生态系统机能的主要限制因子之一。地球大气中的氮气含量高达 78%，但对大多数植物和动物来说，它们不能像利用 CO_2 和 O_2 一样直接利用氮气。无论是植物、动物还是微生物，其氮营养的来源均是植物所合成的有机物质，在某一特定时刻被固定下来的气态氮的量对生态系统的氮库而言是很少的。然而，人类活动大大地增加了生命世界和土壤、水、大气之间的氮循环的量与速率。事实上，人类已经加速了氮进入陆地氮循环的速率。这种人类所导致的全球性变化正在对全球生态系统产生严重的影响，因为其可利用性对生态系统的组织和机能起着至关重要的作用。在许多生态系统（如陆地和海洋）中，氮的供给是生态系统中的关键因子，控制着植物多样性、草食动物及其捕食者、主要生态系统过程（如植物生产力）、碳与土壤矿质循环等。过多的氮会对生态系统造成污染，会改变生物群落的结构以及生态系统的机能执行。

　　一般来说，氮富集将直接或间接地对植物入侵产生影响。直接作用是通过增加环境中资源的可利用性促进入侵植物的生长发育，提高其入侵能力；间接作用则是通过改变本地植物群落对外来入侵植物的敏感性促进或抑制植物入侵过程。氮富集缓解了陆地生态系统中广泛存在的氮限制，使植物生长受到促进，生态系统的净初级生产力提高，看似生态系统得到了一些益处，然而这些益处可能会被一系列不利影响抵消。过量可利用氮的存在无疑会导致许多环境问题，如降低饮用水质量、水体包括河口富营养化、扰乱氮循环过程、增加土壤中温室气体的释放，以及改变植物群落的物种多样性、组成、群落动态和功能等。氮富集也可被视为对生态系统的一种干扰，适度或许有利，而过度则有害。随着氮的增加，生态系统的营养状态会受到影响，维持在一定范围内的各元素比例将会逐渐失去平衡。氮富集改变了植物体内的 C/N，凋落物分解速率因此改变，透过食物网，诸多生物过程正发生复杂而难以预测的波动，极可能使原本稳定的系统变得脆弱。

五、极端气候事件的影响

　　极端气候事件强度和频率的增加也是未来气候变化的一个趋势。目前所研究的极端气候事件主要包括热浪、飓风、洪水、干旱等。极端气候事件对外来物种的影响主要有 3 种机制：①增加外来物种扩散的机会；②极端气候事件的干扰产生资源（包括空间）的脉冲，从而促进外来物种的拓殖、建成和扩散；③极端气候事件产生的环境压力会降低群落的生物抗性，降低植物之间的竞争力，从而有利于外来植物的建成。然而，与其他气候变化因子一样，极端气候事件的发生并不总是有利于外来物种，例如，尽管干旱可能有利于外来物种的最初拓殖，但对于干旱生态系统中的本地物种而言，它们能更好地适应长期的干旱，从而比外来物种更耐旱，在干旱条件下的水分利用效率减小得更少。

　　但从总体来看，未来的气候变化会更有利于外来物种，这和气候变化以及外来物种本身的特征有关：①当前气候变化的速度很快，在未来会越演越烈，环境因素如此快速地转变，往往不利于本地植物的生长；②外来物种往往具有较宽的生态位、较强的散布能力，花粉和种子的传播不依赖其他生物，在未来气候变化的情况下，可能会有更多的生存机会；③原分布区宽广的外来物种曾经可能经历过更加多样化的环境，在未来更可能成功入侵。

　　虽然也有研究显示未来的气候变化有不利于外来物种的方面，如现有分布区的收缩，但这些不利的影响是有助于本地物种的恢复，还是有利于其他外来物种的入侵，这仍然是一个有待研究的问题；尤其是某些地区气候的极端变化，即使不利于外来物种生存，也很难使本地物种生存。

六、土地利用方式的影响

　　土地利用和覆盖变化作为全球变化的一个方面，对生态系统产生了不可忽视的影响，同时也与植物入侵密切相关。土地利用变化会导致环境的大范围改变，这种改变往往快速而强烈，使原先生长在稳定环境中的本地植物难以在短时间内做出调整和响应，同时也降低了生态系统对入侵物种的抵抗能力。土地利用的历史变化格局强烈地影响着入侵植物的分布和多度；森林、农田、居住和商业用地之间的转变，都可能使不同的入侵植物获利。干扰的程度、范围以及植物自身的种子传播能力等都会共同作用于入侵物种的扩张。

农业是人类赖以生存的重要产业之一，它以土地资源为生产对象。农业用地的形成同样在一定程度上促进了植物入侵。在一些区域，农田面积所占的比例与外来物种丰度成正相关；除此之外，土地耕作历史、水资源管理等也会对半干旱生态系统的植被造成显著影响，导致一些本地物种覆盖的减少以及外来物种比例的增加。

全球范围内的城市化进程对自然的改造十分剧烈，它不仅改变土地利用方式，还会对温度、CO_2浓度等产生影响，并且加速植物群落组成的变化。离城市越近，入侵物种的出现概率往往也越大；外来植物对道路周围区域的入侵性也很强，相反，本地杂草则很少在路边被发现。土地利用变化是一个相对可控的人为因素，为了减少入侵的风险，或是更有效地控制入侵过程，慎重规划土地利用方式和城市基础建设非常重要。

第五节　全球变化研究的发展方向

全球变化生态学起因于全球变化，服务于解决全球环境问题，因此全球变化生态学的发展和关注的热点问题，主要与国际社会应对全球变化的行动相关联。2004 年，美国气候变化科学计划生态系统工作组召集活跃于本领域的 100 余名科学家讨论了全球变化与生态系统相互作用研究亟待解决的科学问题，综合国际在全球变化科学研究领域的动向，在今后的一段时间内全球变化生态学的研究重点主要包括全球气候变化的减缓与适应对策研究、生态系统对气候的反馈机制研究、全球变化对生态系统的作用后果研究和应对全球变化的生态系统管理研究 4 个方向。

一、全球气候变化的减缓与适应对策研究

2007 年 2 月联合国政府间气候变化委员会（Intergovernmental Panel on Climate Change，IPCC）第四次全球气候变化评估报告指出，气候系统正在变暖是无可辩驳的事实，人类活动是其中最重要的原因，如果人类继续向大气中释放温室气体，那么 21 世纪气候变暖的程度将远远超过 20 世纪。2007年中国的《气候变化国家评估报告》指出，中国气候变暖的趋势将导致农业生产不稳定、水资源供需矛盾增加、海岸区受灾机会加大、森林和生态系统发生变化、疾病发生程度和范围增加、电力供应遇到更大压力等问题。发表于 2001 年的 IPCC 第三次全球气候变化评估报告认为，20 世纪后 50 年中所观察到的绝大部分变暖可能是由温室气体的释放所导致的，这种可能性为 66%；但在第四次评估报告（2007）中已经将这种可能性提高到 90% 以上。因此，现阶段人类活动是否导致气候变化已不再是一个需要讨论的问题，而是一个被公认的事实。人们关注的焦点将是在地球上我们能够做些什么，也就是人类如何减缓全球气候变化的进程，如何适应变化的气候。因此，减缓全球气候变化与适应全球气候变化的理论、技术和对策研究将是全球变化生态学所面临的重大科技挑战，也必将成为科学研究的最重要的主攻方向。

二、生态系统对气候的反馈机制研究

认识生态系统对气候的反馈机制是揭示气候变化规律、科学预测和制定适应对策的基础，也是全球变化生态学重点研究的前沿性的基础科学问题。气候变化可能会改变某些全球或区域的自然干扰事件（如火灾、洪水、风暴、厄尔尼诺、虫害、病原体等）的发生频率和强度，这些干扰可能会通过改变生态系统的能量、水和痕量气体通量影响气候或其他生态系统；区域和全球尺度上氮循环扰动可能会影响生态系统温室气体的交换，进而反作用于气候；全球变化改变了生物多样性，物种消亡、生物入侵和物种组成变化过程通过改变生态系统水分平衡、蒸散、地表反照率、碳循环、痕量气体通量等反馈影响气候系统；生态系统的初级生产力、次级生产力和物候变化与全球变化密切相关，它的变化

又将影响地表通量，进而反馈影响气候系统；热带、干旱区、高纬度地区生态系统正发生急剧的变化，其生态系统的反照率、痕量气体通量、气溶胶浓度变化也将对未来的气候变化产生影响。在许多地区，海平面的上升和河流水位的下降将促使海岸/河岸区域耐盐/耐旱的生物群系增加，影响气候、全球大气交换和水分的有效性。目前关于这些生态系统对气候系统的反馈机制大多还只是猜测或假设，需要开展广泛而深入的科学研究。

三、全球变化对生态系统的作用后果研究

全球变化对生态系统的作用后果是指全球变化对生态系统产生的可能影响，这是全球变化生态学今后的重要应用研究方向之一。今后的研究工作重点包括以下 7 个方面。

（1）气温、大气化学成分（CO_2、O_3、NO_x 等）和降水变化对生态系统的水、碳和养分循环的影响。

（2）气候变化对生态系统养分和有机质向土壤和水体生态系统的输移，对生态系统生产力、养分保持（流失）、碳蓄积的影响，以及对生物群落结构和功能的影响。

（3）气候变化引起的全球水循环变化对山地生态系统的土壤水分含量和地表径流的可能影响。

（4）全球变化下的生态系统脆弱性，人类活动在减缓气候干扰事件中的作用。

（5）气候变化对生物暴发、病虫害、疾病流行的间接和直接的影响。

（6）极端气候条件对物种和生态系统的影响。

（7）气候变化引起的地理水文过程及其对海洋的结构、功能、生产力，以及湖泊的食物网、资源等方面的影响。

四、应对全球变化的生态系统管理研究

采取有效的生态系统适应性管理是全球变化生态学研究的应用目标。针对全球变化和经济发展的目标，生态系统管理需要进一步回答以下重要的科学问题。

（1）如何描述生态系统在多个空间尺度上的状态（如生产力、生物量、生物多样性、物种组成等）？

（2）如何评估生态系统提供的产品与服务之间的平衡关系？

（3）如何考虑生态系统对全球变化响应的弹性？如何开发、采用和推广可再生能源与碳固定技术，以缓解全球气候变化？

（4）如何采取有效措施保证沿海地区生态系统提供产品和服务的可持续性？

（5）如何向社会公众提供全球变化科学研究结果和知识服务，为管理者和公众提供实时的信息，为恰当的生态系统管理策略提供决策支持？

（6）如何设计新的生态系统或者改变、恢复现有的生态系统，以及增强区域生态系统提供生态服务的能力？

（7）如何设计和管理生态系统保护区和基因资源库，以保护主要的生态系统和基因资源？

复习思考题

1. 景观生态学的研究内容有哪些？

2. 草地景观格局的特点是什么？

3. 草地景观与生物多样性有什么样的关系？

4. 简述全球变化、全球变化科学的基本概念。草地生态系统在全球变化下受到哪些影响？

第七章

草地植物分子生态学

分子生态学（molecular ecology）是生态学与分子生物学相互渗透而形成的一门新兴交叉学科，形成于 20 世纪 70 年代末至 80 年代初。分子生态学是应用分子生物学的原理和方法来研究生命系统与环境系统相互作用的生态机理及其分子机制的科学，其研究内容包括种群在分子水平的遗传多样性和遗传结构、生物器官变异的分子机制、生物体内有机大分子对环境因子变化的响应、生物大分子结构、功能演变与环境长期变化的关系以及其他生命层次生态现象的分子机理等。分子生态学的理论和方法对传统学科有巨大的促进作用，同时，对解决诸如转基因、克隆技术应用中的生态安全、环境与人类健康等重大问题将产生深刻影响。这一学科的出现使生态学真正从定性阶段进入定量阶段，从宏观领域深入微观领域，使生态学步入新的发展时期，具有划时代的意义。

第一节 草地植物分子生态学概述

一、分子生态学的概念

（一）分子生态学的产生和发展

经过多次大灭绝和各种适应，地球上的各种生命形式共同缔造了一片繁荣的自然界景象。20 世纪是人类历史上知识和财富积累最为迅速的时期。表现在自然科学上，每一门学科都取得了巨大的发展。研究生命活动的生命科学在 20 世纪出现了两个带头学科：生态学和分子生物学。一般认为生态学是从宏观的角度研究生物与环境关系的科学，成为人们从个体、种群、群落、生态系统 4 个层次探索物种多样性奥秘的基础学科；而分子生物学的主要任务是研究各种活性分子的结构功能及其表达调控机制，如核酸分子、激素分子、细胞素分子、癌蛋白和抑癌蛋白分子、酶分子、免疫球蛋白分子、受体分子、陪伴分子等，成为人类从分子水平上揭示生命一致性奥秘的基础科学，也是物理学、化学和生物学交叉而形成的一门新兴学科。

揭示生命活动的基本规律是生命科学研究的重要目的。任何生命的存在都与其特定环境密切相关，环境对生命活动的影响作用于生命的不同层次，生物体也通过在不同水平上的调节来适应环境。生物对外必须适应宏观环境，对内必须适应微观环境，才能保持其最佳生命状态。一个多世纪以来，生态学研究在生物群落的种群结构及物种间相互关系方面取得了长足进展，而生态学向微观方面的进一步发展，迫切要求用基因、蛋白质、酶等生物分子的活动规律来阐释生态进化、演变过程的本质和机制。分子生物学作为一门微观基础学科，一方面渗透到生命科学的全部领域，另一方面也需要解释清楚在一定时空环境条件下生物活性分子在微观环境中的动态变化规律。20 世纪 80 年代以来，分子生物学无论在基础理论还是在技术开发应用方面均取得了突飞猛进的发展，尤其是聚合酶链式反应（polymerase chain reaction，PCR）技术的产生和完善，使分子生物学不断向生物科学的各个领域渗透。这些技术的出现使生态学家能够用分子生物学的方法来解决其他方法难以解决的问题，而分子生物学家也尝试用自己的理论和技术来解决一些生态问题，这种结合就促成了分子生态学的诞生。1992年，英国生态学学会主办的国际性杂志 *Molecular Ecology* 创刊，可以说是分子生态学诞生的一个重要标志，发刊词中 Burke 等提出分子生态学应用分子生物学为生态学和种群生态学各领域提供革新见解。分子生态学的理论与方法应用于生态学研究中，为草地植物生态学带来了从宏观到微观全方位的蓬勃发展。

分子生态学作为一门新兴交叉学科，挑战很多，但魅力无穷。分子生态学的魅力在于它突破了宏观研究与微观研究的界限，应用微观的分子生物学技术和宏观的生态学思想，从生物大分子水平研究生命系统与环境系统的相互作用机制，探讨生态适应与进化的分子机理。基因组、蛋白质组是生态适应与进化研究的分子基础，通过宏观与微观的结合，在核酸和蛋白质水平上阐明生命系统与环境系统的相互作用规律是分子生态学的基本目标。分子生态学研究对发展进化生物学以及解决诸如转基因、克隆技术应用中的生态安全、环境与人类健康等重大问题也将产生深刻的影响。

（二）分子生态学的概念

分子生态学属生态学的研究范畴，是生态学的微观研究层次与领域，与普通的生态学研究不同的是它采用的研究方法是分子生物学原理、方法和技术，研究层次是基因、酶等分子水平，研究结论是用基因等生物分子活动规律的语言表达，研究对象是各种生态现象与生态问题。

有关分子生态学概念分歧最大的就是对分子生态学研究对象中分子一词的理解。分子本身是一个广泛的概念，包括无机分子、有机分子，有机分子包括无生物活性分子和生物活性分子，生物活性分子又可分为生物大分子和生物小分子（图 7-1）。分子生物学中的分子同种群生态学或群落生态学中的种群和群落的概念一样，是生命系统的一个层次，因而只能是生物大分子。另一个分歧是分子生态学研究对象中的环境，生物大分子所处的直接环境是核内或胞内环境，但它们与生物体内环境以及生物所处的宏观环境之间的关系十分密切，所以分子生态学中的环境包括影响生物大分子的所有不同层次的环境。另外生物大分子直接接触的环境与传统意义上的环境有很大区别，因为其中包括了生物大分子之间的相互作用、生物小分子如激素等在信号传导过程中对生物大分子的作用等。

$$
\text{分子} \atop \text{（组成物质世界的成分）} \left\{ \begin{array}{l} \text{无机分子，如 } H_2O、CO_2 \text{等} \\ \text{有机分子} \left\{ \begin{array}{l} \text{无生物活性分子，如丁烷、多聚乙烯等} \\ \text{生物活性分子} \left\{ \begin{array}{l} \text{生物大分子，如核酸和蛋白质} \\ \text{生物小分子，如生物激素} \end{array} \right. \end{array} \right. \end{array} \right.
$$

图 7-1 分子的划分

（引自王戍梅，2002）

由于研究背景和所在学科不同，对分子生态学的解释也有很多。Hoelzel 等认为，分子生态学是用 DNA 和蛋白质的特征研究物种的进化、演化及种群生物学等生态学问题。后来有人进一步解释，将分子生态学定义为用分子生物学技术研究有机体对自然和生物环境的适应性机理，或者生态学与分子生物学交叉形成的新学科，由生态学、遗传学、分子生物学、生物化学和生物技术工作者共同协作来解决生态学难题。

Molecular Ecology 对分子生态学的定义则是生态学和种群生态学的交叉，利用分子生物学的方法研究自然、人工种群与其环境的关系以及转基因生物（或其产物释放）所带来的一系列潜在的生态学问题。1994 年 Bachmann 定义分子生态学为应用分子生物学方法研究生态和种群生物学的新兴学科；Moritz 认为分子生态学是用线粒体 DNA（mtDNA）的变化来帮助和指导种群动态的研究。

在我国，王业蘧在 1984 年首次提出分子生态学的概念，认为分子生态学就是研究生物与环境中物理因素和化学因素的关系、影响及其机理的科学，这个概念以无机分子为研究对象，在范畴上仍属于宏观生态学。1996 年向近敏等的研究将其解释为研究细胞内的生物活性分子特别是核酸分子与其分子环境的关系。我国有部分研究人员认为分子生态学利用分子生物学技术与方法研究生物对其所处环境的适应以及产生这种适应反应的分子机制。还有一些学者则认为分子生态学是应用分子生物学的技术和手段，在分子水平上研究生命活动和环境相互关系的一门学科，其研究目的是指示生命有机体对环境变化产生的在分子水平上的协调机理。黄勇平和朱湘雄在 2003 的文章中将其解释为应用分子生物学的原理和方法来研究生命系统与环境系统相互作用的机理及其分子机制的科学，它是生态学与分子生物学相互渗透而形成的一门新兴交叉学科，也是生态学分支学科之一，其特点是强调生态学研究中宏观与微观的紧密结合，优势在于对生态现象的研究不仅关注外界的作用条件，还要注意分析内部的作用机制。

由此可见，分子生态学并非分子生物学技术在生态学研究领域中的简单运用，而是宏观与微观的有机结合，它是围绕着生态现象的分子活动规律这个中心进行的，包含了在生物形态、遗传、生理生殖、进化等各水平上协调适应的分子机理，特别是种群动态的分子机理。在研究方法、研究结论和研究意义等方面都有别于以往用数学语言或其他语言对生态现象机理的解释，也不同于用生物学中诸如生理学、分类学等学科的语言对生态问题所做的解释。因此，分子生态学是一个相对独立的、新兴的、正在逐渐完善的生态学研究领域。

二、分子生态学的研究内容与方法

（一）分子生态学的研究内容

分子生态学是生态学的微观研究方向和领域，是在蛋白质、核酸等大分子水平上研究和解释有关生态学和环境问题的一门交叉学科。它探讨基因工程产物的环境适应性和投放环境后所引起的物种与环境互作、物种之间互作、种内竞争等方面的生态效应，并利用分子生物学原理发展一套针对这些生物检测的规范化技术，促进遗传工程的健康发展。分子生态学主要涉及生态现象与生态规律的发生、演化和发展的分子过程与分子机理，通过应用基因、DNA、蛋白质等生物活性分子的活动规律，解释生态变化和生态现象的规律。

1. 分子生态学的主要研究内容　分子生态学研究的内容包括生态学的各个方面，特别是生态现象的微观活动，如种群的遗传结构分析、物种形成的种系发生与进化的探讨、遗传多样性的分析。在保护生物学方面，如濒危物种种群的稳定性问题、种群生存力的分析及转基因生物与转基因产物释放的生态学评估等。同时，生态学中一些已有定论的问题，也可通过分子生态学的研究进行修正和完善。随着分子生态学研究的发展与深入，生态学上许多原来悬而未决的或难以确证的课题得到了澄清或新的认识，具体来说，分子生态学主要包括以下 6 个方面的内容。

（1）分子种群生物学：研究内容包括种群遗传学、进化遗传学、行为生态学和保育生物学等，在分子层面研究种群与进化的遗传学、行为生态学的机制和保护生态学的分子遗传依据。

（2）分子环境遗传学：研究内容包括种群生态学和基因流、重组生物环境释放的生态问题、自然环境中的遗传交换等，主要涉及种群生态学与基因漂变的分子证据、遗传工程改良生物体的环境生态效应、自然环境中生物的遗传物质交换与转移、物种间相互作用的分子机制。

（3）杂交鉴定：研究内容包括自然条件下物种间是否发生杂交、对根据形态特性推断的中间型进行分子鉴定；研究引进种或外来种是否通过杂交和渐渗杂交的方式适应新的环境，并是否与本地种间发生杂交，包括对种间自然杂交和渐渗杂交的分子鉴定。

（4）系统地理学：研究内容包括物种地理分布格局、迁移、定居、侵殖和再侵殖过程，推断物种地理起源。

（5）分子适应：研究内容包括环境对于基因表达的影响以及遗传分化与生理适应的分子遗传学机制，即环境对遗传分化、生理适应、基因表达的影响。

（6）分子生态学技术：主要是在分子生态学领域引入新研究方法和新理论，或对原有方法进行改进，如物种鉴定的分子技术、发明新的探针及研究种群的序列和引物等。

2. 分子生态学的研究热点　分子生态学的产生给过去其他经典的生态学难以解决或从未涉及过的问题提供了全新的研究方法。早期生态学的研究主要是在宏观领域，如物种的个体、种群、群落和生态系统等，所以观察到的从个体性状到生态系统之间的关系只能是表观特征，而真正决定这些表观特征的是每一物种的遗传组成及与所处环境的综合作用，因而引入分子生态学的理论和方法，可使研究深入生物体内的各种大分子以及这些分子在微环境中的作用，进而从宏观与微观结合的角度真实地揭示生态系统中生物个体和种群间关系的本质。

分子生态学的研究，一方面极大地丰富和发展了生态学原有的理论体系和学科内容，另一方面它往往针对现实中亟待解决的生态问题，因而又具有重要的现实意义。它的研究范围非常广泛，涉及的研究内容也十分丰富，许多研究课题都是紧紧围绕着生态学领域的一些具有重大理论或现实意义的问题展开的，所以分子生态学的研究热点是多方面的，主要有以下 6 个方面的热点问题。

（1）生态适应性的研究：即研究植物对水、温度、盐、重金属等非生物环境的分子反应以及对生物胁迫的反应，包括胁迫生境下植物数量性状的定位、热激反应的生态适应等。

（2）分子标记在分子生态学上的应用：近年来，分子标记（RAPD、SCAR、AFLP、SSR 和 SNP 等）在分子生态学上的应用很广泛，分子标记的产物可被用来鉴别不同分类水平的基因型联结、在种群或个体水平上探测杂交的种群和物种以及种间基因流和杂交物种的形成。因此，分子遗传学的方法在研究行为生态学和草地植物种群生物学方面显得日益重要。

（3）转基因生物释放的生态学评估：对重组生物提出生态预测，追踪重组生物的存活、繁殖、扩散和对其他生物的影响是分子生态学关心的热点问题之一，现在尚无遗传工程改良植物危害环境的直接证据，但根据以往在引种、自种方面的经验，以及遗传学、生态学和进化生物学等有关知识，可以推断将遗传工程生物释放于环境可能产生的潜在效应。例如，会产生有害生物危害生物群落，改变生态系统过程甚至直接危害人类。一些学者认为大多数遗传工程生物并不会带来大的风险，然而人们并不能因此摒除它们中的一部分会带来严重后果的可能性。

（4）保护生物学研究：生物多样性是保护生物学的核心，虽然遗传工程本身在技术上能够增加物种多样性，但实际上将通过遗传工程改良后的生物投放环境后却会直接或间接降低物种多样性。另外，濒危物种的保护是一个被广泛关注的问题，其研究内容涉及种群生态学、生殖生态学、生理生态学和遗传多样性等领域。在分子水平上揭示濒危植物的内在机制，并结合宏观方面的研究，通过综合分析以确定合理的保护措施，是草地植物分子生态学研究关注的热点之一。

（5）害虫的控制：对植物进行遗传工程改良来防治病虫害的同时，也存在着转基因抗性植物对目标昆虫或病原物的选择压力，进而打破原来生态系统的平衡，使一些非目标性害虫可能在竞争中获得优势，分子生态学许多研究涉及对一些重要害虫进行 mtDNA 比较，揭示害虫的生物型、生态型和物候型的生态学问题，为害虫的预测和防控提供了重要信息。

（6）植物行为生态学：到目前为止，对动物行为生态学研究较多，在植物方面的研究较少，植物行为生态学处于发展的初期，行为生态学的一个重要特点是把生态学同行为学、遗传学和进化理论结合在一起，并引入经济学思想进行探索研究。分子生态学中所涉及的植物行为生态学研究热点包括植物花粉和种子传播、克隆繁殖植物的克隆结构及斑块形成机制、植物有性繁殖和无性繁殖的比例等方面。

（二）分子生态学的研究方法

目前草地植物分子生态学研究所选用的方法和技术是最近几年发展起来的针对蛋白质、核酸变异的检测手段。概括起来可分为两大类：DNA 水平的研究方法和蛋白质水平的研究方法。

DNA 水平的研究方法，主要有限制性片段长度多态（restriction fragment length polymorphism，RFLP）法、PCR 法、随机扩增多态 DNA（random amplified polymorphic DNA，RAPD）法、扩增片段长度多态法（amplified fragments length polymorphism，AFLP）、微卫星（simple sequence repeat，SSR）、DNA 扩增指纹法、DNA 测序法、DNA 杂交技术等。在草地植物分子生态学实验中，以 PCR 为基础的 RFLP 法、RAPD 法、ISSR（inter-simple sequence repeat，简单重复序列间扩增）法、SNP（single nucleotide polymorphism，单核酸多态性）法以及 DNA 测序法最为常用。

蛋白质水平的研究方法包括蛋白质免疫法和蛋白质电泳法，其中蛋白质电泳法最为常用，采用此种方法所获得的多位点等位酶资料，可以用来分析基因的变异情况，并可以由此得出遗传多样性和遗传分化等一些有价值的结论。

三、分子生态学的应用

将分子生态学的理论和方法融入传统学科，使传统学科获得了新的生机。例如，在杂交带的研究中，以前较注重分类学方法和物种的形态描述，在相当长的一段时间内未取得太大进展。将分子生态学技术用于杂交带的研究后，分子生态学有了迅速发展，成为进化生物学和生态学中最有活力的领域，现已将研究内容扩展到杂交带内两个或多个种群间的基因交流，杂交带的起源、结构、动态和发展；维持因素、对基因流的障碍作用；对理论模型的验证；杂种不适的遗传机制；生殖隔离形成的原因及作用；杂交带在物种分化、适应及形成中的作用等。

早期生态学的研究主要集中在物种的个体、种群、群落和生态系统等宏观领域，所观察到的从个体到生态系统之间的性状以及各种关系均只是表观特征，而确定这些表观特征的正是每一物种的遗传组成及其与所处环境的综合作用，借助分子生态学的理论和方法，恰能使研究深入生物体内的各种生物活性分子以及这些分子在微环境中的作用，进而从宏观与微观结合的角度真实地反映生态系统中生物个体和种群间关系的本质。

到目前为止，分子生态学研究已涉及种群在分子水平的遗传多样性及遗传结构，生物器官变异的分子机制，生物体内生物有机大分子响应环境变化的信息传导途径，生物大分子结构、功能变化与环境之间的关系，功能演变与环境长期变化的关系，以及其他生命层次生态现象的分子生态学机理等，所涉及结构与功能都不可能避开分子生态学。可以肯定的是，分子生物学的所有研究领域都将不同程度地应用分子生态学的原理与方法。虽然分子生态学是刚刚兴起的一门新学科，但其应用范围却很广泛，主要包括如下 6 个方面。

（一）在物种起源与进化研究中的应用

自达尔文的《物种起源》面世以来，生物物种的起源与进化一直是生物学家关注的焦点。生态适应和进化是生态学研究中的两个核心问题，争论的焦点是中心突变还是自然选择，弄清这一问题具有重要的理论意义和应用价值，由于分子生态学能够直接应用分子生物学手段研究分子与环境间的相互作用，所以其研究成果就更能够直接阐明分子进化的理论。在物种的遗传进化研究中，除了进行结构基因的研究以外，调节基因的研究成为另一个热点。调节基因是真核生物中对表达基因有调节作用的一些位点，它们决定在哪种条件下表达哪些基因。

（二）转基因生物释放的生态学评估

现在全世界已有多种大规模应用的转基因生物。美国有数十种转基因作物进入大田试验，在我国转基因棉花也已经大面积种植。不可否认，生物技术确实给人们带来了益处，如人类利用转基因的大肠杆菌生产胰岛素，满足治疗糖尿病的需要；基因工程药物和基因治疗已为人类彻底医治各种疑难病症带来了希望。

但是，现代生物技术在给人类带来利益的同时也可能给人类带来危害，现在尚不能排除转基因生物对人体的副作用，如果发生基因逃逸则有可能产生有害生物，危及生物群落甚至改变生态系统的演化过程，最终可能危及人类自身。如转基因作物本身可能变为杂草或使其野生近缘种变为杂草；如果转基因生物有很高的适合度和竞争能力，就可能引起种群暴发，破坏生物多样性，从而改变生物群落的结构，影响生态系统的能量流动和物质循环。有关转基因生物对环境的种种影响，以前人们只能做一些预测，称之为潜在影响，然而这种潜在的影响现已陆续被一些研究所证实。

人类不应该拒绝新技术的应用，但是在使用新技术之前应该对技术有透彻的了解并掌握有效的控制措施。在这个过程中，分子生态学能起到重要作用。在决定是否使用转基因生物、如何使用以及使用效果等方面应该建立一套科学的评估体系，生态学应该起一种"护栏作用"。在进行风险评估时，首先要考虑转基因生物中插入了哪些 DNA 及其来源、功能、插入位置，其次是基因转移问题以及转基因生物的适合度（包括它在环境中的适应能力、繁殖能力、竞争能力等），第三是要避免转基因生物对非目标生物造成影响，最后要考虑转基因生物对生态系统的能量流动和物质循环的影响，以及它对生物多样性可能造成的破坏。

（三）濒危物种的保护

濒危物种的保护是一个被广泛关注的领域，其涉及种群生态学、生理生态学、生殖生态学和遗传多样性等研究领域。应用分子生态学的理论和方法，在分子水平上揭示濒危植物的内在机制，并结合宏观方面的研究，通过综合分析以确定合理的保护措施。以前的研究主要从宏观角度进行探索，诸如物种生存环境的改变对濒危物种的影响、食物及生存空间的不足对目标物种种群密度的影响等。实际上，物种自身的生态适应性也应该是重要的研究内容，外部环境对物种的生存有着重要意义，物种自身适应自然的遗传基础是物种最终能否长期生存的决定性因素。

在濒危物种保护生物学的研究中，应用分子生态学技术可以全面了解生命活动过程中起重要作用的生物大分子的特性，如 DNA、蛋白质的特性等，结合种群生态条件进行这些生命本质的分析，可以找到生物适应外部环境的遗传基础，这类研究以及资料的积累对给种质资源特别是濒危物种提供有效的生态保护以及制定具体的保护措施具有重要作用。

（四）物种的遗传多样性和种群生存力分析

遗传多样性可用来描述种群遗传变异和维持变异的机制，遗传变异可以在 DNA 和蛋白质水平上测量，采用分子生物学的方法可定量地对遗传多样性进行分析，并可把遗传多样性分析的结果作为评价种群生存力的因素。

（五）植物种群生活史

种群的数量变动是种群生态学研究的核心内容之一，而种群的数量变动取决于种群生活史中各种自然与人为因素对它的影响以及植物对这些影响因素的适应能力。生物大分子在草地植物的不同生长发育阶段对环境的协调能力决定了草地植物能否进行有效的繁殖，并在宏观上表现出种群的暴发、稳定和濒危 3 种种群动态模式，所以深入地分析种群生活史中各个环节的分子水平原因，才能全面地认识种群数量变动的内在机制。

（六）生殖行为

判断种群中有性繁殖和无性繁殖产生的个体比例以及杂种亲本的最有效的方法是通过分子生物学技术来确定其分子标记。分子标记在植物繁育系统中可用来判断基因流动的方向和规模、无性生殖和有性生殖的比例，以此来说明植物与环境的相互关系。

总之，分子生态学是一门交叉学科，其理论和方法虽然处于不断发展和完善过程中，但从分子生物学和生态学的发展趋势来看，它必将成为今后生态学领域研究的重点，并显示出强大的生命力。分子生态学对生态学发展的推动作用的主要标志有 4 点：①从描述性、观测性、累积性科学研究向严格的实验科学转移，分子生态学利用分子生物学的理论和方法从分子水平上研究生态学的问题，是通过各种严格的实验来进行研究的，因而分子生态学具有严格的实验科学性；②研究结果的可重复性和共享性；③研究方法可脱离生命系统；④解决悬而未决的科学问题。

第二节　草地植物种群分子生态学

植物种群在大小、结构和动力学方面都表现出非常大的变化范围。如塞舌尔群岛特有的水母树在平均种群大小不到十几株的情况下生存了几千年，表明其在干旱生境中具有很强的生存能力。而一些植物，其种群往往由成千上万甚至更多的个体构成，植物种群结构也极具可变性，如种群的年龄结构可以较为直观地反映种群与环境之间的关系，呈现其在群落中的地位。研究一个物种的种群结构和生命表特征，可以深刻分析该种群的现状、动态并预测其未来。

一、草地植物自然种群的遗传多样性

自然种群可被定义为同一时期内占据一定空间的同种生物个体的集合。然而，草地自然环境的多变性和复杂性，植物花粉、种子等传播媒介移动范围的变化以及部分植物的克隆繁殖，致使草地植物种群分布的范围具有不确定性，在实际中很难划定种群的明确界限。草地植物种群是动态的实体，为适应多变的环境，其大小和分布随时间和空间而变化，这些都隐含种群的遗传特性，与种群的维持相关联。草地植物种群要适应不断变化的环境，就必须有较高的遗传多样性，低水平的遗传多样性往往会导致近亲繁殖，降低个体和种群的适合度。遗传多样性通过影响物种和种群的生存间接地影响草地生态系统的结构和功能。因此，评估遗传多样性是群体遗传学的中心任务。

种群遗传学的一个重要假设是在研究种群结构中用到的等位基因在自然选择中是中性的，如果这个假设成立，种群间的分化将由突变和随机遗传漂变引起，而不受复杂选择压力的影响。广泛的共识是基因组中的大部分是以中性方式（或近于中性的方式）进化的，这一进化方式适用于大部分非编码功能的核 DNA 和部分功能基因。

（一）种群大小与遗传多样性

种群的一个基本度量就是大小，种群大小是指特定种群中个体的数目。种群大小能够影响草地植物种群遗传的其他方面，大量证据表明，较大的自然种群比较小的自然种群具有更高的遗传多样性。中性遗传理论可以对种群中的基因行为进行预测，种群的遗传多样性与有效种群大小（N_e）成正相关，N_e 约等于每个世代成功繁殖个体的平均数，作为种群生存能力的测度指标，N_e 比实际种群大小（N_c）更为重要。在理想种群中，$N_e = N_c$，但现实中由于性比、繁殖成功率的变异及多个世代的时间跨度变化的谐函数平均值波动等因素，N_c 比 N_e 大很多，大范围不同分类群的研究数据表明，N_e/N_c 的中位数为 0.14。

1. 遗传漂变　理论上，遗传变异的丧失可能导致小种群植物产生许多遗传学问题，遗传变异主要取决于自然选择和遗传漂变的综合作用。在孤立的小种群中，遗传漂变会导致遗传变异的丧失。遗传漂变是导致草地植物种群的等位基因频率在世代间随机变化的一种过程，其发生频率与有效种群大小（N_e）有关。相对于小种群来讲，大种群在单位时间内能产生更多新的突变。一个新突变在种群中由于遗传漂变而被固定的概率是 $1/(2N_e)$，一个等位基因在漂变中被固定的速率等价于该位点的其他等位基因丢失的速率，因而 $1/(2N_e)$ 可被认为是遗传漂变造成遗传变异丢失的速率。草地植物种群在达到"突变-漂变平衡"时，突变率等于遗传漂变造成的等位基因丢失率，这与种群大小无关。一个新等位基因突变与固定之间的平均时间与 N_e 成正比，如给定小种群和大种群中每个个体相同的突变率，则较大种群中的新等位基因可维持较长时间，在任何一个时间段上可积累更大的等位基因数目。因而，稀少等位基因在小种群中丢失得更快。小种群对遗传漂变、等位基因多样性的随机丢失及最终导致的近交衰退极为脆弱，这种现象随种群缩小而加剧。

2. 近交衰退　近交衰退是一个更为紧迫的问题。草地植物种群较小时，个体倾向于与其中有亲缘关系的其他个体交配，近亲繁殖降低了后代的遗传杂合度，使之远小于种群水平。更为重要的是，所有种群携带的隐性等位基因在纯合时都是有害致死的。因而，被迫进行近亲繁殖的个体更容易向子代传递有害的等位基因，并产生危害效应。尽管对许多草地植物而言，高水平的近亲繁殖可能是正常且无害的，但近交衰退的例子还是很多，而且近亲繁殖会导致草地植物生育力、存活力、生长率以及抗病能力的降低。

另一个衡量遗传多样性的平均期望杂合度（H_e）与种群大小的关系为

$$H_e = 4 N_e \mu / (4 N_e \mu + 1)$$

式中，μ 为突变率。

因而，种群遗传学中最简单的问题是种群大小和遗传多样性之间的预期关系能否被在野外检测。大量证据表明，大的自然种群通常比小的自然种群具有更多的遗传多样性。Fischer 等对侏罗山脉草

原中稀有植物 *Gentianella germanica* 的 23 个地方种群进行了研究，分析了繁殖能力和种群大小的关系（图 7 - 2）及各种群的动态变化，研究的多数种群的大小在 1993—1995 年减小，且较小的种群减小的幅度更大（图 7 - 3）。在对我国北方农牧交错带西北针茅（*Stipa krylovii*）种群的研究中也发现，生境面积的增大有维持原有种群遗传结构的作用，较小斑块中的种群则更易发生跃变式的遗传变异。这些结果符合遗传效应导致小种群适合度降低的假说，因此，在制定稀有物种保护管理策略时应考虑遗传效应的影响。

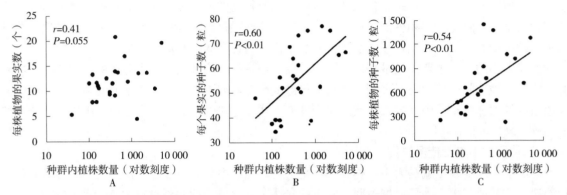

图 7 - 2　23 个假龙胆属植物 *Gentianella germanica* 繁殖能力与种群大小的关系
A. 每株植物的果实数　B. 每个果实的种子数　C. 每株植物的种子数
（引自 Fischer 等，1998）

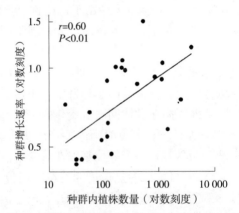

图 7 - 3　23 个假龙胆属植物 *Gentianella germanica* 1993—1995 年
的种群增长速率（种群大小的比率）与种群大小之间的关系
（引自 Fischer 等，1998）

（二）种群瓶颈

遗传多样性和种群大小间的关系受原始种群多样性和瓶颈效应强度等历史事件的影响。种群瓶颈是指某个种群的数量在演化过程中由于死亡或不能生殖而造成数量级减少的事件。在一个当前大种群中出现低水平的多样性可被解释为过去种群瓶颈作用的结果，但这需要独立的证据说明瓶颈已经发生。在有效的遗传变异检测中，等位基因多样性和多态位点比例与种群大小具有较好的相关性，与杂合性的相关性则较差，这可能是由于瓶颈效应对等位基因多样性的影响比对杂合性的影响更强烈。种群瓶颈可能促成草地植物遗传漂变，降低草地植物种群的有效大小，进而降低其整体的遗传多样性水平。任意种群瓶颈的严重程度同时取决于草地植物种群大小的降低以及种群恢复的速度。种群下降可快可慢，种群大小的减少可能是永久的也可能只是暂时的，快速下降会比缓慢下降造成更严重的长期后果。一般情况下，等位基因的初始损失与种群大小的减少成正比，种群大小如果保持在较低的水平，遗传漂变会使得多样性持续消耗。瓶颈作用的持续时间越长，造成的等位基因丢失越多。

目前，有些遗传检测手段可用来揭示种群瓶颈作用的信号。其中一个检验是基于瓶颈效应期间预测的相对于等位基因多样性的杂合度瓦解。中性理论预测"突变-漂变平衡"中存在与一定数量等位基因相关的杂合度水平。在瓶颈效应期间，稀少等位基因丢失相对较快，但主要由较普通等位基因控制的位点的总杂合度变化较小。由此，瓶颈效应期间杂合度相对预期观察到的等位基因数目应该有一个短暂的增加，这种情况会在 N_e 较低的草地植物种群持续发生直到一个新的平衡来临。在某些情况下，观测杂合度的过量可能是过去瓶颈的有用指标，尽管这一检验需要大量的多态位点，而且只能对相对较近的瓶颈事件进行检测。对瓶颈最有效的遗传检验需要采集两个至少相隔一个世代的种群样品，如果能够得到两个或更多个世代的样本，就可以根据世代间等位基因频率的变异推断过去的瓶颈事件。如果一个草地植物种群经历过瓶颈，其 N_e 将减小。由于遗传漂变的速率与种群的 N_e 成反比，瓶颈将加速漂变，导致等位基因频率的变异增大。由世代间等位基因变化确定的 N_e 与第一次（瓶颈前）的样品所产生的几百个 N_e 估算值分布之一进行比较，如果世代间 N_e 是在估计的第一个世代 N_e 分布最低的 5% 区域内，即认为发生了明显的瓶颈效应。模拟研究表明，如果每个世代可以取 30 个以上个体，基因型数据至少从 5 个多态位点获取，就有 85% 的概率可能检测到一个世代后的一次瓶颈事件。这种方法只能用于有历史数据的样品分析，同一项研究也表明，时序变异检测对经历长期瓶颈（>3～5 代）的种群可能没有作用，这是由于种群不断丢失等位基因，一个等位基因丢失，其频率就一直为零，因而不可能在世代间产生变异。

二、草地植物种群分化

种群分化和物种形成是草地植物多样性的最终推动力。草地生态系统中很少有物种以单一的随机交配种群存在，草地植物种群的遗传同时受到种群内部和种群之间过程的作用，种群间基因的转移同样影响着草地植物种群和物种的进化。如果两个亚种群之间的基因流高，其间的基因频率最终将趋于一致。基因流、遗传漂变和自然选择 3 个过程共同决定草地植物种群发生遗传分化或趋同的程度。除分布区域有限的稀有或濒危物种外，绝大多数物种在种群间都显示出某种程度的遗传分化。白乌云等以 66 份不同地理来源的羊草为材料进行研究，发现不同地理来源的羊草表型和繁殖性状均发生了丰富的遗传分化，羊草性状分化与原生地理因子显著相关，其种群变异是遗传分化的结果。草地植物种群没有遗传分化的现象只可能出现在整个物种由单组随机交配的个体构成，这也意味着所有的种群具有相同的等位基因频率，而对于包括多个种群的物种来说，这种情况几乎是不可能发生的。

（一）种群分化的量化

1. 遗传距离　遗传距离是指不同种群之间基因差异的程度，并以数值进行度量，是衡量两个种群间遗传相似性的方法之一。有关遗传距离的计算方法较多，其单位也因数据类型的不同而异。常用的是 Nei 提出的标准遗传距离 D。为计算 D 值，首先需了解反映种群间遗传相似性的遗传同一性衡量指标（I）。对于任一位点，遗传同一性可表示为

$$I = \frac{\sum_{i=1}^{m}(p_{ix}\,p_{iy})}{\left[\left(\sum_{i=1}^{m}p_{ix}^{2}\right)\left(\sum_{i=1}^{m}p_{iy}^{2}\right)\right]^{0.5}}$$

式中，p_{ix} 为等位基因 i 在种群 x 中的频率；p_{iy} 为等位基因 i 在种群 y 中的频率；m 为该位点的等位基因数目。

I 的取值范围为 0～1。依据 I 值，可以计算 Nei 的遗传距离 D：

$$D = -\ln I$$

D 的取值范围为 0 到无穷大。如果两个种群有相似的等位基因频率，则 $p_{ix} \approx p_{iy}$，遗传相似性（I）趋近于 1，遗传距离（D）则趋近于 0。如果两个种群没有任何共有的等位基因，则 I 为 0，D 趋于无穷大。

2. F-统计量　量化种群间遗传分化最常用的方法是基于 Wright 所建立的 F-统计量，它分别测量

可能的亚种群内和亚种群间的遗传多样性分化。F-统计量以近交系数描述遗传变异在种群内和种群间的分配。F-统计量可以在 3 个不同的水平上进行计算。

第一个 F-统计量，F_{IS}，衡量个体内相对于亚种群其余部分的近交程度，反映了同一个体内两个等位基因同源一致的概率。计算公式为

$$F_{IS} = \frac{H_S - H_I}{H_S} \tag{1}$$

式中，H_I 为调查时亚种群的观测杂合度（个体杂合度）；H_S 为亚种群在哈代-温伯格平衡情况下的预期杂合度（亚种群杂合度）。

第二个 F-统计量，F_{ST}（固定系数），是对亚种间的遗传分化进行估计，反映了亚种群内随机抽取的两个等位基因同源一致的概率。计算公式为

$$F_{ST} = \frac{H_T - H_S}{H_T} \tag{2}$$

式中，H_S 为亚种群在哈代-温伯格平衡情况下的预期杂合度（亚种群杂合度）；H_T 为整个种群的预期杂合度。

第三个 F-统计量，F_{IT}，通过衡量个体相对于整个种群的杂合度，计算个体的总近交系数。计算公式为

$$F_{IT} = \frac{H_T - H_I}{H_T} \tag{3}$$

式中，H_T 和 H_I 的含义与式（1）和（2）中相同。

以上 F_{ST} 衡量了种群彼此间分化的程度。如果两个种群具有相同的等位基因频率，则其间没有遗传分化，F_{ST} 为 0；如果两个种群固定了不同的等位基因，则 F_{ST} 为 1。一般来讲，当 F_{ST} 为 0～0.05 时，种群间遗传分化低；F_{ST} 在 0.05～0.25 时，为中等程度的遗传分化；F_{ST} 大于 0.25，则表示遗传分化水平显著。但以上只是大概的原则，有时即使很低的 F_{ST} 值也可能代表重要的遗传分化。

（二）基因流

基因流是在亚种群间基因通过生物个体或其配子体进行的迁移。基因流的发生依赖于亚种群间基因的移动，基因流趋向于阻止亚种群之间产生遗传差异，深刻影响着草地植物的种群大小、遗传多样性、局部适应性及最终的物种形成等。基因流有别于传播和迁移，传播指个体或繁殖体在离散的地点或种群间的移动，迁移是指在特定地理区域之间的周期性移动，常表现为季节性发生且沿着不变的路线。通常意义上的迁移几乎不适用于植物，因其暗示主动而不是被动的移动。迁移或传播对预防种群近交以保持草地植物种群的生存能力具有重要作用，传播或迁移发生在基因流之前，但只有到达新地点后才能够成功繁殖，才会导致基因流。然而，传播有时被用作基因流的代名词，在评估不同的基因流量化方法时，需注意其局限性。

常规的生态学方法很难监测个体或繁殖体的迁移或传播。直接测量传播可以精确反映基因流的方法是基于亲本分析的研究。亲本分析是通过比较后代和潜在亲本的基因型确定种子、花粉或其他繁殖体移动的距离。亲本分析最简单的方法是从母株上收集种子。花粉的亲本可以通过把种子的一半基因型与母本植物相匹配，然后确定提供了种子另一半基因型的潜在花粉供体。亲本分析也可以用于量化种子的传播，但这种情况下两个亲本都是未知的，因而可能的父本和母本植物的潜在组合数量很大，增加了亲本分析的难度。通过亲本分析发现，不管是在风媒还是在动物传粉的物种中，长距离的花粉传播比原先设想的较为普遍。通过亲本分析估计基因流可提供关于传播的信息，但对于大种群或经常长距离传播的物种来说难以实现。

1951 年 Wright 开发 F-统计量后，许多研究者采用间接方法估计基因流。F-统计量，特别是 F_{ST}，为大多解决基因流问题的方法奠定了基础。基因流的发生依赖于亚种群间基因的移动。两个种群间的遗传分化（F_{ST}）与种群间基因流数量之间的关系可以表示为

$$N_{\mathrm{m}} = \frac{1}{4}(1/F_{\mathrm{ST}} - 1)$$

式中，N_{m} 为每个世代在亚种群之间迁移并成功繁殖的个体平均数；F_{ST} 为种群分化率。

该方法是基于种群结构的岛屿模型，该模型假定没有选择或突变，且平均大小相等的亚种群的迁移和漂变之间是平衡的，只有当种群大小和迁移率几乎保持不变时，种群才会达到平衡，而生境破碎化、种群瓶颈及分布区扩张等生态过程都会打破这种平衡。自然种群很少能符合用 F_{ST} 估计基因流所需的全部假设，但 N_{m} 的计算仍能提供一些信息。

依据遗传数据量化传播的方法是通过把个体的基因型与不同种群的遗传数据进行比较，然后把个体分配给最可能的源种群，这种方法是鉴别从源种群传播出来的个体，根据种群的等位基因频率，计算某个基因型来自各个种群的概率，依据概率将个体分配给源种群，如果所有种群的概率都很低，有可能是真正的源种群没有取样。该法假设所有的种群都处于哈代-温伯格平衡状态，并且研究的位点都连锁平衡。

（三）生态型

同一物种的不同类群长期生活在不同生态环境中产生趋异适应，成为遗传上有差异的、适应不同生态环境的类群，称作生态型。这是由美国植物学家图雷森于 1992 年提出的概念，指物种表型在特定的生境中产生的变异群，是同种中最小单位的种群，位于种群之下。生态型是遗传变异和自然选择的结果，代表不同的基因型，所以即使将它们移植于同一生境，它们仍保持其稳定差异，但不同生态型间的差异尚不足以作为物种的分类标志。不同生态型之间可以自由杂交，生态型是新种的先驱。

一般说来，如果植物的原生境很不相同，互有明显界限，所形成的生态型也很容易区分；如果界限不明显，有过渡区域，则会产生过渡型，称作生态渐变型。此外，在异花授粉（特别是风媒）的种类中，因基因的频繁交流会出现生态型界限模糊的现象。种内分化成生态型的原因不外乎两条：①物种扩散到新生境；②原生境局部条件改变。一般说来，物种分布越广，特别是分布区内生境差异越大，分化出的生态型就越多；物种系统发育的历史越久，分化的机会也越多。

（四）渐变群

如果种群很大，或者同一物种的多个种群散布在大片地理区域中，邻近的种群较为相似，但位于极端的种群彼此相隔很远，出现了较明显的差异，这样的大种群称为渐变群。例如羊草遍布各个草原，从呼伦贝尔草甸草原到锡林郭勒的典型草原均有分布，但各地的羊草存在一定差异，又不可称其为两个物种。渐变群说明物种形成的多种错综复杂的关系。在这种渐变群中，如果中间出现了地理隔离，各种群继续发展，就可能形成完全独立的种，否则两极端部分虽然出现了生殖隔离，但也不宜定为新种。

第三节　草地植物的谱系地理学

关于草地植物物种占据特定区域的解释大多基于生态因子。然而，人们早已认识到历史事件与物种及其所含基因的现有分布格局相关联。谱系地理学的引入有助于了解历史事件在等位基因、种群和物种形成现有的地理分布格局中的作用。谱系地理学最早由 Avise 等于 1987 年提出，被定义为"研究支配种内和近缘种间亲缘世系的地理分布领域的原理和方法"。谱系地理学研究当前遗传变异格局形成的历史过程，通过使用遗传信息研究基因谱系的地理分布，同时关注遗传变异在时间（进化关系）和空间（地理分布）上的分布状态，可跨越广阔的时空范围，因而能较好地解释植物的分布如何受历史事件的影响，对草地植物物种形成、生物保护、传统分类等研究领域具有重要作用。谱系地理学与景观遗传学都关注等位基因在整个地理区域内的分布，但景观遗传学关注的是影响遗传变异格局的当前过程，是关于跨越短地理距离的近期变异和分化形成的研究，在保护生物学中具有重要价值。

一、谱系地理学中的分子标记

（一）细胞器和细胞核标记

谱系地理学关注遗传谱系的分布，基因谱系的重建及其解释是谱系地理学分析的两个基本步骤。因此，谱系地理学研究中最基本、关键性的问题是选择适宜的分子遗传标记以获得全面的系统发育信息。DNA 序列是最适于推断遗传谱系的标记，更宽泛的谱系地理学研究允许使用微卫星和 AFLP 等标记，这些标记基于等位基因频率获取关于种群遗传相似性的信息，等位基因频率可以提供有关种群基因流和遗传分化的信息，因而有助于谱系地理学的研究。基于 15 个微卫星的邻接树聚类，可将我国东北草原带大尺度经度范围同时具有灰绿型（GG）和黄绿型（YG）羊草的 18 个种群大体分为 3 支，9 个灰绿型种群聚为 1 支，黄绿型种群则分为 2 支（图 7 - 4）。其中，大部分地理距离较近的种群优先聚在一起。在两种生态型的遗传统计中，预期杂合度灰绿型羊草显著高于黄绿型羊草，并且从东到西呈逐渐减小的趋势。

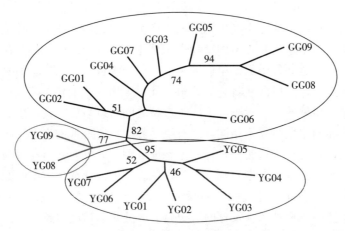

图 7 - 4 灰绿型（GG）和黄绿型（YG）羊草种群 15 个微卫星标记的邻接树
（引自 Yuan 等，2016）

细胞器基因组标记因易操作及叶绿体 DNA 重组率低而产生有效的克隆遗传等因素，应用较为普遍。在被子植物中，由于叶绿体 DNA 的母系遗传特性，在其变异作用下构建的基因树往往同物种树接近。同时，大多被子植物的叶绿体 DNA 以种子进行传播，因而较核基因更能表明居群演化的地理印迹，在植物谱系地理学研究中被广泛应用。Petit 等研究了欧洲相同分布区域内的 22 种乔灌木的谱系地理，并将其种子传播途径分为以下 6 种：①靠鸟类取食传播；②靠啮齿动物贮食传播；③靠絮状附属物传播；④靠果实弹射传播；⑤靠翅果传播；⑥靠风力传播。其中种子传播能力弱的物种，如靠啮齿动物传播、靠翅果传播和靠果实弹射传播的物种表现出较高的居群间遗传分化。Petit 等还发现，基因多样性最高的种群出现在中纬度地区，而非欧洲南部，中纬度地区可能是扩张过程中出现的杂交地带。Tzedakis 等收集了大量资料，证明末次大冰期后的一段时间内，欧洲北纬 45°以北的地区没有温带树种出现，因此怀疑北方不存在隐形避难所。任婧利用叶绿体 DNA 序列分析了分布于内蒙古高原、黄土高原、河西走廊、青藏高原及新疆的短花针茅谱系地理结构，表明青藏高原东北部和贺兰山是短花针茅的起源中心，然后分别从青藏高原东北部经祁连山南麓扩散至新疆，从青藏高原东北部和贺兰山扩散至蒙古高原、青藏高原西南部和河西走廊，进而形成现在的地理分布格局。

然而，细胞器标记的局限性在于其只包含有效的单个基因位点，若该位点受到选择、杂交或其他一些使其经历异常历史过程的影响，则基于该位点重建种群的历史就不是一个理想的选择。此外，细胞器基因组对于瓶颈效应的敏感性并不总是有利的，而且如果种子和花粉分别具有不同的传播模式，细胞器基因组的单亲遗传模式可能会导致其无法完整地重建种群的历史。

由于有性繁殖类群的核基因组一直在发生重组，核基因数据的分析不像细胞器数据的分析那么直接。如果一特定位点的重组率和核苷酸替换率相似，那么该位点的任意等位基因都很可能存在不止一个最近祖先，这意味着大多数核等位基因的谱系关系常常是不确定的。核基因中单核苷酸多态性（SNP）因其高通量和快速分析能力而在重建种群的历史中变得日益有效。

（二）重复与非重复标记

即使对于单个基因组，也需考虑与特定研究相匹配的 DNA 序列类型。如叶绿体基因组包括非重复序列和重复序列。完全或主要依赖叶绿体基因组中的非重复区域整体的变异较低，不适于解决精细尺度的种群问题，最适合进行属或物种水平的比较；而叶绿体微卫星和小卫星比非重复区域的变异高得多，因而对精细尺度的地理学研究更为有效。然而，谱系地理学研究常致力于分析遗传多样性在较大空间尺度范围内的分布特征，采用重复序列会由于趋同性而存在问题，即相同大小的等位基因却有不同的起源。

Paul 等基于全球范围采集的芦苇（*Phragmites australis*）的单倍型数据，比较了包含重复序列和排除重复序列对谱系地理学推断的影响，结果表明包含重复序列时鉴别的单倍型数量是排除重复序列后的 2 倍，推断单倍型间的进化关系则随包含还是排除重复序列发生明显变化，且不清楚这种变化是由于变异性更高的重复序列导致更高的分辨率，还是由于重复序列的趋同性掩盖了等位基因的起源。这是在重建历史分布区变化或比较入侵物种的潜在地理来源时需要解决的一个难题。

二、溯祖理论

谱系地理学的重要理论基础之一是溯祖理论。溯祖理论是探讨近缘种或种内基因谱系的统计学理论，为遗传漂变历史的反向理论。溯祖理论是根据遗传漂变、迁移、种群大小变化及选择等进化力来解释具有共同祖先的物种在基因树中的时间分布状态。每个新突变（等位基因）的扩散受传播模式、种群大小、自然选择等过程的影响，这些过程可以通过这些突变的当前分布推断出来。如果在某个特定位点上鉴别了多个等位基因的序列，依据溯祖理论，就可以回顾它们发生合并的点，追溯这些等位基因的进化历史。

从种群中采集任何两个非重组单倍型的世系将在最近的共同祖先（MRCA）处"接合"；同样，所有存在于种群中的单倍型世系将"接合"形成有不同内接点的系谱树。图 7-5 示如何追溯若干世代，重建一个特定种群内 6 个不同遗传谱系的历史。在此突出显示的 3、4 和 5 三个谱系中，单倍型 3 和 4 在不久前合并在一起，而 3、4 和 5 的最近共同祖先出现于更远的过去（同心圆指示）。

每个单亲遗传的单倍型在原先的世代中只有一个祖先。如果回到足够远的过去，任意种群的所有等位基因应该最终合并到一个单独的祖先等位基因，但不同种群需要的时间差异很大，主要是 N_e 的影响。两个不同的单倍型，无论何时选到同样的亲本，它们都会合并。当 N_e 较小时，其可供选择的潜在亲本较少，合并就会较快地发生。如果一个种群具有一个恒定的 N_e，且种群内的个体在每个世代中随机交配，则在一个二倍体核基因位点上，两个不同的单倍型选到前代同一亲本而合并的概率为 $0.5N_e$。因此，两个单倍型选到不同亲本从而依旧分离的概率为 $1-0.5N_e$。而对于二倍体常染色体序列而言，由于在等位基因内和等位基因间可能存在重组，因而每个世代的后代个体可能的祖先数目翻倍。对于核基因来说，平均需要比线粒体序列多 4 倍的时间才能达到单系。

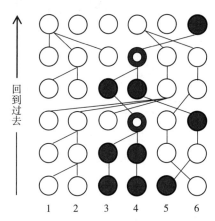

回到过去

图 7-5　一个种群中 6 个单倍型的进化关系

阴影显示单倍型 3、4、5 的谱系关系可以追溯到以同心圆表示的两次合并事件。通过时间回溯，第一次合并事件是单倍型 3 和 4 的最近共祖，第二次合并事件是 3、4 和 5 三个单倍型的最近共祖

（引自 Joanna 等，2015）

溯祖理论在谱系地理学的研究中越来越重要。实际上，溯祖的时间不仅仅受到 N_e 的影响。种群

大小的波动、自然选择以及迁入等一系列因素使得溯祖成为一个较为复杂的过程。解释历史种群的过程所需的数学模型和统计学应用十分宽泛，能容纳种群特征、进化等众多的生态学参数。已有较多的数学模型被成功应用于溯祖理论，被用来分析群体遗传学和分子进化等不同方面的内容，如有效种群大小、选择的过程、种分化时间等。

三、遗传谱系的分布

（一）单个种群的地理模式

谱系地理学的一个主要目标是解释二维空间上遗传变异的成因，了解哪些地理和历史因素可能影响了种群大小、种群分化、基因流及最终该物种及其基因的分布。在一个有相关亲缘世系个体的大种群中，任何突变随机形成一个新的单倍型的机会很可能发生在最丰富的单倍型类型中。由于这些突变极少发生在相同的核苷酸位点上，使得稀少单倍型的数目增加，且它们都与这个祖先亲缘关系紧密，从而形成了一个单倍型亲缘关系的"星状模式"。但是，突变产生的新的稀少单倍型和一直存在于种群中的单倍型的数量不能无限增加，突变产生新单倍型的速率约等于其他单倍型在遗传漂变中丢失的速率，即世系排序，进而形成突变和遗传漂变之间的平衡。当种群较小时，最可能发生漂变，因而世系排序的等级较高。当种群长期以大尺度存在时，在单倍型进化上会具有比星状模式更加复杂的系谱关系。虽然一种单倍型可能仍然占优势，但常会形成一个更为分散的单倍型频率（图7-6）。单倍型中系谱关系的不同模式都能在只来自单一种群的样品中找到（图7-6）。

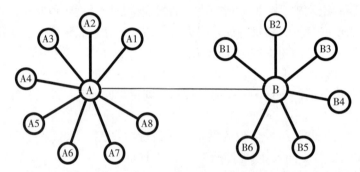

图7-6　一个单独种群中mtDNA单倍型之间复杂关系类型的最大简约网络示意图
（引自Beebee等，2015）

物种的分布区域极其广泛，有些物种，如芦苇在除了南极洲以外的每一个大陆上都能被找到；而许多特有种的分布区域极为有限。有些物理的和行为的障碍是两个种群遗传隔离的原因，这可能会随时间的增加而被消除，当相互隔离的种群再次相遇时，在接触地区可能会形成一个种内的杂交区（图7-6）。如果两个种群分离时间较长，则进化枝A和B的单倍型间的距离较远，进化枝A和B的相近单倍型数目指示来自这两个临时分离种群相等的遗传贡献。短期分离的种群则在进化枝A和B之间形成较短的单倍型距离，而且衍生出较少的卫星单倍型。

（二）传播和地理隔离

大多草地植物物种是以不同大小的多个种群分布在不同的地域的。隔离的种群，无论相隔远近，它们彼此间相互隔离的原因可能是其在不同的拓殖事件后建立的（传播，前面已有相关介绍），也可能是一些过程或事件导致以前连续的种群发生分离（地理隔离）。因此，传播和地理分隔是一个物种自然地理分布区域的重要历史决定因素。传播和地理分隔常以竞争的形式存在，虽然很多情况下两者表现为平行关系。地理分隔事件对于不同的世系应产生相似的进化树系，而传播则可能导致建立的进化树模式更加不确定。

地理隔离是环境事件分隔的过程，常常是非生物的历史因素，如由河流或山脉等屏障导致的以前连续的种群的分离。大约300万年前，巴拿马地峡的隆起就是一次地理隔离事件，这次事件导致大量植物物种的大西洋和太平洋种群的相互隔离。当一个物种的范围被障碍分隔而完全阻断基因流时，这些分隔的种群就会独立进化。突变使 A 种群中产生新的单倍型，这些新的单倍型在 B 种群中是不存在的，反之亦然。同样，一些单倍型通过世系分选在 A 种群中丢失，但却在 B 种群中保留，反之亦然。这样，A、B 两个种群在遗传上慢慢地分化，最终可能发展为独立的物种。

（三）谱系分选

两个草地植物物种（或种群）首次彼此隔离时，它们都会保留至少一部分相同祖先的等位基因。随着时间的推移，由于遗传漂变的驱动，当差异生殖导致一些等位基因随机丢失而另一些发生增殖时，就会发生谱系分选。只有经过谱系分选过程，等位基因才会具有物种特异性。物种（或种群）间可能存在 3 种类型的系谱关系：①互为单系。两个种群内部的所有世系的遗传关系都比两个种群间的遗传关系更近。②多系。种群 A 的一些世系与种群 B 的部分世系之间的遗传关系较种群 A 内部其他世系更近。③并系。一个种群内的系谱世系形成一个单系类群，并嵌套在其他种群的系谱历史中。近期隔离的种群或物种出现多系或并系的概率较高，即使在最简单的物种形成模型中这都是必经的阶段。随着时间的推移，并系必导致多系并最终达到互为单系，只有到这个阶段，这两个种群或物种在遗传谱系上才是不同的。

一对物种或隔离种群达到互为单系所需的时间与研究种群的大小成正比，同时也取决于所用的分子标记代表的是哪一种基因组。质体 DNA 为单倍体，且大多时候是单亲遗传，达到单系的时间大约需要 N_e 个世代。在二倍体物种中，达到单系的时间在核基因中通常需要 $4N_e$ 个世代。谱系分选的不同速率意味着用于谱系地理学研究的核基因和质体基因谱系有时会出现不一致。因为不同基因的分选速率不同，核基因和质体基因间可能存在的不一致的谱系关系将持续下去，直到所有基因在种群间互为单系。这两者之间存在不一致的其他原因包括重组、有性别偏向的传播以及杂交。

（四）杂交

不同草地植物物种间偶尔的杂交现象可能会在同域的物种之间发生，杂交会使等位基因从一个物种渐渗到另一个物种。因而，物种间共享等位基因可以通过共享祖先多态性和杂交实现。对这两个过程的区分取决于两个物种的历史和地理分布。如果它们是近期分化并且完全同域分布的物种，则不能仅依据分子数据来区分。但大多情况下，可以通过查看物种地理分布范围内等位基因的分布来辨别共享基因的来源。如果两个可能杂交的物种在同域分布时共享等位基因，而在异域分布时没有，那么这些等位基因的共享可能是由于杂交。如果共享等位基因在同域和异域分布的种群中都存在，则不完全谱系分选可以更好地解释这一现象。

关于物种进化历史的其他线索可能会在杂交带中找到。杂交带是指不同物种相互接触并发生种间杂交的区域。杂交带的地理分布范围差异很大，有些仅数米宽，有些则跨越数千米。杂交带通常是线型的，也有呈斑块分布的嵌合型。杂交带通过两种方式得以保留。一种是基于杂交带独立于环境这一前提，完全是由于两个物种接触产生的。在该模型中，杂种对环境变化较为敏感，其适合度低于两个亲本物种，杂交带由亲本的基因型传播和杂种的选择淘汰间的平衡来维持，因而产生了所谓的生态应力带。另一种是在某些地区杂种比两个亲本具有更高的适合度，即产生"有界杂种优势"现象。在该模型中，杂交带的维持是基因型-环境相互作用的结果。如不同的杂种基因型与环境梯度互作，产生了不同于两个亲本所在区域的特化生境，在这个地带杂种具有比亲本物种更高的适合度。

有证据表明，杂交带往往出现在"热点地区"，在这些区域可以发现多个草地植物物种组合的杂种类型。这些缝合带可能是同属种经历一段时期的时间或空间隔离后重新交汇的地区，或在景观上发生了突然的生境转变的区域，后一种情况下，适应不同生境类型的同属种可能在生境转变区邻域或同域分布。

四、比较谱系地理学

传播和地理隔离导致全球大量的谱系地理格局趋于一致：在一个特定的地理区域内，大量物种反复出现这些格局。大部分的谱系地理研究往往基于一个物种或少数几个近缘物种，但实际上可以通过比较同一个地理区域内多个物种的遗传分布来探讨其地理趋势。这种比较方法可以进一步理解历史事件是通过哪些途径对种群和物种的进化产生直接影响的；还可以从保护生物学的角度鉴别多个类群历史的共同特征。

谱系地理学可以解释影响广域大陆范围内植物的重要历史事件。在世界范围内，大尺度的谱系地理格局受到更新世冰川作用的影响。在过去的较长时间里，气候的周期性变化导致大面积的陆地间歇性地被大量的冰川覆盖，这些冰川会随着温度的上升而消退，当温度开始下降时，冰川又会再次扩张。有证据表明，在冰期-间冰期循环过程中，物种分布的波动极为剧烈；大片陆地被冰川覆盖后，许多物种在没有冰覆盖的避难所得以幸存。在欧洲和北美洲，冰期避难所的位置趋于冰川前沿的南部。而在间冰期，随着冰盖的退却，这些幸存物种会有更广的分布，这对它们形成现今的遗传分布具有深远的影响。在冰期，种群在避难所内维持着较小的种群大小，因此遗传漂变和新突变的综合作用增强了这些隔离种群间的遗传分化；在间冰期，传播使得之前分离的种群彼此产生联系，导致谱系间可能发生杂交。

以欧洲冰期后生物的重新拓殖为例。在欧洲主要的地理隔离事件中，每个时期大部分北欧生物区系都被冰雪破坏，冰期鼎盛时，种群只保留在分隔开的避难所里，物种的分布范围变得片段化，并以较小种群度过几千或几万年，因世系分选和偶尔的新突变产生遗传分化。这些避难所大多在南方，特别是在伊比利亚、意大利和巴尔干地区，这些区域的气候部分缓冲了冰周期的作用。在间冰期，随着冰川开始消退，物种从避难所中传播出来，向更北部新出现的生境重新拓殖。基于化石和分子数据可以重建物种随冰盖消退后从这 3 个避难所向北扩散的传播路线。通过比较之前冰川覆盖地区与这些冰期避难所或邻近地区种群间的遗传相似性，可以了解到这些非避难所种群是源自哪些避难所种群，这样就可以追溯物种在冰期后重新拓殖的路线，个体就是沿着这些路线从每个避难所传播出去的。谱系地理的界限常与明显的物理屏障，如山脉相符合，但有些物种可以穿越这些屏障，因而这种地理分隔的原因并不明显。

由于不同物种在生境适合度、传播能力等方面具有生态上的差异，加之隐蔽的冰期避难所的存在，其间在冰后期重建过程中必然产生多样的拓殖路线，具有显著不同的谱系地理结构，包括遗传谱系数量的变化、谱系分布的不一致及遗传分化水平的不同。然而，比较谱系地理学已揭示一些不同的类群，物种的拓殖路线也具有一定程度的一致性。阐明冰期后的传播路线有助于研究者鉴别来自分离的避难所的种群在拓殖过程中相互接触的地带。多个物种或遗传谱系间的杂交就频繁地发生于这些地带，这可以表明谱系地理的一致性及冰期后物种从避难所拓殖的主要路线。由于在上一个冰盛期避难所中存活的物种不同，且其重建率不一定与个体移动速度相关，因而这些模式并不具有普遍意义。

作为种群重建的一个结果，可预测处于前沿的亚种群存在严重的瓶颈效应，它们离开避难所后就会不断丢失等位基因和遗传多样性，因而许多物种在冰期避难所或其附近地区具有相对较高的遗传多样性，而在冰川覆盖区遗传多样性水平较低。研究发现，尽管有一些例外的情况，在北半球具有一定程度的谱系地理一致性，在之前冰川覆盖的地区，遗传多样性和纬度之间成负相关关系。可通过种群间遗传多样性的分布鉴别隐蔽的冰期避难所。在欧洲和北美洲，一些之前没有被鉴别为冰期避难所的地点被鉴别为遗传多样性的"热点地区"，这与来自化石记录的证据相结合，提示在典型的避难所的更北方，实际上存在一些隐蔽的避难所。理解这些隐蔽的避难所在冰期后物种重新拓殖过程中的作用，对于预测物种对气候变化的响应具有重要意义。

第四节　草地植物的保护遗传学

全球范围内，耕作、伐木、采矿、筑坝以及建筑等人类活动已经毁坏了无数物种的生境。人为故意或偶然引入的外来物种对许多本土物种造成了严重威胁。狩猎、捕鱼和贸易等已导致许多物种的过度利用，而工业或农业污染给其他不计其数的物种带来了危害。虽然这些危害的过程各不相同，但其共同的后果都是导致野生种群变小。这种情况的发生会导致物种遗传多样性降低及近亲繁殖，而这正是保护遗传学发挥作用的地方。

一、遗传多样性保育的必要性

遗传多样性是物种多样性和生态系统多样性的重要基石，在生物多样性研究和保护中具有不可替代的作用。遗传多样性信息在保护策略和措施的制定、评估中起着重要作用。因此，维持遗传多样性是保护遗传学的重要目标。

保护的共同目的实质是保护稀有种的遗传多样性。由于对绝大多数稀有种来说，缺乏遗传多样性格局的资料，因而其保护经常是通过保护足够大的生境来维持足够大的种群，以防止近交和遗传漂变，而不是直接集中保护遗传多样性。假设维持足够的生境可以防止环境的随机波动，那么遗传多样性的丢失将不是一个需要直接关注的问题。但是，由于遗传多样性可以使"种"得以维持，因而它的直接测定可能是一个重要的优先考虑因素。

一个稀有物种种群范围内遗传变异的量化可以帮助选择样地和管理策略来维持该物种。例如，高多样性或差异的种群可以作为保护的目标，而衰落种群（depauperate population）可以作为管理的目标并恢复其多样性。了解遗传多样性格局可以减少为保护而设置的种群数目，从而减少费用和与土地利用之间竞争的矛盾，多样性格局的资料也可为分类群的进化和种口历史（demo-graphic history）的了解提供帮助。对种群间和种群内结构多样性过程的相对重要性（特别是近交、基因流动、遗传漂变和选择）的了解，可以为正确评价遗传多样性丧失的危险提供可靠方法，同时也可为设计稀有分类群的有效保护策略提供方法。例如，如果种群内有主要的遗传多样性，那么为保护代表一个分类群的差异范围而设计的种群仅需较小种群，在这种情况下，针对特定种群的选择，遗传多样性与其他标准相比可能不是最重要的。但是，如果一个分类群在种群间存在较大的差异，那么保护现存种群的较大部分的策略则具有重要意义。

由于环境的变化是一个连续的过程，种群必须具备一定的遗传多样性才能进化并适应这些变化，因此，世界自然保护联盟（International Union for Conservation of Nature，IUCN）认为保护遗传多样性是全球生物多样性保护的优先内容之一，对物种进行有效保护和管理的前提是要了解清楚遗传多样性在自然条件下是如何产生和维持的。草地植物种群的遗传多样性水平是不同的，多数数量大、分布广的物种具有高水平的遗传多样性；相反，小种群或岛屿种群及濒危物种常显示出很低的遗传多样性水平，这种差异是选择、遗传漂变、突变等过程在特定的繁育系统下相互作用的直接结果。

二、近交与遗传负荷

（一）近交效应的基础

当种群变得非常小并持续了多个世代的迁入隔离后，遗传问题就必然会变得很重要。近交（亲属间的繁殖）能导致杂合性的丧失和弱有害等位基因的积累。适合度的衰退常常紧跟在近交之后，这种情况在两个世纪前就已被植物育种学家认识到了。这种适合度在近亲后代中的降低即近交衰退。在一个大种群内具有亲缘关系的个体之间的近交衰退常常最为严重，因为这种情况下，起主要有害作用的稀少隐性等位基因会继续以杂合子存在。由近交产生的这种等位基因的纯合子对后代个体是极有害的，但通常在种群水平上起可忽略不计的作用。但是，如果种群中的几个个体是从大种群中取来再进行近交，那么强有害等位基因的存在会在种群中引发问题。

在草地植物野生的小种群中近交可能比大种群中多，但起主要有害作用的等位基因应该是稀少或缺乏的，因为通常选择作用会在某个较早时期以纯合子的形式将它们有效地去除。所以尽管在小种群中常有高度的近交，但后代个体的衰退作用会相对较低。但是，增加弱有害的隐性等位基因的纯合性也会降低其适合度，这些等位基因在小种群中如同中性的等位基因那样能逐渐地随机（遗传漂变）固定；而当种群长时期保持在小尺寸规模时，新的突变可使这类等位基因积累并逐渐增加遗传负荷（相对于一个最佳基因型的适合度的下降），这反过来最终会引发"突变崩"，猛烈地诱发出现灭绝漩涡，有害突变使负荷加到了种群之上，通过降低平均生存力和（或）个体的繁殖率而起作用。

近交衰退（inbreeding depression）是濒危物种管理和保护最核心的问题之一。杂种优势（即广义的杂合子优势）的丧失也会引起近交衰退，但至今很少有实验证据来支持这一机制，大多数研究都指向有害的隐性才是近交衰退的主要原因。

（二）近交衰退与遗传负荷

当近交导致适合度下降时，近交会对草地植物小种群的生存造成威胁，这种现象称为近交衰退。在两种情况下会发生近交衰退：第一种是所谓的显性（dominance），即基因位点上有利等位基因通常呈显性，而有害等位基因则由于呈隐性而在种群中保存下来。近交导致的纯合度的增加意味着有害等位基因纯合的可能性增加，当有害等位基因纯合时，其不利影响无法被显性的有利基因掩盖，那么就会导致近交衰退。第二种是超显性（overdominance），或杂合子优势，即在特定的基因位点上，杂合子比纯合子具有更高的适合度。

遗传负荷（genetic load）是生物群体中由于有害等位基因的存在而使群体适应度下降的现象。越来越多的证据表明野生种群会明显受到近交和遗传负荷增高的不利影响，特别是（如预期那样）在种群规模小并且被隔离的情况下。遗传负荷的清洗可通过有害等位基因在种群中固定之前的选择丢失来实现，这可导致"适合度反弹"。由于近交和遗传负荷是濒危物种管理和保护中的主要问题，清洗的效率就具有重要的保护意义。在植物种群中，清洗被认为是一个降低遗传负荷的矛盾力量，一旦特定的等位基因在基因位点被固定，只有再次突变才能在缺少迁入者带来不同等位基因的情况下恢复遗传多样性，因为突变率非常低，这个过程很可能需要较长的时间周期。

三、遗传多样性保护策略

（一）遗传多样性

遗传多样性的保护，实质是基因和基因组水平上的保护。生境破坏和破碎化已经把越来越多的草地植物种限制在小的和隔离的种群中，即使是在剩下的未被人为干扰的生境中，由于环境、种口变化和遗传的随机性，这些种群正面临着灭绝的危险。影响存活和繁殖的环境条件的随机波动被认为是最重要的随机因素，而种口的随机性被认为是次重要的因素，如由于在限定种群中取样错误而导致的与期望的存活和繁殖率的偏离。对于稀有植物灭绝的随机遗传过程的相对重要性，目前仍在争论之中。在隔离种群中，遗传漂变可能最终减少遗传差异，低遗传变异种群内的近交水平的增加可能由于近交衰退而减低适合度，低遗传变异的种群对环境变化的适应性潜力可能会有所降低。在小的隔离种群中，适度的有害突变的累积可能会在较大程度上降低种群适合度，小种群中不亲和等位基因的降低可能对植物繁殖产生负面影响。遗传和种口因素间的负反馈可能逐步降低遗传差异、适合度和种群大小，因而最终导致灭绝。适合度的相对特征和杂合率间的正相关已在许多植物中被发现。

植物种群内的遗传多样性被认为对种群适应环境变化及其后果和物种的长期存活都是非常重要的，没有适当数量遗传多样性的物种被认为没有能力应对变化的环境、进化的竞争和寄生。小种群的一个必然进化结果是由于遗传漂变而产生遗传差异的丢失，由于将来进化的适应依赖于遗传变异的存在，差异的丢失减少了未来适应的可能性；遗传差异丢失的另一个结果是种群内纯合个体数量的增加，这种近交可能与个体适合度的降低相关联。因此遗传差异的保持（至少一定数量的）目前被作为保护的基本目标和保护生物学中遗传资料的解释。

以色列内盖夫沙漠金合欢属（*Acacia*）的 3 个种拉迪相思树（*A. raddiana*）、毛刺相思树（*A. tortilis*）和帕吉相思树（*A. pachyceras*）的死亡率已被较多的学者研究，金合欢属的总死亡率变化范围较大，一些种群中最高达 61%，这种死亡率被认为主要是由人们误用有限的水资源造成的；另外，幼苗的补充是非常稀少的，且种子常受豆象甲虫的侵袭。这些重要的物种可以为其他植物种固氮和改良土壤，也是许多沙漠动物的重要食物资源和避难所，当地农民将该树种的叶和荚作为燃料、饲料和药料。但到目前为止，这个种群的衰退是否会导致遗传多样性的降低仍是未知的。

Shrestha 等利用 RAPD 标记对上述 3 个物种中分布比较广泛的拉迪相思树物种的 12 个种群的遗传差异进行了分析，旨在为该物种的保护提供科学依据。结果表明拉迪相思树种群内存在高水平的遗传多态性。AMOVA（analysis of molecular variance）分析表明，种群间总的遗传变异约为 59.4%，与其他近交物种相比，这种变异水平是相当高的。聚类和主成分分析表明，以色列内盖夫沙漠和 Arava 山谷拉迪相思树种群有高的遗传差异。从保护的角度看。因为拉迪相思树种群有较高的遗传差异，因而每一个种群都应该分开来保护，任何一个种群的丢失都将导致遗传变异的丢失。遗传上区别明显的种群的混合因基因与环境的互作可能会引起杂交衰退（outbreeding depression）。因此，保持拉迪相思树遗传多样性的第一步应该是将不同区域的拉迪相思树种群分开进行管理，因为这些种群有不同的进化史。

（二）遗传差异

对稀有植物遗传差异的水平和分布的研究有助于人们了解种群动态、适应性和进化。许多稀有植物种的遗传多样性与广布种相比常不断减少，且被区分在遗传上独特的、为存活和生长而适应当地生境的种群中，另外一些种也显示出高的遗传多样性，尽管种群总数较小，但仍具备高或低的遗传差异。

遗传多样性及其成分反应会影响繁殖系统。杂交种比自交和克隆植物具有高水平的遗传多样性和低水平的种群间差异。在设计合理的保护策略时，为选择最佳的长期存活的潜力，对一个种的繁殖系统必须加以考虑，因此，自交亲和的植物可能更茂盛，而不管其基因组组成如何；杂交种则依赖于潜在交配的遗传多样性。

对于稀有植物种管理原则的制定来说，遗传多样性的定量分析是优化物种多样性保护的必要条件。例如，紧接着人为干扰（如开矿）活动后的土地恢复已经变成有重要意义的受胁物种保护和管理过程中的一个完整部分。生境的匹配和当地无性繁殖的使用已在大多数物种长期保存中被采纳。对于稀有杂交种来说，遗传分析允许最大化地混合基因型来促进杂交，并且最小化近交衰退的可能性，还可进行独特种群的区别。当确定哪些种群需要保护时，那些有高的遗传多样性的种群应该得到优先保护以维持物种对进化变化的潜在适应。

贝叶石南（*Leucopogon obtectus*）是一个稀有种，总个体数小于 500，且主要分布在矿山恢复地区，其中超过 10% 的个体位于矿道边，且极易受到干扰，尽管一些研究者已对该物种进行了研究，但仍没有大量繁殖这个物种的方法。贝叶石南所有种群中都存在许多接近死亡树龄的个体。种群最初建立之后，种苗的补充是非常少的，Bell 认为澳大利亚石南科（Ericaceae）的补充主要来自一次大的干扰后（如火）贮存在土壤中的成熟种子。许多须石南属植物（*Leucopogon*）种的授粉主要通过昆虫（90%）和鸟（9%），对繁殖系统的最初研究表明，须石南属植物种是专性的和模式的杂交种。Zaeko 等利用 RAPD 和 AFLP 分子标记对该种群间和种群内的差异以及遗传多样性进行了分析，以便在矿山的保护和恢复方面为此物种的保护、管理和恢复生态学提供方法。两个分子标记的结果均揭示了较高（>89%）的多态性标记和一个较高平均值的个体间遗传距离（$D=0.3$）。AMOVA 分析表明，贝叶石南种群内个体间分开的变异分别为 86.7%（RAPD）和 89.7%（AFLP）。准确的检测结果表明种群间没有显著差异；分析也表明，尽管贝叶石南种群较小，但显示出高水平的遗传多样性，个体间高水平的遗传差异和种群间无明显差异性表明这个物种由一个独特的、遗传上不同的群组成，因此，贝叶石南的保护和管理应集中在通过混合基因型和促进杂交来维持高水平的遗传变异。

复习思考题

---

1. 解释分子生态学的含义。
2. 分子生态学的研究内容主要包括哪些方面？

3. 分子生态学主要采用的研究方法有哪些?

4. 分子生态学可应用于哪些研究领域?

5. 简述种群瓶颈的意义及其检测方法。

6. 简述种群遗传多样性与种群大小的关系。

7. 影响种群内遗传多样性的主要因素及其作用机制有哪些?

8. 为什么小种群更易灭绝?

9. 如何区分集合种群的类型?

10. 如何进行基因流的遗传估算?

11. 简述溯祖理论及其应用。

12. 如何理解遗传多样性保育的必要性?

应用篇

第八章

草地放牧与管理

第一节　放牧生态的有关概念

放牧生态学（grazing ecology）是研究草地生态系统中的草畜关系，主要解决草畜平衡、草地退化以及探讨优化放牧理论的学科。草-畜界面，即草畜关系的研究是放牧生态学的核心。

在草地畜牧业中，放牧（grazing）是草地利用的基本方式，它既关系到草地畜牧业的稳定和发展，又关系到草地的保护和生产效率的提高。放牧是人类利用家畜来生产食物和纤维的一种重要方式。目前世界各国的草地畜牧业中，放牧仍然是主要的饲养方式。家畜依靠放牧从草地获得各种营养物质，不仅节约舍饲所需的劳动力和物质成本，还对维护放牧家畜的健康和减少疾病的发生与传播有着极为重要的作用。因此，合理放牧是进行家畜饲养的最基本也是最重要的方法。但是，在过去很长的历史时期内，人们对放牧的认识多偏重于养好牲畜和发展牲畜数量，而对于牧地却很少管理。市场经济的发展才促使农牧民逐步认识到利用草地生产商品——畜产品和商品畜。为了持续生产和提高效益，人们不仅要考虑养好牲畜，还要考虑保护牧草的再生能力和利用草地从事再生产的问题，这从客观需要上推动人们去思考放牧家畜与草地的关系问题，从而推动放牧生态的研究以及放牧生态学的产生和发展。放牧草地管理是指调控放牧生态系统中各个生产要素，以获得最优的产品，为社会提供最优质的服务，并保持草地的可持续发展。放牧草地管理不是孤立地研究动物或者植物，而是研究动物和植物之间的相互作用，其显著特点是通过管理家畜的放牧活动而实现植物生产和动物生产的可持续发展。

放牧生态学是目前国际最活跃的研究领域之一，其研究意义在于：①放牧生态学所涉及的主要实验与理论问题是草地放牧系统中动物、植物界面上的关键问题，放牧作为动物与植物生产的一个关键因素，通过采食来影响草地植被群落结构，决定草地资源转化效率，并且达到动物与植物之间的协同进化；②放牧生态学是草地放牧管理技术以及草地可持续发展的理论基础。

一、放牧生态系统

（一）放牧生态系统的结构

草地放牧生态系统是以非生物组分（气候、土壤）、生物组分（家畜、牧草、微生物）和人类生产劳动（草地改良、放牧管理）3 个组分构成的一个以土壤-牧草-家畜系统管理为主干，以放牧过程中草地物质和能量循环与转化为主体的开放草地农业生态系统。放牧生态系统中的草地物质循环和能量流动是维持放牧系统生态平衡的基础，主要通过牧草生长、放牧利用和畜产品转化 3 个阶段进行。这 3 个阶段相互作用，相互影响，始终统一在一起（图 8-1）。

在许多生产系统如舍饲畜牧业，植物收获后被进行加工、贮藏或直接贮藏，将贮藏的饲草饲喂家畜。在这种生产系统中，植物的生长和利用阶段基本上是相互独立的。然而，对放牧生态系统而言，这两个阶段不能分开，它们之间的相互作用和影响对最终畜产品的输出有重要作用。牧草的生长、枯萎和分解直接影响家畜采食和放牧利用效率。牧草的质量和产量决定家畜和草地双方的生产性能，其利用率

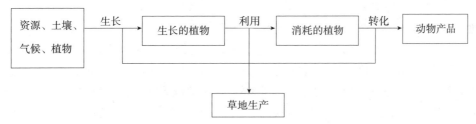

图 8-1　放牧生态系统生产阶段划分

与下列因素密切相关：①草地的密度、物种多样性、形态结构；②家畜的品种、数量、大小；③家畜对牧草的践踏及其粪尿的污染；④家畜对牧草的需求及采食习性。家畜的采食利用控制着畜产品的最终产量。放牧管理在某种程度上主要是通过调节这种相互作用而实现草地放牧系统的最佳生产。养分通过家畜的排泄以及微生物的分解作用形成反方向的流动，即从植物和家畜返回土壤中。

（二）放牧生态系统的特点

草地放牧生态系统具有开放性、互作性、渐进性和季节性的特点，其中互作性、渐进性和季节性特征为系统优化管理的理论基础。

1. 开放性　草地放牧生态系统的开放功能可以使人类通过技术和经营管理对其施加影响，进而不断提高系统的整体生产效率和效益。放牧生态系统内各组分的结构、占比及组合单元的分割与综合共同影响草地放牧生态系统的功能并形成不同的系统类型。例如，根据热量条件、土壤类型、牧草种或品种、家畜种或品种等组分的结构、占比及组合单元的分割与综合，草地可分为狼针草草地、羊草草地、短花针茅草地、白车轴草＋黑麦草＋鸭茅草地、紫花苜蓿＋无芒雀麦＋冰草草地等绵羊、山羊、肉牛或奶牛放牧系统。各种草地放牧生态系统在生产劳动组分的不同管理水平干预下，表现出不同的生产方向和生产水平。衡量草地放牧生态系统管理水平的标志是畜产品的产出。

2. 互作性　草地放牧生态系统中不同生产阶段之间的相互依赖和密切作用决定了系统互作性的特点。提高某一生产阶段效率的管理措施可降低另一阶段的效率，同时也可影响其他因素的变化。互作性促使放牧管理的主要任务是促进调节各因子之间的相互关系，调控牧草生长、放牧利用和畜产品转化这 3 个阶段的有效平衡，保证系统高效与可持续发展。

3. 渐进性　由于人类的生产劳动成为放牧系统的组分，进而决定了其渐进性的特点。主要表现为没有科学、合理的规划与管理将导致放牧系统生产的逐渐损失、生产潜力下降，并且最终可能会导致系统的崩溃。

4. 季节性　放牧系统中的植物和动物等组分决定其季节性的特点，表现为动植物生长和繁殖模式受季节性气候变化的影响，形成植物和动物组分之间相互作用的持续变化。

二、草地的放牧利用

放牧是人类生产食物和纤维的一种重要方式，利用放牧获得人类所需要的畜产品是世界性的草地利用方式。家畜依靠放牧从草地获得各种营养物质，不仅节约了舍饲所需的劳动和物质成本，对放牧家畜的健康有更重要的作用，减少了疾病的发生和传播。但放牧对草地的影响是多方面的，随放牧强度、放牧方式和时间的不同而变化。放牧所产生的影响常较割草更为持久和强烈，只有通过长期的放牧试验才能清楚了解放牧引起的草地植被变化。

（一）放牧的意义

1. 放牧是最经济有效的家畜饲养方式　青草一般都具有良好的营养价值，富含蛋白质、维生素、矿物质及其他营养物质，营养水平较高、营养成分较完善，优于同类青草所调制的干草或青贮料，对幼畜的生长、成年家畜的繁殖、畜产品的数量和质量的提高都有意义；鲜绿牧草多汁适口，能促进家畜的食欲，其营养物质也正处于易消化的状态，根据消化试验，牧草所含的有机物质，反刍类家畜可消化 75%～80%，非反刍类家畜（如马）可消化 50%～60%。放牧与舍饲相比，成本低，且降低了设备费用。

2. 放牧饲养能促进家畜的健康　青草含有丰富的、易吸收的营养物质，特别是丰富的维生素，如β胡萝卜素（维生素 A 原）、维生素 C 以及促进家畜正常繁殖的维生素 E。青草中的胡萝卜素含量比干草多 10 倍；青草富含无机盐类，特别是钙盐和磷盐，是家畜不可缺少的矿物质。青草对促进家畜的正常生长和发育，尤其对幼畜、成长的家畜都具有特别重要的意义。在放牧过程中，家畜经常处于空气新鲜、阳光充足的环境中，经受着各种天气的锻炼，使家畜的各种器官得到充分而均衡的发展。家畜不断放牧运动，可以促进新陈代谢，强健体质，提高对疾病的抵抗力，从而提高和巩固家畜的生活力和生产力。

3. 放牧是草地管理的重要环节　合理放牧就是在整个放牧季节内，既满足家畜营养需要，促进家畜健康和安全生产，又不影响草地牧草的生长，维持草地正常的生长能力，避免草地因过度放牧或放牧不足而造成草地退化或牧草浪费。合理放牧不会造成草地损害，相反，控制好放牧家畜的采食、践踏和粪尿等，还能改善草地的质量，刺激牧草的分蘖，促进牧草的再生，对草地的可持续发展和生物多样性保护也具有重要的作用。放牧不足或不能及时放牧，老草残存，妨碍家畜采食，有机物质不能充分分解。特别是随着生长期的推进，牧草营养成分和消化率发生显著变化。牧草分蘖期营养成分和消化率均最高，随后逐渐降低，至种子成熟期和枯草期最低。分蘖期牧草消化率为 100%，抽穗期则为 90%～95%，开花期为 85%～90%，结实期为 80%～85%，枯草期为 60%～70%。同时，牧草的适口性也会随着生长期的增进而显著降低。牧草在分蘖期适口性优良，全株牧草可以采食，而抽穗期仅能采食 80%，枯草期仅能采食 50%。

（二）放牧地合理利用原则

放牧的标准就是家畜在草地上放牧，草地在正确的管理下能长期保持稳定的生产力、相对稳定的草地群落结构，土壤不出现沙化、碱化或水土流失，家畜的各项生产指标（生长、泌乳、繁殖、产毛）处于良好状态。

1. 草地利用率及放牧强度　草地利用率是指在适度放牧情况下的采食量与草量之比；根据《家庭牧场草地放牧强度分级》（GB/T 34754—2017），放牧强度分为轻度或未放牧、适度放牧、过度放牧和极度放牧。实践证明，正确的放牧可以改进草地饲草品质，提高草地产量。草地利用率和放牧强度对保持草地生产力、草地群落结构的稳定具有决定性的作用。在适度利用的情况下，家畜能维持正常的生长和生产，草地表现利用适度，牧草正常生长，生草土保持正常发育。草地利用率受多种因素影响，例如，牧草的生长时期、地形条件、家畜种类和饥饿程度、草地以往利用状况等。在确定草地利用率时，应考虑以下几种因素：①草地的耐牧性；②地形和水土保持状况；③牧草质量状况；④降水量。

2. 放牧的适宜时间　放牧的开始与终止时间对牧草的生长、发育和再生有非常大的影响。草地放牧开始的时间应考虑牧草的生长高度和发育阶段。春季牧草萌发，完全依靠贮藏的营养物质，直到草类开始发育 15～18d 后，消耗的营养物质才能得到补充，这段时间称为牧草发育的临界期，在放牧上称为"忌牧期"。所以，春季放牧应在牧草生长发育 15～18 d 以后开始。牧草在生长结束前，需要贮藏一定的营养物质，用于来年再生。因此，秋季在牧草生长结束前的 30 d 左右应停止放牧，生长季结束后，转入冬季枯草期放牧。

3. 放牧次数与牧草的采食高度　草地可以重复放牧的次数因牧草种类、土壤营养状况和气候、水热条件的不同而不同。放牧次数应根据牧草的再生状况确定，家畜采食后，牧草再生到一定高度后才能进行下一次放牧，确保牧草能恢复到良好的再生草层。春季第一次放牧的时间不要持续 30 d 以上。第一次放牧之后，一般在 20～25 d 后草层恢复，可以再次放牧。第二次以后的放牧需要间隔较长的时间。放牧采食高度对牧草的再生、草地群落结构和家畜生产都有影响。牧草留茬过低，如低于 3 cm，牧草再生要消耗大量贮藏物质，使贮藏的营养物质减少、产草量下降；牧草留茬过高，大量牧草未被利用，降低草地利用率，枯枝太多也影响牧草再生。

4. 草地载畜量的估测与调控　草地载畜量是指在一定放牧时期内，一定草地面积上，在不影响草地生产力及保证家畜正常生长发育的条件下所能容纳放牧家畜的数量。与此相对应的一个概念是载畜量，载畜量是指在一定放牧时期内，一定面积上，草地实际放牧的家畜数量。确定合理的载畜量对维持草地生产力、合理利用草地、促进畜牧业的发展都是必要的。载畜率的大小受多种因素影响，所以需要经常调整。可以通过草地的植被情况和家畜的健康状况、稳定状态来核查草地载畜率是否合适。如草地放牧的载畜率合适，则牧草生长发育正常，草层覆盖度较大，土壤无侵蚀现象，家畜践踏不重。如载畜率过大，植被退化，优良牧草减少，小型密丛禾草、蒿类植物增多，毒害草增多，土壤因家畜践踏过度而生成沟纹，引起侵蚀现象，这时家畜数量或草地利用时期应当减少。相反，如果放牧季节后期还留存过多饲草，则说明载畜率太低，家畜数量应缓慢增加，直至平衡。另外，从家畜的健康状况来观察，如载畜率合适，则家畜体况发育良好，生产力较高。如载畜率过大，则家畜营养不良，健康状况下降，生产力降低。载畜率的调控是实现草畜平衡的有力手段。提高载畜率就会减少对每头家畜可利用饲草的供应，降低个体家畜生产。但是，个体产量的降低又会被头数的增加补偿。所以，在中等以下的载畜率下，每单位面积草地上的畜产品生产量以相对稳定的速度随着载畜率的增加而增加。

（三）放牧制度

放牧的家畜，常因草地的自然条件、草地类型、放牧习惯和畜群种类的不同而采用各种不同的放牧制度。当前常用的放牧制度为连续放牧和划区轮牧，对犊牛和羔羊还常用穿栏放牧。

1. 连续放牧　一种自由放牧方式，指在整个放牧季节甚至全年在同一草地放牧。家畜会挑选喜食的牧草，留下适口性差的植物，造成饲草浪费，也给适口性差的植物提供了生长机会。因此，连续放牧应根据牧草的不同生长季节适当增减家畜数量。否则在牧草生长旺季，饲草过剩，而在其他季节饲草又明显不足。连续放牧也有其优点，即草地管理费用较划区轮牧小得多，而且围栏、供水等的投资较少。

2. 划区轮牧　根据草地生产力和家畜数量，将草地划分为若干面积相等的分区，规定每分区的放牧日期；然后按计划分区顺序放牧，并在放牧日程上规定轮牧周期和放牧次数。目前世界上很多畜牧业发达国家都采用这种放牧制度。实行有计划的划区轮牧，可以使草地得到系统的休闲，使牧草保持正常的生长发育和丰富的营养价值，在整个放牧季节，可以保证均衡地供应饲草，使家畜在放牧期间维持平衡的生产，对家畜的增重、泌乳、产毛、繁殖都有很好的促进作用。划区轮牧具有以下优点：放牧期间大部分牧草处于幼嫩阶段，营养成分较高；可以减少家畜寄生虫病感染机会；实行划区轮牧还可减少家畜对牧草的践踏损伤，减少粪便的污染，提高草地利用率。

3. 穿栏放牧　穿栏放牧是指母畜与仔畜同时放牧，仔畜可以自由穿过预留的围栏，出入基本草地与特定草地采食，只允许母畜在基本草地采食，特定草地的牧草质量较高，有利于仔畜生长。将穿栏放牧用于集约化草地放牧，在轮牧系统中，用于仔畜穿栏的草地在放牧仔畜后再用于仔畜与母畜同时放牧，使草地得到充分利用，然后将家畜移到下一组小区放牧，使放牧过的小区获得休闲的机会。

4. 其他放牧方式　我国各地牧区的放牧方式是多样的，因草地的具体情况而不同，除上述3种常用的放牧方式外，还有系留放牧和混合放牧。系留放牧是将家畜用绳索或用绊脚系留在一定的草地上，以代替划分区界，在高产的天然草地和栽培的优良草地，放牧种用公畜、高产乳牛或病、老家畜常采用系留放牧。这种放牧可以使家畜安静地在系留范围内采食。在系留放牧的范围内，家畜能常有新鲜的牧草，采食均匀，又不会使牧草过剩。混合放牧是指在同一放牧地有计划地同时或相间放牧两种家畜。不同家畜的采食特点不同，这样可以充分利用草地，提高草地利用率。混合放牧时，注意各种家畜的放牧量，控制草地大部分牧草被适当利用，并经常检查牧草与土壤的状况。

（四）放牧地种类

放牧地（grazing land）或称放牧场（pasture lands）通常包括天然放牧地和人工放牧地两大类。

1. 天然放牧地（natural pastureland 或 range、rangeland）　为自然形成的禾草、其他草本植物和灌木等的生长地，各类植物的比例因气候和放牧利用的程度而不同，包括各种类型的天然草地和其他天然放牧地（例如灌丛、荒漠、苔原、林间草地、撂荒地等）。有的国家和地区对天然牧地实行补播、施肥等管理措施进行改良。

2. 人工放牧地（artificial pasture） 包括人工种植和培育的以多年生牧草为主的永久（长期）放牧地、短期轮作放牧地，也包括人工种植用以放牧的临时放牧地等。

（1）永久（长期）放牧地（permanent pastures）：一种人工培植的高产优质而长期利用的放牧地。以多年生禾本科牧草为主，常混播少量豆科牧草，载畜能力较强，在生长季节，一个家畜单位（牛）需 0.5～1.0 hm² 草地。此类放牧地为人工种植、施肥、灌溉，在一定时期可进行补播，有良好的管理措施并被合理利用。在欧洲、北美洲、大洋洲分布较广，特别是在一些发达国家，此类放牧地已成为主要的放牧地，这是其草地畜牧业成功的重要原因之一，也是其牧业生产水平较高而成本相对较低的重要条件之一。

（2）短期轮作放牧地（short-term pastures）：此类放牧地为耕地中与大田作物轮作的短期草地，是一种栽培的高产优质草地。此类放牧地种植牧草的时期一般为 2～5 年，以后同样久的时间种植其他作物。此类草地在德国一般农户中约占其耕地面积的四分之一，能较好地保证牧业的需要和维持农田生态平衡。此类草地通常被用于放牧或刈牧兼用。

（3）临时放牧地（temporary pastures）：临时放牧地为人工种植的一年生牧草或饲料作物地，生长期供家畜放牧利用。家畜可长期连续在不同的临时放牧地上放牧。

（4）补充放牧地（supplemental pastures）：在一年中可能只能利用 1～3 个月的短期放牧地，以补充永久放牧地的不足。此类放牧地的牧草仍以人工种植的一年生牧草或饲用作物为主，利用其刈制干草或刈青后的再生草来补充放牧地。

三、家畜的放牧行为与嗜食性

不同种类的牲畜，因其放牧习性与嗜食性不同，所以对草地植被的影响也不同。在草原管理中，充分了解牲畜的采食特性是非常必要的。常见放牧家畜的特性和采食习性如下。

1. 牛 牛采食的草类很广泛。牛喜食高大、多汁、适口性优良的草类。禾本科、豆科牧草是牛最喜食的草类。菊科、莎草科、薹草属、蔷薇科、十字花科和伞形科等一些草类也都是牛喜食的草。牛不喜食味苦、气味大、含盐量高的牧草，不喜食粗糙、有茸毛的草类。牛对于多数的灌木都不喜食。牛在放牧地采食均匀，不大选择嫩草，利用后的再生草发育正常。禾本科-杂类草-豆科牧草组成的草甸、亚高山及高山草甸都能被牛很好利用。牛通常不会过度采食牧草，除非它们的数量超过草地负荷放牧的能力。牛食草较均匀，用舌卷入牧草，然后用臼齿把草初步嚼碎吞咽，卧地休息时再反刍磨碎成食糜。牛可在夜间放牧。在一天的牧食过程中，通常采食 4～9 h，反刍 4～9 h，饮水 1～4 次，卧地休息 9～12 h。

牦牛的舌发达而灵活，门齿坚硬，既能用舌卷食高草，也能啃食矮草；株高 10～15 cm 的牧草，牦牛可采食上部 7～10 cm，余茬高 3～5 cm；高仅 2～3 cm 的高山嵩草牦牛也能很好采食。牦牛既能采食禾草如披碱草属（*Elymus*）、早熟禾属（*Poa*）、羊茅属（*Festuca*）、落草属（*Koeleria*）、剪股颖属（*Agrostis*）等属的植物，又能采食多种莎草科草，特别是嵩草属（*Kobresia*）和薹草属（*Carex*）的植物，也能采食一定量的豆科牧草和杂草类。食物短缺时也采食少量灌木枝叶。牦牛能很好利用高山嵩草草甸。牦牛采食能力较强，每天采食和卧息反刍的时间约占 2/3，游走时间约占 1/3。

2. 绵羊 绵羊有薄而灵活的嘴唇和善于咀嚼饲料的臼齿，采食方便。绵羊采食的草类范围比其他家畜广泛。绵羊喜食多汁的、含盐的、有气味的或有苦味的各种牧草。几乎所有草原中的自然植物，绵羊都能利用或利用其一部分。绵羊善于采食矮草，善于选食更富营养和适口的部分。也能利用其他家畜放牧后的再生草，利用草地的程度比其他家畜高。因此在草地植被的各地带都有绵羊的适宜放牧地。在低草层以禾草为主的地区，绵羊与黄牛竞争较大。绵羊喜食嫩草及植物的幼嫩部分，尤其喜移动采食，常喜采食绿叶的尖部。良种绵羊，如美利奴绵羊的选食性强。草类不合适时绵羊常远出牧食。绵羊喜迎风牧食，但不喜在一天最热时采食，热时常喜躲在荫凉处，拥挤在一起。禾草中的羊茅、冰草、针茅等以及蒿类、葱类、薹草类和一些杂类草，都适于绵羊利用。在荒漠草原，因绵羊比牛需水少，故适于绵羊的草类也很丰富，主要是小丛禾草（数种针茅）、蒿类、葱类和多种猪毛菜。

由于绵羊具备有效地选择采食的能力，所以长期高密度的放牧会引起植物群落的破坏，但是，如果以正确的比例与其他种类的牲畜一起放牧，则可以在更为充分地利用牧草的情况下得到良好的生态效益和经济效益。

3. 山羊　山羊喜欢吃灌木和乔木的叶、嫩枝，甚至树皮，这与牛和绵羊不同，山羊还能利用绵羊不能攀登的陡坡上的牧草。水草丰茂的夏季，山羊活动半径在 3 km 左右；水冷草枯的冬季，山羊活动半径可远达 6 km。活动能力强可保证山羊获得较其他家畜多而好的饲料，以满足其营养需要。山羊比较淘气，跑跳、登高是其特有的生物学特性。其他家畜上不去的岩石陡坡，甚至悬崖峭壁，山羊都能行走自如；山羊还能用两后肢直立，充分采食较高的藤刺灌丛牧草。山羊食性广，在一天当中，采食树叶占 90%。山羊的唾液腺分泌量大，对植物中的单宁酸有中和解毒作用，保证了山羊能大量采食富含蛋白质的树叶，有效地消化吸收利用而不受单宁毒副作用的影响。

4. 马　马以其口腔的上下门齿咬切和啃食植物，并且能很有效地利用密布地面的矮草。它们按照自己对食物的喜食性而选择食物，冬天能刨开积雪觅食枯草。马对牧草种类的选择比牛差，但比羊高。马极喜食细小草丛，主要食用禾本科草，如羊茅、针茅、冰草等，也喜食多汁的抽穗前芦苇及薹草。马特别喜食营养价值高的羊草，喜食苦的和有气味的蒿类，也喜食干燥的藜科植物，如猪毛菜、优若藜等。马可以利用各类干草原。在荒漠上，基本依靠采食细小的旱生禾草。荒漠草地往往缺少马群喜食的草类，只有盐生荒漠草甸的细小草类，马尚喜采食。为了加强马群的锻炼和保护关节、蹄腱的发育，应在具有紧密生草土的干燥草地放牧马群。

马的放牧地常分为四季放牧地。春季产驹时期的放牧地，要有早春生长的营养良好的牧草，天然草地常选择山麓阳坡干燥温暖的地区。夏季利用一般的草地，马群可以得到充足的营养物质，蚊蝇多时可选择地势高的地方。秋季抓膘，再生草地、低湿地和盐碱草地都可利用。冬季天寒草枯，必须慎重选择越冬放牧地。优良的放牧地应尽量分配给妊娠马及幼驹放牧，并准备补充干草。

5. 骆驼　骆驼是被称为"沙漠之舟"的哺乳动物，以嫩枝叶为食，生活在干旱地区，其上唇分裂，便于取食许多灌木和树木枝叶。骆驼颇能忍耐饥渴，使得它能够在由于过度放牧而受到破坏的和不能大量饲养牛的干旱地区的距水源较远的牧地上生活。骆驼对于草类的选择性最差，一般认为它最能利用粗糙的草类和灌木，但在饲用价值高的草类同时存在时，骆驼首先选食饲用价值高的草类。骆驼善于利用有气味的、苦的、灰分含量高的和具有茸毛、棘刺的植物。骆驼喜食藜科、菊科、十字花科等草类，也喜食豆科牧草，对于禾本科牧草不如其他家畜喜食。

荒漠草地上的草类大部分都适用于骆驼采食。灌木类如珍珠柴、梭梭及白刺（蒺藜科）、麻黄等，骆驼都喜欢采食。在草原上，骆驼利用禾本科牧草、蒿类及豆科的灌木。骆驼不善于利用高山草地。在森林草原，骆驼采食不到灰分高的草类，对于林下杂类草及草甸植物都不喜食。

四、放牧草地的演替

草地的放牧演替是次生演替中最主要的一类。它的发生是逐渐而缓慢进行的。正常情况下放牧可促进牧草发育，使其再生性增强、营养价值有所提高。因此，经过放牧的草地其生产力并非一定会衰退，关键在于放牧的强度是否合理。

草地放牧演替主要是牲畜通过啃食和践踏对草地群落产生影响，其影响主要包括以下 3 个方面。

（1）牲畜的践踏使得草地植物的柔弱部分和不耐践踏的丛生禾草草丛逐渐减少，直至完全消失，同时使得草地土壤结构被破坏。在湿润地段，土壤更趋坚实。在干旱地段，土壤则越来越松散，干燥度增加，土壤毛细管作用增强。这一变化有利于草地中旱生植物的增多。牲畜的过度践踏会引起土壤表层盐分量的增加，严重的将形成碱斑块地，降低草地群落的生产力。另外，牲畜的践踏还把草类种子踏入土中，促使其发芽，同时也可把种子携带传播到其他地方，使不同物种广泛分布。

（2）牲畜啃食植物地上部分，也会影响地下部分营养物质的积累，限制地下部分的发育。适口性好的牧草被大量消耗，而适口性相对较差的植物种类得以旺盛生长。

（3）牲畜的粪便可为土壤提供大量肥料。

放牧演替的生理生态基础是在放牧适当的情况下，适口性好的牧草由于家畜采食增加光合作用，加快同化物质的合成。但对于适口性差、有毒有害的牧草，则由于部分光合产物被用于增加毒素的产生或者刺等的生长，阻滞了自身植物的生长。在放牧过度的情况下，适口性好的牧草由于产生的光合产物不能维持植物根系、叶片的再生和繁殖等生理活动，导致它们生长减弱甚至死亡，一段时间后，就被适口性差的植物替代。

草地群落的大多数植物种类具有一定的耐牧性。一般情况下，正常的放牧能促进草地植物的发育，增强其再生性并提高其营养价值。因此，草地经过放牧不一定导致草产量下降，其关键在于控制放牧的强度。随着放牧强度的增大，草地群落就会逐步退化。

在草地放牧的次生演替系列中，可以按放牧强度分为轻度放牧阶段、中度（适度）放牧阶段、重度（过度）放牧阶段和极度放牧阶段。各个阶段具有一定生活型的优势植物种类作为标志。草场的生产量也随草地群落的退化而逐级降低。过度放牧情况下，过度采食和强烈践踏导致草群中莲座状、根出叶和匍匐型的植物大量出现；由于部分土地已经接近次生裸地，草地的恢复需经历更长的时间。放牧对草地植物种类的影响如图 8-2 所示。

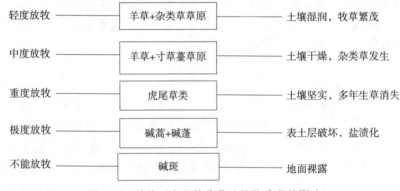

图 8-2　放牧对东北羊草草地植物成分的影响

（引自贾慎修，1995）

第二节　放牧与草地环境的生态关系

一、放牧对草地植被与土壤的影响

放牧对草地的影响是复杂的、多方面的，对草地植被与土壤的影响主要取决于放牧强度、放牧制度、放牧季节、放牧动物的采食行为等。家畜放牧不仅啃食可利用的牧草，在采食过程中还践踏土壤和植被，并将粪便留在草地上。

（一）放牧对草地植被的影响

不同的放牧强度对草地群落结构有不同程度的影响。轻度放牧保持了原有植物群落的典型植物成分，但使草地表面保留了较多的凋落物，影响草地更新和牧草分蘖。在适度放牧条件下优良可食牧草数量基本稳定，适度放牧能促进牧草生长发育，促进牧草根系的发育，提高牧草再生能力及营养价值，保持草地较高的利用率。牧草结实后的适当放牧，还可以调控种子传播，保护草地的物种多样性，是维持草地群落稳定生长和防止草地退化的重要措施。在过度放牧条件下，家畜过度采食植物体的枝、叶等可食部分，使植物的叶面积不断减小，植物的光合能力随之降低，从而影响植物的生长发育和进一步的繁殖。家畜对植物的采食具有较强的选择性，总是优先采食一些适口性较高的牧草，久而久之，造成草地层次结构不明显，一些优质的多年生牧草从草群中衰退和消失，取而代之的是一些适口性差的杂类草、毒害草不断增加，甚至出现裸地。过度放牧会降低草地群落盖度，从而使草地生产力下降（图8-3），而且可改变草地土壤的理化性质，使营养物质大量损失。另外，家畜粪便直接影响家畜的采食，又造成草地资源的浪费，引起草地退化。

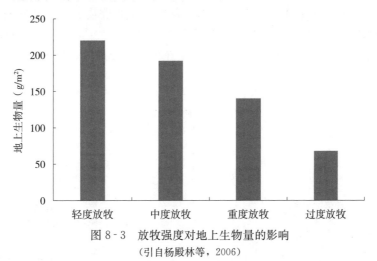

图8-3　放牧强度对地上生物量的影响
（引自杨殿林等，2006）

（二）放牧对土壤的影响

放牧除对草地植被有影响外，还通过家畜采食、践踏直接影响土壤的物理结构（例如土壤紧实度、渗透率等），通过家畜采食活动及家畜对营养物质的转化和排泄物等影响草地营养物质的循环，从而导致草地土壤化学成分发生变化，而草地土壤物理和化学变化之间也相互作用、相互影响。践踏对土壤的影响因土壤类型、草地类型、气候条件、放牧季节和放牧强度不同而有差异。王忠武的研究表明随着放牧强度的增加，家畜对土壤的压实作用增强，土壤容重也逐渐增加。内蒙古典型草原、狼针草草原、东北羊草草原和高寒草甸土壤容重随着放牧强度的增加逐渐增大，放牧对土壤容重的增加具有累积效应。过度放牧导致土壤的容重和渗透阻力增加，使土壤孔隙度的空间分布发生变化，使土壤团聚体稳定性和渗透率降低。

一般来说，在干旱地区，过度放牧和践踏能破坏生草土和植被，易使土壤旱化、沙化。而对于湿润的高山、亚高山草地类型，踏实土壤能加强生草土的形成，这是由于草层中高草被啃食或逐渐消失后，使上繁的根茎型和疏丛型禾草形成短叶枝的作用更为强烈，加强了植物的分蘖，使须根形成致密的网状。在以莎草科植物为主的高山放牧草地，由于牧草根系形成垫状草皮层，富有弹性，放牧对土壤影响较小，对土壤总孔隙度的影响也不明显。据研究，未放牧过的草地土壤总孔隙度为76.1%，羊群放牧践踏过的草地土壤总孔隙度为75.6%。说明莎草形成的草皮对家畜的践踏有较大的耐力。在降雨较多的地区，坡度大的草地在雨天放牧大家畜（如牛），畜蹄的践踏极易破坏草地，造成土壤通透性变差甚至板结，引起严重的水土流失。

家畜粪尿对草地的作用主要是营养元素的返还。放牧家畜通过采食牧草会从草地上摄取大量营养元素。这些营养元素多通过粪尿的排泄返还给土壤，因此，放牧草地对肥料的需求远低于刈割草地。适当放牧，家畜粪便会均匀地分布在草地上，对草地营养元素的返还具有显著效果。如果放牧超载，家畜排泄粪尿过多，则会对草地产生不良影响，同时也会影响家畜采食。大面积的粪便覆盖草地，牧草生长长期见不到阳光或空气，会缺氧而窒息，特别是在放牧牛群的草地上，成年牛每天排泄的粪便能覆盖$0.5\sim1.0$ m² 的草地。

二、草地植物对放牧的响应

20世纪中叶以来，国内外众多研究者分别从个体、种群和群落乃至生态系统水平研究了不同种类牧草在生理、形态和种群统计学等方面对不同刈牧制度的响应规律，阐明了不同刈牧制度对牧草的光合生理、资源分配和发育形态等的影响及牧草的反馈机制，如抗性、补偿或超补偿性生长的机制，为草地生态系统及草地畜牧业的可持续发展提供了坚实的基础。

草地植物种类组成、所处发育阶段不同，对放牧的响应也各不相同。植物对放牧的响应分为两种：一种为避牧型，一种为耐牧型（图8-4）。由于草地植物对放牧的响应不同而最终导致草地植物学组分的不同，如饲用价值较高的丛生型和根茎型禾草在过度放牧情况下逐渐衰退，而饲用价值低的杂类草数量不断增加，同时一年生杂类草大量出现，在极度放牧地段，以羊草为主的草地优势植物会被寸草薹和矮葱等代替。

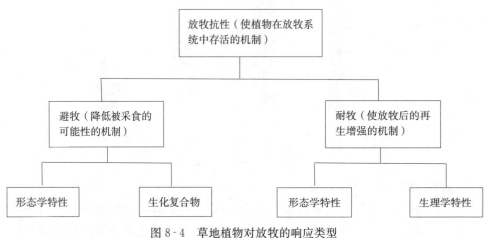

图8-4　草地植物对放牧的响应类型
(引自 Brisk，1986)

（一）耐牧型

一般情况下，草地上大多数牧草都属于耐牧型，这是植物长期适应放牧环境的结果。根茎型禾草类植物较为耐牧，轴根型植物不耐牧。植物在分蘖期的耐牧性强于生殖期，这是由于处在种子繁育期的植物，其营养物质主要分配到生殖器官，而营养器官或分蘖节的营养供应不足，放牧后直接影响牧草的再生。耐牧型植物在放牧后会迅速发出新叶片和新的分蘖，在生理上表现为补偿生长或超补偿生长，即加快植物光合作用使植物快速生长和恢复。

（二）避牧型

避牧型植物主要通过各种方式避免或减少被动物采食。草地植物的避牧机制又可以分为形态避牧机制和生理避牧机制。

1. 形态避牧机制　形态避牧是通过控制草地植物被动物采食的难易程度及其适口性来间接实现的。根据避牧植物分蘖和植株本身的反应，避牧类型分为5种（表8-1）。采食的难易程度主要是通过控制植株的高度来实现的，比如矮小型植物其枝条平卧、斜生生长或匍匐生长，其生长点靠近地面不易被动物采食，所以矮小植物具有较强的抗牧能力。也有一些植物解剖结构或表面结构粗糙，如植物木质化程度高，表皮具有毛、刺、芒或表皮硅质化等，致使植物的适口性显著降低，动物不愿采食。

表8-1　避牧型牧草的组织水平、避牧机制及形态学特征

(引自 Brisk，1986)

组织水平	避牧机制	形态学特征
分蘖	组织易食性	节间部分的数量和长度、分蘖角度、叶长和角度、叶茎比、花序的芒或刺
	表皮特性	软毛、蜡状物、硅质化
	叶片结构	叶片张力、存在维管束

（续）

组织水平	避牧机制	形态学特征
植株	组织易食性	茎的积累、营养枝和生殖枝的比例
	种间关联	种间避牧机制的表现区别

2. 生理避牧机制　植物体内含有或能够分泌不同种类的次生代谢物质，如生物碱、有机酸、单宁和鞣酸等，家畜采食后会中毒、有不良反应或因其气味而拒食。这些次生代谢物质包括高毒性化合物和高含量化合物。高毒性化合物是指植物体内含量少但毒性强的化合物，包括生物碱、糖苷类物质等。该类化合物的含量在牧草被采食时快速增加。高含量化合物是指植物体内含量较大的化合物，包括鞣酸、木质素和树脂等。植物要消耗很多营养物质来制造这些化合物。所以，一般情况下具有生理避牧机制的植物其生长速度和竞争能力都要低于不具备该机制的植物。

牧草对放牧的反应还与环境条件、植物生长点的活跃程度以及贮藏营养物质有关。在适宜的温度、水分和肥力条件下，植物的补偿性生长加快、耐牧性增强。植物在被采食后，其贮藏的碳水化合物会被迅速运往繁殖器官，刺激生长点的生长。贮藏的碳水化合物的含量低于一定水平时会限制牧草的再生。

不同生活型的植物对放牧的反应不同。表 8-2 所列是影响禾草、阔叶草和灌木 3 种生活型植物的放牧抗性增强的因素，植物通常依靠这些反应来增强对放牧的抗性。

表 8-2　增强植物抗牧性的途径
（引自 Holechek，2003）

牧草类别	增强抗牧性的途径
禾草	具有较多无秆（无茎）的嫩枝
	顶芽萌发较晚
	被采食后能萌发更多的芽
	营养枝与生殖枝比值较高
阔叶草	产出大量可用种子
	生长点发育较晚
	有毒物质和化学复合物降低其适口性
灌木	针、刺形成以防止被采食
	挥发油和单宁降低适口性
	分枝保护内部的叶片不被采食
	年内生长的灌木种多数具有良好的适口性和营养价值
	顶端分生组织的移除会刺激腋芽的生长

但需要指出的是，牧草对放牧的响应较为复杂，不但植物种之间存在较大差异，而且种内的响应机制也有所不同，有时还会是多种机制即避牧和耐牧响应特征同时出现或者交叉出现。

三、放牧对土壤微生物的影响

在草地生态系统中，草食动物对植物群落有强烈的影响，其对生产者的作用影响了下一营养级的生物食物来源和生长空间，从而引发一系列的间接影响。在放牧生态系统中，草食动物、地上植被和土壤之间的作用与反作用直接或间接地影响着地下土壤微生物群落。在放牧生态系统中，家畜践踏和排泄物归还土壤等过程能直接影响土壤微生物状况。放牧活动致使植物产量降低、土壤理化性状改变、根际土壤微环境发生变化，进而对土壤微生物群落产生影响。在重度放牧的草地上，土壤微生物群落以细菌为主，而在轻度放牧的草地上，以真菌分解途径为主，主要表现在土壤真菌总菌丝体的数量和活性在轻度放牧样地显著高于重度放牧样地。重度放牧、高频度放牧或者更多的植物残体的出现有利于以易利用养分和土壤细菌为主的快循环，相对轻度的放牧则会支持以难分解物质和土壤真菌为主的慢循环。

草食动物放牧对土壤微生物产生的间接作用是复杂而多途径化的，其对土壤微生物的影响可归纳为：放牧引起土壤微生物数量的变化，土壤微生物数量会随着放牧强度的增大而呈现先增加后减少的趋势；放牧使土壤微生物类群结构发生变化，在适度放牧情况下，会使丝状真菌类微生物类群有所增加，放牧退化草地的土壤微生物种类、数量均有不同，其中起主导作用的微生物种类也不同。

四、放牧对植被与土壤空间异质性的影响

1. 放牧对草地植被空间异质性的影响　在天然放牧草地上，草地植物和土壤空间分布格局会对家畜的选择性采食产生较大的影响。动物的食物资源在草地上通常不是随机分布的，而是以斑块化的分布形式为主，并且这些斑块由不同质量和数量的植物物种镶嵌构成。草食动物通常采取一系列不同的采食策略来响应食物资源这种斑块化的空间分布格局。通常认为，草地空间异质性形成的一个主要原因是干扰（disturbance）。但是，由于干扰的类型、大小、频率、强度等因素的不同，干扰对空间异质性产生的作用结果也不同。放牧作为草地生态系统的一种主要生物干扰因素，可以对草地植被空间异质性产生重要的作用。一方面，家畜作为一种有效的管理工具能够通过适度的、合理的放牧维持草地初级生产力、生物多样性和生境结构，并且能够增加草地植被的空间异质性。另一方面，当人类对草地不合理地利用时，如过度放牧等，会降低草地植物生产力、导致草地土壤肥力的损失，草地植被和土壤空间异质性下降，生态系统结构简化，最终会导致草地植被的退化甚至沙化。在同一草地研究系统中放牧能同时增加和降低植被的空间异质性。空间异质性是指示草地退化的一个十分重要的指标。例如，Lin 等在内蒙古的荒漠草原研究中发现，随着放牧强度的增加，植物地上生物量的空间异质性下降，甚至重度放牧导致了草地植被斑块的破碎化。在干旱和半干旱草地生态系统中，草地植被斑块化（尤其是较大的植被斑块）能够为植物提供良好的生境，进而维持植物物种丰富度并促进植物幼苗的定植。在重度放牧条件下，大的草地植被斑块损失，破碎的草地植被斑块会提高植物物种损失的风险，对草地生态系统产生消极的作用。某种干扰在一定程度上能产生轻度的作用效果，提高草地空间异质性。但是，经过时间的积累，这种干扰的效应可能会等同于重度干扰的效应，进而对植被空间异质性产生消极的作用。

草食动物主要通过粪尿排泄、践踏、选择性采食等多种作用以及多种途径之间的互作直接或间接地影响草地植被空间异质性。草食动物的粪尿沉积和践踏活动在较小尺度的草地上具有较强的干扰作用，因此，粪尿沉积和践踏作用通常能够提高小尺度的草地植被和土壤空间异质性。放牧通过粪尿沉积为草地植物生长提供了重要的、可利用的营养，通过影响土壤营养含量和利用率来调节对植物的作用。粪尿的作用通常能够增加草地植被空间异质性。动物轻微和适度的践踏通常对草地植被空间异质性产生促进作用，但过度践踏可能会降低草地植被空间异质性。

2. 放牧对草地土壤空间异质性的影响　草食动物放牧不仅影响草地植被空间异质性，还会影响土壤空间异质性。通常情况下，放牧通过直接的采食作用对植被空间格局的作用效果比较明显，而对土壤空间格局的作用相对稳定且有一定的滞后效应。放牧对土壤空间异质性也没有一致性的作用结果，放牧能够提高或降低土壤空间异质性，或者放牧并不影响土壤空间异质性，甚至在同一草地上放牧草食动物能够同时提高和降低土壤空间异质性。这些不同效应的产生主要与放牧强度、放牧历史、放牧动物种类等影响因素有关。Wiesmeier 等发现，绵羊和山羊的重度放牧导致我国北方草地土壤的均质化，降低了表层土壤空间异质性。而 Burke 等的研究发现，在具有 50 年放牧历史的草地上，放牧牛并没有显著影响碳、氮等营养元素的空间异质性。

草食动物放牧对草地土壤空间异质性产生的不同结果主要归因于排泄物沉积、践踏和选择性采食等作用机制。在草地生态系统中，草食动物通常在广泛的区域内采食植物，并将这些营养通过排泄物

的形式沉积在较小的空间尺度上。因此粪便的沉积往往能够增加土壤空间异质性。此外，践踏作用主要通过直接改变土壤的理化性质和间接改变植物枯落物的空间分布格局等影响草地土壤空间异质性，通常认为轻度和适度的践踏作用能够增加土壤异质性，而重度践踏则降低土壤空间异质性。大型草食动物的排泄物和践踏作用通常对土壤空间异质性具有一致的作用。

草食动物对植被和土壤空间异质性的影响是一个复杂的过程，放牧能够通过改变植被的空间格局来改变土壤的空间异质性，放牧也可以直接作用于土壤空间异质性进而再来影响植物空间异质性，二者之间具有强的正反馈作用，但目前对于二者之间的相互作用关系还没有一个十分清晰的认识。

第三节　放牧与全球变化的关系

草原是世界陆地生态系统的主体类型，占陆地生态系统总面积的 24%，其碳贮量约占陆地生态系统碳总贮量的 15.2%，草原生态系统对维持全球和我国碳平衡起着重要作用。作为最主要的人类活动，放牧在内蒙古草原已经有 6 000 多年的历史。长期来看，家畜的践踏和啃食作用不仅大大减少了植物向土壤碳库的物质输入，改变了碳水化合物的再分配，还改变了土壤的物理性状，并可能导致土壤的退化和沙化。不适当的放牧不仅恶化草原地区的生态环境，还可能对全球大气温室气体的收支情况产生影响，从而引起全球气候变暖。此外，放牧还会对草原植物多样性、动物多样性产生影响，从而影响草地群落的动态演替，超载放牧还会导致放牧系统失调，引起草场严重退化。

一、放牧与气候变化

草地生态系统的碳循环是维系陆地生态系统的基本机制之一，并与陆地生态系统的维持、发展和稳定性机制等相联系，尤其是温带草地生态系统有着不同于其他生态系统的独特的生物地球化学过程，并在我国占据着特殊的生态地理位置（大部分位于生态脆弱带上），对气候和环境变化反应十分敏感。草原土壤作为大气中温室气体的源或汇，在全球气候变暖的过程中起着不容忽视的作用。草原土壤温室气体的排放受到土壤性质、气候条件及放牧条件等综合因素的影响。

（一）草地生态系统在气候变化中的作用

草原占地球陆地总面积的 24%，草原碳的固定量占陆地生态系统碳库总量的 15.2%，仅次于森林。世界各地草地生态系统碳的贮存量差异很大，我国草地 85% 以上的有机碳分布于高寒地区和温带地区，高寒草甸、高寒草原和温性草原的碳贮量占全国草地总碳贮量的 51.1%，内蒙古东部、天山和藏南等草地起着明显的碳汇作用。虽然草地的特殊气候和地理条件决定了草地的弱碳汇特性，但由于总面积大，其总固碳量仍然十分可观，因此，草地生态系统碳贮量的变化和碳汇功能的强弱对全球气候变化具有重要影响。

在草原生态系统中植被与土壤之间构成一个相互作用、相互影响、相互制约和协调发展的统一系统。过度放牧导致干旱和半干旱草原生态系统显著地改变，对土壤和植物造成破坏。以温室气体为主要驱动力的温室效应使全球地表气温上升了 $0.3 \sim 0.6$ ℃，由此衍生了冰川融化、海平面上升、干旱等生态环境问题。温室气体一般包括 O_3、CO_2、CH_4、N_2O 以及其他人造的温室气体，其中 CO_2 是人类活动引起其数量增加和温室效应增强的最重要的温室气体。

根据全球碳循环的路径，降低碳源、增加碳汇是解决 CO_2 和 CH_4 等温室气体增加问题的根本途径。在全球尺度上，碳源主要来自化石燃料的燃烧以及土地利用的变化；陆地生态系统和海洋吸收 CO_2 成为碳汇。在经济快速发展的背景下，减排碳源困难重重，通过提高植物固碳来增加生态系统的碳贮藏相对经济有效。

（二）放牧对草地温室气体源、汇功能的影响

放牧草地生态系统碳的贮存包括草地植物、草地家畜、草地凋落物和草地土壤四大碳库。植物光合作用是草地生态系统固定碳的主要渠道，起着碳汇作用；草地家畜消耗牧草，呼出 CO_2，排出

CH_4，是草地的碳源。草地凋落物是枯死的草地植物残体在土壤表面累积形成的碳库，是草地植物向草地土壤输出的碳流，是草地贮藏碳的一种形式。草地土壤碳库是土壤有机碳、无机碳的总和，参与生物地球化学循环的碳以有机碳为主。

1. 放牧对草地温室气体碳汇功能的影响 人类的各种经济活动最终通过植物、土壤等途径影响草地的碳循环，放牧是人类经济活动影响草地碳汇功能的最普遍形式。放牧首先影响草地植物的碳固定。一般而言，热带草原的净生产力和碳固定量大于温带草原，在温带草原区，草地的碳固定量的变化趋势与降水量的变异大体一致，而其承受干扰的能力与之相反。

放牧与封育的区别在于封育条件下草地植物的生产量大部分以凋落物的形式流向土壤，可以转换为土壤的有机碳贮存起来，成为碳汇，而在放牧系统中，植物产品则大部分流向家畜，变为碳源。有研究表明，放牧草地植物总碳贮量、地上与地下碳贮量，以及地上活体、立枯物和凋落物的碳贮量均显著小于围封草地，可见放牧降低草地植物的碳贮量。

随着放牧强度的增加，草地植物的生产力下降，现存生物量降低，草地植物碳库无论固碳量还是贮存碳量均降低，草地植物的碳汇功能减弱。

2. 放牧对草地温室气体碳源功能的影响 过度放牧促进草地土壤的呼吸，加速碳由土壤向大气中的释放，使放牧草地生态系统成为碳源。

很多研究表明适度放牧对草地植物生产力和植被覆盖度无明显影响，草地土壤碳贮量不会受到很大影响，放牧家畜排泄物的输入还可增加土壤碳的贮存。但当过度放牧引起植被覆盖度和植物生产力下降时，放牧就不仅影响土壤的性质，还会通过土壤养分、水分的供应等影响植物生长，牲畜的采食直接控制植物根系生物量，植物向土壤的碳流通量大幅度下降，并且土壤裸露造成地表水土流失和风蚀，使土壤有机碳损失增加，活性炭组分含量显著降低，土壤成为碳的弱汇。据估算，过度放牧时草地地上净初级生产量只有 $20\%\sim50\%$ 可归还到土壤，可见土壤有机碳含量随放牧强度增加而不断减少。

在放牧干扰下，草原土壤和植物系统与大气间 N_2O 和 CH_4 的交换通量均受到一定的影响。但总体上，放牧不会改变草地生态系统作为大气中 N_2O 的源和 CH_4 的汇的基本性质，只是过度放牧促进 N_2O 排放，降低对 CH_4 的吸收，使草地对温室效应的相对贡献加强。

（三）放牧家畜与温室气体

CH_4 和 N_2O 的"增温效应"分别是 CO_2 的 63 倍和 270 倍，虽然现在上述两种气体在大气中含量较低，但不能低估其温室效应。根据联合国粮食及农业组织（FAO）的统计，传统畜禽养殖活动产生的温室气体占全球气体排放总量的 18%，其中 N_2O 和 CH_4 两种气体分别占排放总量的 50% 以上和 80% 以上，而且每年以 2.34% 的速度增长。排放 CH_4 是反刍动物的消化系统特性之一，是草地放牧系统中不可避免的现象，反刍动物 CH_4 排放占 CH_4 排放总量的 1/3 以上。

目前，针对放牧草原土壤温室气体排放的研究日益增多。然而，由于气候条件、放牧条件以及研究区域的差异，研究结果不尽相同。放牧草原土壤温室气体的排放均呈现日变化性、季节变化性和年变化性。家畜踩踏对放牧草原土壤温室气体排放的影响与放牧条件有关。不同的放牧畜种体重不同，体重相对较大的家畜会加重对放牧草原的踩踏程度。长时间的连续放牧也会加重对放牧草原的踩踏程度。此外，高频度的放牧以及高载畜率也会加重对放牧草原的踩踏程度。研究显示，家畜踩踏对放牧草原土壤温室气体排放影响存在阈值效应，因此，这些放牧条件达到一定程度时，家畜的踩踏行为便会严重影响放牧草原的土壤温室气体排放。

排放 CH_4 是反刍动物的消化系统特性之一，是放牧生态系统中不可回避的问题，通过适当的科学管理可以降低 CH_4 的排放量。反刍动物的 CH_4 排放量与其日粮组成有关，CH_4 排放量与饲料中水溶性碳水化合物含量成正相关，与氮含量成负相关，增加日粮中豆科牧草的比例有助于减少家畜的 CH_4 排放量。秸秆青贮、氨化和微贮等实用技术可提高秸秆消化率，减少单个牛、羊等反刍动物 CH_4 排放的 $5\%\sim10\%$，秸秆粉碎和颗粒化也可以减少 CH_4 的排放量，这些方法对于降低家畜 CH_4

排放量非常重要，是放牧家畜补饲管理中的重要措施。

在放牧家畜相对固定的情况下，不同的放牧制度可能会对粪尿斑覆盖率的影响起主要作用。随着载畜率的增加，放牧家畜数量也会增加，这会导致粪尿斑的覆盖率面积增大，进而增强放牧草原土壤温室气体排放的能力。此外，放牧时间和放牧频率也会对此产生影响，随着放牧时间和放牧频率的增加，粪尿斑的覆盖面积增加，新粪尿斑不断产生。虽然粪尿斑对放牧草原土壤温室气体排放的影响不具有长期性，但是新粪尿斑的频繁产生将会加重粪尿斑的影响。由此可见，相对高载畜率的放牧会加重粪尿斑对放牧草原土壤温室气体排放的影响。而低载畜率、低放牧频率的轮牧方式则更有利于削弱粪尿斑对放牧草原土壤温室气体排放的影响。

综上，提高放牧家畜的生产性能、减少饲养量既能减小放牧对草地的压力，又能减少 CH_4 等温室气体的排放总量。在固定放牧情况下，放牧定居点的家畜圈舍周围家畜粪尿大量堆积，是草地环境的污染源，也是温室气体的排放源。目前，利用甲烷菌发酵处理家畜排泄物的沼气应用技术已被成功地应用于世界各地，既能解决环境污染问题，又能生产清洁能源，是低碳畜牧业的良好选择，其普及需要政府的大力推动。

二、放牧与草地退化

（一）放牧与风蚀

土壤风蚀是在干旱气候条件下，缺少植被覆盖的土壤被风吹搬运的过程，是风沙和沙尘暴发生的后果。土壤风蚀减弱或加剧的关键因素是地面植被的覆盖度。研究表明，植被覆盖度大于 60% 时，几乎无风蚀发生；植被覆盖度在 20%～60% 时，可发生中度风蚀；植被覆盖度小于 20% 时则为强烈风蚀。风沙和沙尘暴使草地风蚀荒漠化，沙质土壤地区则沙漠化，这已成为限制世界草地畜牧业发展的重要问题。

放牧是人类在草原生态系统管理实践中施加于草地的主要干扰类型，对生态系统过程产生重要影响。在放牧生态系统中，放牧使植被盖度下降、植物凋落物的覆盖降低、风吹过地面的阻力减小，因此，近地表的风速较大，风能携带土粒进行长时间、远距离的运移。放牧造成土壤裸露后，放牧践踏又容易使土壤表层松散破碎，使土壤的总表面积增加，从而使风蚀的总面积增加、风蚀加重。重度放牧时草地植被盖度下降严重，风蚀使土壤中沙粒含量增加、黏粉粒含量减少、土壤有机质显著降低、土壤结构被破坏，甚至使土壤丧失植物生产力成为不毛之地。

在干旱半干旱的脆弱草地生态环境背景下，过度放牧是诱发土壤风蚀沙化和土壤养分丧失的主导因素。例如对甘肃省玛曲县天然草地沙化面积与各因子的相关分析结果显示，牧业产值＞人口数量＞年均气温＞羊只存栏数＞牛羊肉产量＞年均降水量＞大家畜存栏数＞黄河年径流量＞年大风日数＞年均风速；人为因子对玛曲县天然草地沙化的驱动力比重为 61.5%，自然因素的驱动力比重为 38.45%，不难看出在放牧压力的影响下，放牧退化的草地往往鼠害为患，鼠害反过来又加剧土壤的风蚀和水土流失，形成草地退化的恶性循环。

（二）放牧与荒漠化

放牧导致植被盖度和高度降低，长期过度放牧使草地植被衰退、草地荒漠化，草地形成不规则的裸露土壤斑块。这些结构不良的土壤，如果失去植物保护，其自身对粉粒等物质的固着力变小，一旦气象条件变化，土壤中细小的颗粒物质在风的作用下离开土壤，成为沙尘。放牧加强了甚至是制造了风沙和沙尘暴的沙尘源，虽然放牧对大气候或具体天气过程的影响极其有限，但放牧却使土壤变成沙尘源而增加了风沙或沙尘暴的强度。

草原是对气候变化敏感的植被类型，荒漠草原又是对外界干扰最敏感的草原类型，是旱生性最强的草原生态系统，荒漠草原承受着比其他草原类型更严重的风蚀和放牧双重胁迫。由超载放牧导致的草地退化是沙化土地面积的重要来源，据统计在 2014 年全国牧区县平均家畜超载率达 20.6%，由此造成的草地沙化土地面积达 7.19×10^5 km^2，占全国沙化土地总面积的 41.77%，放牧导致的草地风蚀加剧和草地沙化现象已经引起人们的普遍关注。荒漠草原气候干燥，降水变率较大，风沙活动非常强烈，干旱多风的气候条件使这里的生态环境非常脆弱。放牧和风蚀作用进一步影响了植被-土壤生态系统的稳定性。1952—2001年沙尘暴统计表明，内蒙古中西部的强沙尘暴几乎占我国北方总频数的2/3。于国茂等根据土壤风蚀危险度模型将内蒙古中西部地区的草原区域评定为风蚀危险型区域和风蚀强险型区域。但也有学者认为，草地退化和各种微生境之间存在复杂的关系，而风蚀可能是联系重度放牧与草地退化的重要环节。

载畜率对荒漠草原的风沙通量有显著影响，随着载畜率的增大，风沙通量逐渐增加；其中生长季风沙通量明显小于非生长季；载畜率和季节对风沙通量的影响存在交互效应，非生长季节不同载畜率间的风沙通量差异远小于生长季节载畜率间的差异。此外，载畜率还增大了荒漠草原风沙沉积物营养的流失。荒漠草原区，非生长季全碳和全氮通量分别占全年通量的68%和65%；随着载畜率增大，营养通量逐渐增加，重度放牧区平均营养通量是对照区的1.8倍，重度放牧区风蚀物营养水平低但有较高的营养通量，风蚀和放牧加剧了土壤养分的进一步流失。

有时人们为了提高经济效益可能会违背植物生长规律而追求更多的家畜存栏数，给植被造成过大的采食压力，导致植被退化。大面积草地荒漠化后，植被极度衰退，甚至很少有植物生长。遇到强风天气，很容易形成沙尘暴。而沙尘暴的发生会加快土壤的退化，富含有机质的表土尽失，植物根系裸露、死亡；被风带走的土粒遇到植物及其他障碍物后落下又堆积，严重时造成沙埋植物，使植被盖度进一步下降，使草地进入恶性循环的退化演替过程。

（三）放牧与其他环境生态问题

放牧还会对草地生态系统生物多样性以及牧区环境产生一定的影响。

在全球环境变化背景下，一些不适应环境变化的物种逐渐消失，生物多样性迅速下降，严重威胁地球生物圈的安全。草地过度放牧导致植被衰退，依赖于草地环境的很多物种随着草地衰退而消失，这无论对地球生态还是人类的经济发展都是无法弥补的损失，草地可以重建，消失的物种则不会重现。

一些地区由于习惯或迫于生计，常以牛羊粪为生活能源，牛羊粪燃烧过程中会产生很多有毒、有害气体，如SO_2等，加剧酸雨形成，CO_2、N_2O增加大气温室效应，N_2O还破坏臭氧层。由于高温干旱，草原火灾时有发生，大面积燃烧植被除了大量释放污染气体外，还产生很多灰烬等颗粒物质，造成严重的大气污染。地面植被的破坏还会引发水土流失等次生生态环境问题。

三、放牧管理措施

放牧是人类利用家畜来生产食物和纤维的一种重要方式。家畜依靠放牧从草地获得各种营养物质，不仅节约舍饲所需的劳动力和物质成本，还对维护放牧家畜的健康和减少疾病的发生与传播有着极为重要的作用。控制好放牧家畜的采食践踏和粪尿等，不仅能改善草地质量、刺激牧草分蘖、促进牧草再生，对草地的可持续发展和生物多样性保护也具有重要作用。放牧不足或不能及时放牧会造成牧草枯萎直接影响草地更新，妨碍家畜采食和有机物质分解转化。特别是随着生长期的推进，牧草营养成分和消化率发生显著变化，牧草分蘖期营养成分和消化率均最高，随后逐渐降低，至种子成熟期和枯草期最低。如分蘖期牧草消化率100%，抽穗期则为90%～95%，开花期为85%～90%，结实期为80%～85%，枯草期60%～70%。同时，牧草的适口性也会随着生长期的增进而显著降低，在分蘖期适口性优良，全株可以采食，而抽穗期仅能采食80%，枯草期仅能采食50%。因此，合理的放牧是进行家畜饲养最基本也是最重要的方法。一般来说，在我国北方地区应推行夏季放牧、冬季舍饲或半舍饲半放牧的家畜饲养方式，而在南方地区可以推行全年放牧的利用方式。具体放牧管理措施如下。

（1）减轻放牧压力，保持适宜的载畜量，这是合理利用草地的基本要求。不同地区气候地理特征不同，草地植被的生产力差异巨大，根据植物的生产能力确定载畜量，使放牧采食量小于植物更新量，维持或提高植物光合固碳能力和盖度，发挥草地的环境效益。

（2）全面推行草畜平衡制度、转变生产方式，推行禁牧休牧制度。结合当地实际情况，对每种草地类型进行客观的综合评价，提出适宜的载畜量，全面推行"草畜平衡"制度，强化"草畜平衡"的过程管理措施。坚持牧区全面实行休牧制度，积极推行划区轮牧制度。在生态极度恶化、失去生存条件的地区，结合生态移民和城镇化建设，实行适度的禁牧方式。在牧区和半农半牧地区，倡导以禁牧为主，实行半舍饲圈养。

（3）加大投资建设力度，正确认识草地的生态效益，采取必要的草地培育措施，如部分草地可以进行补播、施肥等，增加植被覆盖度，提高植物生产力和光合固碳量，增加土壤有机质，提高草地的碳汇能力。

（4）建立和完善草原生态监测和预警制度。以现代监测手段和管理方式加强对草原面积等级、草地植被结构、生产能力及自然灾害的动态监测，实行草原生态预警制度，对草原生态系统出现的种种反馈现象提供及时的指导和调整，为制定合理的草地利用政策提供科学的数据。

（5）加强栽培草地建设，积极利用农作物秸秆等副产品发展农区畜牧业，转移草地放牧压力，同时修复退化草地生态系统。例如河西走廊退化土地退耕种植数年后，土壤有机碳和全氮含量增加，有显著的改良土壤效应。

（6）严格执行草原法，严禁开垦草地，滥挖乱采药材，保护草地土壤，降低土壤有机质的矿化速率。一个典型草原开垦 35 年后，其土壤和根系有机碳截存比围封草地分别降低 37.9％和 70.8％。真正落实好牧民对草地资源利用的权利和对草场保护的职责。

（7）发展草地碳汇贸易，建立草地生态补偿的长效机制，促进低碳草业经济发展，开展新型牧区建设。

复 习 思 考 题

1. 放牧生态学的概念是什么？
2. 简述放牧生态系统的过程与特点。
3. 植物对放牧的响应分为哪两种？
4. 简述放牧对草地植被及土壤的影响。
5. 简述放牧对草地植被和土壤空间异质性的影响。
6. 防止草地退化的主要管理措施有哪些？

第九章

草地生物多样性及其保护措施

第一节　草地生物多样性的特点

一、生物多样性的概念

生物多样性（biodiversity）是当前生物学和生态学研究的热点问题。根据联合国《生物多样性公约》，生物多样性是指所有来源的活的生物体中的变异性，这些来源包括陆地、海洋和其他水生生态系统及其所构成的生态综合体。生物多样性是地球上生命发展进化的结果，是人类赖以生存和发展的基础。生物多样性包括多个层次，主要是遗传多样性、物种多样性、生态系统多样性和景观多样性。

遗传多样性（genetic diversity）又称基因多样性，是生物多样性的重要组成部分。广义的遗传多样性是指地球上生物所携带的各种遗传信息的总和。任何一个物种或一个生物个体都保存着大量的遗传基因，而基因的多样性是生命进化和物种分化的基础。狭义的遗传多样性是指种内基因的变化，包括种内显著不同的种群间和同一种群内的遗传变异。

物种多样性（species diversity）是指物种水平上的生物多样性，是指一个地区内物种的多样化，主要是从分类学、系统学和生物地理角度对一定区域内物种的状况进行研究。物种多样性的现状（包括受威胁的现状）、形成、演化及维持机制等是物种多样性的主要研究内容。此外，物种的濒危状况、灭绝速率及其原因、生物区系的特有性，以及如何对物种进行有效的保护与持续利用等也是物种多样性研究的内容。

生态系统多样性（ecosystem diversity）是指生物圈内生境、生物群落和生态过程的多样化以及生态系统内生境差异、生态过程变化的多样性。生境多样性（habitat diversity）主要是指无机环境，如地貌、气候、土壤、水文等。生境多样性是生物群落多样性甚至是整个生物多样性形成的基本条件。保护生境和物种的多样性可以使生态系统随着时间的推移保持稳定。因此，生境多样性决定了生物多样性，进而决定了生态系统多样性。

生物群落多样性组成了生态系统的多样性。生物群落多样性主要指群落的组成、结构和动态（包括演替和波动）方面的多样化。

生态过程主要是指生态系统组成、结构和功能随时间的变化以及生态系统的生物组分之间及其与环境之间的相互作用或相互关系，是生态系统内部和不同生态系统之间物质、能量、信息的流动和迁移转化过程的总称。生态过程的具体表现多种多样，包括植物的生理生态和群落演替、动物种群和群落动态、土壤质量演变和干扰等在特定景观中构成的物理、化学和生物过程以及人类活动对这些过程的影响。

二、草地生物多样性

（一）草地植物多样性

草地植物是草地的基本构成者，是适应环境而产生的、具有多功能的植物群体。草地植物的多样性包括种类多样性和功能多样性。草地植物的种类繁多，主要是多年生草本植物和一些灌木、半灌木，有时还有一年生植物以及苔藓和地衣等。

组成草地的饲用植物，按其经济价值可以分为禾本科草类、豆科草类、莎草科草类、杂类草类。

禾本科草类是组成我国天然草地植被的主要草类。禾本科草类中的针茅属是地带性草原植被的建群种或优势种，主要有狼针草、大针茅、克氏针茅、本氏针茅、短花针茅、紫花针茅等，主要分布于我国草甸草原、典型草原、荒漠草原和高寒草原上。赖草属中的羊草、赖草等多生长于典型草原和草甸草原地带。冰草属牧草为多年生旱生植物，广泛分布在温带草原和荒漠草原地区，常见种类有冰草和蒙古冰草。雀麦属主要分布在温带地区，其中无芒雀麦是世界著名的优良栽培牧草之一，也是我国北方地区一种很有栽培价值的禾草。早熟禾属主要分布在我国东北及河北、山东、山西、陕西、内蒙古、甘肃、新疆、青海、西藏、四川等省份，在草甸和沼泽化草甸上局部能形成单优势种群落。羊茅属主要有羊茅、苇状羊茅、紫羊茅、中华羊茅等，为高山、亚高山草甸和高山草原常见种。披碱草属在我国广泛分布于草原及高山草原地带，目前栽培较多的有老芒麦、披碱草、垂穗披碱草等。

豆科草类在我国草地上虽占比不大，但分布广泛，作用仅次于禾本科、菊科和莎草科。在豆科牧草中作用最大的有黄芪属、棘豆属、胡枝子属、苜蓿属、锦鸡儿属、野豌豆属、草木樨属等。我国的苜蓿种类主要有紫花苜蓿、黄花苜蓿、杂花苜蓿、金花菜、天蓝苜蓿和花苜蓿。其中紫花苜蓿为广泛栽培品种，在我国的主产区是黄河流域的山西、陕西、甘肃、新疆等地。黄芪属在我国有 130 余种，主要有沙打旺、紫云英、草木樨状黄芪、达乌里黄芪、鹰嘴紫云英等。其中沙打旺是草甸（典型）草原的伴生种或次优势种，也出现在河滩草地、林缘草地。我国常见的车轴草属种类有白车轴草、红车轴草、草莓车轴草和野火球。目前白车轴草在我国南方栽培面积较大。胡枝子属主要有二色胡枝子、达乌里胡枝子、截叶胡枝子、多花胡枝子等。草木樨属中的白花草木樨和黄花草木樨为国内外广泛栽培的两种植物。锦鸡儿属主要栽培的有小叶锦鸡儿和中间锦鸡儿，是典型草原、荒漠草原乃至荒漠上重要的栽培牧草。如蒙古高原草原上，小叶锦鸡儿与羊草、隐子草、大针茅等构成不同盖度的灌丛化草原。

莎草科草类有 80 多个属 4 000 余种。在低湿草甸以及高山、亚高山草甸中部都有莎草科的建群种。其中分布最广、饲用价值最大的是薹草属和嵩草属。薹草属在我国有 250 余种，在我国西藏高原的草地以及内地高山、亚高山草甸占有很大比例，且具有饲用价值的也较多。而嵩草属是高寒草甸的典型植物，是我国西北部高山草甸和青藏高原潮湿高寒草甸、川西北草甸沼泽的建群种类，常见的种类有高山嵩草、嵩草、矮生嵩草、线叶嵩草、西藏嵩草等。

杂类草类是除禾本科、豆科、莎草科外，其他科植物如菊科、百合科、蔷薇科、蓼科、苋科、伞形科、唇形科等的统称。菊科中的蒿属植物在荒漠中常能成为建群种，且在温性草原中蒿类与禾本科竞相占据草丛优势。风毛菊属多为中生和旱中生杂草。常见的草地风毛菊、风毛菊多生于林缘、荒地、路旁。碱地风毛菊多生于草甸化草原及山地灌草丛中。鸦葱属的蒙古鸦葱是盐生草甸的混生成分。蒲公英属是常见的草地伴生种，如华蒲公英生于盐生草甸。蔷薇科植物中的委陵菜属是各种草原群落的伴生种和农田杂草，如二裂委陵菜、匍匐委陵菜、多裂委陵菜等。而鹅绒委陵菜多为河滩及低湿草甸的优势植物，有时也见于盐化草甸中，形成单优势群落。星毛委陵菜是草原旱生植物，生于典型草原带的沙质草原、砾石质草原及放牧退化草地。蓼科植物中常见的是珠芽蓼，主要生长在高山和亚高山草甸植被中，可与嵩草、薹草形成高寒草甸，也可与杂类草形成五花草甸，在群落中成为优势种或亚优势种。而在盐化草甸中，西伯利亚蓼可称为优势植物。而沙拐枣属中的沙拐枣是典型的荒漠沙生植物。苋科植物在荒漠和荒漠草原中较为重要，如珍珠柴属的珍珠柴是荒漠植被的主要建群种，冰沙藜属的伏地肤、木地肤是荒漠和草原伴生种，梭梭属的梭梭可在荒漠上形成单优群落，沙蓬属的沙蓬是荒漠和荒漠草原地区的重要饲用植物。

草原毒杂草是指那些混生在草原牧草中的有毒、有害和无饲用价值的植物。这些植物妨碍草原牧草的正常生长发育，甚至损害畜体、降低畜产品产量和品质，对各种条件都有很高的适应性，是牧草的顽固竞争者，给草原畜牧业带来严重危害。毒杂草种类较多，常见于毛茛科、紫堇科、蓼科、木贼科、豆科、龙胆科、菊科、罂粟科、杜鹃花科、禾本科、十字花科、瑞香科等。这些有毒植物有些常年有毒，如乌头、北乌头、白屈菜、野罂粟、沙冬青、变异黄花铁线莲、小花棘豆、毒芹、天仙子、醉马草、藜芦、问荆、木贼、无叶假木贼、毛茛、龙胆等百余种。而有些呈季节性有毒，如蝎子草、杜鹃、水麦冬、白头翁、唐松草、木贼麻黄、芹叶铁线莲、草玉梅等70余种。

（二）草地动物多样性

草地动物在草地生态系统中能够调节植物竞争、维护肉食动物多样性以及参与物质循环和能量流动等，是改变生态系统内部各构件配置的最基本动力。

在草地生态系统中存在着丰富的草地动物种类，包括大型哺乳类草食动物牛、绵羊、山羊、马等，以及小型的植食性昆虫等。大草食动物包括反刍动物与非反刍动物两大类，且一般以羊为大草食动物的体型下限。大草食动物以反刍动物居多，包括黄牛、瘤牛、水牛、牦牛、麝牛、美洲野牛、绵羊、山羊、骆驼、美洲驼、羊驼、驼鹿、梅花鹿、麝鹿、蒙原羚、鹅喉羚、盘羊、北山羊、岩羊、藏羚等，其中牛、羊、马是草地上主要的放牧类群，是草原地区牧民的主要经济来源。但过度放牧也会导致草地退化，造成严重的生态后果。此外，非反刍动物野马、野驴、骡等也是草地动物的重要组成种类。草原土拨鼠长期栖息地区草地植被形成明显不同于周围的斑块，在改变营养循环的同时影响着其他动物对草地的利用；地下鼠挖掘形成的土丘对生态系统的影响可持续几千年。高原鼠兔（*Ochotona curzoniae*）和高原鼢鼠（*Eospalax baileyi*）是青藏高原草地最主要的小型植食性哺乳动物。尽管这些动物体型相对较小，但由于它们具有调节植物的竞争、维护肉食动物多样性、参与生态系统物质循环和能量流动的作用，在食物网结构中占有极其重要的位置，对维护生态系统结构和功能的完整性具有巨大的作用，分别被称作高原草地生态系统关键物种及生态工程师。此外还有旱獭、五趾跳鼠、布氏田鼠、草兔、雪兔等。而鸟类是草原、荒漠地区最多、分布最广泛的类群，如百灵、云雀、麻雀、灰喜鹊、雪鸡、鹌鹑、石鸡、天鹅、麻鸭、秋沙鸭、鸿雁、白鹤、杜鹃等。而其他小草食动物在草地生态系统中的作用也不容忽视。如黏虫对禾本科草地的地上部分、蛴螬对白车轴草地的地下部分都可以造成毁灭性灾害。草地系统中的蚂蚁在清理植物遗体方面也具有重要作用。

草地上肉食脊椎动物一般体型较大，是鼠类的天敌，且许多为国家保护动物。其中犬科、猫科、鼬科分布最广泛，经济价值和灭鼠作用最大，如狼、沙狐、兔狲、黄鼬、艾虎、伶鼬、狗獾。而鸟类中的荒漠鹰、秃鹫、苍蝇、金雕、红隼等，两栖纲无尾目中的花背蟾蜍、大蟾蜍、绿蟾蜍、林蛙、黑斑蛙等也在我国草原地区有分布。有尾目的两栖动物，如大鲵，在我国甘肃省内的甘南森林草原地区有分布。除此以外，还发现有蜥蜴目的沙蜥、麻蜥等，以及蛇目的锦蛇、沙蟒、蝮蛇和草原蝰蛇。草地上的肉食无脊椎动物可简称为肉食昆虫，如线虫、圆蛛等。

此外，上述草食动物或是肉食动物，有些也不是严格意义上的草食或肉食，而是杂食。它们的食物不仅有水果、植物根茎或其他植物材料，还有腐肉、昆虫和小型哺乳动物等，如蚂蚁等。

（三）草地微生物多样性

微生物是地球上数量最多、分布最广的生物类群，参与碳、氮、磷等重要元素的生物地球化学循环，在生态系统中起着不可替代的作用。细菌、放线菌和真菌是草地土壤微生物中数量最大的3个类群，其中细菌数量最多，占90%以上，其次是放线菌和真菌。如干草原栗钙土的细菌数量显然低于高山各草地型，而放线菌与真菌则显著增多，但各类型微生物总数相差不多。而不同类型草地和荒漠区的土壤微生物数量和生物量在草甸草地和典型草地均高于荒漠化草地和草地化荒漠，这与各类草地所处地区的土壤水热条件、肥力状况及牧草生产力有关。如高寒草原土壤中，细菌主要以变形菌门、放线菌门、酸杆菌门等为主，而真菌以子囊菌门和球囊菌门为主，古菌则以广古菌门、奇古菌门和深古菌门等为主。此外高寒草地退化对细菌和放线菌的影响大于真菌。研究表明在贵州草甸草地上土壤微生物则以酸杆菌、变形菌和绿弯菌为主，而真菌以子囊菌门和担子菌门为主，且放牧导致草地土壤微生物多样性降低。在北方温性草原，如草甸草原、典型草原和荒漠草原的土壤细菌、真菌和放线菌的组成比例类似，呈细菌＞真菌＞放线菌的趋势。

第二节　保护生物多样性

一、保护生物多样性的意义

生物多样性是保障人类生存不可取代的资源，也是维护地球环境的关键因素。人类的生存、地球上各种生物的生存和发展、地球环境的维护和永续利用都依赖于生物多样性。

（一）生物多样性是生态系统稳定的基础

生态系统的理论与实践揭示，生物种群的数量及其生存质量影响着生态系统的稳定。生物多样性越丰富，生态系统就越稳定，生物多样性越贫乏，生态系统就越脆弱。生态环境和生物多样性密切相关，良好的生态环境是生物多样性的基础，而生物多样性又具有改善生态环境、提高生物抵御自然灾害的能力。生物多样性还能增强生态系统的缓冲和补偿能力，生物种类越多，系统的缓冲和补偿能力就越强。在生物多样性高的系统中，不同的生物种类都有其特有的抗病虫害能力和抗逆能力，通过物种间的调整，使整个生态系统的生物总量保持平衡。生物物种间通过生存竞争、相生相克、联合作用、伴生互助等提高自身的生存能力和对环境的适应性，由此展现给人类一个千姿百态、绚丽多彩的生物世界。

（二）栽培植物和饲养动物多样性是人类生活的保障

现代人得以丰衣足食主要依靠栽培植物和饲养动物的多样性，大致有两层含义：第一层是指其种类的多样性，第二层是指同种的品种、品系或生态类型的多样性。生物多样性对人类生存和发展的价值是巨大的。它提供人类所有的食物和木材、橡胶等重要的工业产品。人类生存与发展，归根结底，依赖于自然界各种各样的生物。例如，改革开放以来，我国药用动植物需求量增多，人工栽培与饲养的不同品种的药用动植物具有较高的经济价值。

（三）生物多样性与人类的未来息息相关

地球生物界经历了几十亿年的进化和发展，其生命的内部结构和生理生态功能是无法再造和模拟的，其信息含量难以计量，如果这些生物在人类尚未认识和开发利用之前就消失，对于人类来说将是不可挽回的损失，可见，生物多样性具有巨大的历史、现实及未来社会经济意义。地球上的生物多样性以及由此形成的生物资源构成了人类赖以生存的生命支持系统，是人类生存和发展的基础。人类社会从古至今，都建立在生物多样性的基础上。生物多样性为人类提供所需食物、医疗保健药物、生物能源及工业原料，并维系人类未来生物工程所需的巨大的潜在的遗传基因库，对人类物质文明建设具有重要的现实意义，同时还提供了保护生态环境的服务功能。生物多样性极其重要的社会、伦理和文化价值对促进人类精神文明和伦理道德的健康发展也具有极大的意义。

二、生物多样性的价值

价值分类是经济评价的基础。生物多样性是人类赖以生存的生物资源。对生物多样性价值的估算一直是环境经济学的主要焦点之一，但目前尚无统一的、可接受的生物多样性定价体系。McNeely等把生物多样性的价值分为直接价值和间接价值。

谢高地等在 R. Costanza 等划分的生态系统服务项目的基础上，根据草地生态系统的产品和生命系统支持功能的具体情况和特点，列出草地的 15 项服务内容，包括大气成分调节、气候调节、干扰调节、水调节、侵蚀控制、土壤形成和维持、养分循环和废物处理、传粉与传种、基因资源避难场所、生物控制、原材料生产、饲草和食物生产、游憩和娱乐、文化艺术等，而这些服务功能均建立在草地生物多样性的基础之上。

（一）直接价值

生物多样性的直接价值是指生物资源可供人类消费的作用，如作食品、药物和工业原料等。

1. 资源价值　从资源价值（直接使用价值）角度，人类从生物多样性中得到了所需的全部食物、许多医药和各种工业原料。

2. 食用价值　在食用方面，估计可食用植物有70 000多种。迄今有5 000多种被用作人类食物，目前人类种植作物150余种，其中约20种植物为人类90%的粮食来源，仅小麦、水稻和玉米3个物种就提供了70%以上的粮食。同时植物还为人类提供能源和燃料，如石油、煤炭和天然气是地质历史上植物死后形成的。

3. 药用价值　在药用资源方面，世界上的许多药物是从植物、动物或微生物中提取加工的，一些动物还是重要的医药研究模型和实验动物。

4. 工农业价值　在工农业原料方面，生物多样性为人类提供了许多原料，如木材、纤维、橡胶、造纸原料、天然淀粉、芳香油、油脂等，甚至石油、天然气和煤这些最主要的能源也来自地史时期的生物。在比较边远的地区，人类所需能源仍主要依靠自然生物资源。

（二）间接价值

生物多样性的间接价值常常是指生态系统服务（ecosystem service），也就是与生态系统的生态过程有密切关系的，间接价值可能大大超过直接价值，而且直接价值往往来源于间接价值。生物多样性的间接价值也可看作环境资源的价值。

生物多样性的间接价值主要与生态系统的功能有关，主要表现在以下方面。地面植物和海藻通过光合作用固定太阳能，使光能通过绿色植物进入食物链，植物是无数动物食物链的起点。在调节水文过程、防止水土流失中起着重要作用，如生态系统在抵御洪水、缓冲干旱及保持水质上起着极其重要的作用，森林生态系统更显示了其重要性。植物群落在调节局部或区域甚至全球气候上均具有重要作用。在局部区域层次上，树木提供隐蔽处，蒸发水分，从而能在炎热的夏季降低温度，这种冷却作用减少了对工业产品的需求（风扇和空调），增加了人们的舒适感并提高了工作效率。在地区层次上，植物的蒸腾作用使水分循环到大气中，再以雨的形式返回地面。

生物群落能分解和固定某些污染物质如重金属、农药和污水，它们是由人类活动释放到环境中的。一些生物对污染物有抗性，能吸收一定浓度的污染物；另一些生物对有机废物、农药及空气和水体中的污染物有降解作用。但生态系统对废物的处理有一定限度。人们采用不同方式利用大自然开展娱乐活动，享受大自然的美丽风光，诸如徒步旅行，观察鸟类等活动，这些旅游活动的收入相当可观。

正由于生物多样性创造了可观的价值，自然历史资料不断被编入教育教材，很多科学家积极参与到具有非消耗性的生态公益研究中去，大量新闻媒介也着重以生物多样性为主题宣传其重要性。

尽管生物多样性的价值难以计算，不少学者还是通过间接的方法进行了估算。陈仲新等按照R. Costanza等的估算方法估算出我国草地生态系统的自然资本和服务的平均综合价值为1 009.16亿美元，约为我国陆地生态系统服务总值的15.50%，如果加上沼泽/湿地，则为4 114.49亿美元，占总价值的63.21%。

三、生物多样性的保护

（一）有关的国际公约

鉴于生物多样性面临的严峻局面，有关的国际组织和机构以及许多国家政府纷纷采取措施，致力于生物多样性的保护和可持续利用研究。

1992年6月在巴西召开的联合国环境与发展大会上通过了《生物多样性公约》，这是生物多样性保护的一个里程碑，我国作为公约的缔约国之一，承担的义务有：①制定在国界范围内保护植物、动物和微生物及其栖息环境的战略；②制定并实施对濒危物种保护的法律；③扩大生物物种的自然保护区，努力恢复已受损害的动植物种群；④提高公众保护自然和维护生物资源的认识。生物多样性保护成为全人类共同的使命。

为了规范野生动植物的国际贸易活动，杜绝国际贸易活动对野生生物资源的不良影响，1973 年国际自然与自然资源保护联盟（International Union for Conservation of Nature，IUCN，现称世界自然保护联盟）制定并在美国华盛顿召开的缔约国全权代表大会上通过《濒危野生动植物种国际贸易公约》（Convention on International Trade in Endangered Species of Wild Fauna and Flora，CITES）。该公约通过控制稀有濒危野生物种及其产品的贸易活动，为受威胁的野生动植物提供保护。为保证公约在缔约国的有效履行，公约要求各国设立公约管理机构和科学机构。在我国，公约的行政管理机构是国家林业和草原局野生动植物保护司（中华人民共和国濒危物种进出口管理办公室），中国科学院濒危物种科学委员会是受国务院委托成立的科学机构。

于 1983 年 11 月 1 日生效的《保护野生动物中迁徙物种公约》（简称波恩公约），其宗旨是保护迁徙物种，尤其是列在该公约附件 1 中的面临灭绝危险的迁徙物种，该公约的签订生效为国际社会对那些在迁徙过程中要经过 1 个以上国家的濒危物种的保护提供了合作基础。

1971 年 2 月 2 日在伊朗的拉姆萨通过了第一个以栖息地为保护对象的国际条约《关于特别是作为水禽栖息地的国际重要湿地公约》，该公约的宗旨是承认人类与环境的相互依存关系，通过协调一致的国际行动确保作为众多水禽繁衍栖息地的湿地得到良好的保护。

其他还有很多关于野生生物的国际或地区公约，如《保护南极海洋生物资源公约》《保护南极海豹公约》《西半球自然保护和野生生物保存公约》《保护欧洲野生生物和自然生境公约》《国际捕鲸管制公约》《狩猎和保护鸟类的比荷卢公约》《联合国海洋法公约》等。

（二）有关的国际保护组织

国际上从事生物多样性保护的国际组织有很多，其中绝大多数是非政府组织。这些保护组织采用提供资金、帮助不发达国家制定环境政策、寻找生物资源可持续利用的方式、提供技术援助等多种方式参与全球的生物多样性保护工作。制定环境政策、公众教育和技术培训往往是这些国际保护组织最为关注的领域。世界自然保护联盟（IUCN）和世界自然基金会（World Wildlife Fund，WWF）是影响力最大的国际保护组织。世界自然保护联盟是政府和非政府机构都能参加的国际组织，工作宗旨是在可持续发展的前提下保护自然与自然资源。在生物多样性保护过程中，联盟关注拯救濒危动物和植物物种、建立国家公园和自然保护区、评估物种及生态系统的保护等传统领域，同时注重自然资源的可持续利用、环境保护、环境法律和社会政策等领域的工作。世界自然基金会是世界上最大的非政府保护组织，其总部秘书处设在瑞士的格朗，负责组织协调基金会在世界各地开展物种多样性保护工作和为其他国际保护组织提供服务。

（三）生物多样性保护途径

生物多样性保护可以划分为两种途径：以物种为中心的传统的保护途径和以生态系统为中心的保护途径。前者强调对濒危物种本身的保护，后者强调对景观和自然栖息地的整体保护，力图通过保护景观多样性来实现对物种多样性的保护。近年来生物多样性保护策略发生了重大变化：①从以前的重点保护单一的濒危物种转变到保护物种所在的生态系统和景观；②保护生物多样性的同时，强调保护生物多样性的生态系统功能以及由此带来的人类福祉。目前世界各国及有关国际组织都在探索生物多样性保护管理的途径和措施，主要有就地保护和迁地保护。

1. 就地保护　按照《生物多样性公约》的定义，就地保护（in situ conservation）是指保护生态系统和自然生境以及在物种的自然环境中维护和恢复其可存活种群；对于驯化和栽培物种而言，是在发展出它们独特性状的环境中维护和恢复其可存活种群。这一措施的根本目的是为生物的生存创造一个良好的环境。就地保护包括建立自然保护区、保护自然综合体。建立保护区可以采取多种形式，如国家公园、禁猎地、保护区等，在保护区外采取保护措施，恢复被破坏生境中的生物群落。

2. 迁地保护　按照《生物多样性公约》的定义，迁地保护（ex situ conservation）是指将生物多样性的组成部分移到它们的自然环境之外进行保护，与就地保护不脱离原来的自然环境有根本区别，但是在某些情况下二者也有交叉重合。因此，迁地保护与就地保护是相辅相成的，在某些情况下甚至是唯一可行的选择。生物多样性保护的主要目的之一——可持续利用，往往也要由就地保护经过迁地保护才能实现。

植物的迁地保护措施多种多样，涉及多学科领域。植物园（包括树木园）是植物迁地保护的主要机构，除了活体植物收集圃之外，一些植物园还建立了田间基因库（field gene bank）、种子库、离体（in vitro）保存库、花粉和孢子保存库、DNA 保存库等。

动物种类迁地保护的目的是支持濒危物种种群繁衍生存。人们普遍认为生境保护是物种多样性保护最为有利和最为高效的保护方法。迁地保护在濒危物种的保护方面具有以下特点：①可以使栖息地完全丧失的物种不至于灭绝；②能够为寻找到保护或重建濒危物种的有效措施提供研究种和为重建自然种群提供种源。因此迁地保护成为全面的自然保护计划中的重要组成部分。动物园是传统的实施动物迁地保护的机构，各种濒危动物饲养保护中心也都是对动物进行迁地保护的机构。迁地保护的终极目的是将迁地种群重新引入野外的自然生存环境中。

微生物指形体微小的单细胞生物或结构简单的多细胞生物甚至无细胞结构的低等生物，例如病毒、细菌、真菌中的酵母和霉菌、原生动物和一部分藻类等。它们在生态系统中起着重要作用，有些在农业、食品、医药、化学工业以及生物技术中得到了广泛开发利用，然而微生物的多样性保护却常常被忽视。传统的保存方法是对较低温度下缓慢生长的微生物定期进行继代培养，或者在矿物油中保存，但是容易发生污染和无意图的选择，在生长过程中还会发生有性和准有性过程而造成遗传上的变化。加保护剂后进行冻干（freeze-drying 或 lyophilization）处理可以长期保存细菌、酵母、丝状真菌，但此方法不适用于藻类和原生动物。低温冻藏是比较理想的保护方法，如在液氮蒸气（－180～－150 ℃）或液氮（－196 ℃）或超低温冰箱中保存，但需要注意冷冻和解冻过程中因存活率差异而造成的无意图的选择。

第三节　草地自然保护区的类型与功能

一、草地自然保护区的定义与必要性

（一）草地自然保护区的定义

草地自然保护区是对有代表性的自然生态系统、珍稀濒危野生动植物的天然集中分布区，有重要科研、生产、旅游等特殊保护价值的草地，依法划出一定面积予以特殊保护和管理的区域。我国是世界自然资源和生物多样性最丰富的国家之一，我国生物多样性保护对世界生物多样性保护与发展具有十分重要的意义，而保护生物多样性和自然资源的最重要措施之一就是建立自然保护区。

（二）建立草地自然保护区的目的

建立草地自然保护区的目的：①草地自然保护区是野生生物物种的天然贮存库，能为大量物种提供栖息、生存和保持生物进化过程的良好条件，有效地保护生物物种多样性，尤其是保护珍贵稀有的物种资源，维持遗传的多样性；②保护原始的自然景观和各种生境类型，为科研提供"天然本底"，成为活的自然博物馆，也可为以后评价人类活动的影响提供比照标准，且为建立合理、高效率的人工生态系统指明途径；③保持草地生态系统及其生态过程的正常进行；④保护草地天然植被及其生态系统，改善区域生态环境，特别是在草地生态系统比较脆弱的地域建立自然保护区，对改善草地环境以维持草地生态平衡的作用更大；⑤保证草地资源的水资源持续利用和多途径利用，把利用、改造和保护结合起来，探索提高草地生产力的途径，为科学研究、生产试验、教学和旅游提供基地；⑥为建设草地生态系统定位监测站进行草地动态与环境变化长期定位监测提供基地。

（三）草地自然保护区的意义

草地自然保护区的主要任务在于保护，并在不影响保护的前提下，把保护与科研、教育、资源持续利用和生态旅游密切结合起来。自然保护区的实质就是通过保护物种生存繁衍的栖息地实现生物多样性的长久保护。建立各种自然保护区是人类面对环境发生巨大变化而做出的明智、有效的选择。因此，规划、建设、管理自然保护区有利于保护对子孙后代具有巨大价值的生物多样性，对于落实环境保护基本国策、实施可持续发展战略都具有重大现实意义和深远的历史意义。

（四）设置草地自然保护区的必要性

自然保护区是一个地区的物种和自然资源的精华所在。兴建保护区是保护环境、遏止全球环境恶化的一项重要对策。自 20 世纪 80 年代以来，世界各国纷纷规划和建设自然保护区。如今，对自然保护区的重视程度与管理水平在一定程度上标志着一个国家经济建设与科学文化发展的水平，成为一个国家文明程度的象征。

天然草地是草原牧民赖以生存的生产资料，是我国面积最大的绿色屏障。目前大面积的草地发生退化、沙化、水土流失，威胁国家生态安全。因此，兴建草地自然保护区是国内外公认的保护天然草地动植物与牧草生物多样性，保护珍贵稀有牧草种质资源，保护天然草地特有的自然景观、人文景观及放牧生态系统的重要有效手段。

兴建自然保护区是退化草地治理的一种手段和途径，通过建立保护区可以促进退化生态系统的恢复。将尚可恢复的受损草地生态系统设置为自然保护区予以保护，使被动治理转为主动保护和治理，以点带面，逐步扩大，即可促进整个区域的生态恢复。美国西部大草原 20 世纪 30 年代以前经历过大规模草原开垦和过度放牧，引起草地退化和严重沙尘暴灾难。为恢复草原退化生态系统，美国国会于1936 年颁布了泰勒放牧法（The Taylor grazing act），1985 年通过了农场法案，限制草原的过度利用，予以封闭、禁牧，建立保护区，利用草原生态系统的自我修复功能，同时实行政府补贴鼓励农民弃耕，将被垦的农田恢复为草原，截止到 1996 年，美国在北美大草原上已建立 400 多个保护区，对草原生态系统恢复起到了重要作用。我国的宁夏云雾山草原自然保护区就是在黄土高原草地退化严重的形势下，于 1979 年通过长期定位试验研究而做出的成功的典范，2003 年被国务院批准为国家级自然保护区，这是我国在黄土高原上建立最早的唯一的草原保护区，目前已成为草原生态系统研究的重要平台。

二、草地自然保护区的种类

（一）草地类景观与生态系统保护区

草地类是指一定的空间范围内具有相同自然和经济特征的草地单元，是相同生境条件下草地饲用植物群体及其组合的聚类概况。草地类具有特定的物种组成，拥有大致相同的牧草和其他植物、动物、微生物物种，草地类是草地生物种的贮存库、基因库；草地类具有独特的自然景观、相同的植被特征、群落结构、草层高度、覆盖度；草地类发生于一定的气候和土壤环境条件下，具有相同的气候与土壤特征，反映相同的地理景观和草地垂直带构成，为人类提供草地生态系统的天然本底。

草地类是草地经营单位，草地类具有基本相同的草地生产力，客观反映了草地生产力、利用性能和经济价值，隐含涉及草地利用的草原家畜品种资源、人文景观和草原民族风情。典型的草原生态草地类是人类监测草地自然环境变化、物种变化、自然景观变化、群落演替的单位，是旅游观光的基本单位，是进行科学实验的基本实验地，是科普活动、宣传教育、青少年教育的天然课堂。因此，草地类保护是最重要的草地保护措施。

（二）草地生物多样性保护区

草地生物多样性保护是我国生物多样性保护的重要组成部分。我国天然草地生长有 7 000 余种高等植物，其中包括牧草、药用植物、我国特有和珍稀濒危植物。但人们对草地灌木、经济植物与牧草资源的过度樵采、滥割、乱挖已使草地植物资源遭受严重破坏，生物多样性受到威胁。

1. 急需保护的草地珍稀、濒危植物　在国家环境保护局 1987 年公布的第一批《中国珍稀濒危保护植物名录》389 种植物中，草地饲用植物有 29 科、51 种及 3 个变种，占全部珍稀濒危植物种数的13.88%。其中，列入一级重点保护的植物有 1 种，列入二级重点保护的植物有 17 种、列入三级重点保护的植物有 36 种；濒危植物有 4 种、稀有植物有 19 种、渐危植物有 31 种。其中具有重要饲用意义的有白梭梭（*Haloxylom persicum*）、半日花（*Helianthemum songaricum*）、革苞菊（*Tugarinovia mongolica*）、沙冬青（*Ammopiptanthus mongolicus*）、笔直黄芪（*Astragalus strctus*）、蒙古黄芪（*Astragalus membranaceus* var. *mongholicus*）、野大豆（*Glycine soja*）、绵刺（*Potaninia mongolica*）、蒙古扁桃（*Prunus mongolica*）、胡杨（*Populus euphratica*）（濒危植物）、旱生泌盐植物灰胡杨（*Populus pruinosa*）、新疆阿魏（*Ferula sinkiangensis*）、四合木（*Tetraena mongolica*）等。

除上述已被列为珍稀濒危植物名录的饲用植物之外，我国草地中已处于珍稀濒危之列的饲用植物还有斑子麻黄（*Ephedra rhytidosperma*）、木蓼（*Atraphaxis frutescens*）、阿拉善沙拐枣（*Calligonum alashanicum*）、阿拉善单刺蓬（*Cornulaca alashanica*）、阿拉善苜蓿（*Medicago alashanica*）、贺兰山南芥（*Arabis alaschanica*）、斧翅沙芥（*Pugionium dolabratum*）、黍束尾草（*phacelurus zea*）等。

2. 急需保护的草地重要种质资源植物　由国家林业和草原局与农业农村部制定、国务院 2021 年批准发布的《国家重点保护野生植物名录》中，草地重要野生种质资源植物如下。

（1）一级保护牧草：华山新麦草（*Psathyrostachys huashanica*）、革苞菊。

（2）二级保护牧草：中华结缕草（*Zoysia sinica*）、野大豆（*Glycine soja*）、短绒野大豆（*Glycine tomentella*）、拟高粱（*Sorghum propinquum*）、三蕊草（*Sinochasea trigyna*）、无芒披碱草（*Elymus sinosubmuticus*）、毛披碱草（*Elymus villifer*）、箭叶大油芒（*Spodiopogon sagittifolius*）、沙芦草（*Agropyron mongolicum*）等。

（3）二级保护经济植物：红花绿绒蒿（*Meconopsis punicea*）、羽叶点地梅（*Pomatosace filicula*）、胡黄连（*Neopicrorhiza scrophulariiflora*）、无柱黑三棱（*Sparganium hyperboreum*）等。

（4）蓝藻：发菜。

（5）真菌：虫草（*Ophiocordyceps sinensis*）、松口蘑（*Tricholoma matsutake*）等。

3. 急需保护的其他草地重要牧草及经济植物

（1）豆科牧草：很有价值的豆科牧草有藏豆（*Hedysarum tibeticum*）、异叶链荚豆（*Alysicarpus uaginalis* var. *diuersifolius*）、阴山扁蓿豆（*Melilotoides ruthenica* var. *inschanica*）、西藏扁蓿豆（*Melilotoides tibetica*）、峨眉葛藤（*Pueraria omeinsis*）、滇绿豆（*Phaseolus yunnanensis*）、云南高山豆（*Tibetia yunnanensis*）、亚东高山豆（*Tibetia yadongensis*）、阿拉善苜蓿（*Medicago alashanica*）、横断山胡枝子（*Lespedeza hengduanshanensis*）、黑龙江野豌豆（*Viciaamurensis sanheensis*）、西藏野豌豆（*Vicia tibetica*）、青甘锦鸡儿（*Caragana tangutica*）、西藏岩黄芪（*Hedysarum xizangensis*）、斜茎黄芪（*Astragalus laxmannii*）、包头黄芪（*Astragalus baotouensis*）等。

（2）禾本科牧草：很有价值的禾本科牧草有阿拉善鹅观草（*Roegneria alashanica*）、内蒙古鹅观草（*Roegneria intramogolica*）、糙毛鹅观草（*Roegneria hirsute*）、青海鹅观草（*Roegneria kokonorica*）、西藏鹅观草（*Roegneria tibetica*）、密花早熟禾（*Poa pachyantha*）、蒙古早熟禾（*Poa mongolica*）、山西早熟禾（*Poa shansiensis*）、山地早熟禾（*Poa orinosa*）、中华羊茅（*Festuca sinensis*）、高羊茅（*Festuca elata*）、昌都羊茅（*Festuca changduensis*）、异针茅（*Stipa aliena*）、昆仑针茅（*Stipa roborowskyi*）、青海野青茅（*Deyeuxia kokonorica*）、房县野青茅（*Deyeuxia henryi*）、湖北野青茅（*Deyeuxia hupehensis*）、喜马拉雅野青茅（*Deyeuxia himalaica*）、华马唐（*Digitaria chinensis*）、多花碱茅（*Puccinellia multiflora*）、海南画眉草（*Eragrostis hainanensis*）、华雀麦（*Bromus sinensis*）、大雀麦（*Bromus magnus*）、短芒剪股颖（*Agrostis breuiaristata*）、玉山剪股颖（*Agrostis morrisonensis*）、东北拂子茅（*Calamagrostis kengii*）、云南野古草（*Arundinella yunnanensis*）、小菅草（*Themeda hookeri*）、青海固沙草（*Orinus kokonorica*）、吉隆须芒草

（*Andropogon girongensis*）、扁穗茅（*Littledalea racemosus*）、分枝大油芒（*Spodiopogon ramosus*）、沼原草（*Moliniopsis hui*）等。

（3）莎草科牧草：很有价值的莎草科牧草有木里薹草（*Carex muliensis*）、云南薹草（*Carex yunnanensis*）等。

（4）菊科牧草：很有价值的菊科牧草有油蒿（*Artemisia ordosica*）、光沙蒿（*Artemisia oxycephala*）、日喀则蒿（*Artemisia xigazeensis*）、茭蒿（*Artemisia giraldii*）等。

4. 急需保护的草地珍稀、濒危野生动物　2021年我国国务院颁布了《国家重点保护野生动物名录》，根据野生动物的现存数量和珍贵价值将国家级保护动物划分为三级。急需保护的草地一级、二级珍稀、濒危野生动物如下。

（1）完全生活在天然草地、属国家第一类保护动物的有藏野驴、蒙古野驴、普氏野马、野骆驼、野牛、野牦牛、白唇鹿、梅花鹿、坡鹿、麋鹿、普氏原羚、赤斑羚、高鼻羚羊、塔尔羊、大鸨、小鸨、雪豹等。

（2）在温暖季节生活、繁殖于草地、灌丛草地，寒冷季节进入森林、灌木丛或农区或南方沼泽草地越冬的国家第一类保护动物有丹顶鹤、黑颈鹤、白枕鹤、黑头角雉、灰腹角雉、白尾梢红雉、棕尾虹雉、褐马鸡、白肩雕等。

（3）生活于各类草地，包括典型草原、荒漠草原、高寒草原、沼泽草地上的国家第二类保护野生动物有30余种，其中草食动物最多，有马鹿、毛冠鹿、戈壁盘羊、岩羊、藏原羚、鹅喉羚、中华斑羚、中华鬣羚、雪兔等，它们以草地牧草和饲用灌木为食；属第二类保护的草地肉食动物有兔狲、猞猁、草原斑猫等；杂食动物只有马熊1种；属第二类保护的草地留鸟有藏雪鸡、蓝马鸡、血雉、红腹角雉等以及草地猛禽如草原雕、猎隼等；第二类保护的草地候鸟有小天鹅、白额雁、灰鹤、蓑衣鹤等。

（三）湿草地保护区

湿草地是指湿地（wetland）中的积水草地。湿地指常年或季节性积水（水深2 m以内、积水期达4个月以上）和过湿的土地。其中，自然湿地主要指各种类型的沼泽、草甸、河漫滩、湖泊和海岸滩涂地带。湿地是1971年来自18个国家的代表在伊朗拉姆萨签署的《关于特别是作为水禽栖息地的国际重要湿地公约》提出的概念。我国是拉姆萨湿地公约签约国，并且已将黑龙江扎龙沼泽草地区、青海湖鸟岛沼泽和湿地草甸区等草地区域列入国际重要湿地名录。保护好跨越国界的候鸟与跨境国际河流的水环境，是签约国共同的责任和义务。因此要按照国际湿地公约的规定，管理、保护好我国的湿地，包括湿地中的积水草地。

湿草地包括沼泽和低地草甸，其中低地草甸中的沼泽化草甸和季节性积水的低湿地草甸属于湿地，系天然草地的重要组成部分。我国有沼泽草地287万 hm²，低地草甸草地2 532万 hm²，分别占全国草地面积的0.7%和6.4%，具有十分重要的经济与生态功能，急需保护的类型如下。

1. 水资源涵养草地保护　水是湿地最直接的产出物，依靠湿地贮存与涵养，湿草地是水源的重要涵养地。位于青海省黄河、长江和澜沧江源头的三江源湿地、位于西藏和青海的怒江源头湿地、位于西藏的雅鲁藏布江源头湿地以及位于云贵高原的珠江源头湿地均系天然草地，它们涵养着我国主要的大江大河。黄河水量的60%来自草地区，其中黄河上游水量的70%来自甘肃省甘南州草地，甘南州号称"中华水塔"。

2. 珍稀湿地野生动植物保护　湿草地生物多样性丰富，分布有珍稀的湿生、沼生植物。其中，水韭属（*Isoete*）已被列为国家一级保护野生植物，野生稻（*Oryza rufipogon*）、药用稻（*Oryza officinalis*）、无柱黑三棱（*Sparganium hyperboreum*）已被列为国家二级保护野生植物。我国湿草地中分布有珍稀的国家一级保护鸟类18种，国家二级保护水禽、涉禽和其他鸟类40余种，还有上百种属于中日、中澳（澳大利亚）候鸟保护协定规定保护的鸟类。目前黑龙江扎龙丹顶鹤自然保护区、吉林向海水禽自然保护区、新疆巴音布鲁克天鹅自然保护区、青海玉树隆宝滩黑颈鹤自然保护区等，都在天然湿草地区域内。

3. 重要的湿地草地生态系统保护

（1）湿草地禁垦保护：湿草地是水分条件最好的草地，系历来开垦的首选对象。湿地开垦，开垦的是有植被的湿草地，一般不会开垦湿地中的水域。北大荒是我国面积最大的淡水沼泽和低地沼泽化草甸，植被高大、茂密，景观独特秀美，但 20 世纪 50 年代末以来，当地已被垦殖数十年；鄱阳湖、洞庭湖等湖泊的围湖造田，围垦的是湖边有植被的湿草地；内蒙古锡林郭勒盟乌拉盖垦区开垦的全部湿草地，主要开垦低地草甸。

（2）湿草地脆弱生态系统保护：青藏高原大嵩草沼泽化草甸草地草层高，产草量高，可供割草，是青藏高原高寒牧区草地中生产力最高、最重要的草地类型。四川省若尔盖高寒湿草地是世界上面积最大的高寒湿地。但它们又是非常脆弱的生态系统，几乎所有经营性高寒低地湿草地均遭受重度放牧利用或干旱威胁而退化，急需保护。

（3）独具特色的湿草地景观：有些湿草地是重要的湿地风景区，如青海省青海湖鸟岛湿草地、云南香格里拉市纳帕海沼泽草甸、新疆和静县巴音布鲁克低湿沼泽化草甸自然保护区，均风景秀美，已成为全国著名的旅游风景区，必须保护，以防被破坏。

三、草地自然保护区的建立

（一）草地自然保护区建立的一般原则

在建立草地自然保护区时，须遵守以下 5 个原则。

（1）遵照《中华人民共和国草原法》《中华人民共和国自然保护区条例》规定，依法设置草地自然保护区。

（2）保护区设置坚持保护优先，生态优先，突出重点，选择有代表性的草地区域。保护对象具有典型性、稀有性和天然性。典型性即草地自然保护区的对象对于所要保护的那种类型是否有代表性。对于很多自然保护区来说，保护稀有的动植物种类及其群体是重要任务之一。如果某些自然保护区集中了一些其他地区已经绝迹的、残留下来的孑遗生物种类，就会提高自然保护区的价值。习惯上用天然性来表示植被或立地未受人类影响的程度。这一特性对于建立有科学研究目的的保护区或核心区有特别重要的意义。有的保护区既包括天然的，又包括半天然的部分，也是非常理想的。一个具有天然性的草地自然保护区同时又具有稀有性和脆弱性的特点时，则会显著提高其保护价值。

（3）严格科学设置，合理布局。既要使保护的对象、类型尽量全面，重点保护对象不遗漏，又要保证同一区域内，同质同源保护类型不重叠设置保护区。

（4）维护草地生态系统结构与功能的完整性，维护草地生物多样性的全面完整，保护区的面积以满足保护对象的整体性保护需要为准，面积大小适当，不过多占用生产用草地，即要保证面积适宜性。一个自然保护区必须满足维持保护对象所需的最小面积。保护区的最小或最适面积因保护对象的特征和生物群落类型的不同而有差异。保护区中种群的数量和群落的类型是保护区的又一重要问题，一般来说，种类数量越多，即多样性程度越高的类型，其保护价值越大。这一指标主要取决于立地条件的多样性以及植被发育的历史因素。

（5）生态效益为主导，适度兼顾经济利用效益和社会效益。首先，保护区的设置应具有感染力，感染力是指保护对象对人们的感官所产生的美感刺激的程度。显然从经济观点来看，不同物质具有不同的利用价值，但是由于人类科学的发展和认识的深化，许多动植物正在被发现具有新的经济价值。同时，由于不同种类的物种和生物类型是不可替代的，因此从科学的观点来说，很难断言哪一种类型和物种更为重要。但由于人类的感觉和偏见，不同的有机体具有不同的感染力。其次，要考虑草地自然保护区的科研潜力，包括一个地区的科研历史、科研基础和进行科研的潜在价值。同时，保护对象已遭受轻度破坏、经保护能够恢复的典型草地生态系统可以设置为保护区。

（二）草地自然保护区的设计

1. 设计原则　有关生物多样性保护、岛屿生物学理论与集合种群理论为自然保护区设计提供了理论依据。生境岛屿存在如下规律：岛屿面积越大，生境多样性越大，物种灭绝率越小，因此物种丰富度亦越大；隔离程度越高，物种迁入率越低，物种丰富度越低；面积大而隔离度又低的岛屿具有较高的平衡物种丰富度的功能，面积小或隔离度低的生境具有较高的物种周转率。

自然保护区在很大程度上可被看作被人类栖息地包围着的陆地"生境岛"，根据岛屿生物地理学和集合种群理论得出生境岛屿的上述规律，自然保护区的设计应遵循下列原则：①保护区面积越大越好。②一个大保护区比具有相同总面积的几个小保护区要好。③对于某些特殊生境和生物类群，最好设计几个保护区，且相互间距离越近越好。④自然保护区之间最好用廊道相连，以增加种的迁入率。⑤为了避免"半岛效应"，保护区以圆形为佳。

Diamond 根据岛屿生物地理学的种-面积关系和平衡理论提出了自然保护区设计的原则，该原则与上述原则有很多相同之处，不过，该原则主要是针对保护最大物种多样性的，其内容如下：①大保护区优于小保护区，主要是因为，大保护区内物种迁入速率和灭绝速率平衡时，拥有物种较多，同时，大保护区物种灭绝速率低。②栖息地是同质的保护区，一般应尽可能少地分成不相连的碎片，原因是大保护区物种存活率高，小保护区物种存活率低，大保护区比几个小保护区（总面积之和等于该大保护区）拥有较多物种。③栖息地是同质性的保护区，如果要分成几个不相连的保护区，这些保护区应尽可能地靠近，这将增加保护区物种迁入率，降低物种灭绝概率；如果是几个不相连的保护区，这些保护区应等距离排列，这意味着每一个保护区的物种可以在保护区之间迁移和再定居；线性排列的保护区，位于两端的保护区相隔较远，减少了物种再定居的可能性；如果有几个不相连的保护区，用廊道把它们连接起来（花费代价可能较大），也许会明显地改进保护功能，这是因为物种可以在保护区间扩散，而不需要越过不适宜的栖息地之"海"，从而增加物种存活机会。④只要条件允许，任何保护区应尽可能接近圆形，以缩短保护区内物种的扩散距离。如果保护区太长，当保护区局部发生种群灭绝时，物种从较中间区域向边远区域扩散的速率会很低，无法阻止类似于岛屿效应的局部灭绝。

2. 保护区的面积　保护区的大小是生境质量的函数，也是能否代表关键资源的数量与类型的重要影响因素。就维持某一物种有效种群而言，低质量的资源比高质量的资源需要更大的面积。保护区的大小也与遗传多样性的保持有关，在小保护区中生活的小种群的遗传多样性低，更加容易受到对种群生存力有副作用的随机性因素的影响。与试验饲养种群相似，小的种群容易导致遗传漂变和异质性的丢失。保护区的大小还关系到生态系统能否维持正常的功能。物种的多样性、保护区面积都与维持生态系统的稳定性有关。面积小的生境斑块，维持的物种相对较少，容易受到外来生物的干扰。只有在保护区面积达到一定大小后才能维持正常的功能，因此，在考虑保护区面积时，尽可能包括有代表性的生态系统类型及其演替序列。

从理论上讲，保护区的面积越大越好，而在实际应用中往往有较多的限制因素，如生态系统的破碎程度、与当地经济发展及周边社区居民的矛盾等；同时，针对不同区域、不同的保护区类型以及保护的主要对象等也应该区别对待。对于特定的保护区，面积大的保护区与面积较小的保护区相比，大的保护区能较好地保护物种和生态系统，因为大的保护区能保护更多的物种，一些物种（特别是大型脊椎动物）在小的保护区内容易灭绝。

但是，从物种多样性保护角度，关于自然保护区面积大小一直存在争论。大型保护区的倡导者认为只有面积大的保护区才能容纳足够多的物种，特别是分布范围大、密度低的大型物种（如大型肉食动物），才能保持其种群数量；而对于那些小型动物（如草食动物），只需要较小面积的保护区就可以达到保护的目的。因此，保护区面积的适应性非常重要。实践中，保护区的面积应根据保护对象和目的而定，应以物种-面积关系、生态系统的物种多样性与稳定性以及岛屿生物地理学为理论基础来确定。

3. 保护区的形状 因为物种的保存和动态迁移速率受保护区的几何形状影响，面积与周长比越大，保护区的物种扩散距离越小，而四周的方向选择也大致相等，由此有利于物种的动态平衡（迁入与迁出）。考虑到保护区的边缘效应，狭长形的保护区不如圆形的好，因为圆形可以减少边缘效应，狭长形的保护区造价高，受人为的影响也大，所以保护区的最佳形状是圆形。如果采用南北向的狭长形自然保护区，要保持足够的物种则必须加大面积。

4. 保护区内部的功能分区 自然保护区功能区划的科学性与合理性关乎保护的成败和保护区的自身发展。一般的自然保护区应由 3 个功能区域组成，分别为核心区、缓冲区和实验区。

（1）核心区：在此区生物群落和生态系统受到绝对的保护，是自然保护区的精华所在，是被保护物种和环境的核心，需加以绝对保护，禁止一切人类的干扰活动，或有限度地进行以保护核心区质量为目的或无替代场所的科研活动。其主要任务是保护基因和物种多样性，并可进行生态系统基本规律的研究。核心区具有以下特点：①草地自然环境保存完好，自然景观优美；②草地生态系统内部结构稳定，演替过程能够自然进行；③集中了本草地自然保护区特殊的、稀有的野生生物种和重要的牧草种类。

根据物种保护需要，核心区可以有一个至多个，面积一般不得小于自然保护区总面积的 1/3，核心区内开展的研究主要起对照作用。

（2）缓冲区：缓冲区一般位于核心区周围，可以包括一部分原生性的生态系统类型和由演替系列占据的受过干扰的地段，是在核心区外围起保护、防止和减缓外界对核心区造成影响和干扰的区域，需尽量减少人为干扰。同时，可进行某些实验性和生产性的科学研究。但在该区进行科学实验不应破坏其群落生态环境，可进行植被演替和合理采伐与更新实验，以及野生经济生物的栽培或驯养等，同时可以有限度地进行观赏型旅游活动。

（3）实验区：实验区保持了与核心区和缓冲区的一致性，是自然保护区进行科学实验的地区，在该区允许进行一些科研和人类经济活动以协调当地居民、保护区及研究人员的关系。实验区内可进行以下活动：①发展本地特有的植物和动物资源，建立苗圃、种子繁育基地、植物园和野生动物饲养场；②建立科学研究的生态系统观测站、气象站、水文观察点，收集数据和资料；③进行教学实习，设立科普教育展览馆、野外标本采集地；④进行生物资源的持续利用研究；⑤开展适度的生态旅游。

5. 廊道设计与草地自然保护区网的建设 所谓生态走廊（habitat corridor）是指保护区之间的带状保护区。这种生态走廊也被称为保护通道或运输通道，可以使植物和动物在保护区之间散布，保持了保护区之间的基本流动，也使一个保护区中的物种在另一个保护区中合适的地点定居并繁衍。通过生态走廊可使不同板块（或生境）间的物种发生交流。

人类活动所导致的生境破碎化是生物多样性面临的最大威胁。生境的重新连接是解决该问题的主要步骤，通过生态走廊可将保护区之间或保护区与其他隔离生境相连。建设生态走廊的费用很高，同时生态走廊的利益可能也很大，只要有可能，就应当将主要的生境相连。

生态走廊作为适于生物移动的通道，把不同地方的保护区联结成保护区网。如我国保护大熊猫的各级自然保护区达 40 多处。由于单个的保护区和大熊猫种群的数量是有限的，各保护区之间由于生境的隔离而不能相互交流，多处保护区的保护作用在某种程度上大大降低了。因此，必须通过生态走廊的建设把分散的保护区连接成一个或若干个保护区网络。

不同物种的扩散能力差异很大，所以不同物种需要的廊道不一样。有时廊道相当于一个筛子，能够让一些物种通过，而不让另一些物种通过，不同的物种要求不同的廊道类型。野生动物的廊道有两种主要类型：①为了动物交配、繁殖、取食、休息而需要周期性地在不同生境类型中迁移的廊道；②异质种群中个体在不同生境斑块间的廊道，以进行永久的迁入和迁出，在基因流动及当地物种灭绝后重新定居。生境连接类型因时空尺度和生物的组织水平的不同而不同。

草地自然保护区间的生态走廊应该以每一个保护区为基础来考虑，然后根据经验方法与生物学知识来确定。应注意下列因素：要保护的目标生物的类型和迁移特性、保护区的间距、在生态走廊会发生怎样的人为干扰，以及生境走廊的有效性等。比如大型的、分布范围广的动物（肉食性的哺乳动物）为了进行长距离的移动需要有内部的走廊。动物领域面积的平均大小可以帮助估计生态走廊的最小宽度。

研究表明，使用生态走廊时除考虑走廊宽度外，还应考虑其他因素如更大的景观背景、生境结构、目标种群的社会结构、食物、取食型。因此，设计生态走廊需要详细了解保护物种的生态学特性。

自然保护区的设计与研究集中在单个保护区是不科学的，在策略上，应趋向于保护高生物多样性的地区，而不是保持地区的生物多样性的自然性与特征，主要原因有：①单个的保护区不能有效地处理保护区内连续的生物变化；②只重视单个保护区内的内容而忽略了整个景观的背景，不可能进行真正的保护；③单个保护区只是强调种群和物种，而不是强调它们相互作用的生态系统。为此，有学者曾提出了区域自然保护区网设计的节点—网络—模块—廊道模式。节点是指具有特别高的保护价值、高的物种多样性、高濒危性或包括关键资源的区，节点也可能在空间上对环境变化表现出动态的特征，但是节点很少有足够大的面积来维持和保护所有的生物多样性。所以，必须发展保护区网来连接各种节点，通过合适的生态走廊将这些节点连接成大的网络，允许物种基因、能量、物质通过走廊流动。一个区域的保护区网包括核心保护区、生态走廊带和缓冲带（多用途区）。

四、我国的草地自然保护区

（一）我国现有的草地自然保护区

据《2017年中国生态环境状况公报》，我国草原草甸类型有41个自然保护区，占总数的1.49%，面积有1 651 689 hm²，占总面积的1.12%，其中国家级4个，省级12个，市级3个，县级22个。具体见表9-1。

表9-1　我国草地类自然保护区

序号	保护区名称	行政区域	面积（hm²）	主要保护对象	级别	始建时间	主管部门
1	白草洼	滦平县	17 680	森林草原	省级	2007-10-25	其他
2	滦河源草地	丰宁满族自治县	21 500	草地生态系统	省级	1997-10-28	环保
3	围场红松洼	围场满族蒙古族自治县	7 970	草原生态系统	国家级	1994-08-15	环保
4	御道口	围场满族蒙古族自治县	32 620	草原、湿地生态系统	省级	2002-05-29	农业
5	忻州五台山	五台县	3 333	亚高山草甸生态系统	省级	1986-12-01	农业
6	春坤山	固阳县	9 500	山地草甸草原	县级	1999-12-20	环保
7	红花敖包	固阳县	6 000	荒漠草原生态系统	县级	2005-03-20	环保
8	阿鲁科尔沁	阿鲁科尔沁旗	136 793	沙地草原、湿地生态系统及珍稀鸟类	国家级	1999-10-20	环保
9	阿布德龙台	巴林右旗	30 000	草原生态系统	县级	2002-12-01	环保
10	贡格尔	克什克腾旗	101 900	草原、湿地生态系统及大鸨、蓑羽鹤等珍稀飞禽	县级	2000-12-15	环保
11	乌兰布统	克什克腾旗	30 089	草原生态系统	省级	1998-07-16	环保
12	灯笼河	翁牛特旗	8 000	草原生态系统	市级	2000-11-01	环保
13	花胡硕苏木	科尔沁左翼中旗	34 000	草原草甸及榆树林	县级	2002-12-10	林业
14	青龙山山地	奈曼旗	7 200	草原及山地原生植被、珍稀动植物	县级	2002-03-11	其他

（续）

序号	保护区名称	行政区域	面积（hm²）	主要保护对象	级别	始建时间	主管部门
15	阿贵洞	扎鲁特旗	2 500	草原草甸生态系统	县级	2000-09-28	其他
16	格日朝鲁苏木	扎鲁特旗	10 000	草甸草原生态系统	县级	2000-09-28	农业
17	王爷山	扎鲁特旗	15 000	草甸草原生态系统	县级	2000-09-28	林业
18	陈巴尔虎草甸草原	陈巴尔虎旗	145 666	草甸草原、湿地生态系统及珍稀野生动物	县级	1996-08-10	环保
19	伊和乌拉	新巴尔虎左旗	10 000	草甸草原生态系统和野生动植物	县级	2007-12-26	环保
20	辉腾锡勒	察哈尔右翼中旗	16 750	高寒湖泊湿地、草甸生态系统及珍稀动植物	市级	1998-08-01	环保
21	科右中旗五角枫	科尔沁右翼中旗	61 641	五角枫、榆树疏林草原生态系统及珍禽	省级	1998-08-15	林业
22	锡林郭勒草原	锡林浩特市	580 000	草甸草原、沙地疏林	国家级	1985-08-05	环保
23	蔡木山	多伦县	42 477	天然次生林、草甸草原生态系统及珍稀野生动植物	省级	1995-09-10	环保
24	腰井子羊草草原	长岭县	23 800	草原草甸生态系统、野生动植物	省级	1986-11-18	农业
25	泰来东方红	泰来县	32 000	森林、湿地及野生动植物	县级	1999-10-01	林业
26	青色草原	讷河市	12 500	大叶樟、小叶樟及羊草草原生态系统	县级	1992-10-29	农业
27	卫星牧场草原	肇州县	5 205	羊草草原	县级	2003-05-01	农业
28	东兴草甸草原	林甸县	30 529	草甸草原生态系统	省级	2010-10-08	农业
29	林甸县东北部草原野生中药材	林甸县	28 000	草甸草原	县级	1999-10-20	环保
30	大黑山羊草草原	杜尔伯特蒙古族自治县	2 100	羊草草原	县级	1986-12-02	农业
31	五马沙驼子中药材	杜尔伯特蒙古族自治县	6 667	野生中药材及草甸草原生态系统	县级	1986-12-02	环保
32	和平青龙	大庆市大同区	6 500	盐碱草原草甸、森林生态系统及野生动植物	县级	2000-03-04	其他
33	兰远草原	兰西县	15 874	草原与草甸生态系统	省级	2011-12-23	农业
34	移新草原	兰西县	136	草原及野生动植物	县级	1989-10-01	其他
35	立新草原	青冈县	366	羊草草原生态系统	县级	1989-08-01	环保
36	引嫩河草原	明水县	2 067	草原生态系统	县级	1990-06-01	林业
37	四方山草原	肇东市	12 000	草原生态系统	县级	1992-02-01	其他
38	宋站草原	肇东市	14 666	羊草草原生态系统	市级	1999-08-17	环保
39	云雾山	固原市原州区	6 660	黄土高原半干旱区典型草原生态系统	国家级	1982-04-03	农业
40	巩乃斯天山中部山地草甸类草原	新源县	65 300	草原草甸、野生牧草近缘种	省级	1986-07-05	农业
41	金塔斯山地草原	福海县	56 700	山地草原生态系统	省级	1986-07-05	农业

云雾山草原自然保护区位于宁夏南部山区的固原市，属典型的黄土高原半干旱区，为典型草原植被地带，是中国科学院水利部水土保持研究所于20世纪80年代初期在我国西部建立最早、保护最完整的本氏针茅草原自然保护区，为全球气候变化与生物多样性研究提供了重要基地。

　　围场红松洼国家级自然保护区位于河北省围场满族蒙古族自治县境内，地理坐标为 117°18—117°35′E，42°10′—42°20′N。保护区设立于 1994 年 8 月 15 日，保护区面积为 7 970 hm²，是一个以塞罕坝曼甸山地草甸生态系统及珍稀野生动植物多样性和滦河、西辽河河源湿地景观生境为主要保护对象的综合性草地类自然保护区。

　　锡林郭勒草原自然保护区位于内蒙古自治区锡林浩特市境内，面积为 580 000 hm²，主要保护对象为草甸草原、典型草原、沙地疏林草原和河谷湿地生态系统。保护区内生态环境类型独特，具有草原生物群落的基本特征，并能全面反映内蒙古高原典型草原生态系统的结构和生态过程。保护区内分布的野生动物反映了蒙古高原区系特点，其中国家一级保护野生动物有丹顶鹤、白鹳、大鸨、玉带海雕等，国家二级保护野生动物有大天鹅、蒙古百灵、沙狐等。该区是目前我国最大的草原与草甸生态系统类型的自然保护区，在草原生物多样性的保护方面具有重要的地位和国际影响力。

（二）我国草地自然保护区的分区设置

　　草地自然保护区的设置要充分反映草地自然条件、气候类型、草地自然经济特征、地理分布的地域差异，力求做到保护区的地域布局合理。我国的草地自然保护区划分为 4 个区，分别为北方干旱、半干旱草原区，东北、华北湿润半湿润草原区，青藏高原高寒草原区，南方湿润草地区。

　　1. 北方干旱、半干旱草原区　北方干旱、半干旱草原区包含以下 3 个小区。

　　（1）内蒙古高原草原小区：草原广袤辽阔，是我国温带草原的主体，草原类型丰富，草质优良，草原原始面貌保存较好，是蒙古系古老草原家畜三河牛、三河马等的原产地。可建草甸草原、典型草原、荒漠草原的优良草地类和优良牧草保护区、优良草原家畜种源保护区、珍稀植物保护区、有重要意义的迁徙候鸟保护区。

　　（2）黄土高原草原小区：属温带南部暖温性草原类型，开发历史悠久，人为因素影响大，是我国草原区水土流失和沙化最严重的地区之一，亟待保护、治理。著名的滩羊产于该小区。可考虑在已有的本氏针茅草原保护以外兴建暖温性草原保护区和经营性草地水土流失治理保护区。

　　（3）西北荒漠小区：包括新疆、甘肃及内蒙古的西部。该区极干旱，地带性草地为荒漠类型，主要草地位居天山、阿尔泰山、祁连山等山地，动植物区系及植被类型丰富多彩，拥有很多荒漠区特有的动植物，为哈萨克系古老家畜品种的原产地。可考虑建立各种平原荒漠、山地草原和珍稀野生动植物自然保护区，以及特殊的自然景观自然保护区。

　　2. 东北、华北湿润半湿润草原区　气候条件较好，土壤肥沃，平原周围多山地，草群茂密，牧草种类丰富。目前大部分草原已开垦为农田，是我国重要的商品粮基地之一。可考虑建立温带草甸草原、低地草甸、山地草甸、湿地珍禽等自然保护区。

　　3. 青藏高原高寒草原区　一般海拔高度为 3 500～5 000 m，是世界上海拔最高的草地区域。草地主体为高寒草甸、亚高山草甸、高寒草原与高寒荒漠草原，草层低矮，但营养价值高，养育了牦牛、藏羊等高原家畜，拥有世界上特有的动植物区系。可考虑建立高寒草甸、亚高山草甸、高寒草原、高寒荒漠草原等草地类保护区，以及藏野驴、野牦牛、冬虫夏草等各种高原特有的珍稀动植物保护区。

　　4. 南方湿润草地区　位居热带、亚热带山地、丘陵地带，雨量充沛，冬季温暖，以森林破坏后的次生草地为主，其中山地暖温带草地稳定性好，牧草种类十分丰富，可考虑建立经营性草地保护区，热带、亚热带牧草资源保护区，干热稀树灌草丛（savanna）景观保护区。

复 习 思 考 题

　　1. 论述草地生物多样性的价值。

　　2. 简述生物多样性保护的基本措施。

3. 草地自然保护区的概念及其功能是什么？

4. 简述我国草地自然保护区的种类。

5. 为什么要设置草地自然保护区？

6. 说明设置草地自然保护区的原则。

7. 现要在某一地区建立草地自然保护区，试提出自然保护区的设计要点。

第十章

草原生态监测与遥感技术应用

　　草原是我国边疆地区最重要的自然资源，是国家生态保护和生态文明建设的重要区域。我国天然草原类型多样、质量等级异质性大，且主要分布在大兴安岭—阴山—贺兰山—巴颜喀拉山—冈底斯山一线以西的非季风区，地形地貌以高原为主，植被生长容易受干旱、低温极端气候影响而波动，引起草原退化、风沙灾害以及牧民减收等诸多生态环境和社会问题。因此，定期监测草原植被状况，及时掌握植被变化趋势及影响因素是草原生态保护与建设和草原资源合理利用的重要保障。

　　我国的草原资源定位监测始于 1959 年，当时内蒙古自治区畜牧厅在苏联著名草地学家伊万诺夫（N. N. Ivanova）的倡议下在呼伦贝尔盟（今呼伦贝尔市）、锡林郭勒盟（今锡林郭勒市）、乌兰察布盟（今乌兰察布市）和伊克昭盟（今乌兰察布市）的不同草地类型中建立 4 个长期监测站，主要观测草地生产力及变化趋势。除此之外，我国西部边疆地区的草原大省也各自成立草原监测机构，开始观测草原资源和植被变化，如新疆维吾尔自治区草原总站（1966）、四川省草原工作总站（1984）、甘肃省草原监理站（1988）、青海省草原监理站（1991）等。我国首次全国性草地资源调查始于 1979 年，在这期间农业部先后成立了甘肃安西站、内蒙古镶黄站、宁夏盐池站、青海兴海站、新疆巩留站等覆盖草原区域的 10 余个国家级草原监测站。2004 年，我国成立了国家级草原监测机构农业部草原监理中心，进而基本构建了由中央和地方组成的我国草原监测系统，草原监测工作进入新的发展时期。

第一节　草原生态监测的内容与方法

一、草原生态监测的目的与意义

　　草原生态监测是依法依规完成的保护与建设草原的一项重要工作，也是维护国家生态安全的客观需求。2003 年修订发布的《中华人民共和国草原法》中规定：国家建立草原生产、生态监测预警系统，要求县级以上人民政府草原行政主管部门对草原的面积、等级、植被构成、生产能力、自然灾害、生物灾害等草原基本状况实行动态监测，及时为本级政府和有关部门提供动态监测和预警信息服务。因此，草原生态监测的主要目的是掌握草原资源的现状、变化趋势及影响因素，逐步建立草原基础信息数据库，为经济建设、生态环境建设、生态保护监督与管理提供决策依据。

　　草原生态监测过程是对草原生态系统的各组成要素和草原植被变化进行周期性的观测和评价过程。根据监测目的可分为草原资源监测和草原生态环境监测（简称草原生态监测）两类。草原资源监测主要是从草原资源利用的角度以掌握利用状况为目的的监测，包括草原等级评价、载畜量评定等；而草原生态监测则主要是以了解草原资源的环境要素、植被要素和灾情为重点进行的监测。

二、草原生态监测的标准与要素

1979 年启动的全国草地资源调查中，北方草场资源调查办公室颁布了较规范的《草场资源调查技术规程》，这是我国第一个全国性的规范性标准。2003 年，我国农业部颁布了《天然草地退化、沙化、盐渍化的分级指标》（GB 19377—2003），这是首次从国家层面出台的相关规范和要求。

2004 年，农业部成立草原监理中心后草原生态监测内容更加完善，监测技术更加规范。草原监理中心前后组织制定了《草原资源与生态监测技术规程》（NY/T 1233—2006）、《天然草原等级评定技术规范》（NY/T 1579—2007）、《风沙源区草原沙化遥感监测技术导则》（GB/T 28419—2012）、《岩溶地区草地石漠化遥感监测技术规程》（GB/T 29391—2012）和《草地资源调查技术规程》（NY/T 2998—2016）等一系列规范性推广标准。同时还编制了《全国草原监测技术操作手册》，对地面调查工作中的样地选择、样方设置、植被调查内容及方法等内容提出了具体规定和要求，草原监测工作得到了科学而规范的全面推进。

到 2018 年为止，草原监理中心已经连续监测 14 年，并每年对外公布监测结果。草原监理中心已开创并建立了中国草业网、中国草原网等信息网络平台，开发了"草原监测信息报送管理系统""草原类型与主要牧草信息系统""草原生态建设与保护工程监测系统"等十多个专题软件和模块，使草原监测工作更加程序化、常态化。除此之外，国家气象部门也出台了相关草地生态监测方法和标准，如《北方草地监测要素与方法》（QX/T 212—2013）、《草地气象监测评价方法》（GB/T 34814—2017）等。目前，我国出台的有关草原监测的规范性文件主要来自国家、农业行业和气象行业。监测内容除涉及气象要素外，还包括草地生态状况、草地植被、草地灾害、草地利用、草地保护工程等诸多方面。具体监测大类及要素汇总见表 10-1。

表 10-1 草原生态监测大类及监测要素汇总

监测大类	监测要素
草原资源状况	草原面积、类型、等级、分布
草原生态状况	草原综合植被盖度，草原退化、沙化、盐渍化、石漠化
草原植被状况	植被组成、盖度、高度、物种数量变化
草原生产力状况	草原植被长势、草产量、各类型草原生产力
草原利用状况	草原利用方式、载畜量、草畜平衡
工程建设效果	草原保护建设重点工程区内外、工程实施前后植被和生态状况，包括草原植被高度、盖度、生产力、植被组成及生态环境变化
草原灾害情况	草原火灾、鼠虫害发生次数、面积、分布、特点及灾害损失情况，草原雪灾、旱灾等自然灾害情况等
草原气象要素	降水、温度、光照

三、草原生态监测的方式与方法

（一）监测方式

草原监测方式有常规监测和专题监测两类。

1. 常规监测 常规监测是指按照规定的时间、周期、内容获取草原资源和生态信息，及时进行汇总、分析、贮存、传递并可进行信息查询等服务，每年的草原监测属于常规监测。

2. 专题监测 专题监测是指针对草原资源和生态环境突发性事件或重点监测区域特别设置的监测，如自然保护区的监测、自然灾害（雪灾、干旱、风沙、病虫害）监测等。

（二）监测方法

草原监测方法包括地面监测、遥感调查和社会经济调查与统计分析 3 种。

1. 地面监测　地面监测是指通过既定路线和样地调查，使用专门仪器设备直接测量地面植被结构、土壤等地表参数实值。地面监测结果翔实可靠，并通过现场察看能够了解监测地具体情况，但地面监测费时费力，不适合大空间尺度上的监测。

2. 遥感监测　遥感监测是指通过解析遥感影像数据或利用遥感仪器等技术获取一定范围的地表测量值或由此定量反演的地表参数。通过多年影像数据的叠加，遥感监测能够实现宏观性、动态性、实时性等优点，正好补充地面监测的不足之处。就监测工作而言，地面监测和遥感监测是相辅相成、缺一不可的，地面某一"点"上的监测依赖于遥感某一"面"上的监测，从而实现空间尺度的扩展，而遥感反演结果也依赖于地面"实值"的验证。

3. 社会经济调查与统计分析　社会经济调查与统计分析是指对劳动力变化、第一二产业结构、经济发展趋势等社会经济情况的分析统计，为草原生态建设提供基础数据。

第二节　草原生态遥感监测原理

一、草原生态遥感监测的光谱原理

（一）主要地物的光谱特征

植物、土壤和水体是覆盖地球表面的三大地物类型，其光谱特征有很大差异。可见光范围内，400～450 nm（蓝光）和600～690 nm（红光）波段为叶绿素的强烈吸收区，而550 nm（绿光）附近是叶绿素的反射区，反射率通常在10%～20%。在700～950 nm（近红外）波段区中，700～750 nm是反射率急剧上升区，750～950 nm是强烈反射区，反射率高达60%。土壤在可见光至近红外波段（400～950 nm）区间无吸收区也无强烈反射区，反射率随波长稳步上升，反射率曲线呈直线状。水体除在400～450 nm（蓝光）波段反射外，其余波段都强烈吸收，水中大量繁殖藻类等水生植物或遭受污染时光谱特征会发生变化（图10-1）。

根据主要地物的光谱特征，通过遥感影像数据能够区分植物、土壤和水体的地物类型。另外，植物的光吸收强度或反射强度与植物叶绿素含量成正比，叶片越多叶绿素含量越高，对红色光的吸收越强，同时近红外光的反射也越强。这是利用遥

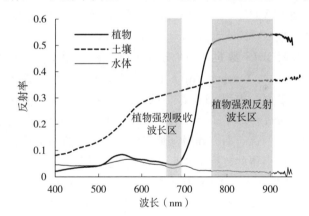

图 10-1　植物、土、水的光谱特征曲线
（引自白龙等，2010）

感技术区分草地类型的主要依据，也是监测草原植物生物量、覆盖度、生产力及草地健康状态等指标的重要依据。

（二）草地植物的光谱特征

草地植物的光谱特征即草地植物对某一波段光的反射和吸收特征。草地植物的近红外波段的反射率和红光的吸收率随着植物种类、叶片结构、叶绿素含量以及地上生物量等多种因素的变化而发生变化。图10-2A是黄土高原北部的柠条锦鸡儿（*Caragana korshinskii*）灌木林、本氏针茅（*Stipa bungeana*）草地和黑沙蒿（*Artemisia ordosica*）草地的光谱特征。3种植物在红光波段的吸收率基本一致，但柠条锦鸡儿灌木林在近红外区的反射率最高，黑沙蒿草地的最低。图10-2B是不同盖度的草地光谱特征。盖度为75%的草地中近红外区的反射率最高，随着盖度的降低近红外区的反射率降低。不同草地植被的光谱特征和不同盖度的光谱特征差异为利用遥感方法区分草地类型提供了科学依据。

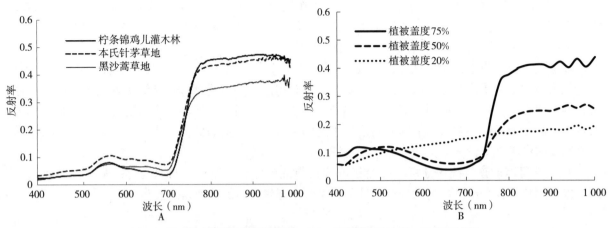

图 10 - 2 黄土高原北部不同草地 (A) 和不同盖度 (B) 的光谱特征
(引自白龙等，2010)

二、常用遥感影像数据信息源

(一) 常用的遥感影像数据

1. NOAA/AVHRR 数据 AVHRR，全称为 advanced very high resolution radiometer，是 NOAA 系列气象卫星上搭载的传感器。该卫星是美国国家海洋大气局发射的观测卫星，平时有 2 颗卫星在运行，可以对地球进行 4 次以上的观测，拥有 5 个波段，分辨率为 1.1 km。目前有 2 种全球尺度的 NOAA/AVHRR 数据，分别为 NOAA 全球覆盖 (global area coverage，GAC) 数据和 NOAA 全球植被指数 (global vegetation index，GVI) 数据。

2. MODIS 数据 中分辨率成像光谱仪 (moderate-resolution imaging spectroradiometer，MODIS) 是 Terra 和 Aqua 卫星上搭载的主要传感器之一，2 颗卫星相互配合每 1~2 d 可重复观测整个地球表面，得到 36 个波段的观测数据。MODIS 拥有 2 330 km 的视场宽度，其探测器在 0.405~14.385 μm，共有 250 m、500 m 和 1 000 m 3 种空间分辨率。该数据实行全世界免费接收的政策，对地球科学的综合研究和对陆地、大气和海洋进行分门别类的研究有较高的实用价值，是草地植被遥感监测不可多得的、廉价并且实用的数据资源。

3. SPOT-VEGETATION 数据 从 1998 年 4 月开始接收用于全球植被覆盖观测的数据，包括 4 个波段，植被探测器的星下点分辨率为 1.15 km，视场宽度为 2 250 km，可每天覆盖全球 1 次。预处理包括大气校正、辐射校正和几何校正等。该数据集包含每 10 d 合成的 4 个波段的光谱反射率及 10 d 最大化 NDVI (normalized difference vegetation index，归一化植被指数)，空间分辨率为 1 km，时间分辨率为逐旬。

4. Landsat 系列数据 美国陆地卫星 (LANDSAT) 系列卫星由美国航空航天局 (NASA) 和美国地质调查局 (USGS) 共同管理。自 1972 年起，LANDSAT 系列卫星陆续发射，是美国用于探测地球资源与环境的系列地球观测卫星系统，常用波段 7 个，空间分辨率为 30 m，重访周期为 18 d/16 d，它们的主要任务是监视以及协助管理农、林、畜牧业和水利资源的合理利用，研究自然植物的生长和地貌，考察和预报各种严重的自然灾害等。

在草原植被遥感监测实际应用中，应结合评价的空间尺度、时间尺度、评价指标的可获取性以及科研条件等因素选择合适的数据源 (表 10 - 2)。

表 10 - 2　草原植被遥感监测常见遥感影像数据源

数据类型	空间分辨率	重访周期	草原监测中的应用领域
NOAA/AVHRR	1.1 km	12 h	多用于大尺度区域土地覆盖调查，在草地植被遥感中可用于草地植被物候、长势等的监测

（续）

数据类型	空间分辨率	重访周期	草原监测中的应用领域
MODIS	250 m/500 m/1 000 m	1～2 d	在草地植被物候、长势、产草量和草畜平衡等方面应用广泛
Landsat TM/ETM+/OLI	30 m	18 d/16 d	绘制各种专题图，在草地植被监测中多应用于草原沙漠化监测
HJ-1-A、B 卫星	30 m	4 d	可以实现对大范围、全天候、全天时的动态监测。在草地植被遥感监测中可用于典型区草地长势、产草量等方面的监测
SPOT	多光谱6 m/全色波段1.5 m	4～5 d	在草地遥感监测中主要用于草原沙化典型区分析和解译精度验证，也可用于典型区草地长势、产草量等方面的监测
IKONOS	多光谱1 m/全色波段4 m	2.9 d/1.5 d	在草地遥感监测中主要用于草原沙化典型区分析和解译精度验证
GF	2 m/8 m/16 m	4 d	在草地植被遥感监测中可用于典型区草地长势、产草量等方面的监测

（二）遥感数据分辨率及适宜监测范围

草原资源调查可以依据其目的、经费、人员等实际情况决定调查技术路线、专题图的比例尺大小等，而监测精度和技术方法等，监测单位不能自由选择或更改，要按照统一的规程来完成。监测精度与监测范围大小和监测手段有关。表 10-3 中列出了不同遥感信息源的分辨率及适宜监测范围，分辨率在 0.68～1 000 m，适宜比例尺为（1∶400 万）～（1∶1 万），监测范围从小区域增加至全国范围。

表 10-3　不同遥感信息源的分辨率及适宜监测范围

信息源	分辨率（m）	判读所需像元（个）	适宜比例尺	监测范围
彩虹外航片	2.5	4～10	≤1∶1 万	小区域
黑白航片	3.0	4～10	≤1∶（1 万～5 万）	小区域
IKONOS	0.68～1	1～2	≤1∶1 万	小区域
SPOT5（黑白）	2.5	2～6	≤1∶（1 万～5 万）	县级
SPOT（全波段）	10	5～10	≤1∶（5 万～10 万）	县级
ETM（黑白）	15	5～10	≤1∶（5 万～10 万）	县级
TM、ETM	30	16～20	<1∶20 万	省级
中巴卫星	30	16～20	<1∶20 万	省级
MSS	79	20～30	<1∶50 万	省级
MODIS	250～1 000	20～40	<1∶100 万	全国
NOAA/AVHRR	1 000	30～40	<1∶400 万	全国

草原植被长势、产草量遥感监测重点关注的是大尺度草原植被状况，监测关键时期如草地植被生长季，要求遥感数据具有覆盖范围广、重访周期短等特点，因此在选择遥感数据时常采用 MODIS 系列数据。草原沙化遥感监测时需要分辨率较高并且时间序列积累较长的数据，选用较多的是 Landsat 系列 TM/ETM+/OLI 数据、SPOT 数据以及 ASTER 数据等，均属于中等空间尺度分辨率数据。小范围、重点区域的遥感监测则常用 QuickBird 数据、WorldView、GeoEye、IKONOS 以及 GF 数据等高空间分辨率数据。

三、遥感影像的植被指数

（一）植被指数的概念及种类

植被指数（vegetation index，VI）是指利用绿色植物的吸收红光和反射近红外光的光谱特征，通过遥感数据两个波段的线性或非线性组合来反映绿色植物生长状况和植物活力的指数。植被指数作为一种植被参数被广泛用于地物种类区分、植被类型识别、植被长势评价、植被产量估测以及自然灾害预测等诸多方面。在草地遥感领域，利用遥感技术可在不破坏草地植被的前提下对草地产草量、植被长势进行准确和动态的监测，掌握草地生态现状和变化趋势，同时对准确掌握草地产量资料、计算草地载畜量以及实现草畜平衡发展具有十分重要的意义，也可为实现草地资源的科学管理和合理利用提供可靠依据。

植被指数是对地表植被状况简单、有效的表达方式，可以定性或定量评价草原植被盖度和生物量等信息。目前为止，国内外学者已经定义了 40 多种植被指数。植被指数的影响因子中，除了植被因素外主要有大气因素和土壤因素，因此为了去除干扰因素影响而建立的植被指数通常分为 4 类，即纯粹的植被指数、去除土壤干扰的植被指数、去除大气干扰的植被指数和去除土壤及大气干扰的植被指数。还有新一类的基于高光谱数据的植被指数。

1. 纯粹的植被指数 是只考虑绿色植物的光吸收和光反射特征，不考虑任何其他外部干扰因素的植被指数。主要有差值植被指数（difference vegetation index，DVI）、比值植被指数（ratio vegetation index，RVI）、归一化植被指数（normalized difference vegetation index，NDVI）等。计算公式如下：

$$DVI = NIR - R$$
$$RVI = NIR/R$$
$$NDVI = (NIR - R)/(NIR + R)$$

式中，NIR 为近红外波段反射率；R 为红光波段反射率。

2. 去除土壤干扰的植被指数 是为了降低土壤背景的光谱影响而开发的植被指数。主要有土壤调节植被指数（soil-adjusted vegetation index，SAVI）、垂直植被指数（perpendicular vegetation index，PVI）等。计算公式如下：

$$SAVI = [(NIR - R)/(NIR + R + L)](1 + L)$$
$$PVI = [(S \cdot R - V \cdot R)^2 + (S \cdot NIR - V \cdot NIR)^2]/2$$

式中，L 为一个土壤调节系数，该系数与植被覆盖度有关，由实际区域条件来确定，用来减小植被指数对不同土壤反射变化的敏感性；S 为土壤反射率；V 为植被反射率；NIR 为近红外波段反射率；R 为红光波段反射率。

3. 去除大气干扰的植被指数 是通过引入蓝光信息而去除大气效应影响的植被指数，即大气阻抗植被指数（atmospherically resistant vegetation index，ARVI）。计算公式如下：

$$ARVI = (NIR - R \cdot B)/(NIR + R \cdot B)$$

式中，B 为蓝光波段反射率；NIR 为近红外波段反射率；R 为红光波段反射率。

4. 去除土壤、大气干扰的植被指数 是除去除土壤背景的光谱影响外，通过引入蓝光信息而去除大气效应影响的植被指数，即增强植被指数（enhanced vegetation index，EVI）。计算公式如下：

$$EVI = 2.5(NIR - R)/(NIR + 6R - 7.5B + 1)$$

5. 基于高光谱遥感及热红外遥感的植被指数 随着高分辨率遥感技术的应用，又发展起来一些新的植被指数。基于高光谱遥感的植被指数中比较典型的是红边植被指数和倒数植被指数。基于热红外遥感的植被指数则在本质上是把热红外辐射（如地面亮度温度）和植被指数结合起来进行大尺度范围的遥感应用，如导数植被指数、温度植被指数、生理反射植被指数等。

（二）植被指数与适用条件

植被指数主要反映植被在可见光、近红外波段反射与土壤背景之间差异的指标，各个植被指数在一定条件下能被用来定量说明植被的生长状况。不同的植被指数在不同年代和不同条件下因不同目的而被开发，所以不同植被指数的含义及适用条件各不相同（表 10 - 4）。

表 10 - 4　不同的植被指数适合的环境条件

植被指数	值范围	特征	应用
RVI	$0\sim30^{+}$，通常 $2\sim8$	当植被覆盖度较高时，RVI 对植被十分敏感；当植被覆盖度<50%时，这种敏感性显著降低	研究城市建设用地扩张速率。用于实时、快速、无损监测作物氮状况
NDVI	$-1\sim1$，通常 $0.2\sim0.8$	负值表示地面覆盖为云、水、雪等，对可见光高反射；0 表示有岩石或裸土等；正值表示有植被覆盖	建立作物单产估测模型，可用于农业生产的估测。建立模型反演地物类型及土壤水分等
SAVI	$0\sim1$	与 NDVI 相比，增加了土壤调节系数 L，取值范围 $0\sim1$；$L=0$ 时表示植被覆盖度为零，$L=1$ 时表示土壤背景的影响为零，即植被覆盖度非常高；这种情况只有在被树冠浓密的高大树木覆盖的地方才会出现	SAVI 仅在土壤线参数 $a=1$、$b=0$（即非常理想的状态下）时才适用；SAVI 必须预先已知下垫面植被的密度分布或覆盖百分比，因而仅适合用于提取某一小范围内植被覆盖度变化较小区域的下垫面的植被信息
PVI	$0\sim1$	较好地消除了土壤背景的影响，对大气的敏感度小于其他植被指数	常用于土壤面裸露的地块
ARVI	$-1\sim1$，通常 $0.2\sim0.8$	NDVI 的改进，它使用蓝色波段矫正大气散射的影响（如气溶胶），把蓝色光和红色光通道的反射率的差值作为衡量大气影响的指标	ARVI 常用于大气气溶胶浓度很高的区域，如烟尘污染的热带地区或原始刀耕火种地区
EVI	$-1\sim1$，通常 $0.2\sim0.8$	红光和近红外探测波段的范围设置更窄，不仅提高了对稀疏植被探测的能力，而且减少了水汽的影响，引入蓝光波段对大气气溶胶的散射和土壤背景进行了矫正	可描述特定气候带内植被在不同季节的差异；通过分析不同生态分区 EVI 变化特征与气象因子的相关性，为环境治理及植被控制提供数据参考

四、土地覆盖分类系统与草地类型

土地覆盖（land cover）是随遥感技术发展而出现的一个新概念，其含义与土地利用（land use）相近，土地覆盖侧重于土地的自然属性，土地利用侧重于土地的社会属性。20 世纪 90 年代初，国际地圈生物圈计划（IGBP）、联合国粮食及农业组织（FAO）、欧洲共同体、美国地质局（USGS）等国际和国家级研究机构先后开展了利用卫星遥感数据进行全球及大尺度的土地覆盖分类和制图研究，提出了一级、二级和三级等不同的土地覆盖分类系统。

在我国，1992—1995 年中国科学院和农业部联合开展的"国家资源环境遥感宏观调查与动态研究"重大科研项目将土地覆盖划分为 6 个一级类型和 24 个二级类型。在后来的"国家科技基础条件平台建设-地球系统科学数据共享网"建设需求下，中国科学院遥感应用研究所、中国科学院地理科学与资源研究所、中国科学院寒区旱区环境与工程研究所等中国科学院 5 个研究所共同完成了中国 1∶25 万土地覆盖数据库，该数据库中包括 6 个一级类型和 25 个二级类型。

土地覆盖分类中的一级类型通常是卫星影像或航片上可以直接目视判读的土地覆盖类型，在我国的分类系统中一般设有 6~7 类，草地是其中的一类。在土地覆盖类型中，草地是指以草本植物为主的植被覆盖类型，包括郁闭度 40% 以下的灌丛草地和郁闭度 10% 以下的疏林草地。在不同分类系统中草地是与森林、农田并列的三大植被覆盖类型之一。1976 年发布的美国地质局的分类系统、1992 年发布的国际地圈生物圈计划的分类系统，以及国内较有名的分类系统中草地均为一级类型（表 10 - 5）。

表 10 - 5　国内外主要的土地覆盖/利用分类系统中的一级类型

一级类型	美国地质局分类系统（1976）	国际地圈生物圈计划分类系统（1992）	中国科学院和农业部分类系统（1996）	中国科学院遥感应用研究所分类系统（2010）
森林	√	√	√	√
草地	√	√	√	√
农田/耕地	√	√	√	√
水体	√	√	√	√

（续）

一级类型	美国地质局 分类系统（1976）	国际地圈生物圈计划 分类系统（1992）	中国科学院和农业部 分类系统（1996）	中国科学院遥感应用 研究所分类系统（2010）
聚落/城镇/工矿	√	√	√	√
湿地	√	√		
荒漠/裸地	√	√		√
未利用地			√	
苔原	√			
冰川或永久积雪	√	√		
一级类型数	9	8	6	6

注：√表示该系统中有该项目，空白表示无该项目。

　　天然草地分布于温带地区至热带地区，气候类型有温性、暖性、高寒性等，质量异质性很高，一级分类系统过于笼统，概括性差。因此，不同的分类系统里将草地进一步划分为二级类型，但二级类型的定义各不相同，有基于植物生活型的，有基于植被覆盖度的，也有基于覆盖度和植物生态类型的（表10-6）。因此，目前草地分类系统尚无统一的标准，可根据自己的研究目的和研究区实际情况确定。

表 10-6　不同分类系统中草地一级类型下设的二级类型

分类系统	二级类型	含义
国际地圈生物圈计划 分类系统（1992）	有林草地	森林覆盖度在30%～60%，高度超过2 m，和草本植被或其他林下植被系统组成的混合用地类型
	稀树草原	森林覆盖度在10%～30%，高度超过2 m，和草本植被或其他林下植被系统组成的混合用地类型
	草地	由草本植被类型覆盖，森林和灌木覆盖度小于10%
美国地质局分类系统 （USGS，1976）	草本草地	草本植物占绝对优势的草地
	灌木和灌丛草地	灌木覆盖度小于40%的草地
	混合草地	以灌丛和草本为主
中国科学院和农业部 分类系统（1996）	高覆盖度草地	覆盖度大于60%，水分条件较好，10%以下的疏林
	中覆盖度草地	覆盖度在20%～60%，水分不足
	低覆盖度草地	覆盖度在5%～20%，水分缺乏
中国科学院地理科学 与资源研究所分类系统 （2002）	高密度草地	覆盖度大于60%
	中密度草地	覆盖度在20%～60%
	低密度草地	覆盖度在5%～20%
中国科学院遥感应用 研究所分类系统 （2010）	草甸草地	植被覆盖度>30%，以草本植物为主的各种草地
	典型草地	植被覆盖度在10%～30%，以旱生草本植物为主的草地
	荒漠草地	植被覆盖度在5%～10%，以强旱生植物为主的草地
	高寒草甸	植被覆盖度>20%，以高海拔寒生植物为主的草地
	高寒草原	植被覆盖度>20%，以高海拔旱生植物为主的草地
	灌丛草地	草地中灌丛覆盖度<40%，灌丛高度小于2 m

第三节　3S 技术及其在草原生态监测中的应用

一、3S 技术概述

　　3S 是遥感技术（remote sensing，RS）、全球定位系统（global positioning systems，GPS）和地理信息系统（geography information systems，GIS）的简称。3S 技术概念是 20 世纪 90 年代初由中国测量学者提出的。

　　RS 技术是一种利用影像进行远距离、非接触目标探测的技术和方法，它具有观测范围广、多波段成像、获取信息速度快、约束少、成本低等特点，而陆地表面的植被是遥感观测和记录的第一表层，是遥感图像反映的最直接信息。

GPS在资源研究领域的应用正在迅速发展，应用该技术可以在物种和生态系统层面上研究草原资源状况，能够在技术上确保所取样本的全面性、准确性和可靠性。

GIS具有综合处理和分析空间数据的能力，可以进行地域空间数据的管理，可以整合分析草原资源实地调查、GPS和RS的调查结果。因此，可以综合利用3S技术来进行草原资源调查，进而完成对草原资源的监测，最终实现草原资源的规划与保护。

遥感具有实时、连续、准确地获取地表信息的能力，GPS能够对地表任意地点定位和对移动物体导航，GIS对空间数据管理和分析有效性已被广泛认可。计算机技术和3S技术的长足发展为草原生产经营和现代化管理开辟了新的途径，使得宏观管理和监测草原动态变化成为现实。

在区域尺度上研究草原植被退化时，将3S技术与草原植被的实地考察相结合是常用的研究方法。利用遥感技术实现对草原退化实时监测和评估，保证监测数据的客观性、一致性；采用GIS实现了对数据的采集、处理、分析和输出，使其具有空间性和动态性；采用地理模型分析方法，以空间数据为对象，可以建立草原退化的预报模型，实现对草原退化程度的模拟和对覆盖度、产草量、优势种、退化指示植物以及地表土壤、水分状况等草原生态环境的实时监测。

研制适合县级相关部门应用的基于3S的草地动态监测系统，可以为地方管理部门提供一个快速、经济和准确的草原动态监测技术手段及时空数据管理与分析平台，为科学评价与宏观监测草原退化、改善草原生态环境、促进草原生产经营和现代化管理提供决策支持。

二、草原生态遥感监测要素

草原生态遥感监测的重要理论依据是植被遥感参数，包括植被光谱特征、植被指数、植被生理参数和地表参数。光谱特征和植被指数可从遥感数据中获取，植被生理参数和地表参数通过地面实测获取，根据两者的关系可以达到监测目的。地表参数包括植被盖度、生物量、生产力等，其数量和质量变化是评价草原长势、草原沙化的重要依据。草原生态遥感监测要素及监测流程见表10-7。

表10-7 草原生态遥感监测要素（部分）及监测流程

监测指标	监测要求	评价方式	遥感监测流程
植被盖度	测量	定量	构建植被指数与盖度的回归模型后，估算盖度
地上生物量	测量	定量	构建植被指数与地上生物量的回归模型后，估算草原地上部分生物量
草原生产力	测量	定量	用光能利用率模型等模型估算得出，构建植被指数与盖度的回归模型后，估算草原生产力
草原物候期	评价	定性	物候期指示因子确定（盖度、植被指数等）；物候期反演
植被长势	评价	定性	长势指示因子确定（盖度、生物量、植被指数等）；长势等级反演
草原沙化	评价	定性	沙化指示因子确定（盖度、生物量、植被指数等）；沙化等级反演
草原灾害	评价	定性	灾害指示因子确定（盖度、生物量、植被指数等）；灾害程度反演

三、草原植被盖度监测

植被盖度（vegetation coverage）是指植物群落地上部分的垂直投影面积与地面样方面积之比的百分数。植被盖度是植物群落覆盖地表状况的一个综合性指标，是描述植被群落及生态系统的重要参数，草原学中盖度有时也称优势度。草原植物按照功能属性可以分为光合植被（photosynthetic vegetation，PV）和非光合植被（non-photosynthetic vegetation，NPV）两大类。

PV主要指能够进行光合作用的绿叶，反映植物群落进行光合作用有效面积的大小，PV越多表明CO_2固定能力越强、有机物生产能力越强；NPV主要指枯叶、枯枝的立枯物和凋落物，NPV越多表明草原植被在减少风蚀、提高水源涵养和增加土壤有机质方面的作用更强，同时草原火灾发生的可能性越大。因此，光合植被盖度（f_{PV}）和非光合植被盖度（f_{NPV}）是草原植被盖度监测及草原管理中不可忽略的两个因素。

植被盖度测量方法有地面测量和遥感估算两种方法。地面测量数据准确，并且遥感估算模型的建立、精度评价、结果验证都依托地面测量数据来完成。但是地面测量费时费力，周期长，不利于大面积监测，逐渐被遥感监测取代。遥感影像数据通常是 0～255 的灰度值，植被盖度信息无法直接提取，通常利用植被指数反演得出，而植被指数是通过 PV 和 NPV 的光谱特征来计算的。

如图 10 - 3 所示，绿色植物和枯落物的光谱特征有很大差异。绿色植物由于含有叶绿素，在红色波段（相当于 TM 的 3 波段、OLI 的 4 波段、MODIS 的 1 波段）强烈吸收，同时在近红外波段（相当于 TM 的 4 波段、OLI 的 5 波段、MODIS 的 2 波段）强烈反射。而不含叶绿色的枯落物在 2 100 nm 波段（相当于 TM 的 7 波段、OLI 的 7 波段、MODIS 的 7 波段）附近具有明显的吸收特征，这是枯落物中的纤维素、半纤维素、木质素等组分导致的。遥感卫星搭载的 MODIS、TM、OLI 等传感器将分波段收集地物的光反射信息，这为区分 f_{PV} 和 f_{NPV} 提供了很好的条件。

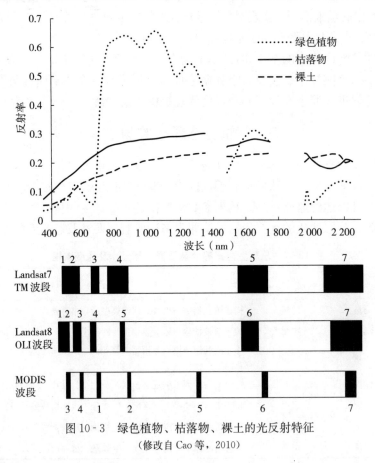

图 10 - 3 绿色植物、枯落物、裸土的光反射特征
（修改自 Cao 等，2010）

（一）光合植被盖度（f_{PV}）监测方法

多时段多波段遥感卫星的相继发射和遥感技术的深入发展，在草原植被遥感监测方面创造了有利条件，并发展了大量遥感信息提取 f_{PV} 的方法。遥感监测实为通过模型来估算植被盖度的方法，根据模型建立的原理可分为回归模型法、像元分解模型法、植被指数法以及光谱梯度差法等。

1. 回归模型法 也称经验模型法，通过对遥感数据的植被指数与实测盖度进行回归后建立经验模型，并利用该模型求取大范围区域的植被盖度。经验模型法的优点是估算精度高，缺点是建立的模型只适于该研究区，不具有普适性。模型类型有一元回归模型、指数模型、幂函数模型等，但一元回归模型的相关性更高（表 10 - 8）。

表 10 - 8　植被盖度与植被指数之间的回归模型

草原类型	盖度估算模型	植被指数	R^2	参考文献
内蒙古荒漠草原	$y=115.48x+20.05$	NDVI	0.803	刘同海等，2010
内蒙古荒漠绿洲	$y=0.9818x+0.0157$	NDVI	0.864	李艺梦等，2016
	$y=1.0287x-0.017$	RDVI	0.804	
	$y=0.9718x+0.0172$	DVI	0.715	
	$y=0.9776x+0.0039$	PVI	0.496	
藏南高寒草原	$y=0.8266x^{0.8407}$	NDVI	0.658	夏颖等，2017
	$y=0.6211x^{0.5408}$	SAVI	0.613	

2. 像元二分模型（pixel dichotomy mode，PDM）**法**　若一个像元内仅包含一种覆盖类型，则该像元称为"纯像元"，它所记录的正是该覆盖类型的光谱特征。若一个像元包含不止一种覆盖类型，则该像元称为"混合像元"，它记录的是不同覆盖类型的综合光谱响应特征。像元分解模型法的原理是将遥感图像中的一个混合像元信息分解成由多个组分构成的遥感数据信息，用这些遥感信息构建像元分解模型。应用最广泛的是像元二分模型法，认为一个像元的植被指数值可以表达为由植被部分和裸土部分所贡献的信息组成。目前的像元二分模型大部分都是基于 NDVI 的计算模型，即像元的 NDVI 值由植被覆盖部分的 NDVI 值和土壤覆盖部分的 NDVI 值线性组成，其中植被覆盖部分的比例为此像元的植被覆盖度。一个像元中有植被覆盖的面积比例为 f_c，那么土壤覆盖的面积比例为（$1-f_c$）。公式如下：

$$NDVI_i = f_c NDVI_v + (1-f_c)NDVI_s$$

转化为

$$f_c = (NDVI_i - NDVI_s)/(NDVI_v - NDVI_s)$$

式中，f_c 为草原光合植被盖度；$NDVI_i$ 为被求像元的 NDVI 值；$NDVI_s$ 为裸土或无植被覆盖区的 NDVI 值；$NDVI_v$ 为完全被植被覆盖像元的 NDVI 值，即纯植被像元的 NDVI 值。

像元二分模型法只考虑植被像元和土壤像元两个组分，但由于分辨率问题，很难在影像上找到接近全植被覆盖和全裸土的像元，因此实际应用中 $NDVI_v$ 和 $NDVI_s$ 的取值是技术难点。$NDVI_s$ 理论上应该接近于零，且不随时间而变化，但由于地表湿度、粗糙度、土壤类型、土壤颜色等条件的不同，实际的 $NDVI_s$ 因时间和空间差异而发生变化，变化范围一般在$-0.1\sim0.2$。实际应用中，稀疏植被情况可以取 0.05，正常植被情况可以取 0.1。$NDVI_v$ 可以通过地面测试方式来确定。对于纯植被像元来说，植被类型及其构成、植被的空间分布和植被生长的季相变化都会造成 $NDVI_v$ 值的时空变异。目前 $NDVI_v$ 和 $NDVI_s$ 的取值存在很大的不确定因素，这是该模型应用中的一个限制因素（表 10 - 9）。

表 10 - 9　基于像元二分模型的植被盖度估算误差分析

草原类型	植被指数	R^2（或精度）	均方根误差	参考文献
青海高寒草原	NDVI	87.13%	12.87	游浩妍等，2012
	SAVI	80.6%	19.4	
	TSAVI	74.82%	25.18	
	EVI	76.74%	25.26	
内蒙古荒漠绿洲	NDVI	0.852	7.23	李艺梦等，2016
	TSAVI	0.870	7.25	
藏南高寒草原	NDVI	0.8191	4.97	夏颖等，2017

3. 植被指数法　植被指数法是指利用植被指数直接反演植被盖度的方法。在分析植被光谱特征的基础上，选取与植被盖度具有良好相关关系的植被指数。常用的植被指数有 NDVI、RVI、DVI、TSAVI 和 PVI 等。没有云层的晴朗天气条件下，$NDVI \leqslant 0.1$ 时，地表通常为裸地，绿色植被极少；

$NDVI \geqslant 0.8$ 时，地表植被非常茂密，f_{PV} 接近 100%。因此，直接判定的 NDVI 范围通常在 $0.1 \sim 0.8$。但由于不同的植被指数对 f_{PV} 的敏感度不同，在不同时期使用适合的植被指数会得到更好的监测结果。该方法简便快捷，但精度较低。

（二）非光合植被盖度（f_{NPV}）监测

与 PV 的光谱特征相比，NPV 在可见光至近红外波段（$400 \sim 1\,100$ nm）范围内无明显的"峰"与"谷"的光谱特征，而在 $2\,100$ nm 处有明显的"谷"，这使利用高光谱遥感数据估算 f_{NPV} 成为可能。f_{NPV} 研究在农学领域里得到了很好的发展，主要用于估算农作物秸秆残留覆盖度。目前，f_{NPV} 的监测方法主要有 2 种，即光谱指数法和像元三分模型法。

1. 光谱指数法　这是利用 NPV 的光谱特征，采用不同波段的组合来估算 f_{NPV} 的方法。如归一化作物茬指数（normalized crop stubble index）法、土壤调整作物茬指数（soil adjusted crop stubble index）法、木质素-纤维素吸收指数（lignin cellulose absorption index）法等。纤维素吸收指数（cellulose absorption index，CAI）法是利用美国 Hyperion 高光谱数据构建的模型估算农作物秸秆残留覆盖度的方法。CAI 基本不受土壤光学特征影响，与 f_{NPV} 线性相关，是估算 f_{NPV} 的最佳模型。计算公式为

$$CAI = 0.5 \times (R_{2.0} + R_{2.2}) - R_{2.1}$$

式中，$R_{2.0}$ 为 $2\,000 \sim 2\,050$ nm 波段平均反射率；$R_{2.1}$ 为 $2\,080 \sim 2\,130$ nm 波段平均反射率；$R_{2.2}$ 为 $2\,190 \sim 2\,240$ nm 波段平均反射率。

但是高光谱数据成本较高，可获取数据有限，难以应用于长期的监测，制约了 CAI 指数的应用范围。多光谱数据（如 TM、MODIS）具有大范围、高时效性、低成本等优势。因此，寻找一种多光谱植被指数估算 f_{NPV} 是更有效的方法。干枯燃料指数（dead fuel index，DFI）是利用 NPV 在短波红外波段的反射特征建立的估算 f_{NPV} 模型。利用 MODIS 和 Landsat OLI 可以估算：

$$DFI = 100 \times \left(1 - \frac{MODIS_7}{MODIS_6}\right) \times \frac{MODIS_1}{MODIS_2}$$

或

$$DFI = 100 \times \left(1 - \frac{OLI_7}{OLI_6}\right) \times \frac{OLI_4}{OLI_5}$$

王光镇等在锡林郭勒典型草原上采用便携式光谱仪野外实测得出，两种卫星传感器 DFI 与 f_{NPV} 之间满足线性相关模型，决定系数 R^2 分别为 0.65 和 0.75（图 10-4）。

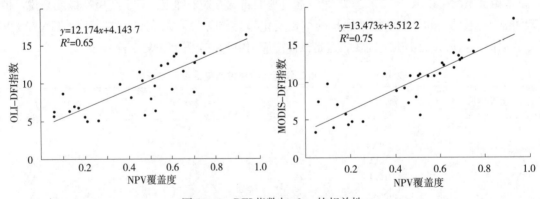

图 10-4　DFI 指数与 f_{NPV} 的相关性

2. 像元三分模型法　像元三分模型法假定一个像元是 PV、NPV 和 BS（土壤的简称，英文全称 baredsoil）的 3 个端元（endmember）信息以其所占像元面积比例为权重系数的线性组合，所以可将像元盖度信息分解成来自 PV、NPV 和 BS 的 3 个端元信息（图 10-5）。

目前已建立的有 NDVI-CAI 像元三分模型、NDVI-DFI 像元三分模型等，这些模型的基本假设都是相同的，即理想情况下像元中 PV、NPV 和 BS 的 3 个端元的 NDVI-CAI（或 DFI）特征空间会表

图 10-5　像元盖度三端元分类示意图

现为三角形：PV 的 NDVI 值高、CAI（或 DFI）值低，位于三角形的右侧中部；NPV 的 NDVI 值低、CAI（或 DFI）值高，位于三角形的左上角；BS 的 NDVI 值、CAI（或 DFI）值均很低，位于三角形的左下角（图 10-6）。

　　李涛等利用 NDVI-CAI 像元三分模型估算锡林郭勒典型草原 f_{NPV} 的结果较好，估算 f_{PV} 的方根误差 $RMSE=4.57$，估算精度 $EA=91.2\%$，估算 f_{NPV} 的 $RMSE=5.90$，$EA=67.91\%$。唐梦迎等利用 Landsat TM/OLI 遥感数据构建的 NDVI-DFI 像元三分模型，估算植被稀疏的新疆荒漠地区的 f_{NPV} 也得到很好的效果，并把混合像元的分解采用 ENVI 5.1 软件的纯净像元指数（pixel purity index，PPI）来检验三角形顶点处是否存在纯净像元，并将各个顶点纯净端元的平均指数值作为相应端元的特征值（表 10-10）。

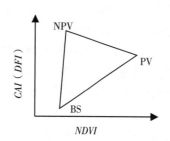

图 10-6　像元三元线性混合模型

表 10-10　混合像元的 PV、NPV 和 BS 的端元值特征

端元	2010 年		2016 年	
	NDVI	*DFI*	*NDVI*	*DFI*
PV	0.701	12.522	0.805	6.025
NPV	0.216	18.002	0.175	18.010
BS	0.232	4.072	0.125	7.578

　　特征值说明，PV 端的 NDVI 最大，说明 NDVI 是表征 f_{PV} 的主要因子。NPV 端对应的 DFI 最大，说明 DFI 是表征 f_{NPV} 的主要因子。将这些端元值代入像元三分模型后计算得出 f_{NPV}。

四、地上生物量监测

　　地上生物量（grassland biomass）是指野外实地调查的某一时刻在单位面积草原上积存的有机物量，通常用 g/m² 或 t/hm² 表示。地上生物量代表着草原资源的物质生产能力和碳固定能力，是草原资源合理利用和草畜平衡的重要依据。

（一）地上生物量的类型及监测方法

　　1. 地上生物量的类型　地上生物量的划分方法有很多：基于生活型的灌木生物量和草本植物生物量，基于光合能力的绿色植物生物量和枯落物生物量等。绿色植物生物量是指含有叶绿素的、能够进行光合作用的部分，也称光合植被生物量（B_{PV}），枯落物生物量是指不含叶绿素的凋落物、枯叶、茎秆生物量，也称非光合植被生物量（B_{NPV}）。B_{PV} 和 B_{NPV} 是地上生物量监测中最常见的指标。

　　2. 地上生物量监测方法　地上生物量监测常用的方法有直接收获法和遥感模型法两种。

（1）直接收获法：是指在草地植物地上生物量最高的时候将地上部分全部修剪获得的重量，其单位通常用 g/m^2 或 t/hm^2 表示。该方法的优点是测产数据准确，缺点是观测点控制面窄、测产周期长、耗时费力。

（2）遥感模型法：是指利用各种遥感产品，结合地面测定数据和植物生长规律建立生物量测产模型，再用遥感数据反演地上生物量的方法。遥感模型又分为综合模型和经验模型（或统计模型）两大类。

①综合模型。通常用气候因子、土壤因子、地形因子等影响植物生长的环境因子来建立模型，可更精确地反映植被生长情况。但由于需要的参数多、数据种类多，以及数据获取比较困难，应用受到限制。

②经验模型（或统计模型）。不涉及机理问题，主要是对观测数据与遥感信息进行相关性分析，在建立适宜的模型后直接用来测算生物量，模型类型有一元线性模型、幂函数模型、指数模型、对数模型和 Logistic 模型等。

（二）地上光合植被生物量（B_{PV}）的遥感监测

B_{PV} 是指能够进行光合作用的绿色植物的生物量。B_{PV} 遥感监测的理论依据是绿色植物的光谱特征，即绿色植物对红光的强烈吸收和对近红外光的强烈反射特征。因此，可以利用各种植被指数来反演 B_{PV}。目前，常用的植被指数有 NDVI、SAVI、EVI 等，不同植被指数与 B_{PV} 之间的相关性系数有差异，总体上 NDVI 更能准确表达 B_{PV}。在内蒙古荒漠草原上 NDVI 能够表达 B_{PV} 77%的变异量（图 10-7）。

《中国草地资源》（1996 年）中根据水热、地形条件将我国草原划分为 7 大草原区。徐斌等分析我国 6

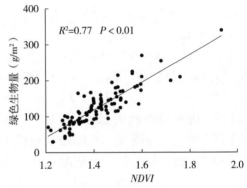

图 10-7　内蒙古荒漠草原 NDVI 与 B_{PV} 的关系
（引自任鸿瑞，2013）

大区草原的 NDVI 与生物量的相关性后分别建立了遥感估产模型。国家气象中心钱拴等利用青海、内蒙古、宁夏 2003—2007 年 6—9 月的生物量以及北方 18 个牧草试验站 1980 年中期以来观测的生物量数据分别建立了遥感估产模型。由全国草原监理中心公布的低地盐化草甸类、高寒草甸类、温性草原类等 6 种草地类型中，MSAVI 和 RVI 的估产模型最优，NDVI 与生物量之间的相关性在不同草原地区的拟合结果有差异。表 10-11 中列出了呼伦贝尔草原、科尔沁草原、锡林郭勒草原、甘肃草原、天山草原、青藏高原草原等不同草原地区建立的植被指数（x）与地上生物量（y）之间的相关性优劣情况。从表中可以看出，不同地区不同草地类型中最适宜的植被指数不尽相同，需要根据实际情况建立模型。

表 10-11　不同草原类型的植被指数与地上生物量的回归模型

区域或草地类	回归模型	R^2	植被指数	参考文献
东北温带半湿润草甸草原区	$y=385.36e^{3.813x}$	0.651		
蒙甘宁温带半干旱草原和荒漠草原区	$y=6\ 381.86x-521.5$	0.748		
华北暖温带半湿润、半干旱暖性灌丛区	$y=18\ 377x^{2.023\ 3}$	0.784	NDVI	徐斌，2007
西南亚热带湿润热性灌丛区	$y=21\ 399x^{3.049\ 8}$	0.616		
新疆温带暖温带干旱荒漠和山地草原区	$y=409.91e^{3.909\ 9x}$	0.718		
青藏高原高寒草原区	$y=225.42e^{4.436\ 8x}$	0.753		
青藏高原高寒草甸类	$y=107.59e^{0.056x}$	0.765		
青藏高原其他草地类	$y=340.32e^{0.032x}$	0.491		
北方温性草甸草原类	$y=197.38e^{0.052\ 1x}$	0.735	NDVI	钱拴等，2007
北方温性草原类	$y=712.58+90.033x$	0.677		
北方温性荒漠类	$y=51.956+44.836x$	0.790		

（续）

区域或草地类	回归模型	R^2	植被指数	参考文献
低地盐化草甸类	$y=10\times(1.274+4.440x)$	0.998	MSAVI	
高寒草甸类	$y=10\times(1.157+3.215x)$	0.543	MSAVI	
高寒草原类	$y=10\times(1.160+3.418x)$	0.726	MSAVI	农业部草原监理中心，2016
温性草原类	$y=10\times(1.545+0.519x)$	0.502	RVI	
温性荒漠草原类	$y=10\times(1.052+3.160x)$	0.762	MSAVI	
温性山地草甸类	$y=10\times(1.572+0.609x)$	0.757	RVI	
科尔沁草甸草原	$y=4\,914.90x^{2.278}$	0.818	NDVI	渠翠平，2008
	$y=11.738e^{3.311x}$	0.900	MSAVI	
锡林郭勒典型草原	$y=352.124x^{0.991}$	0.821	NDVI	张连义，2008
	$y=415.121x^{0.773}$	0.465	SAVI	金云翔等，2011
	$y=73.88x-990.7$	0.744	NDVI	
呼伦贝尔草甸草原	$y=1\,168.3x-256.16$	0.560	NDVI	陈鹏飞，2010
	$y=1\,989.1x-52.381$	0.550	NDVI	闫瑞瑞等，2017
内蒙古苏尼特旗荒漠草原	$y=1\,129.0x-68.4$	0.77	NDVI	任鸿瑞，2013
	$y=1\,375.6x-65.1$	0.64	SAVI	
黄土高原温性草原区	$y=26\,362x^2-16\,554+3\,805$	0.582	NDVI	孙斌等，2015
甘肃安西极旱荒漠		0.826	MSAVI	
	$y=2\,166.2e^{5.37x}$	0.772	EVI	陈艳锋，2015
		0.633	NDVI	
甘南高原草甸草原区	$y=363.0e^{4.454x}$	0.553	EVI	孙斌等，2015
青海省高寒草甸	$y=2\,028.77x^{2.556}$	0.371	NDVI	杨淑霞，2016
	$y=4\,200.36x^{1.440}$	0.287	EVI	
藏北高寒草甸	$y=174.22x$	0.975	EVI	周宇庭，2013
	$y=115.48x$	0.956	NDVI	
新疆天山草甸草原	$y=385.2x+4.719\,1$	0.699	NDVI	张雅，2017
	$y=256.85x+4.713\,2$	0.699	SAVI	

估算生物量的模型类型有线性、指数、幂函数等类型，不同模型类型的精度与生物量有关。当生物量低于 370 g/m² 时，一元线性估产模型效果好；当生物量在 370~720 g/m² 时，一元线性模型和指数模型的模拟效果都很好；当生物量高于 720 g/m² 时，指数（或幂函数）估产模型的模拟效果更好。即生物量较低时模型为一元线性模型较好，当生物量足够大时指数（或幂函数）模型效果更好（图 10-8）。因此，不同区域的水热条件、地形条件、草地植物群落及产量等均有很大差异，要根据生物量分布范围构建反映实际情况的最适宜的估产模型。

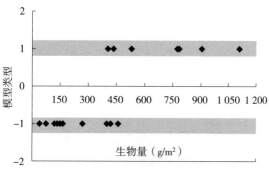

图 10-8 生物量范围与适宜估产模型类型
−1. 一元线性模型 1. 指数（或幂函数）模型
（引自张艳楠等，2012）

植物生长是从无到有、从小到大的发展过程，不同生长季节里形成的植物高度、盖度及生物量都不同，所以遥感传感器获取的灰度值以及计算得出的植被指数随着植物物候期和季节演替发生变化。不同草地类型的植被指数与生物量之间有差异（图 10-9）。在 5—8 月，青海南部的草甸草原植被指数与生物量之间的估算模型系数随着时间的推移而发生变化（图 10-10）。因此，根据植物生长季节、区域水热条件的变化，构建最适合的实时生物量估算模型很有必要。

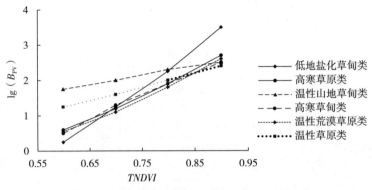

图 10-9　不同草地类型的 TNDVI 与 B_{PV} 的关系
（引自农业部草原监理中心，2016）

（三）草原非光合植被生物量（B_{NPV}）的遥感监测

B_{NPV} 是指不含叶绿素、以纤维素含量为主的立枯物或凋落物部分的生物量。B_{NPV} 的变化在光学遥感图像上表现为混合像元光谱特征的变化，在微波遥感图像上表现为后向散射系数的差异。草原 B_{NPV} 遥感监测就是利用光谱特征的变化或雷达后向散射系数的变化实现的。B_{NPV} 监测方法主要有光谱混合分析法和光谱指数法 2 类。

纤维素吸收指数（CAI）是根据 NPV 的光谱特征而建立的，并且不受土壤的影响，与 B_{NPV} 有很好的相关性。任鸿瑞等利用高光谱遥感数据探索分析了用 3 种高光谱指数和 8 种多光谱指数反演内蒙古荒漠草原 B_{NPV} 的可行性。结果表明，荒漠草原的 CAI 与 B_{NPV} 之间具有很高的线性关系，回归模型的 R^2 达到了 0.68（$P<0.01$），即 CAI 指数解释了荒漠草原 B_{NPV} 变异的 68%（图 10-11）。

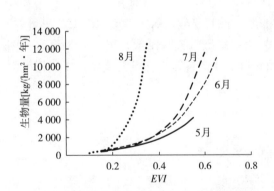

图 10-10　青海高寒草原不同季节遥感估产曲线
（修改自杨英莲，2007）

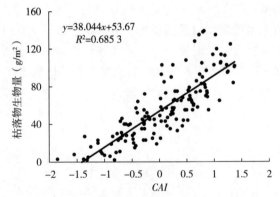

图 10-11　CAI 指数与荒漠草原 B_{NPV} 的相关性
（引自任鸿瑞，2013）

到目前为止，对 f_{NPV} 的研究较多，方法也较成熟，但对 B_{NPV} 的研究并不多，对 B_{NPV} 的遥感反演技术还需要进一步深入研究。另外，CAI 指数仅能从高光谱传感器中获取，扫描宽度很窄，回访周期较长，可获取的数据非常有限。因此，需要将 CAI 技术模型应用到多光谱传感器中，充分利用多光谱数据充足、覆盖范围大的优势，这是今后的发展方向。

五、草原净初级生产力监测

（一）生产力的概念和类型划分

1. 生产力的概念　生态系统生产力（ecosystem productivity）是指陆地或海洋生态系统的生物生产能力，是生态系统研究中最重要的内容。根据其生产过程及产物特征，将生态系统生产力分为初级生产力和次级生产力两大类。生产力单位通常用 g/（m^2·d）或 t/（hm^2·年）或固定的能量值〔J/（m^2·年）〕表示。

2. 生产力的类型划分

（1）初级生产力（primary productivity）：是指生态系统中的绿色植物（自养型生物）在单位时间、单位面积上所产生的有机物质的总量，即自养生物制造有机物的速率。初级生产力又分为总初级生产力（gross primary productivity，GPP）和净初级生产力（net primary productivity，NPP）两类。

①GPP。GPP 是指单位时间内绿色植物通过光合作用所固定的全部有机物同化量（又称总第一性生产力），决定了进入陆地生态系统的初始物质和能量。

②NPP。NPP 则表示植被所固定的全部有机物中植物本身呼吸消耗之后的剩余有机物部分，如根、茎、叶、花、果实、种子的实物质量等，这一部分被用于植被的生长和生殖（也称净第一性生产力）。

（2）次级生产力（secondary productivity）：是生态系统中的动物（异养型生物）在单位时间内利用初级生产产物继续产生新有机物的总量，即异养生物贮存能力的速率。次级生产力包括草食动物生产力和肉食动物生产力（图 10 - 12）。

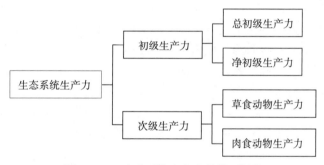

图 10 - 12　生态系统生产力的类型划分

（二）草原 NPP 及监测方法

草原是地球上最大的土地覆盖类型，占陆地总面积的 24%。草原 NPP 不仅能够反映草原植被的生产能力，也是陆地生态系统元素生物地球化学循环的重要组成部分，在全球变暖和碳收支平衡中扮演着重要作用。因此，草原 NPP 研究一直受到国内外学者的广泛关注，是草原环境监测中的最重要的内容之一。草原 NPP 的监测方法有地面监测法和遥感监测法 2 类。

1. 地面监测法　亦称产量收获法，是指在草地植物地上生物量最高的时候，用生物量收获法测定 NPP 的方法，此方法获得的数据准确又可靠，是遥感监测的基本依据。草原植被以多年生草本植物为主，草本植物的绿色生物量均在当年形成，往年的绿色有机物都会变成枯落物，所以草原绿色植物的最大生物量即草原 NPP。但草原植物种类繁多，生活史不重叠，达到最高生物量的季节有差异。因此某一时刻在草原植物群落的最高生物量的形成过程中有机物积累、死亡（当年有机物的枯黄）和被动物采食同时发生。所以地面测定草原 NPP 时考虑了生物量的增加，还考虑了凋落物（litter）和被采食量（grazing）2 个因素。NPP 可用以下公式计算得出

$$NPP = \Delta B + L + G$$

式中，ΔB 为 2 个时期的生物量变化；L 为生物量损失（当年植物枯死或脱落）；G 为被动物或昆虫吃掉的消耗量。

2. 遥感监测法 随着遥感技术的快速发展，草原 NPP 的遥感监测已成为主要的监测方式。用遥感监测法估算草原 NPP 时，首先要建立遥感估算模型。遥感估算模型大致分为经验模型、光能利用率模型和过程模型 3 类。下面简要介绍前两个模型。

（1）经验模型：如果无放牧动物的干扰，NPP 的地面监测公式中 L 和 G 都可以忽略不计，草原植物的最大生物量可视为草原 NPP，即 $NPP = B_{max}$。因此，最大生物量法是利用遥感影像的各种植被指数（NDVI、MSAVI、EVI 等）来估算草原 NPP 的主要原理和过程。结合地面实测资料，可建立草原 NPP 与生长季内植被指数、最大生物量之间的相关性模型后估算 NPP，相关性模型包括线性模型、指数模型、幂函数模型、对数模型等。

经验模型不涉及净初级生产力形成机理，只考虑现存量。需要注意的是用生物量推算草原 NPP 时，一定要使用草原植被生物量最高的夏季的数据来构建 NDVI 与地上生物量之间的相关模型。我国北方温带草原区的最高生物量通常在 7 月中旬至 8 月中旬形成，是监测 NPP 的最佳时期。

（2）光能利用率模型：光能利用率模型以资源平衡观点为理论基础。资源平衡观点假定生态过程趋于调整植物特性以响应环境条件，认为植物的生长是资源可利用性的组合体。光能利用率模型认为植物的生产力与植物所吸收的光合有效辐射成正比。光合有效辐射（APAR）是很重要的植被参数，是决定绿色植物生产力的关键因子，植物吸收的光合有效辐射尤为重要，著名的 Monteith 方程就建立在此基础之上。计算公式为

$$NPP = APAR \times \varepsilon$$
$$APAR = PAR \times FAPAR$$

式中，$APAR$ 为植物所吸收的光合有效辐射；ε 为植物光能利用率（g/MJ）；PAR 为入射光合有效辐射；$FAPAR$ 为植被光合有效辐射吸收系数。

随着遥感技术的发展，光能利用率模型中的 FAPAR 等植被参数可通过遥感数据获得，使应用卫星遥感数据估算植物吸收的光合有效辐射成为可能。光能利用率模型比较简单，可直接利用遥感获得全覆盖数据，同时冠层绿叶所吸收的光合有效辐射的比例可以通过遥感手段获得，不需要野外实验测定。因此，光能利用率模型已成为 NPP 模型的主要发展方向之一。

很多学者提出了 NPP 估算模型，如 CASA、CmDPEM、sDBM 等。CASA（carnegie-ames-stanford approach）模型是最具有代表性的模型，被广泛用于生态系统生产力的估算研究中。CASA 模型是针对北美地区植被而建立的净初级生产力遥感估算模型，该模型中的植被净初级生产力主要由植被所吸收的光合有效辐射（APAR）与光能转化率 2 个变量来确定。

$$NPP = APAR(x, t) \times \varepsilon(x, t)$$

式中，$APAR(x, t)$ 表示像元 x 在 t 月吸收的光合有效辐射 [g/（m·月）]；$\varepsilon(x, t)$ 表示像元 x 在 t 月的实际光能利用率（g/MJ）。

六、草原植被长势监测

长势即作物生长的状况与趋势，草业领域里指牧草的长势。这是为农作物的田间管理提供及时的信息和早期估产提供依据而提出的概念，同时还提出长势遥感监测的评估模型与诊断模型，有力地推进了植被长势研究。草原植被长势是指草原植被的总体生长状况与趋势，其监测能从宏观上揭示草原的生长状况及其动态变化，从而为草原科学管理提供快速、准确的参考依据。草原植被长势监测通常利用草原植被的高度、盖度、产量变化来确定草原植被长势情况。早在 1993 年有学者采用牧草高度和密度两个指标对西藏当雄地区的牧草长势进行了遥感评价研究，但没给出植被长势模型。草原植被长势是草原畜牧业管理及牲畜结构调控的重要依据，是草原监测工作中的重要一项。

（一）草原植被长势遥感监测流程

草原植被长势遥感监测是对不同时期的遥感信息进行处理，从而间接反映草原植被的生长状况、分布状况的过程，主要包括植被指数的计算及合成、草原植被长势等级划分，以及图像数据的统计分

析三方面的工作（图 10-13）。

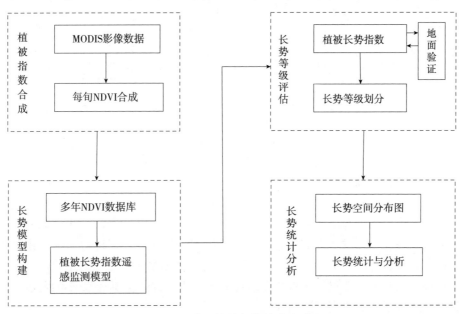

图 10-13　草原植被长势遥感监测流程

1. 植被指数计算及合成　遥感信息源主要是美国国家航空航天局的空间分辨率为 250 m 的 MODIS 系列产品，常用的植被指数为 NDVI 指数。植被长势监测主要利用白天图像，但由于受云层的影响同一景的遥感数据很难得到大范围的无云图像，所以需要进行适当的干扰因素处理。首先，采用国际上通用的最大值合成法（MVC 法）合成 7 d 或 10 d 的无云层的 NDVI 图像，最大限度消除云层、水气、观测角度等因素的干扰，提高对植被的观测精度；然后，建立多年旬度标准 NDVI 时间序列数据库；最后，对该数据库的 5—9 月每旬的 NDVI 最大值进行平均，得出多年平均值。这是草原植被长势遥感监测工作的第一步。

2. 草原植被长势等级划分　草原植被长势是一个相对概念，有关长势等级尚无明确的统一标准。一般通过对比分析两个时期（通常为上年或多年平均）的"生长情况"后得出"好转"或"退化"的定性结论。但"生长情况"也尚无规定的具体指标，盖度、高度、密度、生物量、NDVI 等都可作为评价指标。

自 1998 年中国科学院遥感应用研究所启动中国农情遥感速报系统以来，作物长势遥感监测在技术、质量、范围和频率上逐渐改进和完善，为草原植被长势监测提供了很好的理论基础。目前，在我国草原植被长势研究中，植被长势的等级划分通常有 3～5 个等级，植被长势评定可根据植被高度、植被生物量及 NDVI 等进行。高娃以产草量变化为依据将锡林郭勒草原长势划分为"好、持平、差" 3 个等级，其中，产草量变化率＞10％为好，－10％～10％为持平，＜－10％则为差。中国科学院资源区划所徐斌课题组将 NDVI 差值以 0.2 为一个区间，划分为"好、较好、持平、较差、差" 5 个等级，对全国草原植被长势进行评价。到目前为止，已报道的草原植被长势等级有 3～5 个级别，评定指标有牧草高度、盖度、产量及植被长势指数等。基于不同指标的判定依据见表 10-12。

表 10-12　草原植被长势等级及基于不同指标的判定

等级	高度、密度变化 （李韬，1993）	产草量变化 （高娃，2009）	草原长势指数变化 （徐斌，2013）
好	1	＞10％	＞0.8
较好	2	—	0.6～0.8

（续）

等级	高度、密度变化 （李韬，1993）	产草量变化 （高娃，2009）	草原长势指数变化 （徐斌，2013）
持平	—	−10%～10%	0.4～0.6
较差	3	—	0.2～0.4
差	4	<−10%	<0.2

注："—"表示未设该级别。

3. 图像数据的统计分析　在做出草原植被长势空间分布图的基础上，利用 GIS 进行统计分析，得到生长季节（5—9 月）每旬的统计数据，总结分析不同等级的变化趋势。

（二）草原植被长势遥感监测方法

植被的生长是一个复杂的生理过程，又受到多种因素影响，但可以用一些与其生长密切相关的因子来表征植被的生长状况。已有研究表明，叶面积指数（leaf area index，LAI）可以用来反映植被生长状况，LAI 越大植被所截获的光合有效辐射越多，植被生长越好。遥感数据中的植被指数与 LAI、光合有效辐射等参数有显著的相关性。因此，可以采用植被指数换算的方法监测与判定草原植被长势。草原植被长势遥感监测原理建立在植物光谱特征上，监测方法主要有基于单期遥感数据的直接判定法和基于多期遥感数据的对比判定法两大类。

1. 基于单期遥感数据的直接判定法　直接判定法是依据遥感数据中获得的绿度值与实地草原植被长势的相关性直接判定植被长势的方法。处于不同生长状况的植物在遥感影像数据中的绿度值有差异，植株越高大、群体越密，绿度值越大，即植被长势与绿度值成正相关。因此植被绿度值的大小可以直接反映植被长势的好与差。

直接判定法的长势判定依据来自地面的植被长势的实际情况，因此首先对地面植被长势实际情况进行长势等级划分，了解不同长势等级对应的植被生态学参数（密度、高度、叶面积指数、植被指数等）的关系。然后，建立植被绿度值与地面植被长势等级对应的生态学参数（高度、密度、叶面积指数、植被指数等）之间的相关性。

2. 基于多期遥感数据的对比判定法　对比判定法是用两个不同时期遥感数据的植被生态学参数（盖度、高度、植被指数等）与往年同期数据进行比较而得出的该时期的草原植被生长状况。对比判定法中常用的方法有差值法、比值法和归一化草原植被长势指数法。其中归一化草原植被长势指数（modified grassland index）法常被用于草原植被长势评价，其计算公式如下：

$$MGI = (VI_m - VI_n) / (VI_m + VI_n)$$

式中，MGI 为归一化草原植被长势指数；VI_m 为监测年份植被指数值；VI_n 为比较年份植被指数值。

在草原植被长势中通常使用 NDVI 指数，因此上述方法又可以称作 NDVI 差值长势指数法、NDVI 比值长势指数法和归一化 NDVI 长势指数法。由于差值长势指数法和比值长势指数法的计算方法简单，在实际研究中的应用较多。但这两种方法并未考虑植被指数本身的缺陷，盖度太高或太低时精度不高，而归一化指数法能反映不同植被盖度条件下植被指数的相对差异性。

七、草原沙化监测

草原沙化是土地荒漠化的一种类型，也是草原地区最严重的环境和社会问题，一直受到世界各国的广泛关注。新中国成立以来，随着我国草原生态建设力度的不断加大，草原生态环境持续恶化势头得到一定程度的遏制，部分地区的草原生态系统生态服务功能在不断提升。但还根本没脱离"部分好转、整体恶化"的大趋势，仍处在"不进则退"的爬坡过坎阶段。

我国有八大沙漠四大沙地，面积总和为 75.7 万 km²，再加上戈壁总面积多达 130.8 万 km²，约占全国土地总面积的 13.6%，主要分布在温带的半干旱、干旱地区，基本与草原分布区重合。因此，掌握草原沙化现状及发展趋势是保护草原生态、利用草原资源的重要手段。

草原沙化是间接性评价指标，一般通过植被盖度或生物量等地表参数的变化对草原沙化进行定性评价。监测方法分地面监测和遥感监测两类。

（一）遥感影像中草原沙化专题信息的提取

草原沙化遥感监测过程中，从遥感影像中提取草原沙化信息是关键的步骤。遥感专题信息的提取方法主要有 3 种，分别为目视解译法、专题分类法和植被盖度法。

1. 目视解译法　指通过人工识别图像的特性，运用工作经验和专业知识提取有用的信息。目视解译法的主要依据是遥感影像的图像特征和地物的空间特征。

（1）遥感数据源及彩色图合成：通常情况下，草原沙化监测所用的遥感数据的分辨率要求比草原长势监测所用的略高。常用的遥感数据为 Lansad7 TM、Landsat8 OLI、MODIS、资源一号等，还有高分辨率的 SPOT 遥感数据等。

彩色合成技术就是利用眼睛的视觉特性，以少数几种色光合成许多不同的颜色。遥感图像彩色图合成是目视解译的第一步。遥感图像彩色合成包括伪彩色合成、真彩色合成、假彩色合成和模拟彩色合成 4 种方法。但常用的是以下 2 种方法。

①真彩色合成。指在彩色合成中选择的波段和波长与红、绿、蓝的波长相同或相近，得到的图像颜色与真彩色近似的合成方式。例如，将 TM 图像的 3、2、1 波段分别赋予红、绿、蓝三色，由于赋予的颜色与原波段的颜色相同，可以得到近似的真彩色图像。

②假彩色合成。最常用的一种合成方法，是指在多波段遥感图像中选取其中的任意 3 个波段，分别赋予红、绿、蓝三种原色，即可在屏幕上合成各种彩色图像，几种主要彩色合成图的特点见表 10-13。比如，在 Landsat TM 影像的 4、3、2 波段分别赋予红、绿、蓝色合成的假彩色图图像称为标准假彩色图像。在标准假彩色图像中突出了植被、水体、城乡、山区、平原等特征，植被为红色、水体为黑色或蓝色、城镇为深色，地物类型信息丰富。信息提取时，根据地物信息的特殊性合成不同的彩色图像。

表 10-13　TM 遥感影像的彩图类型及彩图特征

彩图类型	红、绿、蓝	特征
真彩色图像	3、2、1	用于各种地类识别；图像平淡、色调灰暗、彩色不饱和、信息量相对减少
模拟真彩色图像	7、4、3	用于居民地、水体识别
标准假彩色图像	4、3、2	地物图像丰富，鲜明、层次好，用于植被分类、水体识别，植被显示红色
非标准假彩色图像	4、5、3	①利用了一个红波段和两个红外波段，因此凡是与水有关的地物在图像中都会比较清楚；②水体边界很清晰，利于区分河渠与道路、海岸；③对其他地物的清晰度显示不够；④色彩不会很饱和，图像看上去不够明亮；⑤水浇地与旱地的区分容易，居民地的外围边界虽不十分清楚，但内部的街区结构特征清楚；⑥植物会有较好的显示，但是植物类型的细分会有困难
	3、4、5	对水系、居民点及其市容街道和公园水体、林地的图像判读比较有利
	5、4、1	植物类型较丰富，用于研究植物分类
	7、5、4	画面偏蓝色，用于特殊的地质构造调查

注：1、2、3、4、5、7 分别代表 TM 遥感影像的不同波段。

（2）沙化草原的目视解译法：目视解译的主要依据是遥感影像的图像特征（色调）和地物的空间特征（形状、大小、图形、纹理、阴影、位置和布局）。遥感影像上的地物特征主要有 8 个方面（表 10-14）。TM 影像的标准假彩色图上，沙地呈白色、灰白色或黄白色。图斑形状呈带状分布，与主风向（西北-东南）方向一致。

表 10‑14　遥感影像的解译要素及沙化草原解译标志（TM 影像标准假彩色）

解译要素	含义及内容	沙化草原解译标志
色调	地物在彩色影像中的颜色和黑白影像的黑暗程度	白色、灰白色、黄白色
形状	地物的外形轮廓，即地物顶部的平面几何形状	片状、带状
大小	地物的尺寸、面积、体积等	分布面积较广
图形	地物的空间分布特征，地物表面色调的变化频率	分布区内色调多变、无规则
纹理	物体表面的缓慢变化或周期性变化的表面结构	纹理变化细腻、平滑
阴影	高大地物的迎面和背面的色调差异	高大沙丘有阴影
位置	地物所处的地点、周边环境特征	沙地、沙漠周边
组合	地物间互相联系的必然空间组合关系	稀疏植被与沙地组合

目视解译法是目前沙化评价中应用最广泛的方法，我国每五年一次的荒漠化调查就使用该方法。但目视解译精度与解译者的经验、专业知识、对研究区的认知程度等有关，并且与其他自动和半自动方法相比费时费力、人为主观性大，大多为定性评价，不能满足定量化的发展要求。

2. 专题分类法　专题分类法是指运用计算机自动分类计数，对反映地物光谱特征的像元值进行统计、运算、对比和归纳，将像元归入不同地物类别。有决策树分类法、监督分类法等。

（1）决策树分类法：是以各像元的特征值为设定分类的基准值，分层逐次进行比较的分类方法。该方法以样本的属性为节点，用属性的取值作为分支的树结构，对大量样本的属性进行分析和归纳。通常采用自顶向下的递归方式，根据不同的属性值判断从该节点向下的分支，在决策树的叶节点得到结论。因此从根节点到叶节点的一条路径就对应着一条规则，整棵决策树就对应着一组表达式规则。

决策树分类法具有逻辑性强、关系简明、避免冗余等优点，是遥感影像分类中常用的分类方法。图 10‑14 是黄土高原北部土地覆盖类型的光谱特征及决策树分类过程。沙化草原在 TM 影像波段 3 的反射值（灰度值）明显高于其他类型，而长势较好的玉米地、林地在波段 3 的反射值却很低。

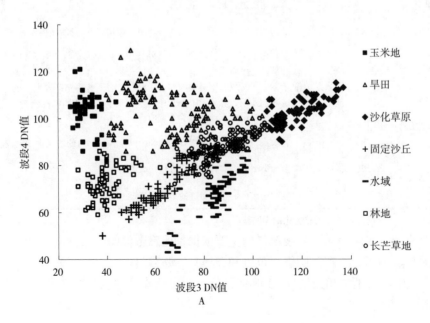

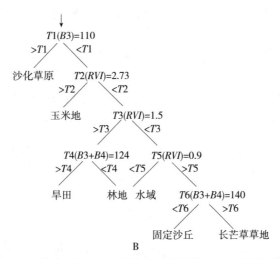

图 10 - 14　黄土高原北部土地覆盖类型光谱特征（A）及决策树分类（B）

图中值为 DN 值

（引自白龙等，2010）

（2）监督分类法：也称训练分类法。是在对研究区广泛了解的情况下，按照研究目的和要求建立所需类别的训练样本，然后用训练好的函数对未知地物进行判别分类的过程。实地调查前，对遥感数据进行预处理后再添加重要城市、河流及经纬度线等辅助信息后制作野外考察图，初步解译、预判研究区草原沙化特征。实地调查中，选择沙化类型各不相同的 1～3 个训练区，每个训练区面积不小于 9 hm²，在事先做好的野外考察图上进行标注，记录样地信息及周边地物、地形地貌特征，核实难以判别的地物类型；然后在样地中心位置设置植被调查样方，记录植物种类、植被总盖度、群落高度及沙化指示植物，收集地上生物量以及经纬度信息。在遥感图像上找出该训练区，分析不同沙化类型区的光谱特征。

3. 植被盖度法　草原植被盖度降低是草原沙化的重要表现，能直接说明草原沙化的程度。因此，利用植被盖度来反演草原沙化现状是常用的监测技术之一。从遥感数据上无法直接算出植被盖度，只通过建立植被指数与地面实测植被盖度间的回归模型，然后利用建立好的模型对整个研究区进行评价。

使用植被指数反演植被盖度的方法主要有像元二分模型、多端元混合像元分解法以及经验模型法等。但使用植被指数反演植被盖度时，不同模型的精度有差异。通过大量的地面调查数据建立的盖度反演经验模型的精度为 85.4%（表 10 - 15）。

表 10 - 15　两种模型监测内蒙古镶黄旗草原沙化等级的精度分析

草原沙化等级	像元二分模型		一元线性模型	
	面积（hm²）	精度（%）	面积（hm²）	精度（%）
未沙化	53 147.2	73.9	52 484.8	85.0
轻度沙化	50 008.4	100.0	48 166.2	86.7
中度沙化	43 084.7	66.7	40 746.7	87.5
重度沙化	19 153.5	71.4	23 995.9	80.0
总面积	165 393.8	75.0	165 393.6	85.4

（二）草原沙化等级的判定

2003 年发布的《天然草地退化、沙化、盐渍化的分级指标》（GB 19377—2003）中，将草原沙化划分为轻度、中度和重度 3 个级别，并提出基于植被盖度、生物量及裸地面积的判定标准。但由于不同草地类型所处环境条件不同，草地植物群落物种组成、植被盖度及生物量等都有差异，所以将全国所有类型草原的植被盖度变化区间统一视为同一个沙化等级显然不科学。

2012 年发布的《风沙源区草原沙化遥感监测技术导则》（GB/T 28419—2012）中，进一步细化不同草地类型的盖度变化区间及沙化等级的对应关系，使基于植被盖度的草原沙化评定进一步有据可依。2016 年，徐斌等提出基于 NDVI 的草原沙化判定标准。目前，草原沙化判定的最常用的指标有盖度、裸沙面积、植被指数，基于不同指标的判定依据见表 10-16。

表 10-16　草原沙化等级及基于不同指标的判定依据

沙化等级	GB 19377—2003		基于盖度变化 GB/T 28419—2012	基于 NDVI 变化（2016）
	群落盖度	裸沙面积比		
轻度沙化	45%～60%	<15%	草甸草原、典型草原盖度 40%～60%；荒漠草原盖度 20%～30%	$0.46 < NDVI \leqslant 0.69$
中度沙化	25%～45%	16%～40%	草甸草原、典型草原盖度 20%～40%；荒漠草原盖度 10%～20%	$0.30 < NDVI \leqslant 0.46$
重度沙化	<25%	>40%	草甸草原、典型草原盖度 20% 以下；荒漠草原盖度 10% 以下	$0 < NDVI \leqslant 0.30$

八、草原综合植被盖度监测

草原综合植被盖度（comprehensive vegetation coverage of grassland，CVCG）是指某一区域（通常指县、省）各草地类型的植被盖度与其所占面积比重的加权平均值，能够直观表现较大区域内草原植被的疏密程度。CVCG 的概念是随着草原生态环境的重要性而诞生的，定量反映大尺度范围内草原的生态质量状况，是对国家实行的草原生态建设工程及其植被恢复状况等进行有效评价而构建的一个生态指标。2016 年 CVCG 被列入《生态文明建设考核目标体系》和《绿色发展指标体系》，已经成为我国生态文明建设的一个重要的考核指标。2016 年国务院发布的《"十三五"生态环境保护规划（2016—2020 年）》中，要求到 2020 年将 CVCG 提高至 56%；《全国国土规划纲要（2016—2030 年）》中将 CVCG 提高至 60%。可见，CVCG 已成为生态环境评价中不可缺少的指标（表 10-17）。

表 10-17　我国不同生态环境保护规划中的生态环境指标及目标

生态环境指标	《"十三五"生态环境保护规划（2016—2020 年）》		《全国国土规划纲要（2016—2030 年）》
	2015 年	2020 年	2030 年
草原综合植被盖度（%）	54	56	60
森林覆盖率（%）	21.66	≥23	≥24
森林蓄积量（亿 m³）	151	165	—
湿地保有量（亿亩*）	—	≥8	8.3
重点生态功能区所属县域生态环境状况指数	60.4	>60.4	—

* 1 亩≈666.7m²。

（一）监测样地布设原则

①监测样地设置，以县（旗）为基本单位测算草原综合植被盖度，县（旗）以下的行政区以草原类型为单位，而不以行政区划为单位测算；②每个县（旗）样地布局，尽量参考当地草地调查资料来确定草地类型数量及每个类型所需样地数量；③县（旗）以下可设 10 个以内的权重区域，每个权重区域设 3～5 个样地，同一个权重区域内的各个样地数据只取算术平均值；④每个样地盖度测量值与该草原类型平均植被盖度的误差不得大于 10 个百分点，否则该样地不参与计算。

（二）CVCG 的计算方法

CVCG 通常以全国、全省和全县的 3 个尺度来描述，其中县级为基础计算单元，逐级汇总出全省和全国的结果。县级行政区 CVCG 的计算基础是该县（旗）不同类型草原的植被盖度，权重为各类型天然草原面积占该县（旗）天然草原面积的比例。计算公式为

$$G = \sum_{k=1}^{n} (C_k \times I_k)$$

$$I_k = M_k / M_n$$

式中，G 为某县（旗）的草原综合植被盖度；C_k 为某县（旗）某类草原植被盖度的算术平均值；I_k 为某类草原面积权重；k 为某草地类型的代号；n 为参与计算的所有草地类型；M_k 为某县（旗）某类天然草原面积；M_n 为该县（旗）天然草原总面积。

全国 CVCG 为各省区 CVCG 乘以该省区草原面积权重之和。省级行政区草原综合植被盖度为各县级行政区草原综合植被盖度乘以该省区草原面积权重之和。

从上述公式可看出，CVCG 由草原类型、植被盖度及面积 3 个指标来确定，因此，各级 CVCG 的监测内容也着重于这 3 个指标。目前主要是通过实地测试来计算不同草地类型的植被盖度。

复 习 思 考 题

1. 简述草原生态监测的目的和意义。
2. 简述草地生态监测要素。
3. 简述草地生态监测方式和方法。
4. 简述草地植物的光谱特征。
5. 简述草原植被盖度的监测方法。
6. 简述草原综合植被盖度的计算方法。

第十一章

草地生态系统服务与功能

第一节　草地生态系统功能概述

一、草地的主要生态功能

草地作为以多年生草本植物为主要生产者的陆地生态系统，由植物、动物、微生物和非生物环境组成，是人类赖以生存和发展的生物资源。草地的功能可归纳为3点：生产功能、生态功能和生活功能。生产功能是草地生态系统服务功能发生改变的触发点；生态功能是系统维持和发展的基础，为系统所固有；生活功能主要取决于生产功能和生态功能的平衡关系与管理状况，体现系统的综合发展水平。

（一）提供初级生产

草地生态系统中的植物组分通过光合作用生产净初级生产物质，为消费者和分解者提供必需的物质和能量，这些初级生产物质既是进行次级物质生产的基础，又是草地生态系统的多种功能正常运行的基本条件。

（二）碳蓄积与碳汇

草地生态系统对调节大气成分具有重要作用。但草地生态系统受人类干扰被破坏后，其存贮的大量碳将重新回到大气中，增加空气中二氧化碳的含量，加剧温室效应和全球变暖。草地生态系统中蓄积的碳主要分布在土壤碳库，其次是在草地植物的现存群落中。系统中的碳平衡（源与汇）是一个动态的变化过程。总体而言，碳汇仍是其主要特点。我国草地的碳总贮量占陆地生态系统的16.7%。

（三）气体调节

草地生态系统的气体调节功能包括大气调节和气候调节，主要指二氧化碳/氧气平衡、臭氧对臭氧层的保护、二氧化硫水平及温室气体调节。天然草地是 N_2O 的弱源，是 CH_4 的汇，土壤排放 N_2O 和吸收 CH_4 表现此消彼长。草地具有调节自身温度的功能，温度升高时，草地可以吸收较多热量，使草地与环境温度不至于过高；温度降低时，草地能释放较多热量，使草地及环境温度不会过低。

（四）水源涵养

水源涵养是生态系统的重要服务功能之一，也是生态系统服务功能间接使用价值的重要组成部分，对于调节径流，防治水、旱灾害，合理开发与利用水资源具有重要意义。陆地生态系统水源涵养功能的发挥主要通过植物层、枯落物层对降水的截流与阻延以及土壤空隙对水分的保蓄的共同作用拦截滞蓄降水，实现有效含蓄土壤水分和补充地下水、调节河川流量的功能。目前国内外关于草地生态系统服务功能及其评价的研究并不多。谢高地等得出我国草地生态系统每年的服务价值为1 497.9亿美元，约折合人民币9 346.90亿元；姜立鹏等基于净初级生产力（NPP）和植被覆盖率估算我国草地生态系统服务价值达17 050.25亿元，平均48.44万元/ hm^2，表现出我国草地生态系统总体服务价值巨大。

（五）防风固沙及养分固持

草地植物贴地面生长，能很好地覆盖地面，草原上的许多植物根系较为发达，根冠较大，根部生物量一般是地上生物量的几倍乃至几十倍，能深植入土壤中，牢牢地将土壤固结。完好的天然草地不仅具有截留降水的功能，还比空旷裸地具有更高的渗透性和保水能力，可有效涵养水源、保护土壤水分。据测定，在相同的气候条件下，草地土壤含水量较裸地高出 90% 以上。

（六）环境净化作用

草地具有改善大气质量、减缓噪声、释放负氧离子、吸附粉尘、去除空气中的污染物的作用。每 $25\sim50$ m^2 的草地可以吸收掉一个人呼出的 CO_2。草地还能吸收、固定大气中的某些有害、有毒气体。很多草类植物能把氨、硫化氢合成蛋白质；能把有毒的硝酸盐氧化成有用的盐类，如多年生黑麦草和狼尾草就具有抗 SO_2 污染的能力。许多草坪草能吸收空气中的 NH_4、H_2S、SO_2、HF、Cl_2 以及某些重金属气体如汞蒸气、铅蒸气等有害气体，起到改善环境、净化空气的作用。

（七）生物多样性保护

草地生态系统跨越多种水平气候区和垂直气候带，是一个结构复杂、功能多样的生态系统，其中存在着大量的动植物和微生物，保存了大量有价值的物种，为人类提供了丰富的基因资源。这种物种通过自然选择和杂交带来了物种种群和群落的多样性，使得草地生态系统蕴含着丰富的生物种质资源。依据全国第一次草地资源普查的植物名录，初步收录 254 科 4 000 多属 9 700 多种植物，其中种子植物近 4 000 种。《国家重点保护野生植物名录》中草原野生珍稀濒危植物有 83 种；《中国珍稀濒危保护植物名录》的 389 种待保护的野生植物中，草原植物有 29 科 51 种及 3 个变种，占 13.9%。

（八）生产、生活资源库

草地的生活功能是对草地生态系统社会属性的具体反映，也是对生态功能和生产功能综合影响的有效评估，主要表现在两个方面：一方面通过动植物的生产功能提供人类生存和繁衍的物质基础和经济来源；另一方面数以千计的草原植物、动物及传统游牧文化、各民族风土人情相结合，构成草地旅游景观和现代旅游业的热点，从而满足人们的休憩、娱乐、探险等生活情趣，树立了生态文明的理念。

草地的生产功能是草地生态系统生产属性的具体反映，主要表现在初级经济植物产品（草产品、药材、菌类和燃料等）的开发和次级产品（奶、肉、毛、皮等）的输出。大量经济植物（如藻类、菌类、蕨类、裸子植物和被子植物等）为饮食业、医药业、工业、环境保护及美化等国民经济领域提供了大量的原料和成品，同时带来了很高的经济效益。

（九）草原旅游文化

与种类繁多的动植物与传统游牧文化、风土人情相结合，构成草原独特的自然景观和人文景观，使草原成为人们的旅游热点。草原满足人们休憩、娱乐、审美、求知、探险等的旅游需求，草原所拥有的丰富自然资源，也是资源调查、科学考察等的重要场所。草原旅游业打破草原牧区封闭或半封闭的自然经济状态，改变相对单一的传统经济模式，带来多元的文化理念，帮助牧民树立现代商品经济意识。据估算，我国草地生态服务价值达 35.4 元/hm^2，成为草地生态与经济双赢的"新"功能。

二、影响草地生态功能的因素

综合我国草地在过去半个世纪退化的因素，得出影响草地生态功能发挥的主要因素包括气候变化、人类活动、产业政策 3 个方面。

（一）气候变化对草地生态功能的影响

草原是牧区畜牧业得以存在和发展的基础，草原植被的生产力直接决定着草地的牧草生产，是草原载畜能力的基础；而气候变化作为草原畜牧业可持续发展的重要环境因素，对草原畜牧业的影响是多方面的，主要表现在影响牧草生产力、载畜量及幼畜成活率等方面。

1. 温度　在全球变暖的大背景下，草原地区年均气温普遍升高。冬季升温幅度较大，降水变化复杂；草原干旱化趋向加剧，草原旱灾出现概率增大，持续时间变长，生态系统明显受到水分胁迫的影响；草地土壤侵蚀程度趋重，土壤肥力降低，植被生长受到影响，草地初级生产力下降，草原景观呈荒漠化趋势，草原退化程度加剧。

温度通过影响蒸发而间接影响土壤水分。以内蒙古典型草原区为例，侯琼等对气象资料进行分析发现，温度和蒸发成明显的正相关关系，不同季节相关程度不同；以冬季蒸发为例，利用 1982—2002 年间的资料进行分析得出，冬季温度和蒸发成指数关系，说明温度越高蒸发越强烈。

2. 碳循环 碳循环是当前全球气候变化研究的核心问题，主要是指碳在大气、海洋及包括植物和土壤的陆地生态系统 3 个主要贮存库之间的流动。土壤有机碳的含量与分布直接关系到生态系统的生产力和生态系统的健康，而气候变化会影响草地生态系统的碳贮量，因此气候变化和草地生态系统碳循环的相互影响与协同作用已经成为目前研究的热点问题。草原表层土壤有机碳含量受气温、降水变化的直接影响，土壤有机碳含量会随温度的升高而降低，也受降水变化和蒸发的影响，土壤含水量可以改变土壤有机碳的收支。

3. 氮循环 土壤养分的有效性，特别是氮的有效性，常常限制陆地生态系统植物群落的生产力并改变群落的组成。已有众多研究结果证明：土壤氮形态间的转化对温度变化十分敏感。温度升高导致的土壤有效氮的增加将会通过提高陆地生态系统的净生产力而增加陆地生态系统 CO_2 的同化量，从而有可能减少 CO_2 对全球气候变暖产生的作用。因此土壤氮循环很可能是决定生态系统对气候变暖响应的一个关键过程。

尽管早期研究停留在定性阶段，但其中在植被-气候关系的概念和定量分析的标准等方面的研究已为定量研究气候与植被的关系提供了重要的理论依据。气候变化正在改变植物生长的有效资源和关键条件。气候变化的发生和持续将打破原有气候格局，一些气候有可能消失，而新的气候可能占据更为广阔的空间，自然生态系统的维持必须依赖系统组分的不断自我调节以适应气候的变化。

（二）人类活动对草地生态功能的影响

人类为了维持自身的生存与发展就必须从生态系统中获得产品，或改变地球上主要生境的规模和结构来生产所需的产品。在这一过程中，若采取的行为不当如过度放牧、乱采滥伐、肆意开采等，则会对草地生态功能产生消极影响，从而造成草地生态功能衰减，主要体现在改变地球生境、生态系统结构和生物地球化学循环等方面。

1. 过度放牧对草地生态功能的影响 北美草原和我国内蒙古草原、松嫩草原均有大量数据显示，在轻度和中度放牧条件下，植物群落的种类丰富、多样性水平最高。放牧对植物多样性的影响主要表现在草地植被组成和结构上。放牧会改变资源状况和植物种间的竞争关系，这是因为放牧动物对某种植物的采食强度会改变该植物在群落中对资源的竞争力，植物为了抵抗动物采食会改变自身的组成和空间结构，因此，适当放牧有利于草地植被结构的改善，提高优良牧草的比例。中国科学院水利部水土保持研究所在宁夏云雾山 30 年（1980—2009）的定位试验研究表明，草地植被覆盖度恢复到 75% 以上，在夏秋季进行合理（短期）放牧利用，可促进草地的自然更新，增加草地物种多样性，控制水土流失。

放牧是草原生态系统最重要的影响因子之一，放牧方式和放牧强度直接或者间接地影响土壤微生物活动状况。大型草食动物的践踏还会直接或间接影响渗透率、水分等土壤微生物赖以生存的微环境。放牧是影响土壤微生物群落的重要因素。放牧强度是一方面，另一方面放牧时间长短也对微生物生物量、活性以及群落结构产生一定的影响。多项研究数据表明，短期放牧促进微生物数量和活性的增大，长期放牧则可以导致土壤表层微生物数量与活性显著降低。长期放牧可显著降低土壤真菌数量以及真菌与细菌的比值，而短期放牧处理则主要影响土壤细菌的活性。

家畜主要通过采食、践踏、排泄物、口液等行为或物质影响草地植被和生境。动物不同的采食方式和食性选择性可直接或间接影响植物间的竞争作用，动物口液中的某些化学成分可促进被采食的植物补偿生长，践踏、粪尿等会扰动局部土壤和植物，增强或者减少植物多样性。草食动物对植物多样性作用效果的不同主要是受草食动物的种类、数量、体型以及草地植物生境类型、时间尺度、空间尺度等众多因素的影响。

放牧对植物地上生物量的影响是通过采食植物的叶片、茎秆降低植物的叶面积指数，进而干扰碳水化合物的合成与供给以及可贮藏性营养物质的积累，从而影响植物正常生长和发育实现的。植物对放牧的响应主要表现为植物的补偿性生长（草食动物的采食有利于植物的生长，即植物可受益于动物采食而生产更多的植物量）。放牧有促进植物生长的机制，因此，在被牧食后，植物的超量、等量、不足补偿生长都可能存在。在低放牧压下，群落多数为等补偿生长；在高放牧压下，群落多数为欠补偿生长。植物补偿性生长产生的效果主要取决于促进与抑制之间的净效应，而这种净效应与植物群落类型、放牧历史、放牧强度、放牧时间、植物的耐牧性、可贮藏性营养物质状况、植物发育阶段以及环境条件（降水、土壤肥力等）均有关系。

草地放牧利用是造成草地生态系统碳贮量变化的另外一个重要因素，过度放牧促进草地土壤的呼吸作用，从而加速土壤中的碳向大气中释放。草地围栏封育是指把草地暂时围起来，封闭一段时间，在此期间不进行任何放牧或割草利用，其目的在于给牧草提供休养生息的机会，以便积累足够的营养物质，逐渐恢复草地生产力，促进草地自然更新。中度以下退化草地可采用投资少、简单易行的围栏封育措施排除禁牧对草地的干扰，实现生态系统的自我恢复。因此，投资少、简便易行、见效快的网围栏已成为当前退化草地恢复与重建的重要措施之一。

2. 肆意开采和乱采滥伐对草地生态功能的影响　一般认为单位面积土地用于农业生产的经济价值高于其用于放牧畜牧业生产，开垦天然草地种植油菜等经济作物这一行为影响了天然草地正常的生态循环，致使天然草地防风固沙、涵养水源的功能下降，导致天然草地土壤沙化、盐碱化，加剧了天然草地的退化。另外，开垦的草地往往水热条件较好，植物多样性较高，过度毁草开垦会使被垦草地自然植被消失，整个草地植被结构和功能发生本质改变，草地植物多样性急剧下降，草地生态功能服务价值减弱。

（三）产业政策对草地生态功能的影响

产业政策是国家利用某种资源的方针，决定了这个国家对待资源的态度。我国历来高度重视草原保护管理工作，制定了一系列方针政策，其目的是保护与建设草原，促进牧区经济发展。2002 年，国务院印发了《国务院关于加强草原保护与建设的若干意见》（国发〔2002〕19 号）文件，提出了加强草原保护与建设的任务和目标，确立了基本草原保护、草畜平衡、禁牧休牧等重大制度，制定了切实可行的工作措施。

草原在保持水土、涵养水源、净化空气、防止荒漠化、维持全球生态平衡，以及保持国土资源合理承载力和维护国家区域性生态安全等方面具有重要的战略地位，草地生态功能和资源价值非其他生态系统形式可以置换和替代，因此，对草原生态系统的基础研究应给予高度重视。

第二节　草原的固碳功能

一、草原固碳功能的概念与意义

碳循环是地球上最大的物质循环，通过植被的作用，将大气中的 CO_2 固定为有机物质，将太阳能固定成化学能，成为人类生产和生活最基本的物质和能量来源。在碳循环的研究中，一个重要的科学问题是回答区域或全球碳源和碳汇的大小、分布及其变化。通俗地说，碳汇就是生态系统固定的碳量大于排放的碳量，碳源则相反。因为碳源、碳汇的问题与一个国家的节能减排政策密切相关，所以它不仅是一个科学问题，还是国际政治问题和社会广泛关注的焦点。

陆地生态系统碳收支及其动态变化研究是全球碳循环研究的核心内容之一。陆地生态系统在全球碳循环方面发挥着重要作用，它的微小变化就有可能导致大气 CO_2 浓度的明显波动，从而进一步影响全球气候稳定。研究草地生态系统碳循环，估算草地生态系统碳贮量对系统分析草地植被在全球气候变化中的贡献以及全球碳平衡具有重要意义。

二、草原植被碳贮量与空间分布

草原生态系统的碳贮量主要包括植被碳贮量和土壤有机碳贮量，植被碳贮量包括地上和地下生物量碳贮量。草原生态系统的碳贮量主要集中在土壤层，约占系统总碳贮量的90%，高寒草甸草原上土壤碳贮量甚至达到系统总碳贮量的95%。

不同研究给出的估算值存在很大的差异，我国草地生物量碳库的估算范围为0.56～4.66 Pg（表11-1），数值相差约8倍。准确评估生物量的动态变化是正确评估草地生态系统碳源汇功能的基础。

表11-1　不同研究得出的我国草地生物量密度及生物量碳库
（引自方精云等，2010）

研究区域	面积（万 km²）	总生物量密度（g/m²）	总生物量碳库（Tg）	数据来源与方法	参考文献
草原①	430.7	236.8	1 020	国家草地资源调查数据，根茎比	方精云等，1996
中国草地	569.9	215.8	1 230		
草原②	220.1	1 208.5	2 660	全球不同草地类型的平均生物量碳密度	Ni，2001
中国草地	405.9	1 148.2	4 660		
北方草地③	189.2	1 020.0	1 930	全球不同草地类型的平均生物量碳密度	Ni，2002
中国草地	299.0	1 023.5	3 060		
中国草地	331.4	346.0	1 150	国家草地资源清查数据	Fang 等，2004
中国草地	331.4	315.3	1 045	国家草地资源清查数据，根茎比 NDVI 数据	朴世龙等，2004
中国草地	167.0	340.0	562	CEVSA 模型；NDVI 模型	Li 等，2004
北方草地③	227.8	348.1	793	国家草地资源清查数据；NDVI 模型	Piao 等，2007
中国草地	334.1	315.2	1 053		
北方草地③	189.2	1 287.0	2 435	草地资源清查数据；实测生物量数据	Fan 等，2008
中国草地	331.0	1 002.0	3 316		
北方草地③	196.3	284.0	558	实测生物量数据；NDVI 数据	马文红等，2010

注：①草甸草原、典型草原、荒漠草原、高寒草原、草丛、荒漠地区的灌丛草地。②干旱的灌丛/草原、温带稀树草原、温带荒漠草原、高寒草地、高寒草甸和沼泽。③温带草甸草原、温性草原、温带荒漠草原、高寒草甸草原、高寒草原、高寒荒漠草原、高寒草甸、温带山地草甸。

不同类型草原由于面积不同和碳密度的差异，碳贮存能力不同。马文红等针对内蒙古温带草原开展野外调查和实测数据分析，发现内蒙古不同类型草原的植被碳贮量为典型草原＞草甸＞草甸草原＞荒漠草原，对应的植被碳贮量分别为113.25 Tg、48.93 Tg、48.46 Tg 和15.37 Tg。典型草原的植被碳密度虽然不是最大的，但是由于典型草原的分布面积最广，因此具有最大的碳贮存能力。草甸草原环境水分条件优越，土壤肥力高，植被发达，因此植被碳密度最高，但因分布面积小，其植被碳贮量仅占内蒙古草地碳贮量的22%。西部干旱区的荒漠草原由于气候干旱、土壤贫瘠、植被稀疏，碳贮存能力最小。

三、不同类型草原植被碳密度

我国草地分布地域广阔，自然条件复杂多样，因此草地植被碳密度的空间分布高度异质，变化范围在155.5～599.7 g/m²，其中碳密度最大的是四川、黑龙江和台湾地区，碳密度最小的是宁夏。

不同类型草原由于所处自然环境不同，植被碳密度差别较大。马文红等通过在内蒙古进行大范围的取样调查，利用实测数据，并结合遥感信息，研究了内蒙古温带草原不同类型的植被碳密度，结果表明植被碳密度最高的是草甸草原，为7.09 Mg/hm²，最低的是荒漠草原，为1.58 Mg/hm²；不同类型草原的地上、地下生物碳密度的顺序为草甸草原＞草甸＞典型草原＞荒漠草原，对应的地上碳密度分别为 0.89 Mg/hm²、0.68 Mg/hm²、0.56 Mg/hm²和 0.26 Mg/hm²，地下碳密度分别为 6.23 Mg/hm²、3.88 Mg/hm²、3.1 Mg/hm²和 1.35 Mg/hm²。

四、影响草原植被固碳能力的因素

影响我国草原植被固碳能力的主要因素包括两大类：自然因素（如气候、土壤和植被类型等）和人为因素（如放牧和围栏等）。

（一）自然因素

自然因素中起重要作用的是降水。有研究表明，我国草地生物量的空间变异主要受降水的影响，即使在高海拔地区的高寒草地，降水也是其生物量空间变异的重要调控因子。

（二）人为因素

除降水等自然因素外，人类活动也是导致草地生物量时空变异的重要原因。放牧是人类活动作用于草原生态系统的主要方式。放牧不仅会降低群落优势种的优势度，使草原生态系统的群落组成发生变化，进而对草原植被碳库产生直接影响，长期的过度放牧还会导致草原土壤物理性状的变化，导致植物个体生长发育受到抑制，对草原植物碳库产生间接影响。

五、草原土壤有机碳贮量

草原中的土壤碳主要以有机质的形式存在，而且主要集中于 0～20 cm 的表层土壤。我国草原生态系统土壤有机碳贮量约为 28.1 Pg，占草原生态系统碳库的 96.6%。

草原土壤有机碳密度与年平均降水量成正相关，土壤有机碳密度随着土壤含水量的增加而增加，含水量超过 30%时则趋于平稳；土壤碳密度具有明显的垂直分布特征，表层 0～20 cm 土壤的有机碳含量相对较高。

草原退化、沙化、盐碱化不仅会引起草地植被覆盖率下降、加速土壤中碳的释放速度、增加大气中 CO_2 的浓度，同时还会降低草地的固碳能力，减弱其碳汇的作用。有研究表明，与原生植被封育处理草原相比，高寒草地中重度退化草原有机碳丢失量为 3.80 kg/m²（0～20 cm 土层），流失 50.87%；通过植物组织流失的碳达到 2.65 kg/m²，损失 86.5%。以风蚀为主要特征的荒漠化是全球干旱、半干旱地区最严重的土地退化类型之一。

六、草原固碳能力的潜力及增汇途径

陆地生态系统的碳库包括植物和土壤两部分。对于草地生态系统来说，植物碳库相对比较稳定，因此，草地生态系统的固碳主要来自土壤。通过减少畜牧承载量可使我国草地土壤的有机碳库增加 4.56 Pg，增加部分主要分布在内蒙古（25.9%）、西藏（23.2%）和新疆（28.9%）。

人工种草、退耕还草和草场围栏封育是 3 种基本的草地管理措施。优化的草原生态系统管理措施或土地利用方式可以显著提高草地土壤碳贮量，其中，施肥、播种豆科牧草、恢复原生植被等措施均具有显著效果。适宜的管理措施是当前提高生态系统碳贮量、实现生态系统碳增汇最经济且最具操作性的途径之一。草原管理中的围栏封育有益于草原固碳作用，随着围封年限的增加，土壤碳密度不断增大，碳汇功能显著增强。

第三节　草原生物多样性与生态系统多功能性

一、草原生物多样性与生态系统多功能性的重要作用

（一）生物多样性

生物多样性（biodiversity）是生命有机体及其借以存在的生态复合体的多样性和变异性，是生物及其与环境形成的生态复合体以及与此相关的各种生态过程的总和。它包括数以万计的动物、

植物、微生物和它们所拥有的基因以及它们与生存环境形成的复杂的生态系统。因此，生命系统的各个层次，基因→染色体→生物大分子→细胞器→细胞→组织→器官→个体→种群→群落→生态系统→景观→植被区域→生物圈，以及每一层次上的结构组成、功能作用等方面都具有多样性。

（二）草原生物多样性

草原作为世界重要的生态系统之一，具有丰富而独特的生物多样性，是全球生物多样性的重要组成部分。我国天然草原是我国面积最大的陆地生态系统，其自然条件复杂而多样，草原面积大、分布广。草原生物多样性主要由草原物种多样性、草原生态系统多样性和草原基因多样性构成，同时其生命系统各个层次的结构、功能及生态过程也具有多样性。草原生物多样性的物质生产、保持水土、防风固沙、涵养水源、生态系统稳定性维持以及科学研究、旅游等经济、生态和社会功能对人类社会的生存和发展发挥着重要作用。

1. 经济功能　草原生物多样性具有重要的经济功能。草原生物种类组成复杂，草原植物物种的总丰富度高，是食物、纤维、药材以及其他生产原料的生产基地，为人类的生产生活提供了各种物质产品来源。

2. 生态功能　草原生物多样性具有重要的生态功能，维系着草原生态系统的稳定和健康，调节了生态平衡，营建了良好人居环境，保障了区域生态安全。研究表明，草原生物多样性与草原生态系统功能成正相关，草原生态系统功能潜在地依赖于物种之间相互作用的强度、物种的功能反映特性以及生态系统类型和尺度等。草原的生物多样性对草原生态系统中的生产力同样存在正效应，随着物种丰富度的增加，群落多种类群生物的多度、生物量（生产力）及生产性都呈增加趋势。

3. 社会功能　草原生物多样性具有重要的社会功能，为人类提供了重要的文化艺术、民族宗教、科学研究、旅游观光等基础，赋予草原多样化的社会价值。我国草原面积辽阔，类型多样，基本上涵盖了世界上主要的草原类型，从热带亚热带草原、温带草原到高寒草原等，有草甸，有草原，有沼泽。不同类型草原由不同的植物构成，表现为不同的结构，呈现不同的景观，多样性十分丰富，可为人们提供休憩、娱乐与观光的场所。

草原生物多样性除以上功能外，还蕴含着巨大的生物基因库，该生物基因库不仅过去为人类提供了种质资源，将来也会为家畜、农作物品种改良提供野生亲缘种，提高动植物抗逆能力。此外，草原生态系统的物种多样性、遗传多样性、种间复杂关系，以及珍稀特有物种的保护具有十分重要的科学价值和应用意义。

（三）草原生态系统多功能性

传统的生物多样性与生态系统功能研究集中于植物物种丰富度和生态系统净初级生产力之间的关系。但是单个生态系统功能指标并不能完全反映多样性对生态系统功能的影响，因为生态系统最为重要的价值在于能够同时提供多种服务和功能，这称为生态系统多功能性。Sanderson 等最先提出生态系统多功能性的概念，他认为草地生态系统除了提供初级生产力的功能之外，还有其他价值如环境和美学效益，从可持续发展的角度生态系统同时执行多种服务的功能更应该被重视。有学者还提出了代表生态系统多功能性的 15 个功能指标。Hectorand、Bagchi、Gamfeldt、Hillebrand、Zavaleta、Tilman 等众多学者不仅定量分析了生物多样性同时对多个生态系统功能的作用，还探讨了生物多样性对维持高水平生态系统多功能性的价值，同时明确了生态系统多功能性即生态系统同时提供多种生态系统功能和服务的能力，或者是生态系统多个功能的同时表现。在这之后，如何量化人类活动或气候变化对生态系统多功能性的影响，以及这些驱动因子对多个生态系统功能的响应与其对单个生态系统功能的响应是否一致等问题受到广泛关注，使生态系统多功能性的研究逐渐成为当前研究的热点，掀起了生态系统多功能性的研究热潮。

二、草原生物多样性现状与保护

(一) 植物多样性

我国是草原资源大国，草原资源极其丰富。草原植物是草原的基本构成成分。依据全国第一次草原资源普查的植物名录，初步收录 254 科 4 000 多属 9 700 多种野生植物。我国特有的草原植物种类也很丰富，共有 13 科 45 种是我国特有的植物种。我国草原是世界重要的植物种质资源库。世界著名栽培牧草在我国草原均有野生种和近缘种分布，许多草原植物都是宝贵的牧草遗传资源。我国已知的草原饲用植物有 6 352 种，29 亚种，303 变种，13 变型，隶属于 246 科 1 545 属，其中豆科和禾本科均在千种以上，尤其是禾本科饲用植物不仅数量多、分布广，在草原上起优势作用的种类也比较集中。此外，草原野生植物中具有药用价值的多达 6 000 种；可制作成食品的有近 2 000 种。

然而，由于全球气候变化、农业垦殖、过度放牧以及病虫、鼠害等自然与人为干扰，我国草原植物多样性正在遭受前所未有的挑战，植物多样性水平急剧下降。我国草原上的野生植物种类受威胁程度比世界平均水平高 5% 左右，尤其是自然条件严酷的长江、黄河源头及上游高山草原，其草地群落及野生植物物种的多样性更是遭到严重破坏。

(二) 动物多样性

草原动物与植物一样，是草原生物多样性的重要组成部分和基因库，草原动物多样性对于家畜改良、生态平衡维持以及社会经济环境可持续发展具有重要作用。草原的动物、植物和微生物多样性共同作用，是维持和推动草原生态系统形成、发展和功能发挥的驱动力，它们维系着草原的生态平衡。

我国草原辽阔，拥有贮量较高的牧草资源，草原是众多鸟类、兽类等动物赖以生存的栖息地和繁殖地，这构成了草原丰富的动物多样性。据研究统计，我国温带草原地区有脊椎动物 551 种，全国草原生态系统生活着超过 150 种珍稀野生动物。青藏高原高寒草原和草甸地区有陆栖脊椎动物 215 种，代表种类主要有蒙原羚 (*Procapra gutturosa*)、藏羚 (*Pantholops hodgsoni*)、灰狼 (*Canis lupus*) 等兽类，丹顶鹤 (*Grus japonensis*)、金雕 (*Aquila chrysaetos*) 等鸟类，以及许多昆虫等无脊椎动物。

(三) 生态系统多样性

我国草原生态系统类型丰富而多样，既有如典型草原、草甸草原这样的地带性草原，又有像沼泽这样的非地带性草原。在我国草原中，北方温带草原面积最大，约占全国草原面积的 41%；其次是青藏高原，约占 38%。我国草原可利用面积大于 10 万 km² 的有 7 个省 (自治区)，依次是西藏、内蒙古、新疆、青海、四川、甘肃和云南，大于 5.0 万 km² 的有 4 个省 (自治区)，分别为广西、黑龙江、湖南和湖北。我国草原主要生态系统类型包括草甸草原、典型草原、荒漠草原、高寒草原、草甸、沼泽和草山草坡等。

(1) 草甸草原：主要分布在东北松嫩平原和内蒙古高原东部，代表类型主要为羊草草甸草原、狼针草草甸草原和线叶菊草甸草原。

(2) 典型草原：主要分布在内蒙古高原和鄂尔多斯高原大部、东北平原西南部及黄土高原中西部，代表类型主要为大针茅草原和本氏针茅草原。

(3) 荒漠草原：处于温带草原的西侧，主要分布在内蒙古高原乌兰察布高原、鄂尔多斯高原中西部地区，以及贺兰山、阴山山地等地，代表类型主要为戈壁针茅草原。

(4) 高寒草原：主要分布在我国青藏高原、帕米尔高原以及阿尔泰山、天山、昆仑山和祁连山等地，代表类型主要为紫花针茅草原。

(四) 生态系统多功能性

目前关于生态系统多功能性的研究主要集中在以下几个方面。

(1) 物种多样性、功能多样性与生态系统功能关系研究：已有足够多的研究证明，物种多样性、功能多样性与生态系统功能之间有着密切的联系，且功能多样性比物种多样性对生态系统功能更具决定性作用。物种多样性、功能多样性在生态系统功能维持中起到何种作用等问题在草地生态系统中具有重要的研究价值。

（2）多样性与生态系统功能关系维持机制研究：多样性-生态系统功能的关系在很大程度上受其他外部环境因子的影响，包括空间尺度、资源供给、干扰及营养级等。选择效应假说和互补效应假说常被用来解释生物多样性与植物生产力间的关系，但二者哪个在多样性-生态系统功能关系中占主导地位仍没有一致的结论。有学者认为这两种假说在多样性与生态系统功能关系维持中共同发挥作用，至于何种作用占主导地位与环境筛选有密切关系。

（3）生态系统功能之间的关系：生长在特定环境中的生态系统的功能既受到外界环境的影响，又受到自身不同功能之间的调控。因此，生态系统功能不仅与外界环境有着密切的联系，还在不同功能间存在相互关系。受到环境因素的影响，生态系统功能之间往往体现协同或者权衡的现象。

（4）多样性与生态系统多功能性：近年来，对单个生态系统功能与多样性关系的研究，往往无法同时体现多个生态系统功能，进而会高估功能冗余存在的现象。当同时考虑多个生态系统功能时，生态系统功能随着多样性而增加并进一步达到饱和，但功能多样性饱和点要滞后于单一生态系统功能饱和点，也就是说随着生态系统功能数量的增加，功能冗余逐渐降低，饱和点对应的多样性值也会越来越高。

（5）多营养级基础上的生态系统多功能性：不同营养级指标的变化及其相互关系对多功能性的研究结果具有决定性的作用。例如在草食动物-植被这一营养级关系中，草食动物的指标变化比植被指标变化对多功能性的影响更加强烈，且考虑的营养级数量越多，多样性对多功能性的作用越强烈。因此，基于多营养级探讨生态系统多功能性及其对环境因子的响应机制很有必要。

（五）种质资源库与资源圃

植物种质资源保存主要有原地保存、异地保存和设施保存 3 种方式。设施保存的场所又称为种质资源库，也可称为"种质银行"，是当前最有效和安全的保存方式。植物种质资源保存包括种子低温保存、超低温保存及种质离体保存。种质资源库保存以种子为主体的作物种质资源及其近缘野生植物，这些材料可随时被提供给科研、教学及育种单位研究利用及国际交流。

2004 年，国务院办公厅《关于加强生物种质资源保护和管理的通知》说明"生物物种资源（包括生物遗传资源）是维持人类生存、维护国家生态安全的物质基础，是实现可持续发展战略的重要资源"，并提出"建设一批离体保护设施和生物物种资源基因核心库，加强动物基因、细胞、组织及器官的保存和特异优质基因的保护"。

我国已经建立了以草种质资源收集、评价、鉴定为基础，以挖掘优异基因、创制优异种质、选育新品种为目的的技术体系，逐步健全以全国畜牧总站为核心、10 个生态区域技术协作组牵头单位为主体，覆盖全国 31 个省（自治区、直辖市）的草种质资源保护利用组织管理网络体系，建立了 1 个中心库、2 个备份库、1 个离体保存库和 17 个资源圃的种质资源保存体系，从技术体系、管理体系和保存体系 3 个方面实现了我国草种质资源的收集保存和有效保护。此外中国农业科学院兰州畜牧与兽药研究所还建设了 50 头规模的野牦牛种质资源遗传繁育基地。

三、草原生物多样性与生态系统多功能性存在的问题

（一）人类活动导致草原生物多样性下降

人类活动是草原生物多样性受到威胁的最主要原因。我国草原生物多样性丰富，经济价值高。人们大规模、盲目地过度利用草原动植物资源，特别是经济价值极高和珍稀濒危的资源，导致草原生物资源受到严重威胁，生物多样性下降，许多物种处于濒危甚至灭绝状态。目前我国存在的草原生物多样性威胁主要有以下 3 个方面。

（1）超载放牧与高强度刈割导致草原退化、物种多样性降低：我国草场面积辽阔，虽然有些区域保护完整，但总体来看，目前草场退化、沙化、盐碱化的情况已具有普遍性。以内蒙古为例，目前全

区退化草场面积占全区可利用草场面积的 50% 左右，其中重度退化面积接近总面积的 20%。特别是历史闻名的、以水草丰美著称的呼伦贝尔草原和锡林郭勒草原，退化草原面积分别已达 23% 和 41%，退化最严重的是鄂尔多斯高原的草场，退化面积高达 68%。

（2）滥采、盗窃经济动植物资源，优良及特异物种资源减少：草原区盗挖、盗采和盗猎野生经济动植物资源现象时有发生，导致优良和特异的草原动植物数量急剧减少、生物多样性显著下降。例如，滥采、盗采中药材。

（3）农业垦殖、矿产开发导致草原丧失和环境污染：随着人口对粮食需求压力的增大，大面积的草原被开垦为农田，致使草原消失。有些地方不恰当地开垦一些陡坡地、沙质地，甚至固定沙地，由于耕作需求，机械或人工使得草原草根层被破坏，导致草原沙化，使生物多样性及其价值大大降低。

（二）珍稀濒危和经济动植物数量与种类减少

草原生物多样性下降的直接表现就是珍稀濒危物种增加，并且数量减少，同时草原曾经大量存在的经济动植物数量和贮量急剧下降，大规模的开发和捕猎使藏羚羊、蒙原羚、马鹿等大量活跃在我国草原的动物转为濒危稀少动物，过去随处可见、贮量丰富的冬虫夏草（*Cordyceps sinensis*）、甘草和麻黄等药用植物资源损失殆尽，在草原上常见的一些猛禽，如雀鹰（*Accipiter nisus*）、鸢（*Milvus korschun*）、大鵟（*Buteo hemilasius*）等，也由于乱捕滥杀而成为稀有或偶见的鸟类。相反，由于生物群落中天敌数量的减少，一些草食性鼠类，如布氏田鼠（*Microtus brandti*）等的种群数量则有扩大的趋势，在繁殖高峰期，往往造成严重的危害。

（三）草原有毒植物和入侵种增加

草原是我国牧区居民生存与发展的基础。由于人为和自然因素，草地退化日趋严重，对畜牧业可持续发展造成很大影响，草地毒草化是草地退化的一个重要特征。目前，中国 90% 的可利用天然草原不同程度地退化，30% 严重退化，且每年以 200 万 hm² 的速度递增，依然是呈局部改善而整体恶化的趋势。

造成草原退化的原因很多，主要是自然因素和人为因素交互作用、互相促进、互为因果，其中过牧和频繁的人类活动是毒草滋生和优良牧草衰退的重要因素。毒草化是荒漠化后的第二大严重灾害因素，我国发生毒草危害的天然草地面积约 3 300 万 hm²。毒草危害造成的经济损失从 20 世纪 60 年代到现在有很大幅度的提高，而此段时间也是我国草原发生明显沙漠化和退化的阶段。根据 2007 年的统计数据，全国毒草危害造成的直接经济损失达 9 亿元，间接经济损失 92.6 亿元，严重影响了当地畜牧业的发展和农牧民的收入，动摇了农牧民对草原的安全感。可见，我国牧区发展受草原有毒害植物危害的严重影响。

（四）草原生态系统功能下降

物种多样性对生态系统功能的作用是生物多样性研究的核心领域之一，而生态系统生产力水平是其功能的重要表现形式。草原自然群落的物种多样性常与草原生产力密切相关。有研究表明在我国北方典型草地，多种物种丰富度尺度下，物种丰富度与生产力的关系均表现为显著的正相关关系。因此，草原生物多样性的丧失对应着草原生产力的下降，生产力的下降将会直接导致草原其他一系列生态功能的下降，如防风固沙、水源涵养和固碳功能等。

放牧和垦殖等人类活动导致我国草原生态系统生物多样性和生态系统功能水平下降，使草原提供给人类的生态服务功能价值降低。过度利用草原导致草原生态功能价值降低。

此外，除放牧和垦殖对我国草原生态系统生物多样性和生态功能有负面影响外，全球以及区域气候变化对我国草原生态系统的生物多样性和生态功能也有不确定的影响。

（五）生态系统多功能性评价体系变化多样性

1. 生态系统多功能性综合评价指标的优化　建立能够合理解释生态系统各功能综合响应的多功能性指标具有重要意义。目前已经发展了若干种不同的测度方法来量化多功能性，但每一种方法仅侧重于多功能性的某一方面，仍未得到公认的多功能性测度标准。此外，对于多功能性指标能否正确地反映生态系统对群落复杂性增加的响应还存有争议。合理的多功能性评价指标应赋予各项功能不同的权重，剔除无关的功能，其研究框架应同时涵盖单个功能和整体功能，以揭示单个功能对多功能性的影响。为实现这个目标，还需要不断优化多功能性的量化方法，直到找出一种被人们普遍接受的测度标准。

2. 生态系统功能之间的权衡　徐炜等指出，生物多样性与生态系统多功能性的关系至少受到两种重要权衡的影响：①由于某些功能间的排斥作用，单一群落很难同时维持多个特定功能，例如生产力和抗逆性常常是负相关的，因此很难或不可能同时最大化；②不同的功能需要不同物种丰富度或组成的群落来使其最大化，如不同乡土物种的组合能使其对入侵物种的抵抗力最大化。Kareiva 等指出，重要的生态系统功能间常常存在权衡关系，即一个功能（如生物量）的增加可能会伴随着另一个功能（如对疾病的抵抗力）的降低。研究表明，权衡作用限制了大多数物种组合的某些功能达到较高水平，如高生产力与高抗旱性很难同时达到最高水平。此外，群落中可能有一些功能相似的物种，它们能提供少数较高水平的功能；或者具有功能多样性的物种，它们能同时提供较高水平的不同功能。功能间的权衡关系制约着多功能性的客观评价，在未来的研究中必须考虑其影响。

第四节　草原的水源涵养功能

一、草原的水源涵养功能与现状

水资源是人类生存和发展必不可少的物质，是社会、经济保持可持续发展至关重要的基础。随着气候变化、人口激增、经济的快速发展和土地使用格局的改变，水循环在区域及全球尺度上已发生重大改变。同时，由人类主导的环境污染引发的水资源的质量安全问题凸显，水资源的短缺和质量问题已成为各个国家关注的焦点。我国水资源的紧缺严重威胁着我国经济和社会发展与粮食安全。

(一) 水源涵养的概念

水源涵养是生态系统的重要服务功能之一，具有截留降水、抑制蒸发、涵蓄增加土壤水分、增加降水、缓和地表径流、补充地下水和调节河川流量等功能。降水以"时空"的形式作用于区域水汽环境。在时间上，它可以延长径流时间，枯水位时补充河流水量，洪水时段减缓洪水流量，起到调节河流水位的作用；在空间上，生态系统能够将降雨产生的地表径流转化为土壤径流和地下径流，或者通过蒸发、蒸腾的方式将水分返回大气中，进而影响大范围的水分循环，使大气降水在陆地进行再分配。

一个区域的水资源总量是指当地降水形成的可被利用的地表和地下产水量，即地表径流量与降水入渗补给量之和。在一定的下垫面条件下降雨能否产生径流，很大程度上取决于降水强度和降水历时；而对于不同强度的降雨，开始发生地面径流的时间是不同的，能引起地面径流的降雨强度标准是因降雨历时不同而变化的。

(二) 草原的水源涵养功能

草原生态系统是地球上面积仅次于森林的第二大绿色覆被层，约占全球植被生物量的 36%、陆地面积的 24%。我国草地资源丰富，可利用面积达 3.93 亿 hm²，居世界第二位，占全国土地总面积的 40.9%、天然草地资源总量的 84.27%，是我国陆地面积最大的生态系统类型。草地是以草本植物种类为优势所构成的植物群落及其与生长环境结合的自然综合体，是气候因子、地貌特征、土壤条件、植物群落等多种自然因素长期作用的结果。草地不仅是畜牧业赖以生存和发展的物质基础，同时兼具防风固沙、水源涵养、水土固持以及小气候调节等多种生态功能，是生态安全屏障功能发挥与草原文化传承的基础。

(1) 草原的水源涵养现状：各类陆地生态系统均具有水源涵养功能，但由于其结构、功能发挥机制的差异，表现出不同强度的水源涵养能力。我国陆地生态系统单位面积总服务价值表现出湿地>水体＞森林＞草地＞农田＞荒漠；而其水源涵养能力表现为水体＞湿地＞森林＞草地＞农田＞荒漠（表11‑2），其水源涵养价值顺序与其类同，分别占其生态系统单位面积服务价值的44.33％、24.72％、14.65％、11.05％、8.68％和7.14％。

表 11‑2　我国不同陆地生态系统单位面积生态服务价值（元/hm²）

（引自谢高地等，2003）

服务类型	森林	草地	农田	湿地	水体	荒漠
气体调节	3 097	707.9	442.4	1 592.7	0	0
气候调节	2 389.1	796.4	787.5	15 130.9	407	0
水源涵养	2 831.5	707.9	530.9	13 715.2	18 033.2	26.5
土壤形成与保护	3 450.9	1 725.5	1 291.9	1 513.1	8.8	17.7
废物处理	1 159.2	1 159.2	1 451.2	16 086.6	16 086.6	8.8
生物多样性保护	2 884.6	964.5	628.2	2 212.2	2 203.3	300.8
食物生产	88.5	265.5	884.9	265.5	88.5	8.8
原材料	2 300.6	44.2	88.5	61.9	8.8	0
娱乐文化	1 132.6	35.4	8.8	4 910.9	3 840.8	8.8
合计	19 334	6 406.5	6 114.3	55 489	40 676.4	371.4

不同气候带分布着不同类型的草原，各类型草原植被群落结构、土壤性状的不同是造成其对降水的残留、分配与贮蓄功能差异的主要原因。

（2）不同类型草原水源涵养功能：不同类型草原，由于其所处区域气候条件、草地植被类型、生产能力、土壤状况及地形等的差异，加之不同学者采用的草地生态服务价值评价指标体系的差异，虽可造成其对草地生态系统主体服务功能与价值评估的差异，但同一研究中同一类型草地不同功能的相对价值还是很有借鉴作用的。

（3）典型水源涵养区不同类型草原的水源涵养能力：处于同一气候带下的草地，其所处地形部位、微气候原因导致的草地植物群落结构、土壤性状不同，造成其对降水的截留、分配与贮蓄功能的差异，其水源涵养能力亦有所不同。

二、草原水源涵养功能的发挥机制

草原的水源涵养功能是草地生态系统内多个水文过程及其水文效应的综合表现。陆地生态系统水源涵养功能通过植物层、枯落物层对降水的截留和阻延以及土壤孔隙对水分的保蓄层的共同作用拦截滞蓄降水，达到有效涵蓄土壤水分和补充地下水、调节河川流量的目的。水源涵养能力与植被类型和盖度、枯落物组成和现存量、土层厚度及土壤物理性质等密切相关，是植被和土壤共同作用的结果。

（一）植被冠层对水资源的涵养作用

1. 植被冠层对降水的截留作用　截留降水是植被对降水的最初分配，植被对降水的影响主要表现为冠层截留及茎干流对降水的重新分配作用。通过截留能降低降水到达地面的数量和速度，削弱其侵蚀能力，从而调节地面径流的数量和强度。植被对降水的截留研究多数集中在乔木和灌木上。相对于乔木和灌木来说，草地草丛低矮，其截留不易获得，相关研究成果主要采用人工模拟方法而获得，国内外的研究表明不同类型草地对降水量的截留率为13％～75％。

2. 枯落物对降水的保蓄作用　作为生态系统地上部分与地下部分的重要生态界面，枯落物层结构疏松、透水性能和持水能力强，能吸收和阻延地表径流、抑制土壤蒸发、改善土壤性质、防止土壤溅蚀，是降水二次分配的关键场地，对植被生态系统水涵养功能具有十分重要的影响。枯落物的水源涵养功能主要受枯落物的厚度、类型、组成、分解状况和现存量等因素的综合影响，现存量和持水能力是反映枯落物水源涵养能力高低的重要指标。枯落物蓄积量决定了降水截留的强度，枯落物截留降水的数量动态受降水季节动态控制。

3. 草地冠层对夜露的凝聚作用 草地植被系统不仅对降水具有截留作用，对夜露的形成还具有重要的作用。夜露是草地水分循环的重要环节之一，夜露形成数量不仅取决于气象条件，还与草地地被物高度密切相关。

4. 植被冠层在水源涵养中的权重 秦嘉励等以岷江上游森林、灌丛、草地 3 种典型生态系统为研究对象，进行了生态系统不同组分水源涵养功能的研究。对其数据进行分析发现，生态系统不同组分对水源涵养的作用表现出冠层截留＞土壤固持＞凋落物保蓄。3 种植被植物冠层、土壤固持及凋落物保蓄对水源涵养的强度分别为 1 542.67 m^3/hm^2、670.13 m^3/hm^2 和 39.07 m^3/hm^2，分别占总水源涵养量的 38.14％±4.60％、30.28％±5.31％和 1.57％±1.20％。

（二）土壤对降水的保蓄能力

陆地生态系统对土壤含水量的变化十分敏感，草原土壤水源涵养能力对于草原生态系统具有重要作用。草原的涵养水源量主要体现在土壤的水源涵养功能上，土壤蓄水量占总涵养水源量的 98％以上。土壤蓄水能力越高，所接纳的降水就越多，从而可为牧草的生长提供更为良好的土壤水分环境。

评价陆地生态系统水源涵养的一项重要指标就是土壤持水力。土壤持水力是指土壤容纳和保持水分的性能，土壤对降水的保蓄能力主要依赖于土壤孔隙对降水的贮存和吸持。降水或灌溉水进入土壤时，受到土壤颗粒分子引力、毛管力和重力等的共同作用，水分沿着土壤孔隙浸透、移动并保持在土壤中。

（三）影响草原水源涵养功能发挥的因素

水源涵养是典型生态服务之一。重要生态功能区生态系统通过植被、土壤和气候等生态因子的共同作用，可以截留降水、抑制蒸发、缓和地表径流、增加土壤下渗、涵养水分，从而为区域本身及下游其他地区的经济社会发展提供服务。影响陆地水源涵养的因子包括植被因子、气候因子和地形因子，草原的水源涵养量是由气候-植物-土壤系统各自的特性及三者之间的相互作用决定的。

1. 草原状况对草地水源涵养功能的影响 自然与人类活动的干扰下，草地生态系统发生不同的退化演替，造成了植物种群、生产力、枯落物数量的改变，进而导致系统土壤有机物质含量、机械组成和化学性状的改变。陆地生态系统的严重退化是区域水循环和水文过程变化的主导因素。

植被因子通过植物系统对降水的截留、枯落物层对降水的保蓄作用而对系统水源涵养造成影响，植物的多样性、体表面积、叶片结构与叶面积、枯落物生物量等的不同会影响植被对降水的涵养能力。

2. 土壤因子对草原水源涵养功能的影响 土壤系统通过其土壤孔隙对降水的保蓄而进行水源涵养，影响土壤孔隙的土层厚度、植物根系、土壤容重和土壤入渗速率等均会对土壤水源涵养造成影响。土壤的渗透率是草地涵养水源功能的重要指标，水分在土壤体中的渗透作用是降水对土壤水分进行补充的主要途径。

地形因子则通过影响地表径流的强度和径流传输路径对重要功能区的水源涵养造成影响，包括坡长、坡度、坡上植物的覆盖度。

草本植物生长迅速，茎叶繁茂，可以遮挡雨水，避免暴雨直接打击地面；植物株丛密集，加大地面糙率，阻缓径流，拦截泥沙，同时，植物根系发达，纵横交错，形成紧密的根网，可以疏松土壤，提高土壤的透水性和渗透速度，加大渗透量和蓄水保墒能力。同时，草本植物遗留在地下的残根和地面的枯枝败叶给土壤带来丰富的有机物，这些有机物经过分解，形成腐殖质，使土壤团粒结构显著增加，改善了土壤的理化性质，也大大增强了土壤本身的防侵蚀能力。

3. 气候因子对草原水源涵养功能的影响 气候因子通过大气降水与生态系统水分的蒸散影响功能区的水分补给与散失，其主要因子包括降水强度、频度、蒸散强度和地表裸露程度等，与温暖湿润区蒸散依靠水、热并重情况不同的是，极端干旱区主要依靠热量因子强度的增加提高蒸散量。

大气降水特征与径流关系的问题涉及很多因素，除降水量、降水强度、降水历时和下垫面植被外，降水的雨量级和降水次数等都对径流量的大小有影响，而且受气候的影响，年际降水量也会有很大变化，这对径流量的大小也有影响。

三、草地水源涵养功能的区域特征

我国国土面积辽阔，气候千差万别，海拔高低悬殊，导致草地类型的多样化。根据气候区域等因素可以大致将我国的草地分为三大片：北方草地片、南方草地片和青藏高原草地片。草地的南北分界线遵循自然地理的传统，以秦岭-淮河一线为准。

下面从气候特点、土壤物理性状、植被类型和植被盖度，以及当前存在的问题几个方面来分析我国三大典型区域的草地的水源涵养特征。

（一）北方草地

位于 400 mm 等雨线的西北，以大、小兴安岭向西、西南直至新疆西部国境线，面积约占全国草地面积的 41%，其中温带草原是我国最主要的草地畜牧业地区。由于该区远离海洋，湿润气流难以到达，降水量小，气候干燥，地形多为层状高平原、盆地及丘陵山地。

内蒙古典型草原是北方草原的集中分布区，是我国重要的畜牧业基地之一，面积 0.41 亿 hm²，占全国草原总面积的 10.5%，占北方天然草原面积的 13.1%。因其特殊的地理位置被称为北京的生态屏障而备受关注。对于降水较少的北方草原，植被冠层对降水的截获率较高，总体上冠层的截获作用使得输送到土壤的水分减少。

（二）南方草地

我国南方草地为秦岭-淮河以南、青藏高原以东的广大地区，分属淮河、长江、珠江三大地区，主要为亚热带和边缘热带，包含西南岩溶山地灌丛草业生态经济区和东南常绿阔叶林-丘陵灌丛草叶生态系统经济区。主要集中于云南、贵州、四川、广西、江西、安徽等 17 个省（自治区）的丘陵、山地和草地草坡，总面积约 270 万 km²，占全国草地面积的 1/6，其中大面积的连片草地主要分布于我国的西南地区。南方草地山多，山地和丘陵面积占 70% 以上，山地与平原之比平均为 4.85：1。我国南方草地水热条件好，生长期长，草地生产力高，生产潜力大，物种资源极其丰富。

（三）高原草地

青藏高原地域辽阔，面积为 240 万 km²，青藏高原在我国境内部分西起帕米尔高原，东至横断山脉，横跨 31 个经度，东西长约 2 945 km；南自喜马拉雅山脉南麓，北迄昆仑山-祁连山北侧，纵贯约 13 个纬度，南北宽达 1 532 km；范围为 26°00′12″N—39°46′50″N，73°18′52″E—104°46′59″E，面积为 257.24 万 km²，占我国土地总面积的 26.8%。青藏高原是一个独立的生态地理单元，地域辽阔，纬度变化和高度变化相结合形成了独特的高原生态体系。青藏高原草地连片，约占全国草地面积的 38%。该地区草地水热条件差，生产力低，目前还有 12% 的草地难以利用。

四、保障草原水源涵养功能发挥的适应性管理

（一）草原的自然恢复与水源涵养

生态系统的退化是由人类不合理的超负荷利用造成的。我国草地多为天然草地，依靠其自身有机物质矿化和大气沉降来补给土壤养分，几乎没有额外补充，草地资源被过度利用，入不敷出，导致大面积天然草原处于不同程度的退化之中。减轻人类的利用压力是生态系统恢复最经济、最有效、最自然的途径。

自然恢复是在直接或间接消减或排除人为土地利用压力条件下，促进退化植被自然恢复的过程。这种恢复方式主要应用在干旱与半湿润生态环境条件比较好的地区，在减轻或解除人为干扰的情况下，自然系统具有较强的自我修复能力，能够较快地得以恢复，其恢复过程也朝着地带性植被的方向发展，恢复效果显著。草地自然恢复具有一定的过程，其恢复的时限与草地所处地域的气候条件、草地退化的状态、土壤养分条件、种子库特征等有直接关系，草地退化程度越轻，去除干扰后的恢复

越快。

（二）退化草原的人工重建与水源涵养

草地能够明显改善土壤的渗透性能，在干旱半干旱地区，种植草本植物能起到增加入渗和改善地表径流的作用。对处于中度、重度及极度退化草地的恢复治理，采取人为干预，如补播、人工重建是非常必要的。人工草地的建植是提高退化草地水源涵养能力的有效措施，并且草地物种多样性的增加有助于改善人工草地的水源涵养功能。根系是高寒草地水分保持功能的关键，加强高寒草地生态系统的保护，防治鼠害，避免过度放牧，对于维护高寒草地的水源涵养功能具有重要的意义。

采用优良饲用牧草，通过补播改良退化草原，建设高产永久放牧草地。保护多年生牧草的更新芽，合理放牧，使草地生产、保护与牲畜放牧得到协调发展，提高草原的水土保持功能。

（三）适应性管理

遵循自然规律是生态综合治理的有效途径，强调因势利导，减轻放牧压力，防止草地退化进一步扩张和蔓延；对不同程度退化草地应采用防治结合的模式，以草定畜，优化畜牧业管理模式；同时应及时灭鼠和防治毒杂草，全面贯彻落实家庭牧场政策、增加投入和高效管理以实现水源补给区草与畜的可持续发展。

坚持"以水定草，以草定畜"，水、草、畜平衡发展，对天然草场实行围栏封育、轮牧、休牧、禁牧，可有效解决草原超载过牧问题，促进退化和沙化草地生态功能恢复，逐步改善草原生态环境，提高水源涵养能力和产流条件，调节和增加河源径流，实现草原生态的可持续发展。

（四）生态功能区划及其保护对策

生态功能区划是在对生态系统受胁迫过程与效应、生态系统敏感性和服务功能重要性评价的前提下形成的地域分区，它指出了区域生态系统的脆弱区和保护区，为实现区域社会经济生态环境的可持续协调发展提供了基础数据，为实施生态保护和生态建设、合理开发利用资源和布局工农业生产、制定区域生态环境管理对策和措施等提供了科学依据。生态功能区划的最终目的是以生态系统的等级结构和尺度原则为基础，在不同尺度上实施"基于生态系统的管理"。

（五）增强草原水源涵养功能的管理对策

我国生态系统服务的研究应该由当前的概算式向更深层次的研究转变，尤其要重点关注生态系统功能的基础理论、评估指标与方法的标准化、生态服务价值动态评估模型研究、评估结果在决策过程中的应用以及生态系统服务的市场化机制研究。生态水源保护区的内涵是要求将新的科学理念（生态水源保护区的概念）融到水源保护工作中，逐步实现面向生态的水源保护和水资源调控。

草地是陆地生态系统的主体组成部分，是十分重要的自然资源和生产资料，具有良好的蓄水保土、防风固沙、防止土地盐渍化和提高土壤肥力的作用。草原植被的破坏会引发严重的水土流失、土地沙化和碱化等环境问题。针对我国草地资源日趋枯竭以及人类面临资源危机的状况，应加快草原保护法制建设，加强草原管理，调整产业结构，科学规划利用草原，恢复和建设草地植被。

第五节 草原水土保持与水土流失

一、草原水土保持

（一）草原水土保持的重要性

我国拥有各类草地近 3.93 亿 hm²，占世界草原面积的 13%，占我国土地总面积的 40.9%，在我国农田、森林和草原等绿色植被生态系统中占 63%，是我国面积最大的陆地生态系统。西藏、内蒙古、新疆、青海、甘肃、四川、宁夏、辽宁、吉林和黑龙江被称为我国草原面积连片分布的十大牧区，草原面积占全国草原总面积的 79.71%。作为重要的绿色生态屏障，草原在防治水土流失、保持水土方面具有重要的作用。

（二）草原的水土保持作用

在自然界，土壤侵蚀是一个不可避免的自然过程，植被覆盖是防止水土流失的方法中的主导因素，植被覆盖度决定了土壤侵蚀的程度。草原植物是恢复生态环境的先锋植物，是保持水土的卫士。在草原地区，风蚀和水蚀同时存在。冬春季节以风蚀为主，夏秋季节以水蚀为主。植被特别是牧草在保持水土、改善生态环境方面的作用，归纳起来主要有以下 4 点。

1. 阻挡水的流动，减缓径流速度　在植物生长良好的草地，一般都有一层枯枝落叶，它对保护土壤起着重要作用。枯枝落叶层增加了地面的糙率，从而起到阻挡和分散径流、减缓流速以及促进挂淤等作用，并能像海绵一样吸收雨水，使水分慢慢渗入土壤下层，减少径流的产生。

2. 防洪固土，防止土壤冲刷和吹蚀　一般来说，植被地下部分根系的生长量要大大超过地上部分茎叶的生长量。植物根系对土体有良好的穿插、缠绕、交织和固结作用。各种植物根系分布深度不同，相较于树木而言，植被覆盖率良好的草地上，草本植物根系多集中分布于土壤表层，植物根系与土壤密集交织在一起，形成紧密的根系网，固持土壤，降低土壤受冲刷和吹蚀的可能性。

3. 拦截雨滴，缓和雨滴的冲击作用　雨滴降落时具有一定的速度和能量，如果落在裸地上，雨滴将直接打击地面的土块，它的动能成为侵蚀力，使土粒分散、飞溅，形成侵蚀。在植物生长茂盛的草地，植物地上部分能够拦截降水，使雨滴不直接打击地面，速度降低，因而能有效地削弱雨滴对土壤的破坏作用。

4. 增加土壤有机质，改良土壤结构　土壤有机质的量和土壤结构的好坏都会影响土壤侵蚀的程度。土壤有机质有利于土壤团聚体的形成，并可增加土壤的孔隙度。植物根系腐烂后，为水的渗透留下了通道。因此，良好的土壤结构更有利于水的渗透，从而减少径流的形成。

二、草原水土流失

（一）草原水土流失现状

水土流失是指在水力、重力、风力等外营力作用下，水土资源和土地生产力的破坏和损失。水土流失的类型主要有水力侵蚀、风力侵蚀、重力侵蚀、冻融侵蚀和石漠化 5 种类型。

我国是世界上水土流失最严重的国家之一，水力侵蚀和风力侵蚀是我国水土流失的主要类型。根据《第一次全国水利普查水土保持情况公报》结果，我国土壤侵蚀总面积为 294.91 万 km^2，占普查范围总面积的 31.12%，其中，水力侵蚀 129.32 万 km^2、风力侵蚀 165.59 万 km^2，分别占土壤侵蚀总面积的 43.85% 和 56.15%。

我国主要草原牧区的水土流失面积为 229.90 万 km^2，其中，水力侵蚀和风力侵蚀面积分别为 65.08 万 km^2 和 164.90 万 km^2，各占牧区水土流失面积的 28.31% 和 71.73%。

（二）草原水土流失成因分析

水土流失是不利的自然条件与人类不合理的经济活动互相交织的结果。

1. 自然因素　引发水土流失的不利自然条件主要有地面陡峭，土壤含砾石多、质地松软易蚀，高强度暴雨，大风、冻融交替频繁，地表植被覆盖度低等。

2. 人为因素　主要是指人类对草地的不合理利用，破坏草地植被和稳定地形，导致水土流失。引发水土流失的不合理经济活动主要有以下 5 个方面。

（1）开垦草原，尤其是陡坡开垦。

（2）破坏草地植被。不合理的草原樵采，滥挖、滥采草地药用植物等破坏草地植被的人为活动，加速了地表土壤的损失和移动。

（3）过度利用。放牧和割草是草地利用的基本方式。过度放牧由于践踏增加了土壤紧实度，减少了雨水的下渗，有利于径流的形成；草地过度利用减少了枯枝落叶和土壤腐殖质，甚至降低了草地密度和覆盖度，从而降低了土壤对雨滴的抗蚀作用，引发水土流失。

（4）不合理的矿产资源开采。

（5）工程建设项目后续保护工作不到位。

（三）草原水土流失防治对策

1. 草原地区防止水土流失应以种草为主

（1）我国大江、大河的源头多分布在海拔 4 000 m 以上的区域，即森林线以上的区域，其地带性植被往往是高寒草甸、高寒草甸草原，其水热条件严酷，不适宜树木生长。

（2）在黄河上、中游降水量小于 400 mm 的地区，特别是降水在 300 mm 以下的草原地区，在没有河流和丰富的地下水资源的干旱地区，不提倡大量种植树木。因当地的水资源不适合林木的生长，成活的树木也是多年不变的小老头树林，没有良好的生态和经济效益，反而还会因为树木耗水量较大，大量吸取深层土壤水分，造成土壤干层现象，导致牧草因干旱而死亡，使覆盖度降低，水土流失面积不断增加。

（3）由于牧草在防止水土流失中的独特作用，即使在树木可以不断生长的地区，也应该提倡乔、灌、草结合以防止水土流失。

2. 严禁无计划的大面积草原垦殖行为 灌溉条件下的垦荒或依靠地下水灌溉进行的大面积垦荒来发展农牧业生产是不可持续的。大面积的地表植被遭到破坏以后，扰动后松散的表土很快被风吹走，加剧了水土流失。因此，严禁无计划的大面积草原垦殖行为。

3. 以草定畜，防止超载过牧，实现草畜平衡 自然条件严酷，沙化、退化及鼠害严重的草原应停牧或退牧。

4. 遵循生态规律、启动重点生态工程 生态规律告诉我们，要想防止水土流失，必须实施重点生态工程，增加植被覆盖度。衡量保持水土、涵养水源，应以植被覆盖度为重要指标。

第六节　草原的防风固沙功能

一、草原防风固沙的意义与作用

（一）草原防风固沙的重要性

我国沙漠化土地面积大、分布广，包括北京、天津、河北、山西、内蒙古、辽宁、吉林、山东、河南、海南、四川、云南、西藏、陕西、甘肃、青海、宁夏、新疆 18 个省（自治区、直辖市）的 508 个县（旗）。分布面积较大的是新疆、内蒙古、西藏、甘肃、青海 5 省（自治区）。全国每年因沙漠化遭受的直接经济损失达 36 亿～45 亿元，间接经济损失高达 292 亿元。沙漠化对国民经济可持续发展和人民的生产、生活造成严重影响，已到了必须下决心治理的地步。因此，重视草原防风固沙功能的建设对于提高人民的生存环境质量、保证国家生态安全、促进农牧业生产可持续发展具有重要的现实意义。

（二）防风固沙对国家生态安全和社会经济发展的作用

1. 防风固沙有利于国家生态安全 我国的沙漠、戈壁、沙地和沙漠化土地主要分布于北方干旱半干旱地区，这些地区是冬春季节西伯利亚寒流侵入我国的必经之路。每年寒流来袭，都会造成大风降温天气，导致扬沙、浮尘和沙尘暴的发生。因此，我国大部分沙漠地区每年风速大于 8 m/s 的大风日数高达 40～60 d，扬沙或浮尘天气日数 20～40 d，沙尘暴发生次数多达 4～10 次。这种大规模扬沙、浮尘和沙尘暴的发生，不仅会给当地社会经济发展和人们生活带来严重危害，还会给我国华北平原、东北平原乃至全国的生态安全带来极大威胁。

因此，新中国成立以后，国家对北方干旱半干旱地区的生态建设极为重视，先后启动了"三北"防护林建设、退耕还林还草、京津唐防沙等一大批生态建设工程，对当地生态安全发挥了很大作用。

2. 防风固沙有利于沙漠地区自然资源的保护与合理利用 我国沙漠地区是一个自然资源丰富的地区，具有巨大开发潜力的资源主要有太阳能、风能、矿产、宜农荒地、森林、草地和药材等资源。

二、草原的防风固沙功能

（一）重要的草原防风固沙植物

我国沙漠主要分布在北方地区，其中，贺兰山以东为降水量高于 2 000 mm 的半干旱区，主要分布有库布齐沙漠、毛乌素沙地、浑善达克沙地、科尔沁沙地、呼伦贝尔沙地和松嫩沙地；贺兰山以西为降水量 200 mm 以下的干旱区，主要分布有塔克拉玛干沙漠、古尔班通古特沙漠、腾格里沙漠、巴丹吉林沙漠、乌兰布和沙漠、海西沙漠等。由于降水等自然条件存在较大差别，我国干旱沙漠区和半干旱沙漠区的优势植物存在很大差异。

1. 西北干旱区沙漠常见植物

（1）塔克拉玛干沙漠常见植物：塔克拉玛干沙漠共有高等植物 22 科 57 属 80 种，其中藜科、柽柳科、禾本科、豆科和菊科植物种类最多。

（2）古尔班通古特沙漠常见植物：古尔班通古特沙漠共有高等植物 30 科 128 属 208 种，其中藜科、菊科、豆科和禾本科植物种类最多。

（3）巴丹吉林沙漠常见植物：巴丹吉林沙漠位于内蒙古高原的西南边缘，地处阿拉善荒漠的中心，其地带性植被为荒漠植被，隐域性植被为绿洲植被。

（4）腾格里沙漠常见植物：腾格里沙漠位于阿拉善高平原的东南部，地处内蒙古、甘肃和宁夏 3 省（自治区）的交界地区。旱生或中旱生灌木或小半灌木植物占优势，以藜科、菊科、蒺藜科、豆科和柽柳科为主。

（5）乌兰布和沙漠常见植物种：乌兰布和沙漠位于内蒙古巴彦淖尔市和阿拉善右旗境内，地处阿拉善高平原的西南部。该区现有植物 51 科 112 属 252 种，植被以灌木为主，但也有较多草本植物种类。

2. 东部半干旱区沙漠常见植物

（1）库布齐沙漠主要植物种：库布齐沙漠位于内蒙古达拉特旗、杭锦旗和准格尔旗境内，地处鄂尔多斯高原的北部地区。东部为干草原植被，西部为荒漠草原植被。植物有 54 科 156 属 226 种，其中种类较多的是蒿属、蓼属、委陵菜属、锦鸡儿属等，常见植物是阿尔泰狗娃花、狭叶锦鸡儿、四合木、沙冬青等。

（2）毛乌素沙地常见植物：毛乌素沙地位于鄂尔多斯高原南部和黄土高原北部，涉及内蒙古鄂尔多斯市、陕西榆林市和宁夏盐池县。现有高等植物 98 科 420 属 1 106 种，其中优势科有菊科、豆科、蔷薇科、禾本科、藜科、杨柳科、十字花科、唇形科等。

（3）浑善达克沙地常见植物：根据调查资料，浑善达克沙地种子植物种类相对丰富，共有种子植物 84 科 402 属 1 191 种，其中种类较多的有蒿属、薹草属、委陵菜属、棘豆属和早熟禾属。

（4）科尔沁沙地常见植物：科尔沁沙地主体位于内蒙古东部的通辽市、赤峰市境内，地处东北平原与内蒙古高原的过渡地带。现有植物 1 112 种，分属于 113 科 461 属。

（5）呼伦贝尔沙地常见植物：呼伦贝尔沙地位于内蒙古呼伦贝尔市境内，地处呼伦贝尔高原。呼伦贝尔沙地共有维管植物 108 科 468 属 1 352 种。

（二）草原的防风固沙功能

1. 草原植被的防风功能　草原植被具有降低风速、减少风能、防止风害的作用。其机制有三：①稠密的植物枝叶相当于在地表形成一层屏障，阻碍着大风前行的道路，风遇到植被时需要翻越植被，从而改变风的运动方向，可以使植被下风向一定范围内的物体得到保护；②植物茎干、枝叶较为柔软，当风吹动其树叶、枝条时，随其摆动，大量的动能被消耗或向下传导，使风的动能降低；③植被的存在增加了地面粗糙度，提高了地面边界层厚度和起沙风速。

草原植被的防风固沙能力主要取决于 3 个方面：①植被类型，一般情况下，乔木的防风能力大于灌木，灌木的防风能力大于草本，即高大植被的防风效果要优于低矮植被。②植被配置格局，乔木、灌木、草本植物组成的复合植被防风效果要大于单一结构的乔木植被或灌木植被和草本植被。③植被盖度越大，其防风效果越好，反之则越差。植被越茂密，其防风效果越好；植被越稀疏，其防风效果越差。

2. 草原植物的固沙作用 一般情况下，沙地在没有植物侵入前，通常会处于流动状态，而随着植物的侵入蔓延和植被盖度的提高，流动沙地会逐渐趋于固定。植物的这种固沙作用，除了因为植物具有降低风速、减少风能、提高起沙风速的作用外，还在于植物能够改变冠层下的小气候和土壤环境，减少太阳辐射，增加空气湿度，降低地温，提高土壤含水量，从而有利于藻类、地衣、苔藓植物的侵入，促进土壤结皮的形成和发育。另外，植物叶片能够拦截降尘、植物根系能够固结地表沙粒起到固沙作用。

（1）草本固沙：植物治沙被认为是众多治沙措施中最经济有效而又持久的技术措施，现已成为世界各地最主要、最根本的防沙治沙手段。适合植物是治沙的关键，植物种选择正确与否将直接关系到防风固沙体系的建设成败，沙蒿和沙打旺是良好的固沙草本植物。

（2）灌木固沙：柽柳、沙拐枣、柠条锦鸡儿和黄柳都是很好的固沙灌木。黄柳是浑善达克沙地的一种乡土固沙先锋植物，广泛分布于当地。

（3）草灌结合固沙：以木麻黄为主的沿海防护林带在防风、固沙、调节小气候和农业增产等方面发挥着十分重要的作用。木麻黄沿海防护林的防风效果比较显著，其有效防护范围可以涵盖林带背风面（绿化直径为 15 m 的林带）和林带迎风面（绿化直径 10 m 的林带）的范围。

三、草原的防风固沙功能现状

（一）我国土地与草原沙漠化现状

近年来，草原荒漠化、沙漠化已成为全球最重要的生态环境问题之一，已对人类的生存和发展构成了严重威胁。土地沙漠化是由于植被和可利用水的减少、作物产量下降、土壤侵蚀以及过度土地利用等引起的土地退化现象。我国是全球荒漠化面积较大、分布较广、危害较为严重的国家之一，现有沙漠、戈壁、沙漠化土地面积 1 561 万 km^2，占土地总面积的 16.3%。

（二）沙漠化成因

沙漠化是土地荒漠化的主要类型之一，影响范围广泛，危害程度高，造成的损失也最为严重。沙漠化对土地可持续利用的危害可以概述为两个方面：①导致土地质量下降，甚至成为不能为农林牧业利用或利用价值很小的废地，如土壤机械组成的粗化、有机质的减少造成土地生物生产力的下降甚至丧失；②增加大气中悬浮颗粒的浓度，加剧水土流失，使气候条件恶化。沙漠化过程是一个复杂的土地退化过程。自然因素和人为因素的共同作用导致了草原的沙化。但这两大类因素所包含的因子众多，需要根据气候-草原-牲畜系统变化的特点确定主导因素。

1. 自然因素 由于地质史上的强烈褶皱、断裂，并在反复强烈的寒冻风化作用下，三叠系岩层极为破碎，地面多松散碎屑物堆积。若地表植被遭到破坏，经雨水冲刷、风蚀，土壤中的细小颗粒随水流走。在河水退后形成大量的沙源，经风的作用导致土地逐渐被风沙覆盖，因而形成土地沙化。

气候作为诱发沙漠化的最重要因素和动力，主要表现在以下两个方面：①恶劣的气候条件（如大风、干旱）可以导致沙漠化的发生和发展；②气候的恶化（气候变暖、干旱等）会促进正在进行的沙漠化进程，造成自然沙漠化的范围扩大以及人为沙漠化进程的加速发展。

2. 人为因素 除了气候十分恶劣区域的自然沙漠化外，大多数沙漠化均是首先由人类活动引发的，而后在外营力的作用下发展起来。气候未发生变化的条件下，当下垫面受到人类干扰、表层稳定性发生变化时，如植被的退化、草原的开垦、沙丘的移动，都会诱发沙漠化或加剧其进程。人类活动打破了下垫面表层结构，沙漠化破口的形成使外营力的介入成为可能，或者说人类活动协助风力打破了土壤表层较脆弱的稳定，加速了沙漠化进程。

四、沙漠化土地治理对策

土地沙漠化不仅是一个重要的生态问题，还是人类所面临的一个非常严峻的经济和社会可持续发展问题。沙漠化的迅速发展不仅可以造成生态环境的恶化，还会严重制约社会经济的发展。为此，世界上沙漠化较为严重的国家都在积极探寻沙漠化土地治理的有效对策、模式和技术，并已取得了一些效果。本部分将从不同角度介绍一些我国沙漠化土地的治理模式和技术。

我国的沙漠化土地主要分布于北方干旱半干旱地区，少部分分布于半湿润地区。由于这些地区自然条件和社会经济状况存在很大差别，沙漠化的成因、过程和特征又有很大不同，因此各区沙漠化治理所采取的对策也不尽相同。

（一）半干旱、半湿润区沙漠化治理

我国北方半干旱、半湿润沙漠化区主要是指贺兰山以东，降水量在 200 mm 以上，干燥度指数≤4.0 的沙漠化土地分布区，主要包括典型草原沙漠化区、农牧交错带沙漠化区和黄淮海沙化土地区。

沙漠化防治对策是在保护自然环境的前提下，采用生态学中的恢复性、稳定性和多样性的基本原理，通过合理开发该区自然资源与提高系统生产力等有效措施的整合，建成适应沙漠化特殊环境的各类生物防治体系，使该区受损生态系统逐步恢复到接近受干扰前的自然状态。

1. 调整沙地产业结构的对策　在半湿润、半干旱的沙漠化地区，若自然条件基本能够满足农牧业生产需要，则生产经济活动应当尽可能保持复合状态，变化多样，保持一定的弹性。

（1）对土地依附性强的农、林、牧部门与工、商等行业相结合，起到相互补充的作用（充分发挥企业在沙漠化治理中的作用）。

（2）农、林、牧业之间形成合理结构，加强彼此间的互补功能，调整本身物质流输入输出量之间的关系，形成良好循环。另外，增加大田饲草种植比例，利用饲草-家畜-肥力之间的反馈作用，提高系统机能。上述两种措施之间也有互补作用，在林网下进行草田轮作可使两种措施作用相叠，构成多成分的互补。

（3）粮食种植。不同作物的合理配置构成对土壤有机质及营养元素的补缺作用。

（4）区域经济与家庭经济发展相结合。在沙漠化整治过程中，将家庭经济发展纳入整体宏观决策中来，使每个家庭的经济发展都符合生态学规律。

2. 沙漠化综合治理对策　在沙漠化较严重的地段，当单一的生态工程措施已难奏效时，必须投入相应的附加措施才能达到恢复或重建生态系统的目的。复合型过程有明确的防治目标和要求，它多被用于治理、保护某种特定的对象（如交通线、绿洲等）或专门开发利用（农业、林业、牧业等）。为了达到可靠的防治效果，一般多将几种措施相结合构成高效的防护体系。

3. 沙地资源恢复和合理利用对策　在沙漠化地区，影响土地承载力的因素很多，首要因素是人口容纳量（由一定区域内粮食、经济作物、水源、可供开采的矿藏资源及其他财政收入的综合量来评定），其次是草场的载畜量和各类草场的最适放牧率。

（二）西北干旱区沙漠化治理

我国的西北干旱区是指贺兰山、乌鞘岭以西，祁连山、昆仑山以北，降水量 200 mm 以下，干燥度指数在 4 以上的广大地区，包括宁夏西北部、内蒙古西部、甘肃西部、新疆大部，土地面积约占我国总土地面积的 24.5%。

西北干旱区沙漠化的治理要遵循西部大开发战略，在保证经济可持续发展的前提下，针对主要的生态环境问题，采取切实可行的指导方针和治理对策。

1. 以防为主，进行荒漠化的综合防治　对沙漠化必须首先立足于"防"，人类的生产、经营和各类活动应避免给支撑绿洲生态环境的植被和水资源造成破坏，并进行防护设施和体系的建设，使其完善。

2. 完善和建设绿洲生态保护体系　防护体系是绿洲环境的重要支撑，它有降低风速、减缓风蚀、

阻挡绿洲内外流沙向可利用土地侵袭的作用，是绿洲经济发展必不可少的基本条件。其防护体系建设应以灌溉绿洲为中心，建立由绿洲向外围辐射的"护、阻、固、封"三带一网相结合的防护体系，即绿洲内部是农田防护林网，绿洲边缘是乔灌结合的阻沙林带，阻沙林外围是沙障与障内栽植固沙植物相结合的固沙带以及外缘的封沙育草带。

3. 合理利用与调配水资源 目前干旱区各主要流域人工水系已基本取代或大部分取代了天然水系，主要的生态环境问题也由此产生，因而采用人工措施来协调匹配水土资源也就成了进行生态环境保护、实行可持续发展的必然途径和主要途径。首先应兴建完善调蓄工程，以实行对流域地表总水量的控制，并将调控全权交予按流域设置的权威性管理机构。在此基础上，统筹兼顾经济发展与生态环境建设及各行业和各方面对水的需求，根据地表水和地下水的转化规律，实行地表水和地下水的统一管理，联合调度，合理分配水资源。

（三）青藏高原区沙漠化治理

虽然从 20 世纪 90 年代起，青藏高寒沙区就已经开始了系统的、目的明确的沙漠化土地整治工作，并取得了一定的成绩，但从该区生态环境的脆弱性、沙漠化形势的严峻性和国家西部开发的紧迫性来看，其治理速度还是缓慢的，治理速度赶不上沙漠化的发展速度。因此，加强该区沙漠化的防治仍是该区近期环境治理和生态建设的重点。应采取的防治对策主要包括以下 3 个方面。

1. 减轻人口对土地的压力 这是防止土地因过度利用而沙漠化的重要策略。通过劳务输出等方式将农业人口转移到非农产业中去；通过采取各种科技措施提高单位面积土地的生产效率，使单位面积土地的人口承载力有较大提高，缓解人口压力大与土地生产力低下的矛盾。

2. 以植被为核心，实行综合防治与生态建设 青藏高原的沙漠化治理从根本上讲是对一些在沙漠化过程中发生退化的生态系统进行改造，恢复其生物生产能力和环境效应，并对尚未退化或退化程度较轻的生态系统进行保育，防止其受到沙漠化的危害。实施过程中，应做好长、中、短期和不同规模生态规划，分步进行：①注重综合性；②注意适地适种，促进多样化；③注意保护天然生态系统，涵养自然资源。

3. 改变传统的生产经营，杜绝掠夺式经营 沙漠化大多发生在主要的农牧业区，"三滥"是人为过度利用土地和掠夺式经营的表现。因此，改变不合理的土地利用和经营方式，提高农牧业生产效率，减少乃至杜绝掠夺式经营是防治沙漠化最重要的环节。首先，应调整畜牧业生产与草地保护的关系；其次，调整好种植业生产与制地保护的关系；最后，积极推进农牧业产业化。

五、发展沙产业

人类文明史就是一部与土地不断旱化做斗争的历史。旱化乃至荒漠化的特征是：阳光充沛，水分减少；植被覆盖面减小，土地裸露面增加；人类不合理开发受到惩罚，生态恶化的警报频频，人类在干旱地区、荒漠化地区的生存受到威胁，而寻求人与干旱区自然和谐共存的出路迫在眉睫。

从若干资料可以看出，沙产业的核心在于利用自然科学、工程技术及一切可利用的知识来提高太阳能转化效率，增加光合作用产品产量。沙产业越发达，第一性产品产出量就越高，人们为追求生活必需品而进行的盲目开垦和放牧就会相对得到控制，自然生态系统就会得到休养生息的机会，同时使得沙漠化也得到一定的治理。

沙产业是由我国著名科学家钱学森教授于 1984 年提出的一个新的产业概念，是指在干旱沙漠地区，通过采用高新农业技术，将区域优势光能资源转化为农业资源，进行产业化生产的过程。这一产业不同于传统的产业概念，它具有独特的内涵和特征。

沙产业理论的提出虽然时间不长，但通过大量的生产实践，已经被证实是正确的。而且人们还在生产实践中研究开发了与这一理论相适应的模式与技术。其主要技术有以下 8 个方面：①沙柳加工产业开发模式。②麻黄产业开发。③甘草产业开发。④节水型集约化经营模式。⑤生态庄园模式。⑥农场开发模式。⑦沙蒿产业开发。⑧肉苁蓉药材产业开发。

第七节 草原生态旅游

一、草原生态旅游及其意义

(一) 草原生态系统是草原旅游发展的资源基础

立足于可持续发展基础上的草原生态旅游开发，是对生态环境的一种良好促进，可使草原资源与旅游走上良性循环的道路。

草原旅游景区根据植被类型划分为草甸草原型、典型草原型、荒漠草原型、沙地草原型、河谷草甸型和高山草甸型旅游景点，不同类型具有不同的草原景观和植被组成，同时也具有不同的最适宜旅游季节。

草原生态系统还能够提供文化、美学和娱乐服务。草原拥有世界上许多的自然现象，如非洲大群角马、北美洲驯鹿和亚洲藏羚羊的大规模迁徙；草原上还有一些重要的历史遗址和极具魅力的民族风情。草原文化集草原民俗文化、宗教文化、历史文化于一体，以其各具特色的民族风情形成独有的旅游特色，不仅成为现代旅游业的新增长点，还成为旅游开发的重要资源。同时，草原生态旅游活动还是一种全民环境教育，使人们通过旅游感受人与自然环境的一体化，体现人地关系系统协调发展的草地旅游，对于引导正确的旅游观念、协调人与自然的关系都有极其重要的作用。

(二) 草原文化是草原旅游可持续发展的核心

草原文化是以游牧生产方式为基础的文化形态，而游牧生产是最具生态特征的生产方式。游牧生产生活方式充分展现了"天人合一"的价值观，具有人与自然和谐共处的特征。

在草原生态旅游中传统草原文化具有举足轻重的重要地位，开发利用这些历史文化资源，可以推动特色草原旅游的发展，只有挖掘独特的草原文化、打造独具特色的草原旅游产品，才能在竞争激烈的旅游市场上获得优势。

(三) 草原生态旅游发展为草原生态保护和文化传承创造条件

随着我国经济体制改革的深入和草原承包制的落实，逐水草而居的生产方式向定居放牧转变，随着经济的发展和人们生活水平的提高，传统的民族文化和风俗也在逐渐消失。在商品经济大潮的冲击下，草原生态的保护和草原文化的继承成为草原旅游持续发展的关键。

草原生态旅游打破了草原牧区简单、封闭的自然经济状态，改变了相对单一的传统经济模式，带来多元的文化理念，帮助牧民树立了现代商品经济意识。在草原生态旅游开发实现传统草原文化的商品化过程中，各民族的商品意识和市场经济意识增强，从而有利于草原传统文化的健康发展。

(四) 草原生态旅游发展成为牧区生态旅游的支柱

草原生态旅游已表现出旺盛的生命力，独特的自然风光构成了大都市喧嚣外的"桃花源"，成为生态旅游的热点。根据牧区社会经济发展与草原旅游资源利用状况，在遵循草原生态可持续发展原则的前提下，促进少数民族牧区草原生态旅游业的可持续发展。草原旅游已成为内蒙古带动农牧民转产增收的新途径。

(五) 草原生态旅游内容的不断丰富成为生态旅游发展的新载体

在推进社会主义新农村新牧区建设的过程中，发展草原生态旅游，不仅可以充分利用牧区旅游资源，还能促进牧业生产方式的改进，调整和优化牧区产业结构，发展特色、绿色、生态牧业。另外，草原旅游活动可以促进城乡之间的交流，先进的文化理念、管理知识通过旅游被带到牧区，牧民在从事旅游接待过程中能接受现代化意识观念和生活习俗，从而促进牧民科学文化素质、文明素养和审美情趣的提高。

二、草原生态旅游发展概况

世界上拥有大面积草原的国家都非常重视草原旅游业的发展，并取得了较好的经济效益。例如，

20世纪80年代中期至90年代中期，塞内加尔的国际游客数增加21％，国际旅游收入增长了33％，肯尼亚的国际旅游收入增长了46％，其中草原和草原野生动物的贡献率最大。蒙古国的草原面积约占80％，旅游的主打产品就是草原生态旅游，年均吸引国际游客100万人次以上，旅游产值占国内生产总值10％以上。

草原生态旅游是一种复合型的旅游活动，是以草原生态系统为依托，以草原文化为核心，以旅游者为主体，以草原自然景观、草原人文历史遗迹、草原游牧生产生活方式及相关接待设施为客体的多层次游憩活动。我国草原生态旅游景点、景区非常少，且分布不均匀。主要草原旅游区有内蒙古、青藏高原、新疆、甘肃、川西北、宁夏、河北坝上和京西草原旅游区。据统计，到2008年底，我国草原生态旅游A级景区共32处，其中4A级景区8处，A级景区中有19处位于内蒙古境内，占全国A级草原生态旅游景区的近60％。2019年，新疆伊犁那拉提旅游风景区、内蒙古鄂尔多斯成吉思汗陵旅游区、内蒙古鄂尔多斯响沙湾旅游景区被评为5A级景区。

三、草原生态旅游文化与资源管理

（一）草原生态旅游文化

我国的草原地区主要为蒙古族、满族、哈萨克族、藏族、彝族、回族、维吾尔族等少数民族聚居区，其各具特色的民族风情成为旅游开发的重要资源。草原文化是民族文化和地域文化的融合体，具有民族性、开放性、包容性、时代性，在服饰、饮食、居住、交通等方面均有独特之处。草原文化所蕴含的自然崇拜、图腾崇拜、祖先崇拜以及宗教信仰、道德取向和价值判断带有某种充满生命张力的原初性。草原文化集草原民族文化、宗教文化、历史文化于一体，以其独有的旅游特色成为现代旅游业的增长点。以民族文化为载体而开展的系列旅游活动已成为民族地区一项重要的旅游活动和经济活动。

1. 草原民族文化　欣赏风俗民情是草原旅游的重要内容，民俗不仅是一种具有浓郁特色的文化生活现象，还可以折射出本民族的生产形态、审美意识、文化取向、价值观念、兴趣爱好、心理状态、民族情感等。我国草原地区各民族间的文化和风俗差异很大，可以让人感受到草原民族文化的多样性、趣味性和地域特点。

（1）饮食文化：饮食除了满足人的生理需要外，已经打上了各地各民族的饮食习惯和口味等印记，有着浓厚的民族习俗特点。手抓肉、烤全羊、羊背子、风干牛肉等各种肉食品和奶豆腐、奶皮、奶酒、奶油、黄油、白油等各种奶食品反映了以草原畜牧业为主的生活。

草原上号称"无歌不成席，无酒不成宴"，酒是草原人民表达自己深情厚谊的工具。

（2）民俗风情：独特的剃发礼、骑马仪式、婚姻仪式、人生礼仪以及渗透在草原人行为心理中的各种文化成为最直接、最广泛感染旅游者并让游客愿意体验的内容。

（3）服饰文化：一定的服饰能沿袭成习，代代相传，成为地方和民族的外在标志。

（4）节庆活动：草原地区独特的地理环境、浓郁的民族风情形成缤纷的草原民族节日，民族风情在节庆中充分展示出来。

（5）马文化：马在草原人的生活中有着举足轻重的地位，马已经超越了物质的层面，成为牧民精神上不可或缺的部分。马形成了草原人动态的生活方式和心理态势。草原人喜马、爱马，生活中有大量与马有关的事物，游艺中的有赛马、跑马、走马。游牧民族视马为神圣的宝物。

（6）工艺美术：草原上牛马等动物造型的雕塑、刺绣、帐毡艺术，以及手工制的蒙古袍等都可以使游客欣赏到当地工艺美术佳品，并成为珍贵的旅游纪念品。

2. 草原宗教文化

（1）祭祀文化：在草原上留存有大量历史事迹的发生地、人物墓地或后来修建的纪念地和特殊事件发生地，都是开展草原祭祀旅游的丰富资源。

（2）宗教文化：宗教在草原景观及居民生活中都占据极其重要的位置。宗教文化旅游是一项富有特色的旅游形式。

3. 草原历史文化

（1）文化观光旅游及古城遗址：草原上的文物观赏内容有民俗博物馆、石刻、石像、建筑、岩画等；古城遗址有战国赵云中城遗址、西汉光禄塞遗址、汉代麻池古城遗址、汉代赤峰黑城遗址等。

（2）红军长征文化以及革命家、革命活动旧址：举世闻名的红军二万五千里长征在所踏足的草地上留下了许多可歌可泣的动人故事和革命遗址。

（3）岩画文化：我国岩画主要分布在荒漠草原、草原化荒漠和温性草原地带。岩画是古代生活在草原地区的游牧民族创造的一种岩石艺术，是他们狩猎、征战、繁衍、劳动、宗教等生活的真实反映，是研究游牧民族社会、政治、经济、文化、宗教等的重要资料。

4. 草原民族风情　民族风情已成为草原景观中不可分割的重要组成部分，在草原旅游的开发中应予以重视，它对草原旅游产生深化作用。草原民族风情与草原自然生态环境相适应，根植在大草原上，可将草原诸物彼此联络成统一的整体。

（1）音乐舞蹈艺术表演：草原人民的音乐舞蹈艺术表演具有鲜明的色彩、清新的格调、质朴的情感、浓郁的乡土气息和民族特色，显示着草原艺术独特的风采和韵味。

（2）游艺竞技文化旅游：草原人民长期在自然环境中与恶劣的天气和各种凶猛野兽的斗争使他们重视个体间的力量较量，形成独特的竞技文化。

（二）草原生态旅游资源及其管理

随着我国城市化、工业化进程的加快，人们生活节奏和竞争压力的增加，回归自然的旅游需求迅速升温，草原旅游开始受到关注。草原生态资源在发展草原旅游中优势突出，它与民族风情、人文景观融于一体，构成独特的旅游景观，是发展观光旅游产业的坚实基础之一，也有利于草原资源综合利用和保护。

1. 草原生态旅游资源　草原生态旅游资源是发展草原旅游的基本条件之一，草原资源应该具有天然特性和人造特性兼备、有吸引力和游览价值、草原特色不断更新和游览范畴不断扩大等特点。

根据我国目前草原生态旅游主要涉及的领域和经营情况，将草原生态旅游资源分为自然景观、人文景观和民俗风情3个方面。我国草原生态旅游资源以美丽的草原自然环境为载体、以草原独特的民俗为形态、以鲜明的民族气质为核心、以丰富的民间艺术为形式和以住宿饮食文化为支持，成为人们向往的旅游目的地。

2. 草原生态旅游资源的保护与管理

（1）草原生态旅游资源的保护：

①自然旅游资源的保护。草原作为旅游资源，脆弱程度较高。大多数草原的生境条件比较恶劣，处于半干旱与高寒地区，土壤肥力较差，地表组成物质多为疏松的沙质沉积物，含沙量大。旅游者的进入使本来就很脆弱的生态环境变得更加敏感，应加以注意。

②文物古迹类旅游资源的保护。要尽可能地保护真正的历史遗存，执行"抢救第一，保护为主，合理开发，永续利用"的方针，严格遵守"修旧如旧"的原则，不可随意拆迁，不能人为地增减古迹和所谓装修，也不宜在古建筑附近建造与之不相称的建筑物等。

③民族风情类旅游资源的保护。民族风情类旅游资源应通过开发扶持的方式予以保护继承并发扬光大，要把开发民俗旅游资源与保护民族优秀文化结合起来，使之具有鲜活的生命力并带来持久的经济效益。

（2）草原生态旅游资源的管理：游客的旅游活动涉及交通、住宿、餐饮、购物、娱乐等方面。

①草原生态旅游交通管理。草原生态旅游区的交通管理主要是对交通组织方式的安排、交通设施的维护管理等。草原旅游区以草地植被为主，生态系统脆弱，草原生态旅游区内的交通必须以步行为主或辅以畜力工具。在一些牧区景点，可发展利用马匹、骆驼、轿、勒勒车等特色旅游交通工具。

②草原生态旅游住宿管理。对草原生态旅游区的住宿进行管理，主要是提供各种住宿条件，还要做到住宿设施的特色性和民族性。在住宿价格、人员、服务、财务等各方面进行专业化管理。草原生态旅游区内的住宿一般为各种档次的蒙古包，也可自带帐篷或租帐篷露营。

③草原生态旅游餐饮管理。草原饮食文化是草原生态旅游中的一项重要内容，品尝美食、体味民族风情是草原旅游发展的基础，因此，科学规范的餐饮管理是确保游客品尝地道纯正民族风味的重要手段。

④草原生态旅游商品管理。旅游购物不仅能够推动经济发展，还是区域文化交流、区域形象传播的实物载体，对提高旅游区的知名度、拓展旅游市场都有重要意义。旅游商品的管理包括从旅游商品的开发到销售全过程的管理。

⑤草原生态旅游娱乐管理。草原生态旅游景区为游客在观光之余开展丰富多彩、民族风情浓郁的活动项目，如马队迎宾、赛马表演、祭敖包仪式、篝火晚会，还有搏克表演、牧户做客、射箭、射弩、打布鲁、民俗表演、骑骆驼、骑马漫游等。

⑥草原生态旅游游客活动管理。对游客活动的管理主要是通过适当的组织管理，引导游客在景点景区内进行健康有益的活动，保护旅游资源和保证游客的旅游安全等，体现社会主义的物质文明和精神文明。

四、草原生态旅游发展中的问题与分析

草原开发旅游后，在利用草原资源上忽视生态规律，重利用，轻保护，毁草开荒、过牧滥牧、过度和盲目开发建设，导致草原退化严重，动植物资源遭到严重破坏。野花采摘、人畜践踏、开垦种植、基本建设以及主要的旅游活动都在草原上进行，而旅游旺季与植物生长旺季在时间上的重叠，又使这种压力加倍。北方草原旅游发展区域大部分处在我国典型的生态环境脆弱带，对人为活动的干扰非常敏感。草原旅游作为一项以人为中心的经济活动，对旅游区内乃至区外的生态环境又产生多层次、多方面作用。一方面对生态环境保护和建设起促进作用，另一方面也对生态环境带来不利影响，主要表现在旅游对草原植被的影响、旅游对草原动物的影响、旅游对草原环境的影响、对旅游区土壤的影响和旅游者废弃物严重污染环境等方面。目前，草原旅游发展主要存在以下5个方面的问题。

1. 草原生态旅游项目建设缺乏整体的文化创意规划　草原生态旅游自20世纪80年代兴起，在40余年的发展历程中，对草原资源的开发和利用尚处于粗放型的探索阶段。草原旅游热衷于建设开发，缺乏科学、系统性的规划，对草原资源的价值研究不够，缺乏深刻的认识。

2. 草原生态旅游资源不合理开发破坏草原生态环境　在草原生态旅游景区（点）建设过程中，只注重把草原生态旅游资源作为草原旅游产品重要构成要素深入地开发利用，却忽略了对草原生态旅游承载力的研究，未考虑草原生态旅游资源开发利用的适度性、有限性，导致举着草原生态旅游的招牌过度开发、不当开发、保护乏力，甚至破坏草原生态环境。

3. 草原生态旅游产品组合开发水平低　草原生态旅游开发的产品多为草原观光、民族风情观光。草原生态旅游景区（点）给游客提供的消费体验主要还是草原景观观赏、吃手抓肉、骑马等自然与民俗文化体验。内容单一、产品较少、缺乏特色，许多项目存在严重的雷同现象。产品类型仍然停留在以观光为主的低层次阶段。

4. 忽视草原生态旅游的理论研究　草原生态旅游研究主要侧重于草原旅游资源、草原旅游开发、草原旅游影响等，其中草原旅游开发和旅游资源方面的研究更为突出。学者关注草原旅游开发带来的影响，也对草原生态系统的旅游价值评估、草原旅游的体验开发等进行了有益探索，但对草原旅游市场、旅游产品的具体设计、草原旅游点类型与运营机制等的研究十分欠缺。

5. 草原旅游发展未建立合理的利益分享机制　草原地区牧民的生活方式自古以来以畜牧业为主，为满足草原旅游开发的需求，牧民被要求撤离原有的牧区或被限制游牧范围，再加上没有相关政策保障，直接导致牧民经济收入降低，因此，在草原旅游的发展中，需要充分考虑当地牧民的利益，牧民

从中受益必然支持旅游业的进一步发展。

五、政策建议与保障措施

（1）完善配套草原旅游法律法规，依法加强监督管理。

（2）加强政策宣传，强化草原旅游在产业结构调整和牧区经济建设中的积极作用。

（3）加强草原旅游发展与建设的整体规划，促进草原旅游的健康持续发展。

（4）完善利益补偿机制，建立有效的融资渠道。

（5）培养草原旅游科研队伍，加强草原旅游的理论与应用研究。

（6）加强开发草原生态旅游产品，提升草原旅游文化内涵。

复 习 思 考 题

1. 草地生态功能的内容及影响因素包括哪些？

2. 不同草原类型的碳贮量如何？

3. 生物多样性的功能与保护手段有哪些？

4. 草原水源涵养功能的作用及机制有哪些？

5. 如何有效防止草原水土流失？

6. 沙漠化的治理措施及手段有哪些？

7. 简述草原旅游的前景。

第十二章

草地退化与生态恢复

草地退化是一个全球性的问题，我国现有草地近 4 亿 hm^2，目前 2/3 以上的草地都发生了不同程度的退化。草地退化是指草地生态系统逆行演替的一种过程，而退化草地是这一过程的某一相对稳定的阶段。草地退化总的表现是草地衰退，产草量降低，有毒有害及劣等草滋生，风蚀沙化，水土流失，土地盐碱化，鼠虫害猖獗。草地的退化、沙化、盐碱化这"三化"恶化了草原气候，形成了恶性循环。草地退化是一个动态过程，具有循序渐进、阶段性的特点，人们应当采取有力的生态恢复措施防治草地退化，或对已退化的草地进行重建使其恢复。对退化草地进行生态恢复的措施包括轮草轮牧、重建人工草地等，同时需要加强生态恢复后的持续管理。

第一节 草地退化的概念、现状与成因

一、草地退化的概念

草地退化（grassland degradation）是指在不合理的人为因素的干扰下，在其背离顶级的逆向演替过程中表现出的生境恶化、生物生产力下降、质量降级、土壤理化性质变差和草地群落结构、功能弱化以及动物产品质量下降等现象。

草地退化导致牧草生物量下降，植物种群变坏，优良牧草减少甚至消失，劣质牧草和毒害草增多，土地遭受破坏，地表裸露，在坡地出现阶梯状牲畜踩踏痕迹（图 12-1）。草地退化后，植物初级生产能力衰减，以草地为生的动物区系种群呈现简单化和质量劣化，土壤和草层昆虫种类及数量明显减少，草地野生肉食动物和有蹄类草食动物种群、数量锐减，小型啮齿动物迅速大量增加，饲草不足引起家畜掉膘，甚至动物产品最终简单化、低质化，削弱草地生态系统的服务功能。

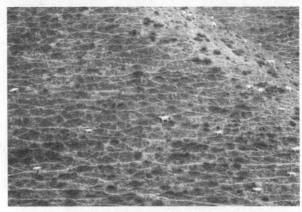

图 12-1 黄土高原丘陵牧道景观

牧道，广泛分布于坡地牧场，对微地形、水文、植物群落、土壤和牲畜采食效率具有重要影响。存在与不存在牧道的情况下，草地生态景观结构和功能明显不同

（引自 Jin 等，2016）

二、草地退化的现状

草地退化是全球性问题，全球接近 50％的草地生态系统出现不同程度的退化。我国草地退化始于 20 世纪 60 年代，最早的草地退化出现在人口相对较多的农牧交错区，到 20 世纪 70 年代退化草地面积比例约为 10％，20 世纪 80 年代占 30％，20 世纪 90 年代中期达到 50％，2007 年全国 90％的草地存在不同程度的退化。草地退化空间分布趋势为西部大于东部、北方大于南方，以省份为单位，宁夏、陕西、甘肃、新疆、青海、内蒙古和西藏等地较严重，北方草地和青藏高原草地主要为植被退化、灌丛化和土壤沙化，东北松嫩平原草地主要为盐碱化，云贵高原喀斯特岩溶地区主要为石漠化。

三、草地退化的成因

草地退化的成因可以分为自然因素和人为因素。自然因素包括各种物理条件，诸如光、温度、降水和气体含量等，也包括气候、土壤、火烧、洪涝和地质活动等因素，还包括生物入侵、虫害和鼠害等因素，这些非人为控制因素都可能会导致草地生态系统退化。

我国草原横跨温带干旱气候带、半干旱季风气候带和青藏高原高寒气候带，气候变异性大。全球气候发生变化，大气二氧化碳含量升高，全球平均温度增高，气候变异率增加，极端天气出现的频率增加，都可能会导致草地退化。草地退化的主要原因是不合理的人类活动，核心是不合理的草地管理方式，主要包括过度开垦、过度放牧和草地管理投入偏低。

（一）虫害

昆虫种类多，分布广，适应性强，在维护草地生态系统物质循环和能量流动过程中起着十分重要的作用，是草地生态系统的重要组成部分。但是，昆虫过量繁殖，会危害草地植物的生长、发育和繁殖，造成草地植被破坏，形成草地虫害。我国草原虫害十分严重，以2016年为例，全国草原虫害面积 1 251.5 万 hm²，主要发生在河北、山西、内蒙古、辽宁、吉林、黑龙江、四川、西藏、陕西、甘肃、青海、宁夏和新疆 13 个省区（表 12-1）。危害严重的主要种类是草原蝗虫、叶甲类害虫、草原毛虫、夜蛾类害虫和草地螟，其中，草原蝗虫危害面积最大，达817.3 万 hm²，占全国草原虫害面积的 65.3％。我国历史上蝗灾频繁，春秋早期（公元前 707 年）就有蝗灾的记录，蝗灾暴发时，成千上万蝗虫遮天蔽日。蝗灾是一种世界性的灾害，与旱涝并称三大自然灾害，各大洲均有蝗灾发生，1984 和 1998 年澳大利亚蝗灾导致百万公顷草场被毁。

表 12-1　2016 年全国草原虫害面积

（引自《2016 年全国草原监测报告》）

省区	虫害面积 （万 hm²）	虫害草原比例 （％）	省区	虫害面积 （万 hm²）	虫害草原比例 （％）
河北	33.3	7.1	西藏	25.6	0.3
山西	37.4	8.2	陕西	15.0	2.9
内蒙古	451.0	5.7	甘肃	120.6	6.7
辽宁	29.3	8.6	青海	148.1	4.1
吉林	22.5	3.9	宁夏	30.9	10.3
黑龙江	12.9	1.7	新疆	245.4	4.3
四川	79.5	3.9	合计	1 251.5	—

（二）鼠害

我国草原鼠害十分严重，以 2016 年为例，全国草原鼠害面积 2 807.0 万 hm²，分布范围遍及河北、山西、内蒙古、辽宁、吉林、黑龙江、四川、西藏、陕西、甘肃、青海、宁夏和新疆等省区（表12-2），成为引发草地退化的重要因素。我国草原上分布的鼠类有 100 余种，危害面积较大的有高原鼠兔、高原鼢鼠、大沙鼠和长爪沙鼠等。正常情况下，在草原生态系统中，鼠类作为消费者，在草原能量流动和物质循环中发挥重要作用，草地生态系统中存在一定数量的鼠类动物是正常现象，甚至是草地健康的一种表现，适度的啃食有利于草原生态系统的发展，但当鼠密度过高时就会与牛羊争食牧草，害鼠终年打洞造穴，挖掘草根，推出地表土丘，覆盖植被，破坏草皮和地表土层，导致地面塌陷、水土流失、砾石裸露和沙化，严重的则造成寸草不生的次生裸地，即"黑土滩"，草场植被被消耗殆尽，牲畜无法获得充足的牧草，造成巨大的经济损失，甚至会传播鼠疫等疾病，威胁人们的身体健康，严重影响草原生态环境建设和农牧业经济持续稳定发展。

表 12-2 2016 年全国草原鼠害面积

（引自《2016 年全国草原监测报告》）

省区	鼠害面积 （万 hm²）	鼠害草原比例 （%）	省区	鼠害面积 （万 hm²）	鼠害草原比例 （%）
河北	18.3	3.9	西藏	300.0	3.7
山西	40.1	8.8	陕西	55.3	10.6
内蒙古	409.7	5.2	甘肃	349.7	19.5
辽宁	27.1	8.0	青海	776.1	21.3
吉林	30.2	5.2	宁夏	20.2	6.7
黑龙江	7.9	1.0	新疆	504.1	8.8
四川	268.3	13.2	合计	2 807.0	—

（三）过度开垦

温性草原类和山地草甸类草地主要为农业种植开垦，草地土层较厚，地势较平坦。过度开垦直接导致草地退化和面积缩小。因采矿和淘金而开挖天然草地，导致高寒草甸类及温性荒漠草原类草地遭到严重破坏。

发菜、甘草、麻黄、肉苁蓉和冬虫夏草等中草药滥挖现象严重，以冬虫夏草为例，冬虫夏草作为一种天然中草药植物，具有很高的药用和经济价值，成为农牧民群众增收的重要渠道之一，但是，滥采乱挖导致生态环境遭到严重破坏，采挖 1 根冬虫夏草，破坏草地面积约为 30 cm²，大多数采挖者不回填草皮，导致草原土表裸露面积不断加大，水土流失加剧，使草地得不到适当的休养生息，草地恢复能力下降，导致草地严重退化。

（四）过度放牧

草畜平衡是维持草地健康的基础，然而超载过牧是我国草地普遍存在的现象，过度放牧是草地退化的最常见原因，庞大的人口压力是过度放牧的主要原因，人口的增加导致对资源的需求量增加，人均占有资源量大幅度减少，我国用世界 9% 的耕地养活了世界近 20% 的人口。在草地上进行家畜放牧是历史上人类对草地利用的最主要方式。家畜主要通过采食、践踏和排泄粪便等 3 种形式影响草地，适度放牧有助于草地生产力的维持，但是当放牧压超过草地生产的临界限度时，草地便开始退化。随着放牧强度的增加，牲畜对土壤的压实作用愈来愈强烈，土壤容重亦逐渐增加。长期以来，我国西部和北方地区放牧家畜的数量远超过理论载畜量，放牧强度已经超过草地承载能力，草地生态系统内部存在明显的草畜失衡，致使草地退化普遍发生。

长期以来，我们对草原只利用不建设，认为草地是取之不尽用之不竭的可再生资源，资金投入不足，水利和围栏等基础设施缺乏，科研投入明显不足，科研成果转化率低，草地技术推广效率不高，草原管理水平相当落后，是造成草地退化的主要因素。但是，十八大以来国家大力推进生态文明建设战略决策，将草地纳入"山水林田湖草"这一生命共同体，使其成为建设美丽中国和国家生态安全的重要内容。草地生态系统保护力度不断加强，退牧还草、京津风沙源草地治理、西南岩溶地区草地治理、国家公园等重大草原生态系统保护和修复重大工程陆续实施，基本草原保护制度、草原承包经营制度、禁牧休牧和草畜平衡制度等重大草原保护制度落实力度进一步加大，草地生态压力得以减轻，部分区域的草地生态退化趋势得到了扭转，草地生态建设迎来重要的机遇。

第二节　草地恢复生态学的理论、原则与措施

一、恢复生态学的概念

恢复生态学（restoration ecology）是一门非常年轻且动态强的学科，恢复生态学这个学科术语最早由 Aber 和 Jordan 两位英国生态学者于 1985 年提出。国际恢复生态学学会（Society for Ecological Restoration，SER）于 1987 年成立，拥有 60 多个国家的成员和合作伙伴，并在 14 个国家或地区设有办事处，促进生态恢复研究从理论走向实践，著名期刊 *Restoration Ecology* 为该学会发行的学术刊物。1996 年在瑞士召开第一届世界恢复生态学大会，大会强调了恢复生态学的学科地位、恢复技术、恢复过程中的经济与社会内容的重要性等。1996 年以后，每年召开一次国际恢复生态学研讨会。

恢复生态学是一门研究生态恢复的生态学原理与过程的科学，是研究生态系统退化的原因、退化生态系统恢复与重建的方法、生态学过程与机理的科学，研究对象是受到破坏的自然生态系统的恢复与重建。由于这些受损生态系统已经或将要影响人类的生产与生活，因而恢复生态学具有强烈的应用背景和发展前景。

二、草地恢复生态学的相关理论

生态系统的多稳定状态和"状态和过渡"模型（state-and-transition model）是恢复生态学的主流思想之一。早期的生态恢复多认为生态系统具有静止的单一稳定态，而现在一般认为生态系统的动态过程可能存在多个稳定状态，而不同状态间的转变很多时候是非线性的。

"状态和过渡"模型反映了多个稳定状态之间的非线性变化，认为在同等稳定状态之间有一定的阈值存在，当生态系统结构或功能的变化受环境或管理的影响超过一定阈值时，该生态系统就会从一个稳定状态转变到另外一个稳定状态；但生态系统发生的退化没有超过一定阈值时，去除导致退化的原因在很多情况下能够促使其恢复；而当生态系统退化已超过一定的阈值而进入另外一个稳态时，仅去除导致退化的原因仍不能促使其恢复。也就是说，草地生态系统受到干扰后，在一定的阈值范围内，可以通过自我调整恢复到干扰前的状态，例如草地由于过度放牧出现轻度或中度退化，草地的群落结构、功能和土壤理化性质没有发生根本的转变，通过调整放牧强度则可以使其很快恢复；而当建群种已经完全发生变化、土壤理化性质发生重大变化时，简单的控制放牧已经很难使草地恢复，需增加投入，通过改建或重建才能够促进植被恢复。在超过阈值的情况下，如果要恢复到原来的状态，就需要更多的物质和能量输入来突破阈值或打破各种生态系统退化带来的局限性。Whisenant 提出生态系统退化与恢复过程中存在两类阈值，一类由生物相互作用控制，另一类由非生物相互作用控制，生态恢复只需通过人为干预改变系统生物结构来跨越前者，但必须人为干预改变物理环境结构来跨越后者（图 12-2）。

我国学者提出草地的系统性恢复概念，强调从"系统"角度定义、实施草地恢复，通过构建植被、动物和微生物等基本的草地关键组分激发草地生态的自组织过程，恢复草地结构、草地生态过程和功能，恢复生物多样性、食物网或生态网络框架，促发草地过程"自然地"达到稳定状态，恢复草地的产品生产与生态服务功能，实现系统稳定平衡和多功能协同，接近或达到新的稳定平衡状态，保证维持草地主体功能，最终实现的是草地恢复的结构整体性、过程自组织性和功能完整性。

生态修复的一个重要思路是生态工程。生态工程是应用自然生态系统原理，结合系统工程的最优化方法设计的对生物圈中的能量、物质及空间的多级、多层次、多途径转化和利用的生产工艺系统，其目标是在促进生物圈中生态良性循环的前提下，充分发挥物质的生产潜力，保持生态系统平衡，从而使经济效益与生态效益同步得到最佳增长。草地生态系统是在一定草地空间范围内共同生存于其中

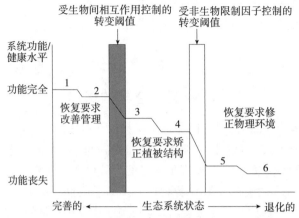

图 12 - 2　生态系统退化与恢复过程中的阈值

（引自 Whisenant，1999；武昕原等，2005）

的所有生物（即生物群落）与其环境之间不断进行着物质循环、能量流动和信息传递的综合自然整体。草地生态工程建立在农、林、牧紧密结合以及协调发展的生态结构基础上，使其形成一个合理的高功能的草地生态系统，该系统应以物质和能量的多层利用与多级循环为重点，力求提高单位面积生物量的生产率，就是要有效地应用生态系统中各生物种，如动物、植物、微生物等；充分利用空间和资源生物群落的共生原理以及它们所需的各种成分相互协调和相互促进的原理，从而建立能合理利用的草地资源，保持稳定和高效益的草地生态系统。

三、草地退化生态系统恢复的一般原则

草地退化生态系统恢复是在遵循自然规律的基础上，根据技术上适当、经济上可行、社会上能够接受的原则，通过人类的某些正向干扰行为使受损或者退化草地生态系统重新获得健康，并有益于人类生存与生活的生态系统重构或者再生过程，其一般原则包括自然法则、社会经济技术原则、文化与传统原则 3 个主要方面。

自然法则是草地生态恢复与重建的基本原则，即恢复需遵循自然生态规律，在进行生态恢复的过程中因地制宜，根据气候、水文、地貌、土壤条件等生态因子选择合适的生态修复技术；社会经济技术条件是生态恢复重建的后盾和支柱，在一定程度上制约着恢复重建的可能性、水平与深度；文化与传统原则是在退化的草地恢复与重建时应该考虑当地人，特别是少数民族群众的文化习惯、经营习惯和精神上的某些要求。

此外，还要考虑生态修复的美学和可持续发展等方面。美学方面是指退化生态系统的恢复与重建应给人以美的享受；可持续发展是指既能满足当代人的需要，又不对后代人满足其需要的能力构成危害，生态修复是区域可持续发展的一个重要支撑。

四、草地退化生态系统恢复的一般程序

草地退化生态系统恢复的一般程序：①恢复对象的时空定位，即接受所选恢复项目，明确恢复对象及确定系统的边界（生态系统的层次与级别、时空尺度与规模、结构与功能）。②退化生态系统的评价及健康诊断，评价样点并鉴定退化的原因及过程、退化的阶段与强度、退化的关键因子等，并以此作为恢复的重要依据。③恢复目标和原则的确定，根据社会、经济、生态和文化条件决定恢复与重建生态系统的结构、功能目标，并结合背景情况进行决策，是恢复、重建还是改建？必要性与可行性如何？同时对生态经济风险进行评估，设计优化方案，找出控制和减缓退化的方法。④具体的试验、示范与推广，关键是制定易于测量的成功标准，在大尺度情况下完成有关目标的具体操作技术和推广应用。⑤技术方法的调整与改进，在恢复实践中根据出现的新情况、遇到的新问题对整个恢复方案进

行适当的调整或改进，以取得最佳恢复效果。⑥生态恢复与重建的后续监测、预测与评价，重点监测恢复中的关键变量与过程。

五、草地退化生态系统恢复的总体目标与成功标准

根据不同社会、经济、文化和生活需求，人们往往对不同的退化生态系统制定不同水平的恢复目标和成功标准。

（一）草地退化生态系统恢复的总体目标

草地退化生态系统恢复的总体目标是恢复受损的生境，建立组成、结构、格局、异质性和功能合理的稳定植被群落，提高生态系统的生物生产力和自我维持能力，使受损生态系统结构和功能恢复到接近其受损以前的状态，实现持续利用。草地恢复是一个长期、复杂的生态过程，达到以上目标，需要做到以下 3 点。

（1）恢复植被覆盖和土壤肥力，提高群落的生产力和自我维持能力，减少水土流失，实现地表基底的稳定。

（2）增加草地生态系统物种组成多样性和稳定性。

（3）对恢复的草地进行科学的管理，追求物流和能流高效运转情况下的生态系统平衡。

（二）草地退化生态系统成功恢复的标准

成功恢复的标准至少包含以下 3 个方面。

（1）草地植被的恢复：草地植物群落结构与功能、生产力水平、生物多样性、建群种应该与当地顶级（或者退化前）植被相同。

（2）土壤的恢复：包括土壤中微生物群系、动物种类的有效恢复，水土流失得到有效控制，土壤理化性质处理良性状态。

（3）生态系统的功能恢复：包括草地生态系统的初级生产力和次级生产力、食物网结构、物种组成与系统反馈等，群落结构与功能之间的连接已经形成。

第三节　草地生态修复技术

草地恢复是一个长期、复杂的生态过程，我国地域广阔，地形地貌复杂，草地类型多样，社会经济、文化等发展程度不同，草地植被恢复重建不能采取单一模式，而应该综合考虑草地退化的原因、退化类型、退化机理、退化阶段、退化程度以及区域的人文、经济、社会特点，遵循因地制宜的原则，采取有针对性的合理的草地恢复措施。

一、过度放牧草地恢复措施

1. 以草定畜　对于过度放牧导致的草地退化，首先是减少放牧压力，以草定畜，经过调整逐步实现草畜平衡，合理利用牧草资源，加快人工草地的建设，解决畜草矛盾，保持草地生态平衡，稳定发展畜牧业。

2. 围栏禁牧　围栏禁牧是通过人为干预降低或完全排除牲畜对草地生态系统的伤害，使草地生态系统在自身的循环下得以恢复与重建，这是一种效率高且简便易行的恢复措施，在我国草地管理中应用得比较广泛，并取得了良好的生态效益和经济效益。根据当地草地退化面积和退化程度，建立围栏进行年度、季节封育；草地封育后，得到休养生息的机会，为植物进行正常的生长发育和繁殖提供了良好的条件，同时植被生长茂盛，覆盖度及土壤有机质的增加改善了草地生态环境，并加强了草地涵养水源、保持水土的生态功能。

3. 草地补播　草地补播是在不破坏或少破坏自然植被的前提下，播入一些适应性强、饲用价值高的牧草，以丰富草地植被种类和群落结构，增加草地地面盖度，提高草地产量与质量的措施。

4. 耕翻　耕翻是通过划破草皮、耙地及浅耕翻等改良措施改善土壤物理性状，是退化草地人工改良的一项重要措施，具有操作简单、成本小、见效快等优点，能够为草地植被创造良好的生长发育条件，促使其恢复。

5. 施肥和灌溉　施肥和灌溉是通过外界物质和能量输入而促使退化草地恢复的一种有效措施，效果十分显著。当草地退化较为严重且超过一定阈值时，例如出现沙漠化的情况下，草地建群种已经完全发生变化或消失，土壤理化性质已经发生重大变化，简单的围栏短期内已经很难使草地恢复，这就需要增加投入，进行人工干预。例如采取人工机械沙障固沙，在流动性很强的沙地上采用柴草、树枝、黏土等材料，在沙面上设置各种形式的障碍物，控制风沙流，促进植被恢复。

6. 其他措施　除了以上措施，还可进行松耙、植土、划区轮牧等。

二、石漠化草地恢复措施

石漠化是一种岩石裸露的土地退化过程。中国西南岩溶地区石漠化问题严重，西南裸露型岩溶区 51.36 万 km^2，是全球三大碳酸盐岩连续分布区之一，碳酸盐岩酸不溶物含量甚低，成土缓慢，土层薄，很容易造成水土流失和石漠化。治理的基本原则是综合治理、生态效益和经济效益结合、因地制宜、长远打算、全面规划、分步实施。

(1) 综合治理是因为石漠化学科是涉及地质、地球化学和农、林、水、环境等相关领域的学科，石漠化地区面临着生态恶劣和资源缺乏的双重危机。

(2) 生态效益和经济效益结合是鉴于我国岩溶石漠化形成演化的特殊性，影响岩溶石漠化自然与人为因素的因果关系，需要强调以人为本，将生态效益与经济效益有机结合。

(3) 因地制宜是因为我国岩溶类型和石漠化形成机制有别于世界其他岩溶区，同时由于西南岩溶区岩溶生态系统类型的差异，石漠化形成的主导因素也各不相同，需要区别对待，因地制宜。

(4) 考虑到石漠化的复杂性和科学技术研究相对滞后，石漠化综合治理是一个长期的过程，国家发展和改革委员会编制的《岩溶地区石漠化综合治理规划大纲（2006—2015 年）》中，就充分体现了长远打算、全面规划、分步实施的思想。具体治理措施包括以下 4 个方面。

①生物措施。分人工造林、人工促进天然林更新、退耕还林、封山育林、飞播造林、植被改良及其他生物措施。

②耕作措施。如横坡等高耕作、垄耕、间作（套种、混种）、轮作轮息、作物配置、节水疏水和其他农业措施。

③工程措施。如引水沟、坡改梯、鱼鳞坑、淤地坝、谷坊、客土改良、引洪淤灌等。

④综合措施。主要是采取生物措施、耕作措施和工程措施或者是三者相结合的方式进行治理。

三、盐渍化草地恢复措施

草地盐渍化是我国草地退化的一种主要形式。我国盐碱土总面积约为 0.33 亿 hm^2，主要分布于滨海地区、黄淮海平原、东北平原、河西走廊、准噶尔盆地、塔里木盆地、柴达木盆地。盐渍化草地恢复是一项难度较大且复杂的系统生态工程，首先要找出盐渍化形成的原因，然后根据不同的自然条件和盐渍化程度来采取不同的措施，通过试验选择出投资少、效果好、见效快、易操作、易推广的措施，把经济效益和生态效益结合起来，使盐渍化草地的植被得到恢复和重建，使草地的生产力持续发展。常见的针对性草地恢复治理措施包括施枯草、铺沙（沙压碱）、施石膏、种植耐盐碱植物。

(1) 施枯草：草地盐渍化后，植被稀疏，地表裸露，严重者出现碱斑，枯草覆盖可以防止水分蒸发和反碱，覆盖后碱斑表土常保持湿润，周围的植物根茎向碱斑内侵入，逐渐能够生长，土壤理化性质也逐步改善，还可将枯草埋入或混入土壤中来治理盐渍化草地。

(2) 铺沙（沙压碱）：在碱斑上采用铺沙的方法，将沙土掺入盐碱土后，改变土壤物理结构，促进团粒状构造形成，增加土壤渗透性，改变水盐运动，在雨水的作用下，盐分向下运移到深层，同时压沙也破坏了土壤毛管作用，减少了地表蒸发，抑制盐分向上运动，最终降低地表盐分。

（3）施石膏：施石膏是改良盐碱化草地的化学方法，是对重盐渍化草地改良的一种高效且成本较低的方法，能够快速地降低土壤的碱性，消除碳酸钠和碳酸氢钠对植物的毒害。

（4）种植耐盐碱植物：本措施是改良盐碱化草地的生物措施，目前推广种植碱茅属植物，除此之外还可种植短芒大麦和虎尾草，虎尾草为一年生植物，可以作为盐渍化治理的先锋物种，积累有机质，使植被自然恢复。

四、病虫害草地恢复措施

病虫害草地主要采取生物防治、化学防治和综合防治措施。

1. 生物防治

（1）一类是通过微孢子虫、病原线虫、病原细菌、病原真菌、病原病毒来防治虫害。例如，蝗虫微孢子虫是从非洲飞蝗体内分离并命名的原生孢子虫，能够感染 100 多种蝗虫和其他直翅目昆虫，蝗虫被寄生感病 15～20 d 后即可死亡，缺陷是蝗虫危害经常为突发，微孢子虫的灭蝗防治效果滞后。线虫在草地害虫防治中应用较多的主要是两科：斯氏科和异小杆科。病原细菌苏云金杆菌已经被用于防治鳞翅目、双翅目、鞘翅目的 40 多种害虫。常用的蝗虫病原真菌包括白僵菌、绿僵菌和蝗噬虫霉等。病原病毒包括新疆西伯利亚蝗痘病毒、亚洲小车蝗痘病毒、意大利蝗痘病毒。

（2）另外一类是通过昆虫在自然界的天敌来防治虫害。草地害虫在自然界的天敌种类很多，包括天敌昆虫、鸟类、蛛类、爬行动物及两栖类动物等。蜂虻科、丽蝇科、皮金龟科、食虫虻科、步甲科、拟步甲科、麻蝇科等天敌害虫在治蝗中具有价值，也可人工招引红椋鸟来控制蝗害。另外在草原上，牧鸡、牧鸭已经成为十分有效的生物防虫技术，同时能够取得一定的经济效益。

2. 化学防治　化学防治包括飞机化学防治和人工地面化学防治。飞机化学防治采取飞机喷洒农药，人工地面防治采取机械播洒农药。

3. 综合防治　虫害治理的最理想措施是综合防治，进行草地改良，提高草场生产能力，通过改变寄主条件来控制害虫种群数量。此外，进行轮牧，禁止滥垦草地，取缔撂荒制，禁止滥挖中草药与采草籽，退牧还林还草，让天然放牧场休养生息也是近年来草原虫害防治的有效途径。

五、鼠害草地恢复措施

鼠害草地恢复措施包括物理法、化学法、生物法和生态法，坚持"预防为主，防治结合"的方针。

（1）物理法：主要应用于地下鼠类防治，是使用捕鼠工具消灭鼠害的方法，该方法工具制作简单，对人畜和环境安全。

（2）化学法：是用化学杀鼠剂灭杀鼠的方法，在害鼠密度较高或急速暴发时，化学法能够短期内降低种群密度，是现阶段治理鼠患采取的主要方式，但是使用不当会对人、畜都造成危害，发生二次中毒现象。长时间采用化学法会使整个食物链中的生物出现药物积累，使草地生态系统被破坏。

（3）生物法：是通过食物链的作用，利用天敌对害鼠进行防治的方法。招鹰是鼠类生物防治最常用的一种有效措施，还可以养狐、犬和猫等来灭鼠。通过人工饲养，并进行野化训练，再放回自然，提高成活率，天敌存在使得害鼠数量不会急速暴发，只是保持一定数量，维持生态平衡，该方法不但能避免使用药物污染草原环境，还能降低草原鼠害防治成本。

（4）生态法：是治理草原鼠害的根本方法，以草定畜，采取轮牧制度，合理利用天然草地，防止超载过牧，促进植被恢复，增加鼠类被捕食的风险，不但可以长期有效抑制害鼠的种群数量，而且能够提高草地生产力，促进草地农业生态系统健康发展。

第四节　草地恢复的典型案例

一、北美大平原草地恢复案例

（一）沙尘暴事件

1935 年 4 月 14 日是美国历史上的"黑色星期日"，一场遮天蔽日的沙尘暴以 60 km/h 的速度袭击了堪萨斯州的道奇城，14:40，全城漆黑一片，长达 40 min，之后又是 3 h 的半黑夜状态，直到午夜时分，沙尘暴才过去。这场沙尘暴横扫中东部，形成东西长 2 400 km、南北宽 1 500 km、高 3.2 km 的尘土带，尘云向下翻滚沸腾，像石油着火发出的巨大烟雾，尘云底部像上升的圆柱体，漆黑一片，往上颜色变成黑褐色、褐色，目击者形容其为用泥浆堆成的泥墙，使高速公路完全瘫痪，成千上万的鹅、鸭、飞鸟惊恐乱飞。一位亲历者说："好像世界末日来临一样，噩梦变成了现实！"

20 世纪 30 年代在美国南部大平原草场持续的沙尘暴肆虐，是美国历史上最严重的生态灾难之一，严重地区被称为"Dust Bowl"（尘碗），涉及堪萨斯州、科罗拉多州、新墨西哥州、俄克拉何马州和得克萨斯州部分地区，南北长达 500 km，东西宽约 480 km。20 世纪 30 年代肆虐美国南部大平原的沙尘暴不但破坏生态环境，影响民众健康，还给美国经济造成沉重打击，加剧了这一时期的大萧条经济危机。

（二）原因分析

除土壤结构、强风和干旱等自然因素外，沙尘暴肆虐的主要原因是不合理的人为因素的干扰，具体包括以下 3 个原因。

1. 过度放牧导致大平原的草场遭到破坏　美国南部大平原气候适合牧草生长，南北战争后，美国政府颁布了《宅地法》《植树法》和《沙漠土地法》等鼓励向大平原地区移民的法律和政策。移民为提高牧场收入而不断增加牲畜数量，牲畜数量超过草地的承载能力，对草场造成了严重破坏，导致草地沙化。

2. 过度开垦使土壤遭到破坏　过度放牧使草场遭到破坏、畜牧业衰落，"旱作农业"取而代之。拓荒时期开发者对土地资源不断开垦，毁草造田，把草场变成了麦田，土地没有草场的保护，更容易遭到破坏而沙化；积极推广"旱地耕作法"，为保持土壤水分，深犁土地、反复利用，破坏土壤物理结构，土壤有机质流失，导致土壤沙化，给当地生态环境造成了进一步的破坏。

3. 农业机械化给土壤生态系统带来巨大破坏　20 世纪 20 年代大平原农业机械化大规模发展。农业机械化一方面迅速提高了粮食产量，另一方面也给土地带来了严重的破坏，大规模机械化耕作毁坏了表层土壤结构，导致水土流失加剧，引发沙尘暴。

（三）应对措施

为应对大平原地区的生态环境问题，美国政府成立大平原委员会，目的是找出草地退化的原因、影响和可能的修复措施。在反复调查研究的基础上，该委员会最终提交了《大平原的未来》"The future of the Great Plains"这一纲领性文件（表 12-3）。在此报告的基础上，美国政府先后出台了一系列法律法规和政策，可以归纳为以下 6 个方面。

表 12-3　《大平原的未来》中对草地退化原因的总结

（引自 Committee，1936；McLeman 等，2014；崔艳红，2017）

存在的问题	产生的原因	建议政府采取的行动	建议农场采取的行动
水土流失，土地受侵蚀	农场主非自己经营而是将农场出租，导致过度种植谷物；农场过度垦殖，缺少休养生息的措施与长期计划；农场不断向周边扩展规模；小土地所有者的过度耕作；未能识别跨地区土壤的差异	开展对土地、土壤和水资源的广泛调查，划定水土流失控制区，根据土壤条件确定土地用途和适合种植的作物，开展农业服务和农业研究	采用等高线犁耕，规划土地并按正确的角度犁田以战胜风灾，按垄耕作，斜坡耕种梯田，收获后留下很高的残株。在沙尘暴重灾区夏季避免休耕地裸露在外，代之以轮种车轴草类植物，种植建立防风林带

（续）

存在的问题	产生的原因	建议政府采取的行动	建议农场采取的行动
畜牧草地遭到破坏	过度放牧，农场规模不断扩大	联邦政府对山区、牧区进行集中管理，州政府组织放牧协会联盟，避免牧场转卖而导致的拖欠税款的行为	减小放牧规模，或让牧群远离已经遭到破坏且十分脆弱的土地
水资源利用率低	农场耕作技术低，未能保持水土，不适当的灌溉方式	大量投资建设小规模表层水的贮存设备，保留可能的灌溉地区，制定系统灌溉政策，制定保护地表水的法律	挖掘地表深处的水源以供牲畜饮用，把有限的资金用于更实际的灌溉补充
农场收入不稳定，负债率高	过度依赖小麦带来的经济收益，土地租用率高，家庭农场规模小，农场对机械化的投入较高，农场对气候因素如降雨和经济因素如谷物的价格的依赖	公共财政制订计划增大农场规模，采取行动安置边远地区的小型家庭农场；促进该地区非农业产业的发展（如揭煤采矿）；大力投入研究害虫防治的方法	保持更高的牧草和经济作物的种植率；降低玉米、小麦的种植比例；设计多样化的土地经营计划；保持饲料种子的大量贮备

1. 健全相关法律法规　土地资源过度无序利用是沙尘暴肆虐的主要原因，立法能够对这些不合理的人类活动加以规范和约束。

（1）1933 年美国政府出台了《农业调整法》，规定农场主耕种面积的 15％用于退耕还草，政府给予高额补贴，甚至超过农民的劳动所得。

（2）1934 年出台《泰勒放牧法》，对过度放牧的现象进行规范和约束，规定在 32 万 km² 的公共土地上禁止农业耕种垦殖，只能放牧，而且任何在公共草地上放牧的人都需要办理执照，并且向政府缴费，同时还必须遵守一系列草地保护规定，如单位放牧强度、对草场进行修复和维护等。

（3）1936 年出台《土壤保护与国内耕种面积分配法》，将农作物分为"消耗地力"和"保护地力"两种，前者包括小麦、玉米、棉花等，后者有豆类、牧草等，对种植能够保护地力作物的农民给予补贴。

2. 各政府相关部门积极介入　成立水土保持局，隶属于农业部，专门负责遏制沙尘暴对土壤的破坏和水土保持工作。除此之外，美国政府其他部门也积极介入。

（1）美国林务局开展国家草原林业项目，创建防护林带抵御风沙，减少水土流失；联邦紧急救济署为灾民提供救助，减少农民经济损失。

（2）公共事业振兴署设立基础设施建设项目，改善重灾区的防灾设施。

（3）农业部投资购买被沙尘暴破坏而荒废的土地，修复后作为公共土地使用。

（4）气象局启动长期天气预报项目，以提前更多时间预报沙尘天气。

（5）移民局鼓励大平原干旱地区的小农场主向外迁移。

3. 开展水土保持计划，建立水土保持示范区　水土流失是大平原地区草地退化和沙尘暴肆虐的主要原因，因此美国政府建立了沙尘暴地区指挥部，进行实地考察，发现 80％的耕地遭到沙尘暴严重侵蚀，90％的弃耕地受到侵蚀。指挥部建议水土保持局将整个尘暴频发地区的 100 个县中 1／5 的土地用于退耕还草。根据此建议，美国政府积极建立水土保持示范区，推动水土保持计划的实施。政府为同意建立示范区、退耕还草的农民提供经济补贴。到 1939 年 6 月 30 日，尘暴区共建立了 37 个水土保持示范区，覆盖了 7.7 万 km² 的土地。除此之外，美国政府还积极对荒废的土地进行开垦和修复，避免这些土地因为水土流失和土地沙化而成为沙尘暴的重要策源地。

4. 建立防护林带，防风护土　美国政府的另一重要举措是大规模植树造林、建立防护林带，防风固土。1934 年启动防护林项目，实施美国历史上规模空前的大草原防护工程——罗斯福大草原林业工程。1935—1942 年，防护林项目动员了约 200 万青年，种植了 2.17 亿株树。除此之外，美国国会通过《国民造林保护队救济法》，由联邦政府拨款，招募青年组成民间资源保护队，1933—1941 年共有近 275 万名青年参加，造林 6.88 万 km²，修建了大批森林防火设施。

5. 推广保护性耕作技术措施 常用技术措施包括等高线耕作法、条播、节水灌溉、梯田耕作等。

（1）等高线耕作法是在坡地沿等高线种植农作物，遇到降水时，能够减少径流，促进入渗。在坡耕地，也可以制造梯田，形成相对平坦的等高线耕作区，增加土壤中的水分，减少土壤侵蚀和沙化。

（2）条播就是将小麦和非洲高粱混种，一条小麦一条非洲高粱穿插耕种，作物播种的方向同沙尘暴吹来的方向呈直角，非洲高粱牢固扎根于土壤中，能够固沙，在沙尘暴来袭时可以保护小麦。

（3）除此之外，针对已经遭到破坏的农田，为恢复土壤的肥力和水分，政府鼓励农户采取轮耕、休耕和退耕还草等土地修复措施，并给予丰厚的经济补助。

6. 积极宣传，提升全民生态环保意识 提升群众环保意识，舆论也越发关注并监督漠视生态原则的生产生活方式。1970 年 4 月 22 日第一个"地球日"确立，当天全美国 2 000 万人参加集会，在环保主义者和民众的压力下，美国政府连续通过多项生态资源环境保护法案。

二、我国三江源退化草地恢复案例

三江源是我国重要的生态屏障，既是藏族的聚集区，又是重要的江河水源涵养置地。然而，三江源的社会经济发展与生态环境保护矛盾日益尖锐。

（一）三江源地区的退化状况

1. 三江源地区的生态功能 青海三江源地区处于青藏高原腹地，南北分别为唐古拉山脉和昆仑山脉，其间为可可西里、巴颜克拉山脉及其相间的山谷盆地，南缘为唐古拉山脉西段，北缘为中昆仑山脉东段，东北缘为阿尼玛卿山脉主峰玛积雪山，山地间为宽阔的湖盆带；楚玛尔河、沱沱河、黄河等贯穿区内，扎陵湖、鄂陵湖、可可西里湖散布其中，是长江、黄河、澜沧江三大江河的发源地。人类活动历史悠久，有马家窑文化和齐家文化遗址，历史上曾经是水草丰美、湖泊星罗棋布、野生动植物种类繁多的高原草原草甸区，是我国乃至亚洲的重要淡水供给地，有着"高寒生物种质资源库"之称。近年来，气候变化和人类过度的生产经营利用大大加速了地区生态环境恶化，草地大规模地退化与沙化。

2. 三江源地区草地退化情况 赵新全等调查得出草地生态系统作为三江源地区的主体生态系统呈全面退化趋势，其中中度以上退化草场面积达 0.12 亿 hm³，占区域可利用草场面积的 58%。同 20 世纪 50 年代相比，单位面积产草量下降 30%～50%，优质牧草比例下降 20%～30%，有毒有害类杂草增加 70%～80%，草地植被盖度减少 15%～25%，优势牧草高度下降了 30%～50%，20 世纪 80—90 年代中度退化速率比 20 世纪 70 年代增加了 1 倍以上。

同时该区草原鼠害猖獗，沼泽和湿地面积减少，生物多样性急剧降低。草地生产力和对土地的保护能力下降，优质牧草被毒害草取代，鼠类乘虚而入，严重破坏了草地，野生动物生存栖息环境受到威胁，生境破碎化，生物多样性降低。随着植被与草地生态系统的破坏，水源涵养能力下降，导致三江中下游旱涝灾害频繁，直接威胁了长江、黄河流域和东南亚国家的生态安全。

（二）三江源地区草地退化的原因

三江源地区高寒草甸和高寒草原退化的主要原因是草地过度放牧，因此首先要减小放牧压力，减轻天然草地的负荷，促进草地的自然生态恢复。

（三）三江源地区草地退化的治理措施

三江源地区治理所采取的技术措施包括以草定畜、人工增雨、鼠害治理等；政策措施包括生态移民、生态补偿、重大生态工程和自然保护区建设。虽然目前三江源地区高寒草地保护已经取得了初步的生态成效，但这些成果的取得是自然气候因素和工程因素共同作用的结果。为此，应该充分认识到生态系统恢复任务的长期性和艰巨性，建立长效的生态保护和恢复机制。

1. 以草定畜 根据三江源地区的实际情况，提出以下 4 种方案核定草地合理载畜量。

（1）以 2001—2011 年草地理论载畜量均值为各县草地合理载畜量，不考虑冬季、夏季牧场，不考虑产草量极低年份。

（2）以 2001—2011 年冬季、夏季牧场理论载畜量中较低值的均值为各县草地合理载畜量，不考虑产草量极低年份。

（3）以 2001—2011 年草地理论载畜量极低值为各县草地合理载畜量，不考虑冬季、夏季牧场。

（4）以 2001—2011 年冬季、夏季牧场理论载畜量极低值的最低值为各县合理载畜量，充分考虑冬季、夏季牧场差别和产草量年际变化。实施以草定畜、围栏禁牧等措施，保护草场，降低牲畜存栏头数。

2. 人工增雨　三江源主体部分处于干旱/半干旱地区，在整个生态环境系统中，水是其核心要素，对生态环境的变迁至关重要。退牧还草、天然草地恢复和防止高寒草原荒漠化、沙化都需要降水。三江源地区云层较低，空气中具有丰富的水汽资源，积极进行人工增雨有助于提高草地恢复能力和草地生产力，从而提高草地的理论载畜量。因此，开发空气中水资源、在典型草地退化区进行人工增雨是有效的措施。

在各流域，黄河源地区年降水量呈下降趋势，对草地退化治理和天然草地恢复不利。通过在黄河上游人工增雨作业的效果来看，在光、热相同的年份，人工增雨使牧草产量增加两成以上，平均每公顷增加牧草产量 525 kg。水环境、地表植被的改善利于保持水土，为生物提供了更为广阔的生存环境。此外，通过人工增雨可以净化大气，增加土壤水分，能有效遏制沙尘暴等恶劣天气的发生，有利于大气环境的保护。

3. 鼠害治理　伴随草地初始退化出现的鼠、虫和毒杂草泛滥危害是加速高寒草甸退化的重要因子，贡献率为 15.03%。在高原鼢鼠和高原鼠兔的挖掘破坏下，高寒草地植被根系层衰退，草皮出现裂缝，进而崩塌剥离，演替形成"黑土滩"型次生裸地。2005 年三江源地区发生鼠害面积约 644 万 hm²，占三江源地区总面积的 17%，占可利用草场面积的 33%，高原鼠兔、鼢鼠、田鼠数量急剧增加。黄河源区有 50% 以上的黑土型退化草场是由鼠害所致，严重地区有效鼠洞密度高达 1 335 个/hm²。

经过各级政府和部门的努力，鼠害防治工作取得了明显的成效。至 2009 年底，完成鼠害防治面积 5.86×10⁶ hm²，植被盖度和草丛高度显著提高，草地生态环境得到改善，有效地控制了草原鼠害的发生和蔓延，缓解了防治区的草畜矛盾，对保护天然草原起到了积极作用，产生了显著的生态效益和社会效益。

4. 围栏封育和人工种草　三江源地区高寒草地退化后由于土壤营养成分流失形成肥力非常差的"黑土滩"，只能裸露光秃或生长毒杂草。研究发现对"黑土滩"进行翻耕、施肥和播种披碱草能够使土壤肥力得到改善。三江源地形坡度较大地区，不适合人工种草来恢复植被，只能利用人工辅助的方式建立围栏，进行封山育草，通过减少人畜活动改善局部地区生态条件，逐年恢复原生植被来遏制草地退化进程，进一步恢复原有生境。因此应该一方面引导、鼓励牧民开展围栏养育、贮备饲料、舍饲补饲，另一方面制订合理的草场利用及放牧计划，确定放牧牲畜数量、放牧天数及利用强度，在合理载畜的阈值范围内获取最佳的经济效益。

5. 生态移民　生态移民主要针对牧区超过草地承载能力的人口实行迁移，或让天然草地承载能力以内的人口实行集中居住，从而减轻草地的放牧压力，促进草地的自我修复。牧民离开的同时国家提供就业政策和技术培训，进行生活补贴，使牧民改变以往的生产方式，降低草场的现实载畜量，从而实现以草定畜、减畜减压和保护天然草地的目标。

生态移民与退牧还草紧密结合是一项减轻草场压力的根本性措施，三江源地区在牧民自愿的前提下实施生态移民，引导有条件的牧民到城镇定居，适应新生活、开拓新产业，为发展城镇经济创造条件；并通过小城镇建设、基础教育建设、牧区能源建设等保障措施改善牧区生活环境。

6. 生态补偿　生态补偿是指以保护和可持续利用生态系统服务为目的，以经济手段来调节相关者利益关系的制度安排，它将无具体市场价值的环境换成真实的经济要素，是保护生物多样性、生态系统产品和服务的新途径。三江源地区牧民的经济收入绝大多数来自牲畜养殖，生态移民工程使牧民完全失去了这些收入，因此应该以此为载体来核算补偿标准，弥补牧民的损失。

7. 重大生态工程　主要包括三江源生态保护和建设一期与二期工程。2005 年，国务院批准了《青海三江源自然保护区生态保护和建设总体规划》，投资 75 亿元在三江源自然保护区开展生态保护和建设一期工程，并要求尽快实现恢复三江源生态功能、促进人与自然和谐和可持续发展、农牧民生活达到小康水平三大目标。通过生态保护和建设先期工程遏制保护区生态环境恶化，完善和巩固生态保护与建设成果，为后期大规模实施生态保护和建设奠定基础。

一期工程的实施使得三江源地区生态状况趋好，草地持续退化趋势得到初步遏制，水体与湿地生态系统整体有所恢复，生态系统水源涵养和流域水供给能力提高；然而，草地退化局面没有获得根本性扭转，土壤水蚀增加趋势尚未得到遏制。一期工程局部性和初步性特点凸显出三江源地区生态保护任务的长期性和艰巨性，三江源一期工程建设任务基本完成，初步实现了规划目标并取得明显成效。

2014 年，三江源生态保护和建设二期工程启动，二期工程规划期限为 2013 年至 2020 年，工程总投资 160 亿余元，在一期工程的基础上统筹推进草原、森林、湿地与河湖、荒漠等生态系统的保护建设，以更高水平、更高层次推进保护区建设工作。三江源地区的水土保持能力、水源涵养能力和江河径流量稳定性增强；湿地生态系统状况和野生动植物栖息地环境明显改善；农牧民生产生活水平稳步提高，生态补偿机制进一步完善，生态系统步入良性循环。

8. 自然保护区建设　青海省人民政府于 2000 年 5 月批准建立了三江源省级自然保护区，成立了青海三江源自然保护区管理局，2003 年三江源自然保护区晋升为国家自然保护区。2018 年国家发改委公布《三江源国家公园总体规划》，2021 年 9 月 30 日国务院批复同意设立三江源国家公园，三江源公园被列入第一批国家公园名单。

三江源国家公园范围以三大江河的源头典型代表区域为主构架，包括青海可可西里国家级自然保护区以及三江源国家级自然保护区的扎陵湖、鄂陵湖、星星海等地，总面积 12.31 万 km²，是全国首个国家公园体制试点。《三江源国家公园总体规划》指出：近期目标是 2020 年基本建成青藏高原生态保护修复示范区，共建共享、人与自然和谐共生的先行区，青藏高原大自然保护展示和生态文化传承区；中期目标是到 2025 年，保护和管理体制机制不断健全，全面形成绿色发展方式，山水林田湖草生态系统良性循环，形成独具特色的国家公园服务、管理和科研体系，生态文化发扬光大；远期目标是到 2035 年，三江源国家公园成为生态保护的典范、体制机制创新的典范、我国国家公园的典范，成为现代化国家公园。

第五节　草地恢复生态工程

一、草地管理法规的形成与发展

草地法律法规是草地恢复和草地资源保护政策的重要政策基础。新中国成立以前，草原的经营仍处于自然游牧状态，没有关于草原保护、科学利用和建设的管理法规。

1953 年，政务院批准《关于内蒙古自治区及绥远、青海、新疆等地若干牧区畜牧业生产的基本总结》，其中规定"保护培育草原，划分与合理使用牧场、草场""在半农半牧或农牧交错地区，以发展牧业生产为主，为此采取保护牧场禁止开荒的政策"。

1958 年，国家颁布《1956 年到 1967 年全国农业发展纲要》，其中规定"在牧区要保护草原，改良和培育牧草，特别注意开辟水源"。

1963 年，中共中央批发《关于少数民族牧业区工作和牧区人民公社若干政策的规定》，其中规定"必须保护草原，防沙、治沙、防止鼠虫害，保护水源，兴修水利，培育改良草原和合理利用草原"。

1978 年，国家农林部畜牧总局根据乱占、乱垦、滥牧等破坏草原资源局面，起草了《全国草原管理条例》。

1985 年，第六届全国人民代表大会常务委员会通过《中华人民共和国草原法》。

2013 年，第十二届全国人民代表大会常务委员会对《中华人民共和国草原法》进行第二次修正，为现行通用版本。

《中华人民共和国草原法》的制定主要是为了保护、建设和合理利用草原，改善生态环境，维护生物多样性，发展现代畜牧业，促进经济和社会的可持续发展，因此国家对草原实行科学规划、全面保护、重点建设、合理利用的方针。任何单位和个人都有遵守草原法律法规、保护草原的义务，同时享有对违反草原法律法规、破坏草原的行为进行监督、检举和控告的权利。

草地自然保护区是指对有代表性的自然生态系统、珍稀濒危野生动植物的天然集中分布区，以及有重要科研、生产、旅游等特殊保护价值的草地，依法划出一定面积予以特殊保护和管理的区域。《中华人民共和国草原法》第四十三条规定，"国务院草原行政主管部门或者省、自治区、直辖市人民政府可以按照自然保护区管理的有关规定在下列地区建立草原自然保护区：①具有代表性的草原类型；②珍稀濒危野生动植物分布区；③具有重要生态功能和经济科研价值的草原"，同时规定"县级以上人民政府应当依法加强对草原珍稀濒危野生植物和种质资源的保护、管理"。在草地类自然保护区规划建设过程中，农业农村部、生态环境部等有关部门制定并发布了《草原荒漠和南方草地的自然保护区规划大纲》《草原和草原野生动物类型自然保护区管理条例（草案）》等规程，建立了一定数量的机构，开展了一些保护、科研活动，对保护草地自然资源、生态环境、珍稀濒危物种发挥了一定作用，但比林业、野生动物等保护区的发展明显滞后。

与草地有关的保护区主要有自然生态系统中的草原草甸生态系统、荒漠生态系统两种类型。其中，草原草甸生态系统类型保护区主要分布于河北、内蒙古、辽宁、吉林、黑龙江、甘肃、宁夏、新疆等省（区）。

二、主要的草地恢复生态工程

最主要的草地恢复生态工程包括退耕还林还草工程和退牧还草生态工程。一些恢复生态工程技术在不同区域取得了成功并被推广应用。

（一）退耕还林还草工程

1999 年退耕还林还草工程开始在陕西、甘肃、四川 3 省试点实施，2002 年全面启动并稳步推进。退耕还林还草从保护和改善生态环境出发，对易造成水土流失的坡耕地和易造成土地沙化的耕地有计划、分步骤停止耕种；本着宜乔则乔、宜灌则灌、宜草则草、乔灌草结合的原则，因地制宜地造林种草，恢复林草植被。退耕还林还草工程实施至 2021 年底，国家财政投入累计达 5 515 亿元，全国 926 万 hm² 沙化土地和陆坡耕地被改造成林草地，工程累计造林面积达 2 940 万 hm²。

（二）退牧还草工程

为遏制西部地区天然草地加速退化的趋势，促进草地生态修复，党中央、国务院作出重大决策，于 2003 年正式启动退牧还草工程，即在给予农牧民一定经济补偿的前提下，通过围栏建设、补播改良以及禁牧、休牧、划区轮牧等措施恢复草原植被，改善草原生态，提高草原生产力，促进草原生态与畜牧业协调发展而实施的一项草原基本建设工程项目。

通过退牧还草工程项目的实施，进一步完善项目区草原家庭承包责任制，建立基本草原保护、草畜平衡和禁牧、休牧、轮牧制度；适时开展草原资源和工程效益的动态监测；搞好技术服务，积极开展饲草料贮备、畜种改良和畜群结构调整，提高出栏率和商品率，引导农牧民实现生产方式的转变；稳定和促进农牧民增加收入，实现"退得下、禁得住"、恢复植被以及改善生态的目标。

（三）不同区域成功的恢复治理技术模式与推广应用范例

宁夏南部山区采用退化草地自然封禁的恢复治理工程。宁夏南部地区大部分位于六盘山北麓，每年 7、8、9 月降水量较多，加之山区属于黄土丘陵区，故较容易出现水土流失等生态问题。当地人在实践中提出封育模式，山顶生境较差，人为活动干扰较少，适合自然围栏封育。在植被较丰富、植被覆盖度较高的地区，封育后，植被覆盖度和物种多样性增加，植被固土作用增强，对于防止水土流失具有重要作用。

黄土高原中部采用灌草立体配置的恢复技术，针对荒山荒坡植被的恢复治理，采用"先草后灌，先封后建"的稀疏配置模式。该恢复方法操作简单、见效快，能够快速恢复退化植被，保护地面原生植被，形成新的空间植被格局，提高草地生产力和水土保持能力。

云雾山自然保护区位于固原县城东北部，毒草主要是狼毒，其次是醉马草。在前期的草场改良工作中，采用药物灭除和人工挖除的方法，成本高，危险性大，效果不理想。后来，云雾山保护区开展了挖除毒草补播优良牧草的草原改良工程，采用挖除毒草与补播优良牧草结合的方法，效果理想。

复 习 思 考 题

1. 什么是草地退化？

2. 黄土高原丘陵牧道景观可能会促进还是抑制水土流失？

3. 草地恢复的目标是什么？

4. 试述生态系统恢复的多稳定状态和"状态和过渡"模型。

5. 为什么要综合使用各种草地退化治理措施？

6. 北美大平原和中国三江源草地退化的原因有哪些不同？治理措施有哪些相似之处？

7. 如何提高群众的草地生态保护意识？

8. 《中华人民共和国草原法》产生的历史背景和草地保护的意义有哪些？

第十三章

草坪和城乡绿地生态学

第一节 草坪和城乡绿地的概念

一、草坪的概念

草坪源于人类驯化动物时期，人类在天然草原上进行畜牧业生产，家畜放牧采食后的草地成为人们户外活动和运动竞技的场地，也成为历史上最为久远的草坪。我国《辞海》一书对草坪的定义为草坪是园林中人工铺植草皮或播种草籽培养形成的整片绿色地面，可见现代的草坪强调了人类对草坪塑造、干预的特性，然而现代草坪不仅局限于园林，还广泛应用于运动场、水土保持、公路边坡、工厂绿化等方面。因此根据草坪具有的特性，对草坪较为全面的定义为：草坪通常指以禾本科草或其他质地纤细的植被为覆盖，并以它们大量的根或匍匐茎充满土壤表层的地被，是由草坪草的地上部分以及根系和表土层构成的整体。

二、城乡绿地的概念

城乡绿地是指由城市和郊区的公园绿地、居住区绿地、道路交通绿地、风景区绿地、生产防护绿地以及园林建筑、园林小品等要素组成的城市下垫面，同时也是一个有机的绿色网络。城乡绿地不仅具有美化城市景观和市容的重要作用，同时还是城市生态系统中具有自净功能的重要组分，在维持碳氧平衡、吸收有毒有害气体、吸滞粉尘、杀菌、降低噪声、改善小气候等方面具有其他城市基础设施不可替代的作用。随着世界范围内城市化进程的加速和环境问题的加剧，人们已越来越认识到加强绿地生态建设、改善城市生态环境质量和提高生活质量的重要性，许多国家已将城乡绿地规划与发展确定为城市可持续发展战略的一个重要内容，城乡绿地系统已成为衡量城市现代化水平和文明程度的重要标志，绿地的人均面积也成为城乡环境和生态的评价标准。

在可持续发展原理和生态学理论的影响下，如今城市都十分重视开展草坪与城乡绿地建设，以获得良好的生态效应与生态服务价值，促进城市与自然的和谐发展。20 世纪 80 年代，我国城市绿化工作取得了一定的进展，但由于历史原因，绿化水平与世界先进国家的城市相比仍属落后行列，需要制定绿地生态规划与建设的战略措施，以应对城市发展的机遇与挑战。

第二节 草坪和城乡绿地的类型

我国住房和城乡建设部在 2017 年颁布了修订后的《城市绿地分类标准》（CJJ/T 85—2017），该分类标准将城市绿地划分为五大类（表 13-1），即公园绿地 G1、防护绿地 G2、广场用地 G3、附属绿地 XG、区域绿地 EG。

1. 公园绿地 公园绿地（G1）是指向公众开放，以游憩为主要功能，兼具生态、景观、文教和应急避险等功能，有一定游憩和服务设施的绿地，包括城乡中综合公园、社区公园、专类公园及游园。公园绿地与城乡的居住、生活密切相关，是城乡绿地的重要部分。

2. 防护绿地 防护绿地（G2）主要是指用地独立，具有卫生、隔离、安全、生态防护功能，游人不宜进入的绿地，主要包括卫生隔离防护绿地、道路及铁路防护绿地、高压走廊防护绿地、公用设施防护绿地等。

3. 广场用地 广场用地（G3）是指以游憩、纪念、集会和避险等功能为主的城市公共活动场地。

4. 附属绿地 附属绿地（XG）是指附属于各类城市建设用地（除"绿地与广场用地"）的绿化用地，包括居住用地、公共管理与公共服务设施用地、商业服务业设施用地、工业用地、物流仓储用地、道路与交通设施用地、公用设施用地等用地中的绿地。

5. 区域绿地 区域绿地（EG）是指位于城市建设用地之外，具有城乡生态环境及自然资源和文化资源保护、游憩健身、安全防护隔离、物种保护、园林苗木生产等功能的绿地。包括风景游憩绿地、生态保育绿地、区域设施防护绿地、生产绿地。

表 13-1 城市绿地分类
（引自 CJJ/T 85—2017）

类别代码			类别名称	内容	备注
大类	中类	小类			
G1			公园绿地	向公众开放，以游憩为主要功能，兼具生态、景观、文教和应急避险等功能，有一定游憩和服务设施的绿地	
	G11		综合公园	内容丰富，适合开展各类户外活动，具有完善的游憩和配套管理服务设施的绿地	规模宜大于 10 hm²
	G12		社区公园	用地独立，具有基本的游憩和服务设施，主要为一定社区范围内居民就近开展日常休闲活动服务的绿地	规模宜大于 1 hm²
	G13		专类公园	具有特定内容或形式，有相应的游憩和服务设施的绿地	
		G131	动物园	在人工饲养条件下，移地保护野生动物，进行动物饲养、繁殖等科学研究，并供科普、观赏、游憩等活动，具有良好设施和解说标识系统的绿地	
		G132	植物园	进行植物科学研究、引种驯化、植物保护，并供观赏、游憩及科普等活动，具有良好设施和解说标识系统的绿地	
		G133	历史名园	体现一定历史时期代表性的造园艺术，需要特别保护的园林	
		G134	遗址公园	以重要遗址及其背景环境为主形成的，在遗址保护和展示等方面具有示范意义，并具有文化、游憩等功能的绿地	
		G135	游乐公园	单独设置，具有大型游乐设施，生态环境较好的绿地	绿化占地比例应大于或等于65%
		G139	其他专类公园	除以上各种专类公园外，具有特定主题内容的绿地。主要包括儿童公园、体育健身公园、滨水公园、纪念性公园、雕塑公园以及位于城市建设用地内的风景名胜公园、城市湿地公园和森林公园等	绿化占地比例宜大于或等于65%
	G14		游园	除以上各种公园绿地外，用地独立，规模较小或形状多样，方便居民就近进入，具有一定游憩功能的绿地	带状游园的宽度宜大于12m；绿化占地比例应大于或等于65%

（续）

类别代码			类别名称	内容	备注
大类	中类	小类			
G2			防护绿地	用地独立，具有卫生、隔离、安全、生态防护功能，游人不宜进入的绿地。主要包括卫生隔离防护绿地、道路及铁路防护绿地、高压走廊防护绿地、公用设施防护绿地等	
G3			广场用地	以游憩、纪念、集会和避险等功能为主的城市公共活动场地	绿化占地比例宜大于或等于35％；绿化占地比例大于或等于65％的广场用地计入公园绿地
XG			附属绿地	附属于各类城市建设用地（除"绿地与广场用地"）的绿化用地。包括居住用地、公共管理与公共服务设施用地、商业服务业设施用地、工业用地、物流仓储用地、道路与交通设施用地、公用设施用地等用地中的绿地	不再重复参与城市建设用地平衡
	RG		居住用地附属绿地	居住用地内的配建绿地	
	AG		公共管理与公共服务设施用地附属绿地	公共管理与公共服务设施用地内的绿地	
	BG		商业服务业设施用地附属绿地	商业服务业设施用地内的绿地	
	MG		工业用地附属绿地	工业用地内的绿地	
	WG		物流仓储用地附属绿地	物流仓储用地内的绿地	
	SG		道路与交通设施用地附属绿地	道路与交通设施用地内的绿地	
	UG		公用设施用地附属绿地	公用设施用地内的绿地	
EG			区域绿地	位于城市建设用地之外，具有城乡生态环境及自然资源和文化资源保护、游憩健身、安全防护隔离、物种保护、园林苗木生产等功能的绿地	不参与建设用地汇总，不包括耕地
	EG1		风景游憩绿地	自然环境良好，向公众开放，以休闲游憩、旅游观光、娱乐健身、科学考察等为主要功能，具备游憩和服务设施的绿地	
		EG11	风景名胜区	经相关主管部门批准设立，具有观赏、文化或者科学价值，自然景观、人文景观比较集中，环境优美，可供人们游览或者进行科学、文化活动的区域	
		EG12	森林公园	具有一定规模，且自然风景优美的森林地域，可供人们进行游憩或科学、文化、教育活动的绿地	
		EG13	湿地公园	以良好的湿地生态环境和多样化的湿地景观资源为基础，具有生态保护、科普教育、湿地研究、生态休闲等多种功能，具备游憩和服务设施的绿地	
		EG14	郊野公园	位于城区边缘，有一定规模、以郊野自然景观为主，具有亲近自然、游憩休闲、科普教育等功能，具备必要服务设施的绿地	
		EG19	其他风景游憩绿地	除上述外的风景游憩绿地，主要包括野生动植物园、遗址公园、地质公园等	

（续）

类别代码			类别名称	内容	备注
大类	中类	小类			
EG	EG2		生态保育绿地	为保障城乡生态安全，改善景观质量而进行保护、恢复和资源培育的绿色空间。主要包括自然保护区、水源保护区、湿地保护区、公益林、水体防护林、生态修复地、生物物种栖息地等各类以生态保育功能为主的绿地	
	EG3		区域设施防护绿地	区域交通设施、区域公用设施等周边具有安全、防护、卫生、隔离作用的绿地。主要包括各级公路、铁路、输变电设施、环卫设施等周边的防护隔离绿化用地	区域设施指城市建设用地外的设施
	EG4		生产绿地	为城乡绿化美化生产、培育、引种试验各类苗木、花草、种子的苗圃、花圃、草圃等圃地	

第三节　草坪和城乡绿地植被的特征

草坪和城乡绿地植被具有不同于自然植被的人工化的特征，它不仅表现在植被所在的生境特化，还表现在植被的组成、结构、动态过程等的变化。

一、植被生境的特化

草坪和城乡绿地环境的特点是人工化。城市化的进程既改变了城市环境，又改变了城市植被的生境。例如，建筑、道路和其他硬化地面改变了其下的土壤结构和理化性质以及土壤微生物的生存条件；人工化的水系和水污染改变了自然水环境；污染的大气在直接影响植物正常生理活动的同时，还改变了光、热、湿和风等气候条件。所以，城市植被处于完全不同于自然植被的特化生境中。

二、植被区系成分的特化

通常，城乡绿地上植被的区系成分与原生植被具有较大的相似性，尤其是残存或受保护的原生植被片断，但是城乡绿地植被种类组成远较原生植被少，尤其是灌木、草本和藤本植物。同时人类引进的或伴人植物的比例明显增多，外来种类对原生植被区系成分的比率（即归化率）越来越大，因此在城乡绿化的过程中，应注意对植被种类的选择。从环境生态学的角度讲，一个地方的原生植被绝不是偶然的，而是植物在千百万年来对当地生境的适应，又可以说是大自然的选择。所以，应该最大限度地保留和选择反映地方特色的地方植物种类，在区系成分上尽量降低外来成分所占的比例，这样不仅符合生态学原理，还可以通过城市绿化来反映地方的景观特色，同时这也是城市生态建设的标志之一。

三、植被格局的园林化

草坪和城乡绿地植被在人类的规划、设计、布局和管理下，大多数是园林化格局。如城市森林、树丛、绿篱、草坪或草地、花坛等是按照人的意愿配置和布局的，所谓与周边环境的协调也是以人的审美观为依据的。乔木、灌木、草本和藤本等各类植物种类也是按照人的意愿选择配置的。城乡绿地是城市生态系统的重要组成部分，有其不可替代的生态功能和社会功能，为全社会提供了良好的城市生存环境，是显示城市环境优美和社会繁荣进步的重要内容。因此，草坪和城乡绿地建设是城市生态建设的一个重要组成部分。

四、生物多样性及结构趋于简化

在草坪和城乡绿地植被中，人们是按照人的需求选择植物种类的，如按照城市道路结构要求来选择行道树种，按照公园、庭院等的要求来选择树种和花卉，按照城市草坪的要求来选择草的品种，而不是遵照植物群落的生态规律来选择，其结果是大量的原生植物被舍弃，生物多样性趋于简单，植被结构分化明显。例如，行道树和草坪的植物种类通常都较为单一。

五、演替偏途化

草坪和城乡绿地植被作为人工植被类型，其形成、更新以及演替都是在人为干预下进行的，植被演替是一条按人的绿化政策发展的偏途途径。

第四节　草坪和城乡绿地的生态效应

草坪和城乡绿地以植被为主要存在形式，但又与自然生态系统中绿色植被为中心的情况截然不同，草坪和城乡绿地的植物作为生产者的功能十分弱化，而在改善城乡生态和净化环境的生态效应方面日趋显著。

一、改善局地小气候

小气候主要指地层表面属性的差异性所造成的局部地区气候。小气候的影响因素有很多，除太阳辐射、温度、湿度和大气环流外，还有地层表面属性，如地形、植被、水面、地面、墙体等。植物有遮阳的作用，浓密的树冠在夏季能吸收和散射、反射掉一部分太阳辐射，从而减少地面增温。冬季叶子虽大部分凋零，但密集的枝干仍能降低吹过地面的风速，使空气流量减少，起到保温保湿的作用。叶面的蒸腾作用也能降低气温，调节湿度，对改善城市局地气候有着十分重要的作用。科学合理的绿地配置可以从温度、湿度、通风三个方面对城乡局部地区小环境产生积极的调节作用。

（一）调节气温

胡喜生的研究表明，增加城市绿地或增加绿色植物的覆盖面积是改善城市"热岛效应"的重要措施。在自然状态下，绿地和水面的蒸发作用能在一定程度上消耗阳光辐射带来的热能，起到降温作用。测试资料表明，当夏季城市气温为 27.5 ℃时，草坪表面温度为 22～24.5 ℃，比裸露地面低 6～7 ℃，比柏油路表面温度低 8～20.5 ℃；有垂直绿化的墙面表面温度为 18～27 ℃，比清水砖墙表面温度低 5.5～14 ℃；水泥地面温度为 56 ℃时，泥土地面温度为 50 ℃，树荫下的地面温度为 37 ℃，树荫下的草地温度为 36 ℃。在自然状态下，草坪和城乡绿地植被对太阳辐射的反照作用、绿地和水面的蒸发作用能在一定程度上消耗阳光辐射带来的热能，从而起到降温作用（表 13 - 2）。

表 13 - 2　不同物体表面的反照率

（引自杨赟丽，2006；马焱，2012）

物理表面	反照率（%）	物理表面	反照率（%）
红砖	10.0	杨树叶	61.5
水泥	8.5	桦树叶	38.0
沥青	4.0	草坪	17.0

绿地日平均气温降低值与绿化覆盖率有关。实验表明绿化覆盖率为 50% 的绿地，平均日气温下降 0.3 ℃；绿化覆盖率为 100% 的绿地，平均日气温可下降 1.2 ℃；绿地的地温比气温下降更明显，日均地温可下降 2.5～7.2 ℃。此外不同类型的绿地降温效果不同，绿地面积越大，降温效果越明显（表 13 - 3）。

表 13-3　北京地区不同类型绿地的降温效果比较

(引自杨赛丽，2006)

绿地类型	面积（hm²）	平均气温（℃）
大型公园	32.4	25.6
中型公园	19.5	25.9
小型公园	4.9	26.2
城市空旷地	—	27.2

（二）调节湿度

草坪和绿地植被叶面蒸发量大，从根部吸入水分的 99.8% 通过叶面蒸腾掉。研究发现，植物在生长过程中，每形成 1 kg 干物质，需要蒸腾 300～400 kg 水。由于绿化植物具有如此强大的蒸腾水分的能力，不断地向空气中输送水蒸气，因此可以提高空气湿度（表 13-4）。通常，公园的湿度比城市其他地区高 27%。即使在冬季，由于绿地里风速较小，土壤和树木蒸发水分不易扩散，绿地的相对湿度也比非绿地区高 10%～20%。而湿度的变化都伴随着温度的变化，因此草坪和绿地中舒适、凉爽的气候环境与植物调节湿度密切相关。

表 13-4　北京地区不同类型绿地每公顷平均日蒸腾吸热及蒸腾水量

(引自陈自新等，1998)

项目	绿量（km²）	蒸腾水量（t/d）	蒸腾吸热（kJ/d）
公共绿地	120.71	214.42	526
专用绿地	90.39	159.25	391
居住区	89.77	120.40	295
道路	84.67	151.06	371

二、净化作用

（一）维持碳氧平衡

工业革命以来，化石能源的使用使得空气中二氧化碳的含量提高。卫生学研究表明，当空气中二氧化碳含量达到 0.05% 时，人已呼吸不适；增高至 0.1% 时，就超过卫生学的允许浓度；到 0.2% 时，就会导致头晕、耳鸣、心悸、血压升高等病症，危害人体健康。在一些大城市中，有些地区二氧化碳的含量有时可达 0.05%～0.07%，局部地区达到 0.20%。此外，二氧化碳还是城市"热岛效应"的主要原因，其浓度升高会造成城市局部地区升温，并促使城市上空形成逆温层，加剧空气污染。

绿色植物是天然的氧气工厂，大气中的氧气大部分来自植物。生长旺盛的草坪通过光合作用，每平方米每小时可吸收 1.5 g 二氧化碳；城市内的阔叶林地，每平方米每小时可吸收 7.2 g 二氧化碳。一个人一昼夜呼吸消耗 0.75 kg 氧气，排出 0.9 kg 二氧化碳，因此只需要 50 m² 的草坪或 10 m² 的阔叶林地就能吸收一个人排出的二氧化碳。同时，城乡中有大量工业企业、锅炉、机动车辆等，这使得空气中二氧化碳的含量普遍超过正常值。因此，一些专家提出每个城市居民应有 30～40 m² 的绿地面积，而联合国生物圈组织提出，每人 60 m² 的绿地面积才是最佳的人类居住环境。

（二）吸尘作用

人居环境空气中含有大量的粉尘、烟尘等微粒，这些微粒是各种有机物、无机物、微生物（包括病原菌）的载体，会引发各种呼吸道疾病，如鼻炎、气管炎、哮喘、尘肺等病。许多工业城市每年每平方千米降尘达到 500 余 t，个别城市达到 1 000 万 t。

植物是天然的空气过滤器和吸尘器，对烟尘和粉尘有明显的阻挡、过滤和吸附作用。其作用机理，一方面是枝冠茂密，具有强大的减低风速的作用，使得一部分微粒、尘粒沉降下来；另一方面是叶面吸附。绿色植物的叶面积远远大于它的树冠的冠层占地面积，如生长茂盛的草地植物的叶面积为冠层占地面积的 20～30 倍，林地叶面积的总和是其树冠占地面积的 70～80 倍。同时，有的植物的叶片表面或粗糙，或皱纹交错，或绒毛密布，有些还能分泌油脂，植物的这些形态特征都有阻挡、吸附粉尘的作用。蒙尘的植物经雨水冲洗后，又可恢复吸滞粉尘的能力。

（三）吸收有害气体作用

由于工业生产和交通等原因，空气中含有很多有害气体，如二氧化硫（SO_2）、氟化氢（HF）、氮氧化物（NO_x）、氯气（Cl_2）、臭氧（O_3）等以及汞、铅、铬等重金属，除此之外，还有有机类的醛、苯、酚等，这些物质污染环境，对人体也有害。在一定浓度范围内，几乎所有植物对这些有害气体都具有不同程度的吸收或指示作用。绿地植被吸收有毒气体的能力取决于地形、气候和植物间的交互作用。

1. 二氧化硫　二氧化硫（SO_2）是一种无色、具有刺激性气味的不可燃气体，可刺激眼睛、损伤器官、引发呼吸道疾病，甚至威胁生命，是一种分布广、危害大的大气污染物。二氧化硫和飘尘具有协同效应，两者结合起来对人体的危害作用可成倍增加。二氧化硫在大气中不稳定，在相对湿度较大且有催化剂存在时易形成酸雨。

人们对植物吸收二氧化硫的能力进行了许多研究，宋彬等在 2015 年发现二氧化硫吸收量与植物叶片表面的粗糙度成正比，吸收的速度与环境的相对湿度成正比，即叶片越粗糙、相对湿度越大，其吸收能力越强。同时，在植物可以忍受的限度内，空气中二氧化硫的浓度越高，植物的吸收量也越大，其含量可为正常含量的 5～10 倍。对空气湿度与植物抗性作用的研究表明，空气相对湿度越低，植物对二氧化硫的抗性越大，同时对二氧化硫抗性强的植物吸收二氧化硫的能力也越强。

2. 氟化氢　氟化氢是一种无色、有强烈刺激性和腐蚀性的有毒气体，是电解铝、玻璃、陶瓷、钢铁、磷肥等生产过程中的产物，氟化氢对人体的危害比二氧化硫大 20 倍。在正常情况下植物叶片也含有一定量的氟化物，一般在 0～25 mg/kg（干重）。在污染情况下，植物叶片中氟化物的含量大大提高，但如果植物吸收氟化氢超过了叶片所能忍受的限度，叶片就会出现发黄或边缘枯焦的损害。研究表明，对氟化氢具有抗性的植物在低浓度时能吸收一部分氟化氢，代表植物如美人蕉、向日葵、蓖麻等草本植物和泡桐、梧桐、大叶黄杨、女贞等木本植物。

3. 氯气　氯气的污染性较大。植物可以从大气中吸收氯，据研究，生长在离污染源 400～500 m 的树林，如洋槐、银桦和蓝桉，每年可吸几十千克氯气。从叶片吸收和积累氯气的能力来看，阔叶树大于针叶树，有时可相差十几倍之多。

4. 臭氧　光化学烟雾是一种烟雾污染现象，是碳氢化合物在紫外线作用下生成的有害浅蓝色烟雾。其主要成分为臭氧、醛类、过氧乙酰硝酸盐、烷基硝酸盐、酮等氧化剂，其中臭氧占 90% 左右。研究表明，绿地植被对臭氧有吸收和净化作用。对光化学烟雾及臭氧反应灵敏的植物有甜菜、莴苣、烟草、菠菜、矮牵牛、番茄、兰花、秋海棠、蔷薇、丁香等，吸收光化学烟雾抗性强的植物有白菜、黄瓜、洋白菜、花椰菜、橡树、洋槐等。

（四）杀菌作用

空气中的灰尘含有多种有害细菌，植物的滤尘、吸尘作用使细菌载体减少，并减少有害细菌的传播，此外植物的叶、芽、花粉还能分泌具有杀菌能力的挥发性物质——杀菌素。常见的杀菌素主要是挥发性油类物质，如丁香酚、肉桂油、柠檬油、天竺葵油以及一些含萜烯类、有机酸、酮、醇等化合物。据测定，某些街道每立方米空气中有几十万个细菌，而郊区公园只有几千个。

城市绿地中的许多花草树木具有杀菌作用，如桉树能杀死流行性感冒病毒；松林中的臭氧可以抑制和杀死结核菌；桦树、栎树、椴树、松、柏、冷杉等分泌的杀菌素能杀死白喉、结核、霍乱和痢疾等病原菌，如一公顷桧柏林一昼夜能分泌 30 kg 杀菌素。因此休疗养院常建在树木较多的森林环境中。通过对南京市内各地区空气中含菌量的比较发现（表 13-5），各类林地、草地含菌量较低，而人多植物少的区域的空气中含菌量较高。

表 13 - 5　南京市内各地区空气中含菌量比较

（引自戴天兴，2013）

类别	人流、车辆、绿化状况	空气中含菌量（个/m³）
公共场所	人多、车多、绿化差	49 700
街道	人多、车多、无绿化	44 050
街道	人多、车多、绿化好	24 480
公园	人多、绿化好	6 980
机关	人少、绿化好	3 460
植物园	人少、树木茂盛	1 046

（五）净化土壤作用

人类的工业生产、农业生产和城市建设等活动使得大量污染物进入土壤，包括重金属和有害微生物。重金属污染危害尤其明显，不仅面积大，而且持续时间长。土壤中有害重金属含量积累到一定程度会对土壤-植物系统产生毒害作用，导致土壤退化、农作物的产量和品质下降，此外，重金属可以通过径流和淋洗等作用污染地表水和地下水，并且通过接触和食物链等途径危及人类的生命健康。草坪植物及绿地植被通过固定、挥发和吸收等方式对土壤重金属、有机物等污染起净化作用。植物的根系及特殊微生物能使环境中的重金属等污染物固定，使其流动性降低、生物可利用性下降，从而减少其对生物的毒害；吸收是植物修复污染土壤最有效的一种方法，具有富集能力的树木将有害的重金属等污染物通过根系吸收后，输送并贮存在植物体的地上部分，通过转化、隔离或螯合作用富集重金属离子，收获后可达到清除土壤中重金属的目的。草坪和绿地植被根系不仅能吸收有害重金属物质，有的植物根系的分泌物还可以杀死土壤中的大肠杆菌。植物根系丰富的土壤中好气细菌数量较多，可加快土壤中有机质的分解速度，从而在净化土壤的同时增加土壤肥力。

三、防护功能

（一）降低噪声

基于环境保护学的观点，凡是妨碍人们正常休息、学习和工作的声音，以及对人们要听的声音产生干扰的声音，都属于噪声。城市工业化的发展、交通工具的日益增多以及城镇化的进程产生大量的城市噪声，主要有交通噪声、工业噪声、建筑施工噪声、社会生活噪声等。城市噪声对居民的干扰和危害日益严重，已经成为城市环境的一大公害。

绿地植物的树干和茂密的枝叶对噪声有阻隔、吸收和消纳的作用，可以有效地降低噪声的强度。研究表明，噪声通过成片树林时，可降低 26～43 dB；绿化的街道比不绿化的街道噪声降低 8～10 dB；在公路两旁各造 10 m 宽的林带，可使交通噪声降低 50%。因此，在城市内建设绿地已成为城市降低和消除噪声的主要措施。通常，树冠矮的乔木和灌木比树冠高的乔木消除噪声的能力强；相比于针叶树，阔叶树的叶片大，吸音效果更好；多条狭林带比一条宽林带吸音效果好；由乔木、灌木和草本植物共同构成的多层次林带比一层稠密的林带吸音效果好。

（二）防灾避险

防灾减灾主要指的是对城市中发生各种人为灾害与自然灾害之后诱发的各种次生灾害，以及对城市工程建设与人民生命健康产生损失或危害而采取相应的预防措施。

草坪和城乡绿地具有的防灾减灾功能不仅是指地震等自然灾害发生时提供避险的场地，还指其能对出现的各种自然或人为灾害起到良好的抵御作用。同时，草坪和绿地更是城市人群在灾害发生之后避免受到细菌传染的重要场所。发生灾害时，防灾避险绿地发挥的主要作用包括：①发生灾害时为居民提供长期或暂时性的躲避场所；②充当隔离灾害的地带，对有毒气体与潜在的蔓延产生隔离作用；③可以作为复兴城市生活与修建家园的重要据点；④生活物资调遣、紧急援助与消防地带；⑤进行灾后恢复活动；⑥收集与传播灾时情报。

我国自然灾害频繁发生，超过一半的城市都集中在地震灾害、洪水灾害以及气象灾害的重要地带，在城市的发展与建设中合理规划建设城市防灾避险绿地，能充分保障人民生命安全与城市经济的稳定发展。

（三）保水固土，防洪固堤

在城市的开发建设项目的建设过程中，人类的活动破坏了原地形、地貌和地上植被，产生边坡、陡坡，地表组成物质发生较大变化，形成以碎石土粒为主的地表结构，在降雨的冲刷下，大量泥沙被雨水带走，引起严重的水土流失。另外，城市建筑垃圾的堆放成为水土流失的隐患，可能为下游带来水土流失灾害。城市开发建设项目建成后，下垫面发生较大变化，大量硬化地面、路面、屋顶使地表径流形成过快，在持续降雨或暴雨情况下易形成水患。

草坪覆被或绿地建植措施均可有效减少地表径流量、削减暴雨径流峰值、减少水土流失，对防治土壤侵蚀发挥着不可或缺的作用。研究表明，降雨时有 15%～40% 的水量被树木树冠截留或蒸发，有 5%～10% 的水量被地表蒸发。植被叶片可防止暴雨冲刷土壤，草地覆盖地表阻挡了流水冲刷，植物的根系能紧固土壤，因此可固定沙土、石砾，以防止水土流失。

第五节　草坪和城乡绿地的其他功能

一、游憩娱乐

随着我国综合国力的提高，先进科技的运用为人们提高劳动效率和生活质量提供了更多方法和手段。我国也开始注重"人的发展"，提出了"以人为本"的科学发展观，要求在各个方面提高人们的物质和精神文化生活，促进人们的休闲生活。在这样的大前提下，草坪和城乡绿地越来越成为人们重要的户外休闲游憩场所，城市绿地也为人们提供了一个非常重要的社会交往平台，在城市绿地中开展的有组织的社会性或社区性活动，对促进社会交往和社区健康发展发挥了重要作用，是和谐社会的重要支持因素。

草坪和绿地带来的绿色视觉环境会对人的心理产生许多积极的影响。"绿视率"理论认为，在人的视野中绿色达到 25% 时，就能消除眼睛和心理的疲劳，使人的精神和心理最舒适。研究证实，绿色植物对人的心理有镇静作用，使中枢神经系统轻松，调节和改善机体的机能，给人以宁静、舒适、生机勃勃、精神振奋的感觉从而增进心理健康。另外有研究表明，绿色能在一定程度上减少人体肾上腺素的分泌，降低人体交感神经的兴奋性，从而减少人们的精神压力。

城市草坪和绿地环境良好，类型多样，方便可达，为人们提供了绿色、丰富、便利的户外休闲活动场所，使更多的自发性和社会性活动的发生成为可能，从而促进人与人的交流、人与自然的交流，进一步提高了城市居民的生活品质。

二、文化活动

草坪和绿地是城市的绿色基础设施，它作为城市主要的公共开放空间，不仅是城市居民的休闲游憩活动场地，还是市民感受社会教育的重要场所。随着社会经济、文化的进步和全民健身、休闲活动的开展，草坪和绿地日益成为弘扬民族传统文化、展示先进科学文化知识的重要窗口，是进行精神文明建设、加强爱国主义教育的阵地。

草坪和绿地是人们接触自然的最佳媒介。绿地内的自然景观、动植物资源向公众展示着自然界的奥秘，吸引人们置身其中，游客在草坪和绿地内感受大自然的神奇与壮丽，获取重要的自然科学知识，从而产生热爱自然、保护自然的强烈意愿。同时，在草坪和绿地内举办各种生动活泼的科学普及宣传和实践活动，游客可通过多种形式进行实践和学习。草坪和绿地作为人们室外活动的主要场所，是进行环境教育的"第二课堂"，教育效果显著。

三、生态康养

生态康养是一个新兴产业，目前学术界尚无统一定义。生态康养的实质是以人为本、回归自然、以康为要、以养为源的大健康战略布局，是林业、草业、旅游业、健康服务业等相关产业相互交融延伸而形成的新业态。生态健康不仅关系到人们的身心健康，也反映出人与环境的关系是否和谐。人们与自然之间是相辅相成的，生态健康是人与自然之间的桥梁，因此在一些发达国家，生态康养型绿地应运而生。生态康养型绿地是运用生态学原理来规划建成的集生态和谐、环境优美、保健疗养于一体的公共绿地，符合绿化的要求，满足人们对植物治疗保健的需求。生态康养型公共绿地的植物配置不仅仅要注重绿化覆盖率、人均绿化面积、乔灌比等基础绿化内容，更应该注重不同植物对人体健康的不同疗效，以及如何合理配置多种植物来发挥更好的保健作用。

建设生态康养型公共绿地，通过合理配置保健植物，促使生态平衡，让人们的生活环境达到真正的安全、绿色、健康，让城市成为美观、生态、和谐之城。20世纪90年代以后，国外更加流行保健型绿地，包括野生生物花园、沉思花园以及一些纪念性花园、激励花园等，这类保健型绿地除了注重身体康复外，更加注重人的心理和精神方面的恢复。人们在工作闲暇体验公共绿地的保健疗养作用，放松身心、消除疲劳。配合医疗措施，公共绿地对人们恢复健康、治疗疾病具有很显著的效果。

四、美化城市

草坪和绿地是景观效果的重要组成部分，其好坏对城市面貌常起决定性的作用，城市绿地是景观效果的重要组成部分。绿地植物既是现代城市园林建设的主体，又具有美化环境的作用。草坪和绿地植物具有丰富的色彩、优美的形态，并且随着季节的变化呈现不同的景观外貌，给人们的生存环境带来勃勃生机，使原本冷硬的建筑空间变得温馨自然。绿色植物空间与周围建筑的实体空间形成刚柔对比、高低错落、丰富多变的城市图底关系，丰富了城市的空间层次，提升了城市的整体形象，有美化城市、美化环境的艺术效果。空间布局良好的草坪和城市绿地可以改善城市环境，营造景观特色，从而达到美化城市的目的，同时给人们带来心理和视觉上的美感。

第六节 常见草坪绿地景观植物

常见的草坪绿地植物除了低矮的覆盖于地表的草坪草，还包括花、果、叶具有观赏价值的低矮草本植物。草坪草和绿地观赏具有相似的景观功能和生态功能，此外绿地观赏草除了色彩为绿色外，还能表现红、橙黄、黄、紫等色彩，可用不同的配置方法展现绿地植物群落丰富多彩的层次结构。

一、草坪草

草坪草大部分为禾本科的草本植物。禾本科包含1万多种植物，其中只有几十种具有耐修剪、抗践踏和可形成连续地面覆盖群落的特性，可以用作草坪草。常用的草坪植物主要分属于禾本科的3个亚科：早熟禾亚科、画眉草亚科和黍亚科。

早熟禾亚科（Festucoideae）包括早熟禾属（*Poa*）、羊茅属（*Festuca*）、翦股颖属（*Agrostis*）、黑麦草属（*Lolium*）、燕麦草属（*Arrhenatherum*）、梯牧草属（*Phleurn*）等。

画眉草亚科（Chlofideae）包括结缕草属（*Zoysia*）、狗牙根属（*Cynodon*）、野牛草属（*Buchloe*）、格兰马草属（*Bouteloua*）。

黍亚科（Panicoideae）包括蜈蚣草属（*Erernochloa*）、地毯草属（*Axonopus*）、雀稗属（*Paspalum*）、钝叶草属（*Stenotaphrum*）、狼尾草属（*Pennisetum*）等。

按照草坪植物对气候的适应性，将其分为冷季型草坪植物和暖季型草坪植物。

（一）冷季型草坪草

冷季型草坪草亦称冷型草坪草，最适生长温度为 15～25 ℃，适宜在我国黄河以北地区种植。耐寒性强、绿期长，春秋两季生长快，夏季生长缓慢，并出现短期的半休眠现象；既可以用种子繁殖，也可以用营养体繁殖；抗热性差，夏季病虫害多，要求精细管理，使用年限较短。

草地早熟禾、多年生黑麦草、高羊茅、匍匐翦股颖和细羊茅都是我国北方地区较适宜种植的冷季型草坪草种。草地早熟禾和匍匐翦股颖耐低温能力强，高羊茅和多年生黑麦草能较好地适应非极端的低温。冷季型草坪草耐高温能力差，但某些冷季型草坪草，如高羊茅、匍匐翦股颖和草地早熟禾可以在过渡带或热带、亚热带的高海拔地区生长。

1. 羊茅属（*Festuca*）　羊茅属植物约 100 种，分布于全世界的寒温带和热带的高山地区。羊茅属草坪草被广泛用于冷凉湿润、冷凉干燥和过渡带地区。细羊茅在我国南方的某些地区也被用作冬季覆播的草坪草。我国有羊茅属植物 14 种，常被用作草坪草的有高羊茅、紫羊茅等。

（1）高羊茅（*Festuca elata*）：高羊茅为冷季型丛生状草坪草。与同属的其他植株相比，高羊茅植株高大，叶宽，茎秆直立、粗壮。芽中叶片呈卷曲状。叶片扁平、坚硬，长 10～30 cm，宽 5～10 mm。叶片正面叶脉突出，无主脉，叶片背面光滑，叶表面及边缘粗糙；叶鞘圆形、开裂，基部红色；叶舌膜质，长 0.4～1.2 mm，截形；叶耳小而狭窄；叶环宽，分离，边缘行短毛。圆锥花序直立或下垂，每节有 2～5 个分枝；小穗长 10～15 mm，每一小穗上有 4～5 朵小花。颖果（种子）长 3.4～4.2 mm，宽 1.2～1.5 mm，显著大于羊茅属其他种。

在冷季型草坪草中，高羊茅的耐高温能力很强，但耐寒性差。在短暂的高温条件下，叶片的生长受到抑制，但仍能保持颜色和外观的一致性。在寒冷潮湿气候带的较冷地区，高羊茅易受到低温的伤害。高羊茅是最耐旱和最耐践踏的冷季型草坪草之一，耐阴性中等，耐粗放管理。高羊茅对土壤条件的适应性广，在 pH 为 4.7～9.0 的土壤中都能生长，最适于生长在肥沃、湿润、富含有机质的细壤土中，最适 pH 为 5.5～7.5。

高羊茅的缺点是抗冻性稍差，丛状生长，在草坪中常呈丛块状。由于抗冻性差，高羊茅很少被用在北方的冷湿地带，主要被用于南方的冷湿地区、干旱凉爽区以及过渡带地区。与其他冷季型草坪草相比，高羊茅更耐盐碱、耐潮湿，可忍受较长时间的水淹，可用作排水沟旁的草坪。高羊茅叶片比较粗糙，所以一般只用于建植中、低质量的草坪，如高尔夫球场的长草区、高速公路两侧、机场草坪，以及园林绿化中的大片绿地建植等。由于其成坪快，根系深，耐土壤瘠薄，也可以用于护土固坡。

（2）紫羊茅（*Festuca rubra*）：紫羊茅又名红狐茅，为多年生冷季型草坪草。紫羊茅须根发达，茎秆丛生，具根状茎和短的匍匐茎。叶长 5～15 cm，宽 1.5～3.0 mm；芽中叶片折叠，叶舌膜质，长 0.5 mm，截形；无叶耳；叶环狭窄，连续，无毛；叶片光滑柔软，对折或内卷，叶正面有突起，背面和边缘平滑，叶鞘光滑或有毛，基部红棕色，分蘖的叶鞘闭合。圆锥花序狭窄，稍下垂，长 9～13 cm，每节有 1～2 个分枝；小穗先端带紫色，含 3～6 朵小花。颖果长 2.5～3.2 mm，宽 1 mm。

紫羊茅耐寒性较强，喜凉爽湿润的气候，耐 −30 ℃ 的低温，最适宜在高海拔地区生长，但不耐炎热和潮湿。耐旱性强于草地早熟禾、匍匐翦股颖和多年生黑麦草。紫羊茅的耐阴性比大多数冷季型草坪草强，可以耐 50％～70％ 的荫蔽，在乔木下半阴处能正常生长。对土壤要求不严，适合生长于富含有机质的沙质黏土和干燥的沼泽土中，耐践踏能力中等。

紫羊茅是世界上应用最广的冷季型草坪草之一。由于寿命长、色泽好、绿期长、生长速度慢、覆盖能力强，以及耐践踏和耐荫蔽等优点而被广泛应用于机场、庭院、花坛、林下等处，可作为优良的观赏性草坪草。紫羊茅也可用作为温暖湿润地区狗牙根占优势草坪的冬季覆播材料。

2. 早熟禾属（*Poa*）　早熟禾属中有 200 多个种，有一年生的也有多年生的；生长特性包括丛生型、根状茎型和匍匐攀型。所有的早熟禾有两个共同的结构特征：①船形叶尖；②叶片中脉两侧各有一条半透明的平行线。早熟禾 200 多个种中只有 7 个种具有草坪草的特性，其中 4 个种是常用的草坪草，分别为草地早熟禾、一年生早熟禾、普通早熟禾和加拿大早熟禾。

(1) 草地早熟禾 (*Poa pratensis*)：草地早熟禾为多年生草本植物。有发达的根状茎；茎秆直立。芽中叶片折叠。叶片呈"V"形或扁平，宽 2~4 mm，叶尖船形，叶缘较粗糙，在叶片主脉两侧有两条半透明的平行线。叶舌膜质，长 0.2~1.0 mm，截形；叶环中等宽度，分离、光滑、黄绿色，无叶耳。圆锥花序开展，长 13~20 cm，分枝下部裸露；小穗长 3~6 mm，密生顶端，含 3~5 朵小花。颖果纺锤形，具三棱，长约 2 mm。

草地早熟禾喜光，喜冷凉湿润的环境，抗寒性强，在我国北方−27 ℃的寒冷地区均能安全越冬；不耐热，在气温高于 32 ℃时，生长速度降低，夏季炎热时生长停滞。草地早熟禾适于生长在排水良好、肥沃、湿润、pH 为 6~7、中等质地的土壤中。根茎繁殖力强、再生性好，较耐践踏。在适当的修剪强度（留茬 4~5 cm）下，与杂草的竞争能力很强。管理适当时，具有较强的抗病性。草地早熟禾耐阴性差，耐阴能力弱于普通早熟禾和细羊茅。另外，草地早熟禾的根系分布浅，需水量较大。

草地早熟禾寿命较长、草质细软、颜色光亮鲜绿、绿期长，是应用最广泛的冷型草坪草之一，可用于寒温带、温带以及亚热带和热带高海拔地区，可广泛应用于公园、公共绿地、庭院、高尔夫球场及机场等地带的草坪中。此外，草地早熟禾具有发达的根系及较强的再生能力，因此被广泛应用于运动场建植。

(2) 一年生早熟禾 (*Poa annua*)：一年生或越年生草本植物。株丛低矮，高 8~30 cm；秆直立或基部稍倾斜。叶片扁平，柔软细长，宽 2~3 mm，在生长季或冬季为浅绿色。具小而疏松的圆锥花序，整个生长季均显花序。

适应性强，抗旱、耐阴，在荫蔽环境中生长良好；不耐热冷和干旱的不良环境，但在温带地区的春秋、亚热带地区的凉爽时期能苗壮生长。潮湿贫瘠、中性到微酸性和排水良好的土壤较适合其生长。

种子繁殖，播种量 7.5~9 g/m²。具有一定的自播能力。气候干旱时易枯黄，且越年生，宜与其他草混播建坪。要求管理水平精细，修剪高度为 0.5 cm 时，能形成高质量的草坪，修剪次数少或修剪高度不够低时，容易形成芜枝层。干旱季节常需每天灌溉，炎热天的中午需喷水降温。易染病。每年需纯氮量为 10~27 g/m²。

(3) 普通早熟禾 (*Poa trivialis*)：普通早熟禾又名粗茎早熟禾、粗糙早熟禾，多年生冷季草坪草。具有发达的匍匐茎，地上茎茎秆光滑，丛生。茎秆基部的叶鞘较粗糙，故被称为粗茎早熟禾。粗茎早熟禾质地细，有匍匐茎；芽中幼叶呈折叠形；膜状叶舌，长 2~6 mm，呈尖状或凹形；无叶耳；叶环宽，分离；成熟的叶片呈"V"形或扁平，柔软，淡绿色，有光泽，在中脉的两旁有两条明线，叶尖呈明显的船形。具有开展的圆锥花序，长 13~20 cm，分枝下部裸露，每节有 3~4 个分枝；小穗含 2~3 朵小花。颖果长椭圆形，长约 1.5 mm。

粗茎早熟禾适宜生长在湿润、冷凉的温带地区，喜湿润、肥沃的土壤。耐阴性强，在中度和重度遮阴条件下生长良好，较其他耐阴的冷季型草坪草如细羊茅耐潮湿、抗寒，在我国华北地区能顺利越冬。耐热性差，在炎热的夏季叶尖变黄，处于半休眠状态。根系浅，抗旱性差。不耐践踏。绿期较长，春、秋两季生长较快，夏季阳光充足时会出现褐色。

粗茎早熟禾被广泛用于绿地、公园草坪，不适于作观赏草坪，常与草地早熟禾混播来增加草坪的耐阴性。

(4) 加拿大早熟禾 (*Poa compressa*)：加拿大早熟禾为疏丛根茎型，株高 15~50 cm。茎基狭窄，全裂；叶片扁平或呈"V"形，蓝灰或浅绿色，叶宽 1~3 mm。具狭窄的圆锥花序。

适应冷温带和副极地气候，耐旱，在干燥、瘠薄、质地粗略的陡坡上也可栽植，是良好的道路护坡材料。不耐炎热，在阳处及半阴处都能生长。

主要用播种方式为建坪，播种量为 10~15 g/m²。修剪过低时露出的坚硬茎秆使之看起来粗糙，适宜的修剪高度为 7.5~10 cm。

加拿大早熟禾不能形成植株密度和质量都相当好的草坪，其使用限于低质量、低养护水平环境，常用作立地条件较差的平地、斜坡、低洼处的绿化和道路护坡材料。

3. 翦股颖属（*Agrostis*）　该属约有 220 个种，只有少数几个种可用作草坪草，包括匍匐翦股颖、细弱翦股颖、绒毛翦股颖和小糠草。除小糠草外，上述翦股颖草种被广泛用于高尔夫球场果岭和其他管理强度较高的草坪中，其中匍匐翦股颖和细弱翦股颖是较重要的翦股颖属草坪草种。翦股颖质地细和耐低修剪，其修剪高度可达 0.5 cm，甚至更低。强修剪时，翦股颖可以形成致密、均一的高质量草坪。翦股颖属的共同特征包括叶片正面有隆起，芽中幼叶卷曲和单花小穗等。

（1）匍匐翦股颖（*Agrostis palustris*）：又名匍茎翦股颖，本特草。匍匐翦股颖叶片质地细腻，有发达的匍匐茎，叶芽卷曲。叶舌膜质，长圆形，长 2.5～3.5 mm；无叶耳；叶环由窄至宽不等；叶片扁平，线形，先端渐尖，叶长 5.5～8.5 cm，宽 2～3 mm，叶片正面叶脉明显，背面光滑。匍匐茎的节上易生根。圆锥花序卵状长圆形，绿紫色，成熟时呈紫铜色，长 11～20 cm，宽 2～5 cm，每节具 2～5 个分枝；小穗长 2.0～2.2 mm。颖果卵形，长约 1 mm，宽约 0.4 mm，黄褐色。

匍匐翦股颖喜冷凉湿润的气候，在我国北方能正常越冬。由于匍匐茎节上不定根入土较浅，因而耐旱性较差，容易发生冬季失水干枯的现象。耐热能力中等，在南方夏季高温条件下，生长速度减慢，容易感染病虫害。匍匐翦股颖耐低修剪，修剪高度可低至 3 mm，匍匐茎横向蔓延能力强，能迅速覆盖地面，形成密度很大的草坪。耐践踏能力中等。匍匐翦股颖对土壤要求不严，最适宜生长在湿润、疏松、肥沃、酸性至弱酸性的细壤土中。对紧实土壤的适应性很差。

匍匐翦股颖在高强度的管理、特殊的剪草设备和高水平的管理技术下才能获得高质量的草坪，不适宜作庭院草坪和观赏草坪，但在高尔夫球场果岭上应用广泛，世界上温带地区几乎所有高尔夫球场果岭都使用。同时匍匐翦股颖也被作为草地网球场、草地保龄球场等精细管理草坪的首选草种。

（2）细弱翦股颖（*Agrostis tenuis*）：细弱剪股颖又名棕顶草。细弱翦股颖质地细，茎秆丛生，具有短的匍匐茎和根状茎。细弱翦股颖芽中叶片呈卷曲状；叶舌膜质，长 0.3～1.2 mm，截形；无叶耳；叶环狭窄，透明状；叶片扁平、线形，先端渐尖，叶长 2～5 cm，宽 1～3 mm，叶正反面及叶缘粗糙。圆锥花序近椭圆形，开展。

细弱翦股颖适合生长在温带海洋性气候条件下。喜冷凉湿润，耐寒、耐瘠薄、有一定耐阴性，但耐热性和耐旱性稍差。耐低温性不如匍匐翦股颖，但较匍匐翦股颖耐旱。适应的土壤范围较广，在肥沃、湿润、pH 为 5.5～6.5 的细壤土中生长最好。不耐践踏。

细弱翦股颖最早被从欧洲引入世界各地的寒冷潮湿地区，我国北方湿润带和西南一部分地区也适合其生长。细弱翦股颖常与其他冷季型草坪草混播，被运用到高尔夫球场球道和发球台中，有时也被用于高尔夫球场果岭及其他高质量的草坪中。此外，细弱翦股颖也可用于公园、街道和居住区绿化。

（3）绒毛翦股颖（*Agrostis canina*）：绒毛翦股颖又名欧翦股颖。绒毛翦股颖具匍匐茎，其匍匐茎的延伸性比匍匐翦股颖差，但强于细弱翦股颖。芽中叶片卷曲；叶舌膜质，长 0.4～0.8 mm，尖形；无叶耳；叶环宽；叶片扁平，宽 1 mm，叶片正面稍粗糙，背面光滑。圆锥花序红色、松散。

绒毛翦股颖适合在温带海洋性气候、排水良好、酸性至弱酸肥力的沙质土壤上生长，是翦股颖草坪草中最耐阴的种类，其耐热性和耐寒性也优于其他翦股颖种类。有一定的耐旱性，但柔软多汁的叶片容易萎蔫。

绒毛翦股颖质地细腻，能形成高质量的精细草坪。主要被用于低修剪的高尔夫球场果岭和保龄球球场以及其他精细管理的观赏草坪。

（4）小糠草（*Agrostis alba*）：小糠草又名红顶草、糠穗草、白翦股颖。具细长根状茎，浅生于地表。芽中幼叶卷曲；叶舌膜质，长 1.5～5.0 mm，圆形；无叶耳；叶环宽，分离；叶片线状，扁平，叶正面略粗糙，背面光滑，叶长 17～22 cm，宽 3～10 mm。圆锥花序红色、松散。由于该草在抽穗期间穗上呈现一层鲜艳美丽的紫红色小花，故又名红顶草。颖果长椭圆形，长 1.1～1.5 mm，宽 0.4～0.6 mm，黄褐色。

小糠草适应性广。喜冷凉湿润气候,耐寒性强,耐热性优于匍匐翦股颖和细弱翦股颖;喜阳,耐阴能力比紫羊茅稍差。对土壤要求不严,但在有灌溉条件的沙壤土中生长最好。侵占性强,一旦长成,即能自行繁殖。分蘖旺盛,繁殖能力强。

由于小糠草形成的草坪质量不高,因此没有被广泛应用。在草地早熟禾建坪时,可以用作"修补草";对环境有较强的适应性,常被用于保土草坪的建植,也可与其他草种混播用于道路、护坡的绿化。

4. 黑麦草属(*Lolium*) 黑麦草属是目前草坪生产中广泛使用的冷季型草坪草种之一。黑麦草属有 10 个种,主要分布在温带,其中被用作草坪草的只有多年生黑麦草和一年生黑麦草。黑麦草的主要优点是发芽和成坪速度快,因此常被用于草坪补播和混播,并常与草地早熟禾草坪草混播作为保护性草坪草。

(1) 多年生黑麦草(*Lolium perenne*):又名黑麦草、宿根黑麦草。多年生疏丛型草坪草,具有细弱的根状茎,根系发达。茎秆直立;芽中叶片对折;叶舌膜质,长 0.5~2.0 mm,截形至圆形;叶耳小,柔软,爪形;叶环宽,分离;叶片扁平,叶长 10~20 cm,宽 2~5 mm,深绿色,叶正面叶脉明显,背面光滑发亮。扁平穗状花序,小穗无芒,每小穗含 3~10 朵小花。普通品种有膜状叶舌、短的叶耳和宽的叶环。多数新品种没有叶耳,叶舌不明显,有时也呈现船形叶尖,易与草地早熟禾混淆。

多年生黑麦草喜温暖、湿润且夏季较凉爽的环境。最适温度为 20~27 ℃。气温为 -10 ℃时植株仍保持绿色,低于 -15 ℃时会产生冻害。在年降水量为 1 000~1 500 mm 的地区生长良好。喜光,耐阴性差,不耐旱,不耐瘠薄。在肥沃、排水良好且 pH 为 6~7 的土壤中生长较好,在瘠薄的沙土中生长不良。

多年生黑麦草损伤后恢复能力较差,很少被用于单一草坪。多年生黑麦草种子较大,发芽迅速,可以用作混合草坪的基本草种来建植运动场草坪,也可用作混合草坪的先锋草种,如配合草地早熟禾或高羊茅使用,以提高建坪速度。多年生黑麦草常被作为暖地草坪冬季覆播的主要草种。多年生黑麦草对 SO_2 等有害气体具有一定抗性,可以作为工矿企业的绿化材料。

(2) 一年生黑麦草(*Lolium multiflorum*):又名多花黑麦草。须根强大,株高 80~120 cm。叶片长 22~33 cm,宽 0.7~1.0 cm。外稃光滑,显著具芒,长 2~6 mm,小穗含小花较多,可达 15 朵,因此小穗也较长,可达 23 mm。

一年生黑麦草喜温暖、湿润气候,在温度为 12~27 ℃时生长最快,秋季和春季比其他禾本科草生长快。在潮湿、排水良好的肥沃土壤和有灌溉条件下生长良好,但不耐严寒和干热。最适于生长在肥沃、pH 为 6.0~7.0 的湿润土壤。

一年生黑麦草通常采用种子繁殖,建坪速度快,但再生能力很差,寿命也较短,因而主要被用于短期绿化的草地。

5. 其他冷季型草坪草

(1) 无芒雀麦(*Bromus inermis*):无芒雀麦别名普康雀麦,是禾本科雀麦属多年生草本植物。无芒雀麦叶鞘在近叶环处闭合,形成像"V"形毛衣领。喜冷凉干燥的气候,耐旱、耐热、耐寒、耐碱、耐瘠薄、耐践踏,分布于欧洲、西伯利亚和中国北部。无芒雀麦在低矮修剪的条件下形成粗放、稀疏的草坪,在干旱、半干旱地区主要作为水土保持材料。

(2) 碱茅(*Puccinellia distans*):别名铺茅、朝鲜碱茅,是禾本科碱茅属多年生草本植物。碱茅丛生,颜色灰绿,芽中叶片卷曲,膜状叶舌。圆锥花序夏季开花至秋季。喜湿润,抗寒能力强,耐旱,对土壤要求不严,喜光不耐阴,抗盐碱能力很强。主要被用于盐碱土地区草坪建植和公路护坡。

(3) 梯牧草(*Phleum pratense*):别名猫尾草,是禾本科梯牧草属多年生草本植物。梯牧草芽中叶片卷曲,尖形叶尖,膜状叶舌明显。茎基部明显膨大,呈块形加粗。喜寒冷湿润,耐寒,抗旱性较差,宜在水分充足的黏土或壤土中生长,在沙土中生长不良。耐酸性较强,能在 pH 为 4.5~5.0 的土壤中生长。梯牧草可作为牧草，也可被用于水土保持，较少被用于园林草坪。

（4）冰草（*Agropyron cristatum*）：别名野麦子，是禾本科冰草属多年生草本植物。是质地粗糙的丛生型草坪草，膜状叶舌较长，叶舌边缘有纤毛，爪状叶耳。冰草是典型的旱生植物，抗寒、抗旱性均较强。在气温为−30 ℃的地区能顺利越冬，在年降水量为230～380 mm的地区亦能正常生长。对土壤的适应性很广。耐粗放管理，剪草高度以4～8 cm为宜。冰草根系发达，是很好的水土保持材料。在冷凉地区常被用于低管护灌溉草坪和高尔夫球场的球道，故又被称为球道冰草。

（二）暖季型草坪草

暖季型草坪草也称暖地型草坪草，主要分布在我国长江流域以南的广大地区，耐热性好，一年仅有夏季一个生长高峰期，春、秋季生长缓慢，冬季休眠。生长的最适温度为26～32℃。抗旱、抗病虫能力强，管理相对粗放，绿期短。暖季型草坪草包括画眉草亚科和黍亚科，目前常用的暖季型草坪草种有十几种，分别属于狗牙根属、结缕草属、蜈蚣草属、雀稗属、地毯草属、野牛草属、钝叶草属、画眉草属、狼尾草属。

不同暖季型草坪草的耐寒性不同，分布的地区也不同。结缕草属和野牛草属是暖季型草坪草中较为耐寒的种，因此，它们中的某些品种能向北延伸到寒冷的辽东半岛和山东半岛。细叶结缕草、钝叶草、假俭草抗寒性差，主要分布于我国的南方地区。暖季型草坪草仅少数种可获得种子，主要进行营养繁殖。此外，暖季型草坪草均具相当强的长势和竞争力，群落一旦形成，其他草种很难侵入。因此，暖季型草坪草少混播。

1. 狗牙根属（*Cynodon*）　狗牙根属草坪草是最具代表性的暖季型草坪草，广泛分布于欧洲、亚洲的热带及亚热带地区。具有发达的匍匐茎和（或）根状茎，是建植草坪的优良材料。狗牙根属中狗牙根和杂交狗牙根常被用作草坪草。

（1）狗牙根（*Cynodon dactylon*）：又名普通狗牙根，多年生草本植物。具根状茎和匍匐枝，茎秆细而坚韧，节间长短不一，匍匐枝可长达1 m，并于节上产生不定根和分枝，故又名爬根草。叶线形，长3.8～8.0 cm，宽1～2 mm，先端渐尖，边缘有细齿；叶色浓绿；叶舌短，具纤毛。穗状花序，3～6枚呈指状排列于茎顶，绿色或稍带紫色。种子长1.5 mm，卵圆形。种子成熟后易脱落，具有一定的自播能力。

狗牙根适合生长于世界各温暖潮湿和温暖半干旱地区，极耐热和抗旱。狗牙根的抗寒能力仅次于结缕草和野牛草，地表10 cm土壤温度上升到10 ℃以上时才开始返青。狗牙根耐阴性差，对土壤的适应性强，耐轻度盐碱。喜在排水良好的肥沃土壤中生长。侵占力强，在适宜的条件下常侵入其他草坪。

因耐践踏，再生力很强，狗牙根被广泛应用于庭院、校园绿地、高尔夫球场的高草区、体育场，可以形成修剪低矮、致密的草坪。另外，狗牙根覆盖力强且耐粗放管理，也是很好的固土护坡材料。

（2）杂交狗牙根（*Cynodon dactylon* × *Cynodon transvadlensis*）：又名天堂草，是由狗牙根（*C. dactylon*）与非洲狗牙根（*C. transvadlensis*）杂交后，在其子一代中分离筛选出来的。由于该种的系列品种由位于Tifton的美国农业部海滨平原试验站育成，故命名为"Tif"系列品种。

杂交狗牙根具根状茎和发达的匍匐茎。叶质地由狗牙根的中等质地到非洲狗牙根的很细的质地不等，颜色由浅绿色到深绿色，花序长度为狗牙根的1/2～2/3。主要性状除保持狗牙根原有的一些优良性状外，还具有根茎发达、叶丛密集、低矮、根状茎节间短等特点。耐寒性弱，冬季易褪色。耐频繁的低修剪，践踏后易恢复。在适宜的气候和栽培条件下，能形成致密、整齐、密度大、侵占性强的优质草坪。耐一定的干旱，十分适合在中原地区生长。

目前在国内外，杂交狗牙根主要用在高尔夫球场果岭、球道、发球台以及足球场、草地网球场、赛马场等场地中。此外，也可用于部分高养护管理水平的公共绿地中。

2. 结缕草属（*Zoysia*）　结缕草属草坪草是当前广泛使用的暖季型草坪草之一。结缕草原产于我国胶东半岛和辽东半岛地区。结缕草属有10种，我国现有5个种和变种，常用作草坪草的有结缕草、沟叶结缕草、细叶结缕草、大穗结缕草和中华结缕草。

(1) 结缕草（*Zoysia japonica*）：又名日本结缕草、宽叶结缕草，多年生草本植物。具直立茎。须根较深，一般可深入土层 30 cm 以上，在该属中属于深根性草种。具有坚韧和发达的根茎和匍匐茎，茎节上产生不定根，茎叶密集，基部常有宿存的枯萎叶鞘。幼叶卷曲；叶片革质，叶长 3 cm，宽 2～5 mm，扁平，表面有疏毛；叶舌纤毛状，长约 1.5 mm；无叶耳。总状花序呈穗状，长 2～4 cm，宽 3～5 mm；小穗卵圆形，紫褐色，宽 1.2 mm。颖果卵形，长 1.2～2.0 mm。种子细小，成熟后易脱落。

结缕草适应性强，喜光但不耐阴，抗旱、耐高温、耐贫瘠。喜深厚、肥沃、排水良好的沙质土壤，在微碱性土壤中亦能正常生长。在暖季型草坪草中属抗寒能力较强的草种。在气温降至10.0～12.8 ℃时开始褪色，整个冬季保持休眠，在−30～−20 ℃的低温下能安全越冬。气温在 20～25 ℃时生长旺盛，在 36 ℃以上时生长缓慢或停止生长，但极少出现夏枯现象。秋季高温而干燥，可提早枯萎，使绿期缩短。在长江流域以南地区绿期可达 260 d 左右；在华北及东北地区，绿期一般为 180 d 左右。由于根茎发达茎叶密集，结缕草抗杂草能力强，易形成均一致密、平整美观的草坪。结缕草叶片粗糙、坚硬，草层厚，具有一定的韧度和弹性，耐磨性好，耐践踏。病害比较少，有时有锈病，偶有叶斑病、褐斑病或钱斑病，少有虫害发生。

结缕草是应用范围最广泛的草种。可用于庭院草坪、公园草坪、体育场草坪等。应用于高尔夫球场的球道和发球台，能形成很好的运动场地。由于根系发达、耐旱，也是良好的道路护坡材料。由于抗病虫害、节水、省肥、省农药、环保，可更大程度上节约草坪的养护管理费用，其养护管理费用支出仅相当于其他草坪的1/5，被称为 21 世纪最优秀的环保生态型草坪草。

(2) 沟叶结缕草（*Zoysia matrella*）：别名马尼拉草、半细叶结缕草，多年生草本植物。具根状茎和匍匐茎，须根细弱。茎秆直立。基部节间短，每节具一至数个分枝，叶片质硬，内卷，叶正面有沟，无毛，叶片质地较结缕草细，叶宽 1～2 cm，顶端尖锐，叶鞘长出节间，除鞘口有长柔毛外，其余部位无毛；叶舌短而不明显，顶端撕裂为短柔毛。总状花序呈细柱形，长 2～3 cm，宽约 2 mm；小穗卵状披针形，黄褐色或略带紫褐色。颖果长卵形，棕褐色，长约 1.5 mm。

沟叶结缕草较耐寒、耐旱，喜温、喜湿、耐瘠薄，比较耐盐。沟叶结缕草的耐寒性和低温下的保绿性介于结缕草与细叶结缕草之间。颜色深绿，质地适中，适宜长在深厚、肥沃、排水良好的土壤中。草层较厚，根状茎基部直立，且具有一定的韧性与弹性，较耐践踏。

与细叶结缕草相比，沟叶结缕草具有较强的抗病性、生长较低矮，质地比结缕草细，因而得到广泛应用，可用于温暖潮湿和过渡地带的专用绿地、庭院草坪和运动场、高尔夫球场以及机场等使用强度大的地方，也可用作护坡草坪。

(3) 细叶结缕草（*Zoysia pacifica*）：别名天鹅绒草、台湾草。通常密集丛生状生长。茎秆直立纤细，具根状茎和发达的匍匐茎。节间短，节上产生不定根，须根多浅生。属细叶型草种，叶片丝状内卷，叶长 2～6 cm，宽 0.5～1.0 mm。叶舌膜质，长约 0.3 mm，顶端碎裂为纤毛状。总状花序顶生；花穗短小，近披针形，长仅为 1 cm，宽 1.5 mm，常被叶片覆盖。种子少，成熟时易脱落。

细叶结缕草喜光，不耐阴，耐高温和耐旱性强，但耐湿、耐寒性较结缕草差，也是结缕草属中最不耐寒的种类，在华南地区冬季不枯黄。细叶结缕草与杂草竞争力强，夏、秋生长茂盛，能形成单一草坪。草层密集，在草坪未得到适度养护时，容易形成草丘，草坪表面不整齐，坪床表面容易出现毡化，会造成表土不渗水、不透气，使草坪成片干枯死亡。不耐践踏，易染锈病和褐斑病。

细叶结缕草草丛密集，外观平整美观，形似天鹅绒，但必须精心养护才能达到较好的观赏效果，多用于轻度践踏的各种开放草坪，如儿童游乐场、办公区、医院及庭院草坪，也常被用于观赏草坪。此外，细叶结缕草也可用于固土护坡草坪。

(4) 中华结缕草（*Zoysia sinica*）：又名老虎皮草、青岛结缕草。中华结缕草与结缕草在形态上极为相似，最主要的区别是中华结缕草的叶片、花序及小穗较结缕草修长，小穗柄短且直。中华结缕草的小穗长 4～5 mm，而结缕草的小穗长 3.0～3.5 mm。另外，中华结缕草的叶长约 6 cm，宽 1～3 mm，较结缕草窄，叶片质地较结缕草柔软；中华结缕草的种子粒径大于结缕草。

中华结缕草耐寒性较差，但更耐湿热，春季返青期略早。

3. 蜈蚣草属（*Eremochloa*）　蜈蚣草属约 10 种，多分布于亚洲热带和亚热带地区，其中只有假俭草被用作草坪草。

假俭草（*Eremochloa ophiuroides*）为多年生草本植物，植株低矮，具贴地生长的匍匐茎，看上去像爬行的蜈蚣。无根状茎。芽中叶片折叠；膜状叶舌，长 0.5 mm，叶舌顶部有纤毛，这是鉴别假俭草的重要特征；无叶耳；叶环紧缩，较宽，基部有纤毛；叶长 2～5 cm，宽 3～5 mm，光滑，叶片下部边缘有毛，叶鞘压扁。总状花序；无柄小穗互相覆盖，生于穗轴一侧。

假俭草喜光、耐旱、喜温、较耐寒，抗寒性介于狗牙根和钝叶草之间。由于根系较少，耐践踏性较弱。耐瘠薄，是一种最耐粗放管理的草坪草。适应的土壤范围较广，尤其适宜在 pH 为 4.5～5.5 的低肥、细壤土中生长。耐水湿和耐盐碱。与大多数暖季型草坪草相比，假俭草抗病虫害的能力较强，因而被广泛用于庭院草坪。也是优良的固土护坡植物。因其生长较慢，耐践踏性相对较弱，一般不用作运动场草坪。

4. 雀稗属（*Paspalum*）　雀稗属约 400 种，分布于全球的热带与亚热带，尤其是美洲热带地区。其中，用作草坪的只有百喜草和海雀稗。

（1）百喜草（*Paspalum notatum*）：别名美洲雀稗、巴哈草，多年生草本植物。根系发达，由粗壮发达的匍匐茎和根状茎形成稠密的草皮。节间短，长约 1 cm，分蘖能力强。在同一植株上有芽内叶片卷曲和折叠两种芽型。叶舌短，膜质，长约 1 mm，截形；无叶耳；叶环宽；叶片扁平，叶鞘有些压缩，叶片基部散生零星的纤毛，叶宽 4～8 mm。总状花序，长约 15 cm；具 2～3 个穗状分枝，小穗卵形。

百喜草生长势强，根系粗糙，分布广而深。极耐旱，干旱过后再生性好。喜温，不耐寒。稍耐阴，耐水湿，但不耐盐碱。适应的土壤范围很广，在干燥的沙壤土到排水差的细壤土中均能生长。耐瘠薄，尤其适于海滨地区的干旱、粗质、贫瘠的沙地，适宜的 pH 为 5.5～6.5。

百喜草形成的草坪质量不高，适于种在贫瘠地区的土壤中。在低养护管理水平下，百喜草是优秀的暖季型草坪草。百喜草侵占力强，覆盖力惊人，极易形成平坦的坪面；有一定耐践踏能力，主要被用于保土护坡草坪的建植，亦可被用于公共绿地和庭院绿化，尤其适用于路旁、机场和类似的低质量要求的草坪。

（2）海雀稗（*Paspalum vaginatum*）：别名夏威夷草，多年生深根性草本植物。具有发达的匍匐茎和根状茎。新叶在芽中卷曲；叶舌膜质，尖形，长 2～3 mm；无叶耳；叶环宽，连续；叶片扁平，边缘向内卷曲，叶宽 2～4 mm，叶片基部散生零星的纤毛。总状花序，长 2～5 cm；小穗单生，两列。

海雀稗主要分布在热带和亚热带地区，生于海滨，性喜温暖，不耐寒。耐阴性中等，海雀稗的耐阴性不如结缕草和钝叶草，但强于狗牙根。耐水淹，在遭受涨潮的海水、暴雨和较长时间水淹后能正常生长。耐热和抗旱性强，耐瘠薄，耐频繁低修剪。适应的土壤范围很广，特别适于海滨地区和含盐的潮汐湿地、沙地或潮湿的沼泽地、淤泥地。适宜的土壤 pH 为 3.6～10.2。具有很强的抗盐性，被认为是最耐盐的草种之一。抗病虫害能力强。现被广泛用于滨海和盐碱地区高尔夫球场的果岭、球道和发球台，还可以用于盐碱地区的绿化。

5. 地毯草属（*Axonopus*）　地毯草属共 70 种，只有两个种可以用作草坪草，即类地毯草（*Axonopus fissifolius*）和地毯草（*Axonopus compressus*），其中被最广泛用于草坪的是地毯草。在我国南方有一定的分布面积，但不如狗牙根和结缕草分布广，坪用性状一般。

地毯草别名大叶油草、热带地毯草，多年生草本。植株低矮，具发达的匍匐茎。因其匍匐茎蔓延迅速，每节上都生根和抽生新的植株，植物平铺地面成毯状，故称地毯草。茎秆扁平，节密生灰白色柔毛。新叶在芽中折叠；叶舌短，膜质，长 5 mm，无毛；叶片扁平、柔软、翠绿色、短而钝，叶长 4～6 cm，宽 8 mm 左右。总状花序，长 4～7 cm；小穗长圆状披针形，长 2.2～2.5 mm。

地毯草是适合在热带、亚热带较温暖地方生长的宽叶型草坪草。喜高温高湿，35 ℃以上持续高温时少有夏枯现象发生。耐寒性差，易受霜冻。地毯草抗旱性比大多数暖季型草坪草差，适宜生长在年降水为 775 mm 以上的地区。土壤水分不足和空气干燥时，不仅生长不良，而且叶梢干枯，绿化效果差。喜光，耐践踏。在开旷地叶色浓绿，草层厚。较耐阴，在林下亦生长良好。耐瘠薄，适宜生长的 pH 为 4.5～5.5。由于匍匐茎蔓延迅速，侵占力极强，在岗坡堤坝、路边等土壤质地较差的地块也能生长，并形成良好的覆盖层，主要用于公路护坡和践踏较轻的开放绿地的建植。

6. 其他暖季型草坪草　暖季型草坪草种类繁多，除了以上介绍的种类外，还有一些暖季型草坪草种也较普遍地被用于一些地区的园林绿化、固地护坡以及运动场草坪等，现分别介绍如下。

（1）野牛草（*Buchloe dactyloides*）：禾本科野牛草属多年生植物。具匍匐茎。叶片扁平，长 10～20 cm，宽 1～3 mm，叶片两面疏生柔毛，不舒展，有卷曲变形现象，叶灰绿色。雌雄同株或异株。野牛草耐寒又耐热，在我国北方地区－39 ℃条件下仍能正常越冬。耐旱性极强，在夏季 2～3 个月严重干旱的情况下仍不至死亡。耐湿性较强，耐盐碱，与杂草的竞争力强，具有一定的耐践踏能力。适宜生长的土壤范围较广。既可以播种繁殖，也可以营养繁殖，生产上以营养体建植为主。野牛草的管理极为粗放，生长期的管理以修剪为主，修剪高度为 2～5 cm。

野牛草最初只是一种重要的牧草，由于其突出的抗旱性以及抗热、耐寒性较好，现在已被人们视为环境友好的草种，是一种重要的水土保持草种，也可以用于干旱地区低养护的公园草坪。此外，野牛草抗 SO_2 及 HF 等有害气体，可以用于半干旱地区的工矿厂区绿化。在生产中使用的主要问题是绿期短。

（2）钝叶草（*Stenotaphrum helferi*）：钝叶草属多年生草坪草。植株低矮，具发达的匍匐茎。叶片扁平，叶长 7～15 cm，宽 0.4～1.0 cm，质地略硬，叶片蓝绿色，在叶环处叶片与叶鞘呈直角。花序为扁平状。钝叶草喜湿润，需要及时浇水，冬季干旱时易发生失水现象。不耐寒，具有很强的耐阴性和较强的耐盐性。适宜的土壤范围很广，最适合生长在温暖潮湿、微酸性、中到高肥力的沙质土壤中。

钝叶草主要被采用匍匐茎繁殖。由于匍匐茎有很强的蔓生能力，建坪较快。虽然钝叶草的耐践踏性不如狗牙根和结缕草，但再生性很好，主要用于温暖潮湿地区的草坪建植。

（3）铺地狼尾草（*Pennisetum clandestinum*）：狼尾草属多年生草本植物。铺地狼尾草具有发达的根状茎和匍匐茎，繁殖能力强。叶色浅绿，生长低矮，依靠多叶、深厚、匍匐的根茎蔓生，在低修剪条件下能形成稠密坚硬的草皮。易抽穗，春季每次修剪后即可抽出很多小穗，影响草坪质量。

铺地狼尾草适合生长在温暖湿润的高海拔地区，耐阴性好于狗牙根，适宜生长温度为 16～32 ℃，耐寒性较大多数暖季型草坪草强，春季返青快。铺地狼尾草抗盐碱能力差，适宜生长的土壤 pH 为 6.0～7.0。既可以种子繁殖，又可以营养繁殖。耐粗放管理，修剪高度一般为 1.25～5.00 cm。由于该草积累枯草层，需低修剪和经常打孔通气。

由于耐低矮修剪，竞争能力强，可以侵占大部分草坪。铺地狼尾草是热带、亚热带高海拔地区的优良牧草。由于生长速度快、株丛紧密，也是该地区重要的水土保持植物。另外，由于抗旱、抗病虫害、耐磨性好，以及恢复生长速度快，在一些地区的运动场和高尔夫球场球道等处，铺地狼尾草的推广面积也越来越大。

二、绿地观赏草

绿地观赏草是指覆盖于地表的低矮的草本植物，包括一二年生、多年生低矮草本。绿地观赏草具备良好的叶、花、果和植株形态，有较高的观赏价值，能形成美丽的景观。目前常用的绿地观赏草包括粉黛乱子草、柳叶马鞭草、狼尾草、细叶芒等。

1. 粉黛乱子草（*Muhlenbergia capillaris*）　禾本科乱子草属植物。株高可达 30～90 cm，宽可达 60～90 cm。多年生丛生草本植物，常具被鳞片的匍匐根茎。秆直立或基部倾斜、横卧。绿色叶子覆盖下层，粉红色的花朵长出叶子。草和花被组合在一起，形成长而通风的簇状物，沿茎从叶子上方升起，长约 460 mm，宽 250 mm。顶生云雾状粉色花絮，花期为 9—11 月，成片种植可呈现粉色云雾海洋的壮观景色，景观可由 9 月一直持续至 11 月中旬，观赏效果极佳。

粉黛乱子草适合生长在水分条件较好且排水良好的土壤中，喜光或部分遮阴。生长适应性强，耐水湿、耐干旱、耐盐碱，在沙土、壤土、黏土中均可生长。主要生长季为夏季。

2. 柳叶马鞭草（*Verbena bonariensis*）　马鞭草科马鞭草属植物。株高 60～150 cm，多分枝。茎四方形，叶对生，卵圆形至矩圆形或长圆状披针形；基生叶边缘常有粗锯齿及缺刻，通常 3 深裂，裂片边缘有不整齐的锯齿，两面有粗毛。穗状花序顶生或腋生，细长如马鞭；花小，花冠淡紫色或蓝色。果为蒴果，长约 0.2 cm，外果皮薄，成熟时开裂，内含 4 枚小坚果。花期为 7 月上旬至 8 月下旬，花由花序下端向上逐渐开放；果实成熟期为 8 月中旬至 10 月。柳叶马鞭草颜色艳丽，群体效果非常壮观，可作绿地观赏植物。

柳叶马鞭草喜阳光充足环境，怕雨涝。适合生长在温暖气候中，最适温度为 20～30 ℃，不耐寒，10 ℃以下生长较迟缓。对土壤条件适应性好，耐旱能力强，需水量中等。

3. 狼尾草（*Pennisetum alopecuroides*）　禾本科狼尾草属植物。多年生草本植物，宿根丛生，高 60～90 cm；叶片深绿色，线形，长 15～60 cm，宽约 1 cm；圆锥花序直立，略高于叶片，长 5～25 cm，宽 1.5～3.5 cm，刚毛粗糙，深紫色。花期为 8—11 月，观赏期长，冬天表现良好。夏季大量花序开放，飘逸弯曲，状如喷泉，极为美观。

狼尾草性喜光，耐高温，耐旱，耐寒，不择土壤，水肥过大容易倒伏。

4. 细叶芒（*Miscanthus sinensis* 'Gracillimus'）　禾本科芒属植物。多年生暖季型草本，茎秆粗壮，中空。叶片扁平宽大。顶生圆锥花序大型，由多数总状花序延伸的主轴排列而成，花期为 9—10 月，花色由最初的粉红色渐变为红色，秋季转为银白色。寿命为 18～20 年，最长可达 25 年以上，一旦定植可连续生长多年。

喜光，耐半阴，耐旱，耐涝，适合在湿润排水良好的土壤种植。

复 习 思 考 题

1. 草坪和城乡绿地的生态效应有哪些？

2. 在生态旅游开发中，草坪和城乡绿地发挥什么作用？

3. 试列出几种冷季型草和暖季型草，并指出其各自的优缺点。

4. 为什么在我国北方园林设计中多提倡使用多年生草本植物？

附录 国家重点保护野生植物名录（部分）

中文名	学名	保护级别
石松类和蕨类植物 Lycophytes and Ferns		
合囊蕨科	**Marattiaceae**	
观音座莲属（所有种）	*Angiopteris* spp.	二级
天星蕨	*Christensenia assamica*	二级
铁角蕨科	**Aspleniaceae**	
对开蕨	*Asplenium koumarovii*	二级
冷蕨科	**Cystopteridaceae**	
光叶蕨	*Cystopteris chinensis*	一级
乌毛蕨科	**Blechnaceae**	
苏铁蕨	*Brainea insignis*	二级
瓶尔小草科	**Ophioglossaceae**	
七指蕨	*Helminthostachys zeylanica*	二级
水韭科	**Isoëtaceae**	
水韭属（所有种）*	*Isoëtes* spp.	一级
水龙骨科	**Polypodiaceae**	
鹿角蕨	*Platycerium wallichii*	二级
凤尾蕨科	**Pteridaceae**	
水蕨属（所有种）*	*Ceratopteris* spp.	二级
裸子植物 Gymnospermae		
红豆杉科	**Taxaceae**	
穗花杉属（所有种）	*Amentotaxus* spp.	二级
海南粗榧	*Cephalotaxus hainanensis*	二级
贡山三尖杉	*Cephalotaxus lanceolata*	二级
篦子三尖杉	*Cephalotaxus oliveri*	二级
白豆杉	*Pseudotaxus chienii*	二级
红豆杉属（所有种）	*Taxus* spp.	一级
榧树属（所有种）	*Torreya* spp.	二级
柏科	**Cupressaceae**	
翠柏	*Calocedrus macrolepis*	二级
红桧	*Chamaecyparis formosensis*	二级
岷江柏木	*Cupressus chengiana*	二级
巨柏	*Cupressus gigantea*	一级
福建柏	*Fokienia hodginsii*	二级

（续）

中文名	学名	保护级别
水松	*Glyptostrobus pensilis*	一级
台湾杉（秃杉）	*Taiwania cryptomerioides*	二级
朝鲜崖柏	*Thuja koraiensis*	二级
苏铁科	**Cycadaceae**	
苏铁属（所有种）	*Cycas* spp.	一级
银杏科	**Ginkgoaceae**	
银杏	*Ginkgo biloba*	一级
松科	**Pinaceae**	
百山祖冷杉	*Abies beshanzuensis*	一级
资源冷杉	*Abies beshanzuensis* var. *ziyuanensis*	一级
秦岭冷杉	*Abies chensiensis*	二级
梵净山冷杉	*Abies fanjingshanensis*	一级
元宝山冷杉	*Abies yuanbaoshanensis*	一级
银杉	*Cathaya argyrophylla*	一级
油杉属（所有种，铁坚油杉、云南油杉、油杉除外）	*Keteleeria* spp. （excl. *K. davidiana* var. *davidiana*, *K. evelyniana* & *K. fortunei*）	二级
大果青扦	*Picea neoveitchii*	二级
大别山五针松	*Pinus dabeshanensis*	一级
兴凯赤松	*Pinus densiflora* var. *ussuriensis*	二级
华南五针松	*Pinus kwangtungensis*	二级
巧家五针松	*Pinus squamata*	一级
长白松	*Pinus sylvestris* var. *sylvestriformis*	二级
毛枝五针松	*Pinus wangii*	一级
金钱松	*Pseudolarix amabilis*	二级
	被子植物 Angiosperms	
翡若翠科	**Velloziaceae**	
芒苞草	*Acanthochlamys bracteata*	二级
无患子科	**Sapindaceae**	
梓叶槭	*Acer amplum* subsp. *catalpifolium*	二级
庙台槭	*Acer miaotaiense*	二级
云南金钱槭	*Dipteronia dyeriana*	二级
伞花木	*Eurycorymbus cavaleriei*	二级
掌叶木	*Handeliodendron bodinieri*	二级
泽泻科	**Alismataceae**	
长喙毛茛泽泻*	*Ranalisma rostrata*	二级
浮叶慈姑*	*Sagittaria natans*	二级

（续）

中文名	学名	保护级别
夹竹桃科	**Apocynaceae**	
驼峰藤	*Merrillanthus hainanensis*	二级
富宁藤	*Parepigynum funingense*	二级
桦木科	**Betulaceae**	
普陀鹅耳枥	*Carpinus putoensis*	一级
天台鹅耳枥	*Carpinus tientaiensis*	二级
天目铁木	*Ostrya rehderiana*	一级
叠珠树科	**Akaniaceae**	
伯乐树（钟萼木）	*Bretschneidera sinensis*	二级
忍冬科	**Caprifoliaceae**	
七子花	*Heptacodium miconioides*	二级
石竹科	**Caryophyllaceae**	
金铁锁	*Psammosilene tunicoides*	二级
安神木科	**Centroplacaceae**	
膝柄木	*Bhesa robusta*	一级
卫矛科	**Celastraceae**	
永瓣藤	*Monimopetalum chinense*	二级
斜翼	*Plagiopteron suaveolens*	二级
连香树科	**Cercidiphyllaceae**	
连香树	*Cercidiphyllum japonicum*	二级
使君子科	**Combretaceae**	
萼翅藤	*Getonia floribunda*	一级
千果榄仁	*Terminalia myriocarpa*	二级
菊科	**Asteraceae**	
革苞菊	*Tugarinovia mongolica*	二级
四数木科	**Tetramelaceae**	
四数木	*Tetrameles nudiflora*	二级
龙脑香科	**Dipterocarpaceae**	
东京龙脑香	*Dipterocarpus retusus*	一级
狭叶坡垒	*Hopea chinensis*	二级
坡垒	*Hopea hainanensis*	一级
翼坡垒（铁凌）	*Hopea reticulata*	二级
望天树	*Parashorea chinensis*	一级
广西青梅	*Vatica guangxiensis*	一级
青梅	*Vatica mangachapoi*	二级

（续）

中文名	学名	保护级别
茅膏菜科	**Droseraceae**	
貉藻*	*Aldrovanda vesiculosa*	一级
胡颓子科	**Elaeagnaceae**	
翅果油树	*Elaeagnus mollis*	二级
大戟科	**Euphorbiaceae**	
东京桐	*Deutzianthus tonkinensis*	二级
壳斗科	**Fagaceae**	
华南锥	*Castanopsis concinna*	二级
台湾水青冈	*Fagus hayatae*	二级
三棱栎	*Formanodendron doichangensis*	二级
瓣鳞花科	**Frankeniaceae**	
瓣鳞花	*Frankenia pulverulenta*	二级
龙胆科	**Gentianaceae**	
辐花	*Lomatogoniopsis alpina*	二级
苦苣苔科	**Gesneriaceae**	
瑶山苣苔	*Dayaohania cotinifolia*	二级
秦岭石蝴蝶	*Petrocosmea qinlingensis*	二级
报春苣苔	*Primulina tabacum*	二级
辐花苣苔	*Thamnocharis esquirolii*	一级
禾本科	**Poaceae**	
沙芦草	*Agropyron mongolicum*	二级
短柄披碱草*	*Elymus brevipes*	二级
无芒披碱草	*Elymus sinosubmuticus*	二级
毛披碱草	*Elymus villifer*	二级
内蒙古大麦	*Hordeum innermongolicum*	二级
华山新麦草	*Psathyrostachys huashanica*	一级
三蕊草	*Sinochasea trigyna*	二级
拟高粱*	*Sorghum propinquum*	二级
箭叶大油芒	*Spodiopogon sagittifolius*	二级
中华结缕草*	*Zoysia sinica*	二级
小二仙草科	**Haloragidaceae**	
乌苏里狐尾藻*	*Myriophyllum ussuriense*	二级
金缕梅科	**Hamamelidaceae**	
山铜材	*Chunia bucklandioides*	二级
长柄双花木	*Disanthus cercidifolius* subsp. *longipes*	二级

（续）

中文名	学名	保护级别
四药门花	*Loropetalum subcordatum*	二级
银缕梅	*Parrotia subaequalis*	一级
樟科	**Lauraceae**	
油丹	*Alseodaphnopsis hainanensis*	二级
天竺桂	*Cinnamomum japonicum*	二级
油樟	*Cinnamomum longepaniculatum*	二级
卵叶桂	*Cinnamomum rigidissimum*	二级
润楠	*Machilus nanmu*	二级
舟山新木姜子	*Neolitsea sericea*	二级
闽楠	*Phoebe bournei*	二级
浙江楠	*Phoebe chekiangensis*	二级
楠木	*Phoebe zhennan*	二级
豆科	**Fabaceae**	
黑黄檀	*Dalbergia cultrata*	二级
降香	*Dalbergia odorifera*	二级
格木	*Erythrophleum fordii*	二级
山豆根*	*Euchresta japonica*	二级
绒毛皂荚	*Gleditsia japonica* var. *velutina*	一级
野大豆*	*Glycine soja*	二级
烟豆*	*Glycine tabacina*	二级
短绒野大豆*	*Glycine tomentella*	二级
红豆属（所有种，被列为一级保护的小叶红豆除外）	*Ormosia* spp. （excl. *O. microphylla*）	二级
小叶红豆	*Ormosia microphylla*	一级
狸藻科	**Lentibulariaceae**	
盾鳞狸藻*	*Utricularia punctata*	二级
五味子科	**Schisandraceae**	
地枫皮	*Illicium difengpi*	二级
木兰科	**Magnoliaceae**	
长蕊木兰	*Alcimandra cathcartii*	二级
厚朴	*Houpoëa officinalis*	二级
长喙厚朴	*Houpoëa rostrata*	二级
馨香木兰（馨香木兰）	*Lirianthe odoratissima*	二级
鹅掌楸（马褂木）	*Liriodendron chinense*	二级
香木莲	*Manglietia aromatica*	二级

（续）

中文名	学名	保护级别
大叶木莲	*Manglietia dandyi*	二级
落叶木莲	*Manglietia decidua*	二级
大果木莲	*Manglietia grandis*	二级
厚叶木莲	*Manglietia pachyphylla*	二级
毛果木莲	*Manglietia ventii*	二级
石碌含笑	*Michelia shiluensis*	二级
峨眉含笑	*Michelia wilsonii*	二级
圆叶天女花（圆叶玉兰）	*Oyama sinensis*	二级
西康天女花（西康玉兰）	*Oyama wilsonii*	二级
峨眉拟单性木兰	*Parakmeria omeiensis*	一级
云南拟单性木兰	*Parakmeria yunnanensis*	二级
合果木	*Michelia baillonii*	二级
焕镛木（单性木兰）	*Woonyoungia septentrionalis*	一级
宝华玉兰	*Yulania zenii*	二级
昆栏树科	**Trochodendraceae**	
水青树	*Tetracentron sinense*	二级
楝科	**Meliaceae**	
红椿	*Toona ciliata*	二级
防己科	**Menispermaceae**	
藤枣	*Eleutharrhena macrocarpa*	二级
肉豆蔻科	**Myristicaceae**	
风吹楠属（所有种）	*Horsfieldia* spp.	二级
云南肉豆蔻	*Myristica yunnanensis*	二级
水鳖科	**Hydrocharitaceae**	
高雄茨藻*	*Najas browniana*	二级
睡莲科	**Nymphaeaceae**	
雪白睡莲*	*Nymphaea candida*	二级
莼菜科	**Cabombaceae**	
莼菜*	*Brasenia schreberi*	二级
蓝果树科	**Nyssaceae**	
珙桐	*Davidia involucrata*	一级
云南蓝果树	*Nyssa yunnanensis*	一级
金莲木科	**Ochnaceae**	
合柱金莲木	*Sauvagesia rhodoleuca*	二级

（续）

中文名	学名	保护级别
铁青树科	**Olacaceae**	
蒜头果	*Malania oleifer*	二级
木犀科	**Oleaceae**	
水曲柳	*Fraxinus mandshurica*	二级
棕榈科	**Arecaecae**	
董棕	*Caryota obtusa*	二级
小钩叶藤	*Plectocomia microstachys*	二级
龙棕	*Trachycarpus nanus*	二级
罂粟科	**Papaveraceae**	
红花绿绒蒿	*Meconopsis punicea*	二级
毛瓣绿绒蒿	*Meconopsis torquata*	二级
川苔草科	**Podostemaceae**	
川藻属（所有种）*	*Dalzellia* spp.	二级
蓼科	**Polygonaceae**	
金荞麦*	*Fagopyrum dibotrys*	二级
报春花科	**Primulaceae**	
羽叶点地梅*	*Pomatosace filicula*	二级
胡桃科	**Juglandaceae**	
喙核桃	*Annamocarya sinensis*	二级
贵州山核桃	*Carya kweichowensis*	二级
茜草科	**Rubiaceae**	
绣球茜	*Dunnia sinensis*	二级
香果树	*Emmenopterys henryi*	二级
芸香科	**Rutaceae**	
黄檗	*Phellodendron amurense*	二级
川黄檗	*Phellodendron chinense*	二级
山榄科	**Sapotaceae**	
海南紫荆木	*Madhuca hainanensis*	二级
紫荆木	*Madhuca pasquieri*	二级
绣球花科	**Hydrangeaceae**	
黄山梅	*Kirengeshoma palmata*	二级
蛛网萼	*Platycrater arguta*	二级

（续）

中文名	学名	保护级别
冰沼草科	**Scheuchzeriaceae**	
冰沼草*	*Scheuchzeria palustris*	二级
车前科	**Plantaginaceae**	
胡黄连	*Neopicrorhiza scrophulariiflora*	二级
列当科	**Orobanchaceae**	
崖白菜	*Triaenophora rupestris*	二级
香蒲科	**Typhaceae**	
无柱黑三棱*	*Sparganium hyperboreum*	二级
锦葵科	**Malvaceae**	
海南椴	*Diplodiscus trichospermus*	二级
蚬木	*Excentrodendron tonkinense*	二级
广西火桐	*Erythropsis kwangsiensis*	一级
梧桐属（所有种，梧桐除外）	*Firmiana* spp.（excl. *F. simplex*）	二级
蝴蝶树	*Heritiera pavifolia*	二级
平当树	*Paradombeya sinensis*	二级
景东翅子树	*Pterospermum kingtungense*	二级
勐仑翅子树	*Pterospermum menglunense*	二级
紫椴	*Tilia amurensis*	二级
安息香科	**Styracaceae**	
秤锤树属（所有种）	*Sinojackia* spp.	二级
瑞香科	**Thymelaeaceae**	
土沉香	*Aquilaria sinensis*	二级
千屈菜科	**Lythraceae**	
细果野菱（野菱）*	*Trapa incisa*	二级
榆科	**Ulmaceae**	
长序榆	*Ulmus elongata*	二级
大叶榉树	*Zelkova schneideriana*	二级
伞形科	**Apiaceae**	
珊瑚菜（北沙参）*	*Glehnia littoralis*	二级
唇形科	**Lamiaceae**	
苦梓	*Gmelina hainanensis*	二级
姜科	**Zingiberaceae**	
宽丝豆蔻*	*Amomum petaloideum*	二级

（续）

中文名	学名	保护级别
茴香砂仁	*Etlingera yunnanensis*	二级
长果姜	*Siliquamomum tonkinense*	二级

藻类 Algae

念珠藻科	**Nostocaceae**	
发菜	*Nostoc flagelliforme*	一级

真菌 Eumycophyta

线虫草科	**Ophiocordycipitaceae**	
虫草（冬虫夏草）	*Ophiocordyceps sinensis*	二级
口蘑科（白蘑科）	**Tricholomataceae**	
松口蘑（松茸）*	*Tricholoma matsutake*	二级

注：标 * 者归农业农村主管部门分工管理，其余归林业和草原主管部门分工管理。

安慧，徐坤，2013. 放牧干扰对荒漠草原土壤性状的影响 [J]. 草业学报，22（4）：35-42.

安芷生，张培震，王二七，等，2006. 中新世以来我国季风-干旱环境演化与青藏高原的生长 [J]. 第四纪研究，26（5）：678-693.

白龙，2007. 黄土草原北部沙化遥感监测及植被与土壤恢复评价 [D]. 千叶：日本千叶大学.

白龙，刘利民，小林达明，等，2010. 基于 3S 的黄土高原北部土地沙化分析：以陕西省神木县为例 [J]. 草业科学，27（12）：32-37.

白乌云，侯向阳，武自念，等，2020. 地理气候因素对羊草性状分化的影响 [J]. 干旱区资源与环境，34（11）：138-142.

陈俊俊，2017. 基于针茅属植物的系统发育探究中国草原的演化历史 [D]. 呼和浩特：内蒙古大学.

陈灵芝，1993. 中国的生物多样性：现状及其保护对策 [M]. 北京：科学出版社.

陈灵芝，马克平，2001. 生物多样性科学：原理与实践 [M]. 上海：上海科学技术出版社.

陈鹏飞，王卷乐，廖秀英，等，2010. 基于环境减灾卫星遥感数据的呼伦贝尔草地地上生物量反演研究 [J]. 自然资源学报，25（7）：1122-1131.

陈艳锋，杨美琳，陈军纪，等，2015. 基于植被指数极旱荒漠区生物量模型研究：以安西极旱荒漠保护区北片为例 [J]. 干旱区资源与环境，29（10）：93-99.

陈仲新，张新时，2000. 中国生态系统效益的价值 [J]. 科学通报（1）：17-22.

杜自强，王建，李建龙，等，2010. 黑河中上游典型地区草地植被退化遥感动态监测 [J]. 农业工程学报，26（4）：180-185.

杜自强，王建，沈宇丹，等，2005. 基于 3S 技术的草地退化动态监测系统设计 [J]. 草业与畜牧（11）：51-54.

樊才睿，2017. 不同放牧制度草甸草原生态水文特性研究 [D]. 呼和浩特：内蒙古农业大学.

方精云，唐艳鸿，Son Y，2010. 碳循环研究：东亚生态系统为什么重要 [J]. 中国科学：生命科学，40（7）：561-565.

高娃，2009. 草原返青期遥感监测分析 [J]. 草地学报，17（2）：227-233.

高新磊，2017. 放牧对草原土壤温室气体排放影响的研究 [D]. 呼和浩特：内蒙古农业大学.

戈峰，2008. 现代生态学 [M]. 2 版. 北京：科学出版社.

韩冰，赵萌莉，珊丹，2011. 针茅属植物分子生态学 [M]. 北京：科学出版社.

何春光，2009. 生物多样性保育学 [M]. 长春：东北师范大学出版社.

侯扶江，杨中艺，2006. 放牧对草地的作用 [J]. 生态学报，26（1）：244-264.

胡志昂，王洪新，1998. 分子生态学研究进展 [J]. 生态学报（6）：3-5.

黄土高原地区资源与环境遥感系列图编委会，1992. 1∶500 000 黄土高原地区资源与环境遥感系列图说明书 [M]. 北京：地震出版社.

黄勇平，朱湘雄，2003. 分子生态学：生命科学领域的新学科 [J]. 中国科学院院刊（2）：84-88.

姜立鹏，覃志豪，谢雯，2007. 基于单时相 MODIS 数据的草地退化遥感监测研究 [J]. 中国草地学报，29（1）：39-43.

金鉴明，王礼嫱，薛达元，1991. 自然保护概论 [M]. 北京：中国环境科学出版社.

金云翔，徐斌，杨秀春，等，2011. 内蒙古锡林郭勒盟草原产草量动态遥感估算 [J]. 中国科学：生命科学，41（12）：1185-1195.

康乐，张民照，1995. 分子生态学的兴起、研究热点和展望 [J]. 中国科学院院刊（4）：292-299.

李景文，李俊清，张华荣，2001. 生态学研究热点：植物分子生态学 [J]. 植物杂志（4）：40-41.

李俊清，1994. 植物遗传多样性保护及其分子生物学研究方法 [J]. 生态学杂志（6）：27-33.

李俊清，李景文，崔国发，2002. 保护生物学 [M]. 北京：中国林业出版社.

李韬，扎西央宗，1993. 用气象卫星资料估计牧草长势方法的研究 [J]. 气象，19（3）：29-32.

李艺梦，祁元，马明国，2016. 基于 Landsat8 影像的额济纳荒漠绿洲植被覆盖度估算方法对比研究 [J]. 遥感技术与应用，31 (3)：590-598.

梁英，2010. 环境多样性原理 [M]. 北京：科学出版社.

刘晨，2015. 放牧对草地植被、土壤空间异质性及其相互关系的调控机制 [D]. 长春：东北师范大学.

刘纪元，1996. 中国资源环境遥感宏观调查与动态研究 [M]. 北京：中国科学出版社.

刘军，2015. 放牧对松嫩草地植物多样性、生产力的作用及机制 [D]. 长春：东北师范大学.

刘同海，吴新宏，董永平，2010. 基于 TM 影像的草原沙漠化植被盖度分析研究 [J]. 干旱区资源与环境，24 (2)：141-144.

卢升高，2010. 环境生态学 [M]. 杭州：浙江大学出版社.

马克平，1993. 试论生物多样性的概念 [J]. 生物多样性 (1)：20-22.

马克平，黄建辉，于顺利，等，1995. 北京东灵山地区植物群落多样性的研究 Ⅱ. 丰富度、均匀度和物种多样性指数 [J]. 生态学报 (3)：268-277.

马克平，钱迎倩，1998. 生物多样性保护及其研究进展：综述 [J]. 应用与环境生物学报 (1)：96-100.

毛培胜，2015. 草地学 [M]. 4 版. 北京：中国农业出版社.

农业部草原监理中心，2016. 中国草原监测 [M]. 北京：中国农业出版社.

钱拴，毛留喜，侯英雨，等，2008. 北方草地生态气象综合监测预测技术及其应用 [J]. 气象，34 (11)：61-68.

曲桂芹，2001. 白桦热激反应的分子生态学研究 [D]. 哈尔滨：东北林业大学.

渠翠平，关德新，王安志，等，2008. 基于 MODIS 数据的草地生物量估算模型比较 [J]. 生态学杂志，27 (11)：2028-2032.

任鸿瑞，2013. 草原生物量遥感监测 [M]. 太原：山西科学技术出版社.

任继周，侯扶江，胥刚，2011. 放牧管理的现代化转型：我国亟待补上的一课 [J]. 草业科学，28 (10)：1745-1754.

任婧，2019. 整合谱系地理学与景观遗传学揭示短花针茅遗传变异及空间分布格局形成机制 [D]. 呼和浩特：内蒙古大学.

阮成江，何祯祥，周长芳，2005. 植物分子生态学 [M]. 北京：化学工业出版社.

苏大学，2013. 中国草地资源调查与地图编制 [M]. 北京：中国农业大学出版社.

隋晓青，2009. 生物多样性对农牧交错带景观破碎化响应机制的研究 [D]. 北京：中国农业大学.

孙斌，王炳煜，冯今，等，2015. 甘肃省草原产草量动态监测模型 [J]. 草业科学，32 (12)：1988-1996.

孙鸿烈，1999. 中国资源科学百科全书 [M]. 北京：中国大百科全书出版社，石油大学出版社.

唐梦迎，丁建丽，夏楠，等，2019. 博尔塔拉蒙古自治州植被覆盖度估算 [J]. 测绘科学，44 (7)：8.

王德利，王岭，2014. 放牧生态学与草地管理的相关概念：Ⅰ. 偏食性 [J]. 草地学报，22 (3)：433-438.

王光镇，王静璞，韩柳，等，2018. 基于实测光谱模拟 Landsat-8 OLI 数据估算非光合植被覆盖度 [J]. 地球信息科学学报，20 (11)：1667-1678.

王光镇，王静璞，邹学勇，等，2017. 基于像元三分模型的锡林郭勒草原光合植被和非光合植被覆盖度估算 [J]. 生态学报，37 (17)：5722-5731.

王文杰，蒋卫国，王维，等，2011. 环境遥感监测与应用 [M]. 北京：中国环境科学出版社.

王戍梅，2002. 新疆阜康绿洲沙漠过渡带碱蓬种群分子生态学初步研究：基于 RAPD 分析 [D]. 西安：西北大学.

王业蘧，1984. 论分子生态学的现状与发展 [J]. 东北林业大学学报 (2)：50-62.

王峥峰，张军丽，李鸣光，等，2001. 植物分子生态学进展（Ⅰ）：遗传结构和杂交（英文）[J]. 植物学通报 (6)：635-642.

王峥峰，张军丽，李鸣光，等，2002. 植物分子生态学进展（Ⅱ）：地理系统学、外来种、遗传保护及其它（英文）[J]. 植物学通报 (1)：1-10.

王忠武，2009. 载畜率对短花针茅荒漠草原生态系统稳定性的影响 [D]. 呼和浩特：内蒙古农业大学.

夏颖，范建容，李磊磊，等，2017. 植被盖度遥感反演模型在稀疏高寒草原的对比研究 [J]. 四川农业大学学报，35 (1)：37-44.

向近敏，向连滨，林雨霖，1996. 分子生态学 [M]. 武汉：湖北科学技术出版社.

谢高地，张镱锂，鲁春霞，等，2001. 中国自然草地生态系统服务价值 [J]. 自然资源学报 (1)：47-53.

徐斌，陶伟国，2006. 中国草原植被长势 MODIS 遥感监测 [J]. 草地学报，14 (3)：242-247.

徐斌，杨秀春，金云翔，2016. 草原植被遥感监测 [M]. 北京：科学出版社.

徐斌，杨秀春，陶伟国，2007. 中国草原产草量遥感监测 [J]. 生态学报，27 (2)：1-9.

徐阳，陈金慧，赵亚琦，等，2014. 杉木地理种源的 EST-SSR 分子标记变异研究 [J]. 南京林业大学学报（自然科学版），38（1）：1-8.

闫瑞瑞，唐欢，丁蕾，等，2017. 呼伦贝尔天然打草场分布及生物量遥感估算［J］. 农业工程学报，33（15）：210-218.

杨持，贾志斌，洪洋，等，2002. 中温型和暖温型草原共有植物种群繁殖分配的比较研究［J］. 植物生态学报（1）：39-43.

杨淑霞，张文娟，冯琦胜，等，2016. 基于 MODIS 逐日地表反射率数据的青南地区草地生长状况遥感监测研究［J］. 草业学报，25（8）：14-26.

杨英莲，邱新法，殷青军，2007. 基于 MODIS 增强型植被指数的青海省牧草产量估产研究［J］. 气象，27（2）：102-106.

杨允菲，辛晓平，李建东，2020. 基于表型与遗传分化的羊草在中国草原扩散途径的探讨［J］. 中国农业科学，53（13）：2541-2549.

叶俊伟，张阳，王晓娟，2017. 中国-日本植物区系中的谱系地理间断及其形成机制［J］. 植物生态学报，41（9）：1003-1019.

叶俊伟，张阳，王晓娟，2017. 中国亚热带地区阔叶林植物的谱系地理历史［J］. 生态学报，37（17）：5894-5904.

游浩妍，骆成凤，刘正军，等，2012. 基于 MODIS 植被指数估算青海湖流域植被覆盖度研究［J］. 遥感信息，27（5）：55-60.

于国茂，刘越，艳燕，等，2011. 2000—2008 年内蒙古中部地区土壤风蚀危险度评价［J］. 地理科学，31（12）：1493-1499.

袁霞，2015. 松嫩草地土壤微生物对植物及草食家畜放牧的响应机制［D］. 长春：东北师范大学.

张连义，张静祥，赛音吉亚，等，2008. 典型草原植被生物量遥感监测模型：以锡林郭勒盟为例［J］. 草业科学，29（4）：31-36.

张淑萍，2001. 芦苇分子生态学研究［D］. 哈尔滨：东北林业大学.

张雅，尹小君，王伟强，等，2017. 基于 Landsat8 OLI 遥感影像的天山北坡草地上生物量估算［J］. 遥感技术与应用，32（6）：1012-1021.

张艳楠，牛建明，张庆，等，2012. 植被指数在典型草原生物量遥感估测应用中的问题探讨［J］. 草业学报，21（1）：229-238.

张有智，吴黎，解文欢，等，2017. 农作物遥感监测与评价［M］. 哈尔滨：哈尔滨工业大学出版社.

张于光，李迪强，2015. 濒危动物保护遗传学研究学［M］. 北京：中国林业出版社.

张增祥，等，2010. 中国土地覆盖遥感监测［M］. 北京：星球地图出版社.

张自和，2014. 我国的自然保护区及草地类自然保护区的建设与发展［J］. 草业科学，31（1）：1-7.

中华人民共和国农业部畜牧兽医司，全国畜牧兽医总站，1996. 中国草地资源［M］. 北京：中国科学技术出版社.

周寿荣，1996. 草地生态学［M］. 北京：中国农业出版社.

周宇庭，付刚，沈振西，等，2013. 藏北典型高寒草甸地上生物量的遥感估算模型［J］. 草业学报，22（1）：120-129.

祝廷成，梁存柱，王德利，等，2001. 21 世纪初我国草地生态学研究展望［G］. 北京：植被生态学学术研讨会暨侯学煜院士逝世 10 周年纪念会论文集.

祖元刚，孙梅叶，1999. 分子生态学理论、方法和应用［M］. 北京：高等教育出版社.

Beebee T J C，Rowe G，2015. 分子生态学［M］. 广东：中山大学出版社.

Gibson D J，2018. 禾草和草地生态学［M］. 张新时，唐海萍，等译. 北京：高等教育出版社.

Joanna R F，Heather K，Stephen D P，2015. 分子生态学［M］. 2 版. 戎俊，杨小强，耿宇鹏，等译. 北京：高等教育出版社.

Adler P，Raff D，Lauenroth W，2001. The effect of grazing on the spatial heterogeneity of vegetation［J］. Oecologia，128（4）：465-479.

Asner，Gregory P，et al.，2004. Grazing systems，ecosystem responses，and global change［J］. Annual Review of Environment & Resources，29：261-299.

Avise J C，Arnold J，Ball R M，et al.，1987. Intraspecific phylogeography：the mitochondrial bridge between population genetics and systematics［J］. Annual Review of Ecology and Systematics，18：489-522.

Bachmann K，1994. Molecular markers in plant ecology［J］. New Phytologist，126：403-418.

Bell T L，1995. Biology of Australian Epacridaceae：with special reference to growth，fire response and mycorrhizal nutrition［D］. Australia：University of Western Australia.

Burke T, Seidler R, Smith H, 1992. Editorial [J]. Molecular Ecology, 1 (1): 1.

Cao X, Chen J, Matsushita B, et al., 2010. Developing a MODIS-based index to discriminate dead fuel from photosynthetic vegetation and soil background in the Asian steppe area [J]. International Journal of Remote Sensing, 31 (6): 1589-1604.

Cao X, Cui X H, Yue M, et al., 2013. Evaluation of wildfire propagation susceptibility in grasslands using burned areas and multivariate logistic regression [J]. International Journal of Remote Sensing, 34 (19): 6679-6700.

Cingolani A M, Noy-Meir I, S Diaz, 2005. Grazing effects on rangeland diversity: a synthesis of contemporary models [J]. Ecological Applications, 15 (2): 757-773.

Coberly L C, Rausher M D, 2003. Analysis of a chalcone synthase mutant in ipomoea purpurea reveals a novel function for flavonoids: amelioration of heat stress [J]. Molecular Ecology, 12: 1113-1124.

Conroy C J, Cook J A, 2000. Phylogeography of a post-glacial colonizer: microtus longicaudus (Rodentia: Muridae) [J]. Molecular Ecology, 9: 165-175.

Costanza R, D'Arge R, de Groot R, et al., 1997. The value of the world's ecosystem services and natural capital [J]. Nature (387): 253-260.

Daughtry C S T, Hunt E R J, Mc Murtrey J E, 2004. Assessing crop residue cover using shortwave infrared reflectance [J]. Remote Sensing of Environment, 90 (1): 126-134.

Deffontaine V, Libois R, Kotlik P, et al., 2005. Beyond the mediterranean peninsulas: evidence of central European glacial refugia for a temperate forest mammal species, the bank vole (*Clethrionomys glareolus*) [J]. Molecular Ecology, 14: 1727-1739.

Fischer M, Matthies D, 1998. Effects of population size on performance in the rare plant *Gentianella germanica* [J]. Journal of Ecology, 86: 195-204.

Frankham R, 1995. Conservation genetics [J]. Annual Review of Genetics, 29: 305-327.

Gamache I, Jaramillo-Correa J P, Payette S, et al., 2003. Diverging patterns of mitochondrial and nuclear DNA diversity in subarctic black spruce: imprint of a founder effect associated with postglacial colonization [J]. Molecular Ecology, 12: 891-901.

Hanski I, 1994. A practical model of metapopulation dynamics [J]. Journal of Animal Ecology, 63: 151-162.

Hewitt G M, 2004. Genetic consequences of climatic oscillations in the Quaternary [J]. Philosophical Transactions of the Royal Society of London Series B-Biological Sciences, 359: 183-195.

Higgins K, Lynch M, 2001. Metapopulation extinction caused by mutation accumulation [J]. Proceedings of the National Academy of Sciences of the United States of America, 98 (5): 2928-2933.

Hoelzel A R, Hancock J M, Dover G A, 1991. Evolution of the cetacean mitochondrial d-loop region [J]. Molecular Biology and Evolution, 8: 475-493.

Keighery G J, 1996. Phytogeography, biology and conservation of Western Australia Epacridaceae [J]. Annals of Botany, 77: 347-355.

keeling C D, 1961. The concentration and isotopic abundances of carbon dioxide in rural and marine air [J]. Geochimica et Cosmochimica Acta, 24 (3-4): 277-298.

Keller L F, Waller D M, 2002. Inbreeding effects in wild populations [J]. Trends in Ecology & Evolution, 17: 230-241.

Krauss J, Klein A M, Steffan, et al., 2004. Effects of habitat area, isolation, and landscape diversity on plant species richness of calcareous grasslands [J]. Biodiversity Conservation, 13: 1427-1439.

Lande R, 1995. Mutation and conservation [J]. Conservation Biology, 9: 782-791.

Lemaire G, Hodgson J, Moraes A D, et al., 2000. Grassland ecophysiology and grazing ecology [M]. London: CABI Publishing.

Luikart G, Sherwin W B, Steele B M, et al., 1998. Usefulness of molecular markers for detecting population bottlenecks via monitoring genetic change [J]. Molecular Ecology, 7: 963-974.

Lynch M, Conery J, Burger R, 1995. Mutation accumulation and the extinction of small populations [J]. The American Naturalist, 146: 489-518.

Marr A B, Keller L F, Arcese P, 2002. Heterosis and outbreeding depression in descendants of natural immigrants to an inbred population of song sparrows (*Melospiza melodia*) [J]. Evolution, 56: 131-142.

Moritz C, 1994. Defining evolutionarily significant units for conservation [J]. Trends in Ecology and Evolution, 9

(10): 373-375.

Nabinger C, Moraes A D, Maraschin G E, 2000. Grassland Ecophysiology and Grazing Ecology [M]. Prto Alegre: CABI publishing.

Nei M, 1972. Genetic distance between populations [J]. American Naturalist, 106: 283-292.

Palacios C, Kresovich S, González-Candelas F, 1999. A population genetic study of the endangered plant species *Limonium dufourii* (Plumbaginaceae) based on amplified fragment length polymorphism (AFLP) [J]. Molecular Ecology, 8: 645-657.

Paul J, Vachon N, Garroway C J, et al., 2010. Molecular data provide strong evidence of natural hybridization between native and introduced lineages of Phragmites australis in North America [J]. Biological Invasions, 12 (9): 2967-2973.

Petit R J, Aguinagalde I, Beaulieu J L, et al., 2003. Glacial refugia: hotspots but not melting pots of genetic diversity [J]. Science, 300 (5625): 1563-1565.

PinEiro G, Paruelo J M, Oesterheld M, et al., 2010. Pathways of grazing effects on soil organic carbon and nitrogen [J]. Rangeland Ecology & Management, 63 (1): 109-119.

Song X, Wang L, Zhao X, et al., 2017. Sheep grazing and local community diversity interact to control litter decomposition of dominant species in grassland ecosystem [J]. Soil Biology and Biochemistry, 115: 364-370.

Swenson N G, Howard D J, 2005. Clustering of contact zones, hybrid zones, and phylogeographic breaks in North America [J]. American Naturalist, 166: 581-591.

Tzedakis P C, Emerson B C, Hewitt G M, 2013. Cryptic or mystic? Glacial tree refugia in northern Europe [J]. Trends in Ecology & Evolution, 28 (12): 696-704.

UNCED, 1992. Convention on biological diversity. United Nations Conference on Environment and Development. Geneva.

Wang J L, Hill W G, Charlesworth D, 1999. Dynamics of inbreeding depression due to deleterious mutations in small populations: mutation parameters and inbreeding rate [J]. Genetical Research, 74: 165-178.

Willis K J E, Rudner E, Sumegi P, 2010. The Casiquiare river acts as a corridor between the Amazonas and Orinoco river basins: biogeographic analysis of the genus Cichla [J]. Molecular Ecology, 19: 1014-1030.

Wright S, 1951. The genetical structure of populations [J]. Annals of Eugenics, 15: 323-354.

Yuan S, Guo C Y, Ma L N, et al., 2016. Environmental conditions and genetic differentiation: what drives the divergence of coexisting *Leymus chinensis* ecotypes in a large-scale longitudinal gradient? [J]. Journal of Plant Ecology, 9 (5): 616-628.

Zhang X, Zhang L, Dong F C, et al., 2001. Hydrogen peroxide is involved in abscisic acidinduced stomatal closure in *Vicia faba* [J]. Plant Physiol, 126: 1438-1448.

图书在版编目（CIP）数据

草地生态学/王堃，邵新庆，刘克思主编．—北京：
中国农业出版社，2023.8
　普通高等教育农业农村部"十四五"规划教材
　ISBN 978-7-109-30498-7

　Ⅰ.①草…　Ⅱ.①王…②邵…③刘…　Ⅲ.①草原生
态学－高等学校－教材　Ⅳ.①S812.29

中国国家版本馆CIP数据核字（2023）第036324号

中国农业出版社出版

地址：北京市朝阳区麦子店街18号楼
邮编：100125
责任编辑：何　微　　文字编辑：郝小青
版式设计：王　晨　　责任校对：张雯婷
印刷：三河市国英印务有限公司
版次：2023年8月第1版
印次：2023年8月河北第1次印刷
发行：新华书店北京发行所
开本：889mm×1194mm　1/16
印张：17.5
字数：500千字
定价：56.50元